普通高等教育土建学科专业"十一五"规划教材

高等学校工程管理专业规划教材

工程建设环境与安全管理

邓铁军　主　编
杨亚频　副主编

中国建筑工业出版社

图书在版编目（CIP）数据

工程建设环境与安全管理/邓铁军主编.—北京：中国建筑工业出版社，2009（2025.5重印）
普通高等教育土建学科专业"十一五"规划教材，高等学校工程管理专业规划教材
ISBN 978-7-112-10831-2

Ⅰ.工… Ⅱ.邓… Ⅲ.①建筑工程-环境管理-高等学校-教材②建筑工程-安全管理-高等学校-教材 Ⅳ.TU-023 TU714

中国版本图书馆CIP数据核字（2009）第038881号

本教材共分8章，分别为：概述、工程建设环境管理与环境保护、项目施工的环境管理与环境保护验收、工程建设安全管理、工程建设安全生产管理、施工安全技术与管理、工程建设安全事故管理和职业健康安全管理等。

本教材不但可作为高等学校工程管理专业和土木工程专业的教学用书，还可作为建设单位和建筑企业工程技术管理人员培训和自学参考用书。

为更好地支持相应课程的教学，我们向采用本书作为教材的教师提供教学课件，有需要者可与出版社联系，邮箱：jckj@cabp.com.cn，电话：(010)58337285，建工书院 https://edu.cabplink.com。

* * *

责任编辑：张　晶
责任设计：赵明霞
责任校对：刘　钰　梁珊珊

普通高等教育土建学科专业"十一五"规划教材
高等学校工程管理专业规划教材

工程建设环境与安全管理

邓铁军　主　编
杨亚频　副主编

*

中国建筑工业出版社出版、发行（北京西郊百万庄）
各地新华书店、建筑书店经销
北京红光制版公司制版
建工社（河北）印刷有限公司印刷

*

开本：787×1092毫米　1/16　印张：21¾　字数：542千字
2009年7月第一版　　2025年5月第十二次印刷
定价：**35.00**元（赠教师课件）
ISBN 978-7-112-10831-2
(18068)

前　言

随着我国工程建设的迅猛发展，工程建设的环境与安全问题日益突出。工程建设的环境关系着人们的日常工作、健康生活和可持续发展及人类生存；工程建设的安全生产维系着人们的生命和财产，当今经济与科学技术的发展，昭示了名言"除了生命，一切均可再造"的哲理。名言反映了生命的重要性。"以人为本，和谐发展"，对广大的工程技术与管理人员在工程建设安全生产与管理方面的要求越来越高，因此，系统地掌握工程建设环境与安全管理的知识已经刻不容缓了。为了能适合各高等学校工程管理和土木工程等专业"工程建设环境与安全管理"课程教学的需要，在讲义的基础上我们编写了本教材。

本教材着重介绍了工程建设环境与安全管理的基本原理、基本方法和国家法律法规等，以注重知识的运用和案例教学为特色。本教材全书共分 8 章，是由湖南大学建造与管理系和湖南大学建设工程管理研究所教师根据多年的教学经验和研究成果，并参阅了较多的中、外文献资料而编写完成的。参加编写的人员有：第 1 章，杨亚频、邓铁军；第 2 章，贺志军、程露敏、邓铁军；第 3 章，程露敏、贺志军、邓铁军；第 4 章，仇一颗、杨亚频；第 5 章，夏正军、杨亚频；第 6 章，闵小莹、邓铁军、陈颖；第 7 章，杨亚频、仇一颗；第 8 章，杨亚频、夏正军。各章最后由邓铁军审阅、修改定稿。

本教材在编写过程中得到了相关专家教授的支持和帮助，参阅了相关的资料文献，在此一并致谢！限于编者水平有限，本教材的内容可能不全，也免不了存在疏漏或不妥之处，恳请各位读者、同行批评指正。

目　　录

第1章 概　　述

1.1　工程建设环境管理

1.1.1　工程建设环境的影响

建设工程的建造需要面对的问题不仅局限于"质量、工期、成本和文明施工"的传统要求，同时面临的更加紧迫的任务是如何解决或减轻项目建设对周围环境造成的影响。这种对环境的影响既包括工程建设项目建成后对周围环境的各种影响，又包括建造过程中对空气的污染、对水的污染，噪声问题、固体废弃物问题、能耗高问题等。

在空气方面，地球温室效应导致人类灾害频繁，温室气体主要由 CO_2、CH_4、N_2O 等组成，其中 CO_2 占 2/3。CO_2 使太阳发射的短波几乎可无衰减地通过，却吸收了长波辐射，如无温室效应，地球表面平均温度为 $-18℃$，由于有温室效应，现在地球表面平均温度为 15℃。19 世纪全球向大气排放 CO_2 约 900 万 t/年，1990 年一年全球向大气排放 CO_2 已超过 60 亿 t，1750 年前空气中 CO_2 浓度约 $280×10^{-6}$，2001 年空气中 CO_2 浓度升至 $366×10^{-6}$，预计 2050 年空气中 CO_2 浓度将升至 $560×10^{-6}$。喜马拉雅山钻取冰样分析说明，20 世纪 90 年代至少是最近千年中最热的 10 年。自 1860 年有气象记录以来，全球平均温度升高 0.6℃，在全球气温平均统计的 140 年中，10 个全球平均气温高峰年 8 个出现在 1990 年以后。CO_2 浓度增加，使地球变暖带来的灾难性后果为：两极融缩、冰川消失、海面升高、洪水泛滥、干旱频发、土地沙化、风沙肆虐、疾病流行、物种灭绝……全球气候异常，灾害频繁，世界已处于大灾大难的边缘，人类正是这些灾难的制造者。我国化石燃料燃烧产生的 CO_2 排放量从 1990 年 616.89 万 t 增加到 2001 年的 831.74 万 t，并仍在快速增加，现温室气体排放量为 14%，居世界第 2 位。根据统计，建设工程耗用资源产生的污染如图 1-1 所示。

图 1-1　建设工程耗用资源与污染的关系

我国 2003 年房屋建筑竣工面积 20.26 亿 m^2，其中：城镇新建住宅面积 5.50 亿 m^2，农村新建住宅面积 7.52 亿 m^2，公共建筑及工业建筑面积 7.24 亿 m^2。1999 年美国住宅建筑竣工面积 2.65 亿 m^2，商用建筑竣工面积 1.86 亿 m^2。我国每年新建建筑竣工面积大于各发达国家每年新建建筑竣工面积之和，我国现有房屋建筑数量巨大，我国城乡既有建筑面积达 420 亿 m^2。我国人口 12.9 亿，平均每人 32.5m^2。2003 年全国城市房屋建筑面积 140.91 亿 m^2，其中住宅建筑面积 89.11 亿 m^2，公共建筑及工业建筑面积 51.80 亿 m^2。2004 年美国住宅建筑面积 185.5 亿 m^2，商用建筑面积 68.3 亿 m^2。美国人口 2.9 亿，平均每人 87.5m^2。我国正处于房屋建设的战略机遇期，到 2020 年我们还要建造约 300 亿 m^2 的建筑，而我们正在以我国和世界上前所未有的规模和速度建造高耗能建筑。这些高耗能建筑将在近百年的时间内大量消耗我国宝贵的稀缺的能源，给后代子孙带来严重困难。大规模建造房屋本来是为了人民安居乐业，但大量建造高能耗建筑，又会过多地消耗能源，同时严重污染环境，致使国家能源消费和生态的临界点提前到来。

我国的重化工业在加快发展，其单位增加值的能耗明显高于新兴工业；我国城镇化正处于高速期，平均每年有 1500 万农民进入城市，而每个城市人口的能耗为乡村人口的 3.5 倍；为实现在 2020 年达到小康水平，比 2000 年 GDP 翻两番的任务，我国的能源状况如何呢？总体说来煤、电、油、运持续高度紧张。

我国人均 GDP 超过 1000 美元，这正是居民消费进入结构升级阶段，人民生活条件将进一步改善，人均能耗迅速增加，特别是建筑能耗与交通能耗必然会快速增长。2003 年，我国消耗了世界钢总产量的 30%，水泥总产量的 40%，煤炭总产量的 31%，GDP 只占世界的 4%。高增长、高消费、高污染的粗放扩展型的经济增长方式（表 1-1），导致我国已成为世界第 2 大能源消费国。由于我国能源资源储藏与世界人均平均数相比为：煤 51.3%，石油 11.3%，天然气 3.8%，因此能源资源条件决定了我国以煤为主的能源结构。但是当前能源形势十分严峻，虽然我国能源生产高速增长，2006 年产量 22 亿多 t 标煤，占世界能源产量 11% 多，但煤电油运持续紧张。近 50% 的煤供发电用却供应紧张，2004 年原煤产量达 19.6 亿 t，3 年增产 8 亿 t，价格仍上涨，在用电方面，2004 年投产电力达 5000 万 kW，电力装机达 4.4 亿 kW，而当夏却 24 个省市电网拉闸限电；2005 年计划新增装机 7000 万 kW，缺口仍有 3000 万 kW。在用油方面，我国的对外依存度达 40%，石油价格一直在高位运行。目前大约 50% 的铁路运力在运送燃料煤。

GDP 增长与能源消费增长速度对比 表 1-1

年份	GDP 增长速度（%）	能源消费增长速度（%）	年份	GDP 增长速度（%）	能源消费增长速度（%）
1980~1985	10.7	4.9	2001	7.5	3.5
1986~1990	7.9	5.2	2002	8.3	9.9
1991~1995	12.0	5.9	2003	9.3	13.2
1996~2000	8.3	-0.1	2004	9.5	15.2

"翻两番"意味着 2000~2020 年国内生产总值年均要增长 7.2%，但我国能源总产量多年平均最多只能增长 4% 左右。也就是说，只能用大约"翻一番"或更少一点的能源，保"翻两番"的 GDP 增长目标。2000 年全国能源消费总量大约为 13 亿 tce，争取 2020 年能源消费总量少于 25 亿 tce，相对 2000 年的同比增加，节能总量要达到 8 亿 tce。2000 年，全国建筑能耗 3.50 亿 tce。2001 年，建筑使用能耗所占的比例已达 27.5%，并将稳步增长。如果建筑节能工作仍维持原有状况，2020 年建筑能耗将达到 10.89 亿 tce，为

2000年的3倍以上。如果国家抓紧建筑节能工作，则2020年建筑能耗预计将达到7.54亿 tce，相对2000年增长约为1倍。

我国城乡既有建筑面积共约420亿 m²，每年人均竣工新建房屋面积约1.5m²。尽管我国 GDP 只有全世界 GDP 的4%，但房屋建设规模却超出世界各发达国家每年竣工新建房屋面积之总和。我国建筑单位面积采暖能耗达到气候条件相近的发达国家的2～3倍，甚至更高。也就是说，我们正在以史无前例的规模建造高耗能建筑。

随着人们生活水平的不断提高，对建筑热舒适性的要求已越来越高，采暖和空调的使用越来越普遍，采暖地区向南发展，北方越来越多使用空调，人们要求室内冬天温度增高，夏天室内温度降低。居民家庭家用电器品种数量愈益增多，照明条件逐步改善，家用热水明显增加，家用电脑迅速增加。广大农村过去多采用薪柴、秸秆等生物质燃料采暖和做饭烧水，现在则越来越多地改用煤、天然气、电等商品能源。由于空调的继续增加，预计2010年空调高峰负荷将相当于5个、2020年将相当于10个三峡电站的满负荷出力。建设每 kW 电站及电网设施，平均约需8千元投资。也就是说，至2020年，为保障当年空调高峰负荷的电力建设投资，需资金1.4万亿元。过高的电力高峰负荷，对于电站和电网设施的经济运行和安全运行都是非常不利的。过了两三个月的电力高峰时段，大量极端昂贵的电力设施完全闲置，浪费十分严重。

经济增长、用能增加带来的环境污染问题十分突出，已成为进一步发展的制约因素。环境污染造成的经济损失约占当年 GDP 的3%～7%。酸雨面积已占国土面积的1/3，我国主要污染物排放量均居世界第一位，已对公众健康造成较明显的损害。据调查11个最大城市空气中烟尘和细颗粒物每年使5万人死亡，40万人感染慢性支气管炎。

建筑工程对环境所造成危害的严重性往往跟其所产生污染物的特性有关，建筑工程所构成的污染具有明显的广泛性和持久性危害。由建筑工程所引起的环境问题及向大气层和地球上排放污染物导致大气污染、水污染、化学污染、噪声和自然资源的消耗等。

1.1.2 工程建设项目环境管理

我国对建设项目的环境管理，主要是通过环境影响评价制度、"三同时"管理制度和环评验收制度的实施来贯彻落实的，我国20世纪70年代即开始实行的前两项制度，充分体现了"预防为主"的管理思想。经过多年的发展与不断完善，在控制新污染源产生、加快老污染源治理、保护生态环境等方面发挥了重要的作用。为了实施可持续发展战略，预防建设项目规划、设计、实施和运营使用对环境造成不良的影响，促进经济、社会和环境的协调发展，必须要进一步加强工程建设项目的环境管理。

工程建设项目环境管理是对项目的建设实施可能造成的环境影响进行分析、预测和评估，根据评价分析的结果有针对性地进行环境影响控制，提出预防或减轻不良环境影响的对策和措施，从而取得良好的环保效果，达到持续改进的目的。评价是按批准的技术及管理措施为前提，评估项目建设对环境影响的程度、大小和解决的途径。

工程建设环境管理是我国工程建设管理的一个重要组成部分。其目的是通过有效的管理，控制工程项目的各种粉尘、废水、废气、固体废弃物、噪声、振动等对环境的污染和危害，以能源节约和避免资源浪费为原则，保护生态环境，使社会的经济发展与人类的生存环境相协调。其任务是企业为达到工程建设环境管理的目的，指挥和控制组织的一种协调活动，包括为制定、实施、实现、评审和保持工程建设环境方针所需的组织机构、规划活动、机构职责、惯例、程序、过程和资源等。

1.1.3 施工现场环境管理

施工现场环境管理主要涉及施工现场场容管理，卫生条件状况，施工现场防火管理，防止施工现场的各种粉尘、废气、废水、固体废弃物以及噪声、振动对环境的污染和危害，以及对各种易燃、易爆危险品的管理问题。

施工工地最常见的空气污染是粉尘。在建筑工地内产生的粉尘微粒的来源是多方面的：工地车辆进出时所扬起的沙尘以及车辆上撒落的泥土；使用的水泥或干粉材料等生产混凝土过程中产生的微粒；土方工程施工所产生的泥土随风散落；拆卸工程在拆卸时即拆卸后产生的粉尘；棚架、围网上或帆布上所产生的粉尘等。

施工工地产生的废气来源有：工地车辆所排放的废气；工地烧煮沥青过程中大量的污染物在烧煮过程中释放；露天焚烧建筑废料、橡胶制品、金属废料或任何杂物时，焚烧污染物在大气中的释放等。

施工工地产生的废水有施工过程中产生的泥沙、混凝土随废水进入城市水循环体系而造成的污染；工地上产生的一些重金属，如铅、汞等随废水排出而造成水体污染；工地上产生的生活污水，如工地食堂排放的污水中含有清洁剂、油脂等以及厕所排放的污水。

工地产生的废物包括泥土、木料、铁料及塑料，这些废弃物给城市环境造成了巨大的压力。

施工工地的噪声、振动对城市居民生活环境的污染和危害是目前建筑工地与城市环境的矛盾主体，经常有市民对工地产生的噪声和振动进行投诉，可见这些污染已经对居民生活造成了严重的影响。

此外还有工地上的一些易燃、易爆等危险品对环境也是一个极大的威胁。

1.2 工程建设安全管理

从建筑事故暴露出的问题看，有的施工企业安全生产规章制度流于形式，责任制未落到实处，安全生产管理机构和人员不到位，安全法规和标准规范意识差，"三违"行为时有发生。有的施工企业施工现场管理混乱，安全设施和劳动安全防护不到位，不少总承包企业对分包管理不严，特别是对安全生产条件的审核缺乏严格把关，违规分包现象严重。不少监理公司忽视对建设项目的安全监理，项目监理人员不认真履行安全监管职责的现象比较普遍。有的设计单位对安全标准和规范重视不够，造成工程存在安全设计的缺陷。有的建设单位存在过分依赖监理、施工单位，未发挥业主安全监督管理的作用。如四川都汶高速公路董家山隧道工程"一二·二二"特别重大瓦斯爆炸事故死亡44人，其业主未对建设工程实施有效安全监管，中标企业将隧道施工分包给无资质的施工队伍，监理人员未履行分包资质审查职责，施工过程中的安全检查与巡视不到位。又如贵州务彭公路珍珠大桥拱架施工"一一·五"特大垮塌事故死亡16人，施工企业没有大桥拱架施工安装专项施工组织方案和有针对的安全技术措施。而北京市西单西西工程"九·五"施工坍塌事故死亡8人，根源之一是存在严重设计计算缺陷等。这些造成事故的重要原因，值得我们很好记取。

安全与生产的关系是辩证统一的关系，生产必须安全，而安全又可以促进生产。我国安全生产方针经历了一个从"安全生产"到"安全第一、预防为主"的发展过程，"事物可以再造，但人的生命不可再造"，因此必须时刻强调安全理念，生产中要做好危险预防和安全保障工作，尽可能将事故消灭在萌芽状态之中。

1.2.1 安全生产管理

为适应社会主义市场经济的需要，1993年国务院将原来的"国家监察、行政管理、群众监督"的安全生产管理体制，发展为"企业负责、行政管理、国家监察、群众监督"。同时，又考虑到许多事故发生的原因，是由于劳动者不遵守规章制度，违章违纪造成的，所以增加了"劳动者遵章守纪"这一条规定。由此可见，随着社会主义现代化建设的需要，国家也在逐步完善安全生产监察制度，愈加重视安全生产，并专门成立了安全生产监督委员会，从原来的劳动部脱离直接划归国务院管理。我国1997年11月01日颁布的《中华人民共和国建筑法》，对建筑施工企业的安全生产管理作出了明确规定，反映出国家对建筑施工企业关乎民生问题的重视，通过立法确立了建筑施工企业安全管理制度的重要性。

"安全第一，预防为主"是企业安全生产的工作方针，安全生产管理是建筑施工企业生存和发展的保证。但现在仍有许多企业对安全生产不够重视，安全投入不足，项目领导在项目管理中，没有认清安全与企业经营、项目施工管理紧密相连的关系。建筑施工企业在完善企业规章制度的前提下，应针对不同类型的建设工程，建立施工现场的安全生产保证体系，保证企业安全生产和创造效益，创建优良工程，树立起企业品牌和行业信誉，提高市场竞争力。

安全管理是通过确定安全目标，明确责任，落实措施，实行严格的考核与奖惩，激励企业员工积极参与全员、全方位、全过程的安全生产管理，严格按照安全生产的奋斗目标和安全生产责任制的要求，落实安全措施，消除人的不安全行为和物的不安全状态，实现施工生产安全。

我国建筑领域的安全生产形势十分严峻，建筑业施工伤亡人数居高不下，建筑业成为伤亡事故较多的行业之一。建筑施工的各类安全事故频频发生，给国家和人民的生命财产造成了严重损失。深入调查分析建筑施工安全事故的成因，积极探讨其预防措施，对减少事故的发生，推动建筑业健康发展具有重要的意义。

做好安全事故管理应做到建立健全安全组织，确定具体的安全目标，明确安全管理人员及其职责，建立安全生产管理的资料档案，安全岗位责任与经济利益挂钩，并开展经常性的、内容丰富的、形式多样的安全生产活动。而且要注重安全教育知识培训，施工企业要对员工进行安全知识和安全技术操作培训，并严格考核，合格后才能上岗。除了进行安全知识培训外，更重要的是对职工进行安全思想教育，使之牢固树立"安全第一"的思想。

改善建筑施工现场环境。在不良的作业环境下工作，会影响到工人的心理和生理状况，容易发生安全事故。因此，创造一个良好的作业环境，对于减少或杜绝安全事故的发生，是极其重要的。在严寒、高温等安全事故发生频率较高的季节，要采取措施防止安全事故的发生。作业环境采用合理的色彩，可以使作业人员减轻眼睛及全身的疲劳从而降低事故频率。因此在施工工地，应根据安全色彩通用规则，警示以各种安全标志，此外，还要减少噪声、粉尘等对施工人员的不利影响。

加强安全监督。要按照"统一领导，分工负责，综合管理，协调高效"的原则，加大对建筑施工现场的监督管理力度，对施工中违反有关安全生产方面的法律和法规，存在不规范的施工安全行为，存在重大安全隐患的施工部位，要责令限期整改或停工整顿。督促承包商要按要求，完善各类安全设施。作业现场的施工安全员或作业班组长要经常巡视现场，以发现不安全因素并及时排除。

1.2.2 施工技术安全管理

施工技术安全管理的对象主要包括对施工的操作人员，施工的设备、工器具、施工作业过程及现场作业环境的安全管理。例如：

在所编制的施工组织设计中应提出安全技术措施，且对工人讲解安全操作方法。凡是不了解施工安全技术标准、规程、规范的工程技术人员和未受过安全技术教育的工人，都不许参加施工作业。对于从事高空作业的职工，必须进行身体检查。不能使患有高血压心脏病、癫痫病的人和其他不适于高空作业的人从事高空作业。施工单位对于高空作业工人，应该供给工具袋。

工地宿舍、办公室、工件棚、食堂等临时建筑，必须先经设计，并且经工程技术负责人审核和上级领导批准后，才能施工；竣工后要由工程技术负责人会同安全技术人员、工会劳动保护干部检查验收后，才能使用。

在现场上的附属企业、机械装置、仓库、运输道路及临时上下水道电力网、蒸汽管道、压缩空气管道、乙炔管道、乙炔发生站和其他临时工程的位置、规格，都应该在施工组织设计中详细规定。工地应将施工作业区与生活区分开设置。危害工人健康的材料和其他有害物质，应该存放在通风良好的专用房舍内。沥青应该存放在不受阳光直接照射或者不易熔化的场所。在山沟、河流两岸，铺设交通线路或者设置一切临时建筑，都应该事先了解地形、历年的山洪和最高水位的情况，预防自然灾害。

工地应创造条件实行封闭管理。在施工现场周围和悬崖、陡坎处所，应该用篱笆、木板或者铁丝网等围设栅栏。各种料具应按照总平面图规定的位置，按品种、分规格堆放整齐和稳固。在建筑工程内部各楼层，应随完工随清理。工地内应铺设整齐、足够宽度的交通运输硬化道路，不积水、不堆放构件、材料，应该经常保持通畅，并且应该尽量采用单行线和减少不必要的交叉点。施工现场要有交通指示标志，危险地区应该悬挂"危险"或者"禁止通行"的明显标志，夜间应该设红灯示警。场地狭小、行人来往和运输频繁的地点，应该设临时交通指挥。

施工现场内一般不许架设高压电线；必要的时候、应该按照当地电业局的规定，使高压电线和它所经过的建筑物或者工作地点保持安全的距离，并且适当加大电线的安全系数，或者在它的下方增设电线保护网；在电线入口处，还应该设有带避雷器的开关装置。

存放爆炸物的仓库，必须和厂矿、房屋、人口稠密处所、交通要道和高压线等保持安全距离。工地临时存放少量的炸药、雷管、引线等，必须以有盖的木箱分别存放于安全处所，并且应该派有专职或者兼职人员负责保管和设置禁止烟火的标志。存放爆炸物的仓库内，应该采用防爆型照明设备。

工地应按施工规模建立消防组织，配备义务消防人员，并应经过专业培训和定期组织进行演习。当发生火险，工地的消防人员不能及时扑救时，应迅速准确地向当地消防部门报警，并清理通道障碍和查清消火栓位置，为消防灭火做好准备。工地应按照总平面图划分防火责任区，根据作业条件合理配备灭火器材。应配备有足够扬程的消防水源和必须保障畅通的疏散通道。对各类灭火器材、消火栓及水带应经常检查和维护保养，保证使用效果。

季节施工中的安全技术管理极为重要。如雨期施工应考虑施工作业的防雨、排水及防雷措施。如雨天挖坑槽、露天使用的电气设备、爆破作业遇雷电天气以及沿河流域的工地做好防洪准备，傍山的施工现场做好防滑坡塌方的工作和做好临时设施及脚手架等的防强风措施。雷雨季节到来之前，应对现场防雷装置的完好情况进行检查，防止雷击伤害。冬期施工应采取防滑、防冻措施。作业区附近应设置休息处所和职工生活区休息处所，一切取暖设施应符合防火和防煤气中毒要求；对采用蓄热法浇筑混凝土的现场应有防火措施。

1.2.3 职业健康安全管理

职业健康安全管理为企业提高职业健康安全绩效提供了一个科学、有效的管理手段。职业健康安全管理建立在现代系统化理论之上，它以系统安全的思想为基础，从企业的整体出发，把管理重点放在事故预防的整体效应上，实行全员、全过程、全方位的安全管理，使企业达到最佳安全状态。建设工程项目职业健康安全管理的目的是：为保护产品生产者和使用者的健康与安全，控制影响工作场所内员工、临时工作人员、合同方人员、访问者和其他有关部门人员健康和安全的条件和因素，预防和避免因使用不当对使用者造成健康和安全的危害。

职业健康安全管理是使生产活动科学化、标准化和法制化的重要手段。它的实施可以为企业带来许多经济效益和社会效益。首先，实施职业健康安全管理可以推动职业健康安全法律法规的贯彻实施；其次，实施职业健康安全管理贯彻国家可持续发展战略的要求；第三，实施职业健康安全管理是企业适应国际市场竞争的需要；第四，可以减少企业的成本，节约资源和能源；第五，可以有效地减少事故的发生；第六，可提高企业健康安全管理水平；第七，可以改善企业的形象。

企业职业健康安全管理体系是企业管理体系中专事管理职业健康安全工作的部分，包括为制定、实施、实现、评审和保持职业健康安全方针、目标所需的组织机构、规划活动、职责、惯例、程序、过程和资源。企业职业健康安全管理体系的核心是职业健康安全方针，建立职业健康安全管理体系的目的是为了便于管理职业健康安全风险，由企业自身对影响职工的安全和健康的危险因素进行分析、评价，确定企业职业健康安全的目标和管理方案，消除或控制危险因素，确保职工健康安全。这种管理思想和管理方法，不同于传统的企业上级以及行业主管部门的安全检查和事故的事后处理，而是一个事前的、动态循环的、控制人的不安全行为和物的不安全状态的系统化的管理过程；是以持续改进的思想指导企业系统地实现其既定的管理目标，它和企业的质量管理体系、环境管理体系等一起，构成企业的全面管理体系。

职业健康安全管理体系，体现了现代安全科学理论的系统安全思想。它通过系统化的预防管理机制，彻底消除各种事故和疾病隐患，严格控制各种职业健康安全风险，以便最大限度地减少生产事故和劳动疾病的发生。我国是发展中国家，大力发展社会主义市场经济，有效保持经济快速增长是当前的重要任务。职业健康安全管理工作关系到国家和人民生命财产的安全，关系到广大职工的切身利益，关系到经济的健康发展和社会的安全稳定，关系到国家可持续发展的总体战略，同时也关系到我国的国际形象。在我国企业建立职业健康安全管理体系已显得日益迫切和重要。

第一，这是由我国企业职业健康安全的现状所决定。近些年来，我国国民经济一直保持着世人瞩目的高速增长，但作为社会文明进步重要内容之一的职业健康安全工作，却远远滞后于经济建设的步伐。目前，我国企业职业健康安全的形势非常严峻，主要表现在全国各类工伤事故总量大，重大、特大恶性事故频繁发生，职业病人数居高不下；现在仍有大量的事故隐患没有得到发现和整改；企业的经营管理者生产经营的意识强，单纯追求经济效益，而职业健康安全意识比较淡薄；职工的安全健康意识、自我保护意识比较差，特别是个体私营企业经营者、农民工。我国的职业健康安全状况对管理者的工作提出了紧迫的要求，为改善我国的职业健康安全状况，推行职业健康安全管理体系已经成为必然，建立和实施企业职业健康安全管理体系，既有重大的社会意义，又有明显的现实意义。

第二，我国企业职业健康安全管理工作有许多不足之处。①随着生产的发展，由于市场竞争日益加剧，企业往往专注于发展生产，而有意或无意间忽视了劳动者的劳动条件和安全环境状况的改善，至少可以说，劳动者的劳动条件和环境状况的改善进展与生产的发展速度极不相称，由此而造成了不文明生产的现象。②重治标轻治本。我国对企业职业健康安全管理工作的认识长期停留在"经验型"和"事后型"的基础上，在管理思想和职业健康安全技术方面缺少创新。这种管理模式，势必造成对待职业健康安全工作松松紧紧，抓抓停停的局面，无法有效地预防各类事故的发生。③政府职能部门对职业健康安全监督管理不到位，存在表面文章，搞形式主义的现象，致使企业职业健康安全管理敷衍从事，漏洞百出。④严重缺乏职业健康安全管理人才。随着经济体制改革的不断深入，企业职业健康安全管理要由过去的"被动型"向"主动型"转变，职业健康安全专业人才的需求显得愈加迫切。⑤企业对职业健康安全法律、法规执行不到位。改革开放以来，我国制定了大量的有关职业健康安全生产的法律、法规及一些行业规章，但由于企业执行不到位，对上级已经查出的存在问题没有依法做出处理并采取有效的防范措施，往往最终酿成了恶性事故。⑥职业健康安全的预警和应急机制不健全，应对突发事件和抗风险的能力不强。

第三，当前企业职业健康安全工作面临新的挑战和机遇。①现在企业的职业健康安全工作与社会稳定息息相关，一次事故，可能危及许多人的生命，关系千家万户的幸福安危，也会影响到社会的稳定。因此，党和政府十分重视职业健康安全工作。特别是国务院相继制定职业健康安全管理法规和重大责任事故责任追究制度，逐步建立起适应社会主义市场经济的安全生产监管、监察体制与机制，为企业搞好职业健康安全工作提供了政治保证和制度保障。②由于我国经济突飞猛进的发展，综合国力的提高，企业实力的增强，这为企业开展职业健康安全工作创造了良好的物质条件。③国家的富强带来了人民生活水平的较大提高，人们的生活方式多样化了，对生活质量的要求也高了，这一点也反映在择业上。人们已经把安全、健康、卫生、舒适作为择业重点考虑的因素之一。④从国家的对外贸易角度看，一些发达国家开始对发展中国家以产品生产不符合安全卫生标准为由，限制发展中国家产品进入，对此，企业应当引起高度的重视。⑤科学技术的进步。一方面可以提高企业的职业健康安全水平，如人机联动，可以降低危险；另一方面，越是现代化的技术、设备，安全健康工作出现问题时，损失越严重。这样，使企业的职业健康安全管理显得更为重要。⑥随着社会主义市场经济的建立，经济成分多样化，经济利益多元化，企业用工形式多样化，这些新情况增大了职业健康安全工作的难度。⑦全球职业健康安全事业的发展态势也促使我国的企业搞好职业健康安全。英国、日本等一些发达国家从 20 世纪 90 年代开始就开展了实施职业健康安全管理体系的活动,这些发达国家认识到,重视安全生产的企业才会有竞争力,才会有发展的后劲。⑧我国在职业健康安全方面的指导思想发生了变化。一是在职业健康安全管理方面,从以前的事后查处转向事前预防为主;二是职业健康安全工作的重点由外部对企业的管理转向企业内部自己管理,即从外部要企业安全,转为企业要安全、企业会安全;职工由要我安全转为我要安全。⑨面对经济全球化和市场经济的新形势,党和政府高度重视安全生产工作,逐步理清了从社会进步的高度监管安全生产,用系统工程的方法指导安全生产的工作思路。

第四,职业健康安全管理体系以为企业产生直接和间接的经济效益。建立和实施职业健康安全管理体系不仅可以树立企业的良好形象,提高企业的信誉和知名度,还可以为企业产生直接和间接的经济效益。不可否认,从短期和局部来看,增加企业职业健康安全方面的经济技术投入可能会增加一些生产成本;但从长远和全局来看,它可以对企业生产发展产生非常重要的促进作用,这种投入必然产生经济效益。一方面,企业通过建立、实施职业健康安全管理体系,可以明显提高企业安全生产的管理水平和管理效益,有效防范风险,控制和避免人身伤亡和财产损失。特别是一些非公有制企业、中小型企业,一般来讲,由于受经济实力的制约,控制重大伤亡事故的能力较弱,如果经历一次较大的事故,轻者"伤筋动骨",重者有可能破产,因此,更应重视安全生产管理工作;另一方面,改善作业条件,保证职工的身心健康,能够充分调动职工的工作热情,明显提高劳动效率,为企业和社会创造更多的财富。

复 习 思 考 题

1. 说明工程建设对环境影响的程度。
2. 说明工程建设环境管理的重要性。
3. 说明工程建设安全管理的重要性。
4. 工程建设安全管理主要包括哪些方面?

第2章　工程建设环境管理与环境保护

内容提要：介绍了工程建设项目环境管理的特点、程序与内容，工程建设环境管理体系的建立与运行，工程建设环境保护管理的原则、内容与法律规定，环境影响评价的作用、要求与内容，阐述了工程建设项目环境影响报告的内容和环境保护规划与设计要求。

2.1　工程建设环境管理

建设项目的环境管理是环境管理的重要环节，是贯彻环境保护国策，实现持续发展战略方针的具体措施。所谓工程建设项目是指新建、改建、扩建、迁建项目，技术改造项目，区域开发建设项目等。建设项目的环境管理是对项目的规划、选址、环境影响评价、防治污染设施的建设和使用等方面的管理。其宗旨是预防和尽可能减少建设项目对环境的污染和破坏，运用行政、法律、经济、技术、教育等手段，按照国家的环境政策和有关法规从事开发建设活动，使建设项目实现合理布局，经济建设、城乡建设和环境建设同步规划、同步实施、同步发展，以达到经济效益、社会效益和环境效益的统一。

改革开放以来，我国在建设项目环境管理方面形成了一套制度和做法，如环境影响评价制度，"三同时"制度、排污许可证制度，这些制度相互呼应、互相配合，体现了环境管理的预防性、连续性、普遍性等特点，在控制建设项目环境污染和破坏方面发挥着重要的作用。特别是1989年12月26日出台的《中华人民共和国环境保护法》中明确规定："建设项目的环境影响报告书，经项目主管部门预审并依照规定的程序报环境保护行政主管部门批准后，计划部门方可批准建设项目设计任务书"，"建设项目中防治污染的设施，必须与主体工程同时设计、同时施工、同时投产使用。防治污染的设施必须经原审批环境影响报告书的环境保护行政主管部门验收合格后，该建设项目方可投入生产和使用"。1998年11月29日国务院以253号令发布实施了《建设项目环境保护管理条例》，对我国的环境影响评价制度和"三同时"制度进行了更加具体和明确的规定。这也是我国建设项目环境保护管理的第一个行政法规。

2.1.1　工程建设项目环境管理的特点与程序

2.1.1.1　工程建设项目环境管理的特点

工程建设项目环境管理的特点决定了建设项目环境管理工作的原则。其特点如下：

（1）广泛性

环境问题在空间分布上的普遍性决定了建设项目环境管理对象的广泛性。环境问题在空间分布上的普遍性是指建设项目对环境的污染或破坏，从宏观角度看，是一个普遍性的问题，不是哪一个项目或哪一个行业所独有，而是所有项目与开发建设及投产使用过程同时伴生的产物。如果说存在区别的话，仅在其影响和破坏程度上有轻重之分而已。建设项目的这一特点决定了工程建设项目环境管理的对象是全社会所有开发建设活动的整体。就湖南省而言，就包括湖南省范围内的所有工业、交通、水利、农业、商业、卫生、文教、科研、市政等所有对环境有影响的基本建设项目、技术改造项目、区域开发项目、外国投资项目和自然资源开发项目，都是工程建设项目环境管理的对象。

（2）地区性

环境影响在地理分布上的区域性决定了建设项目环境管理的地区性。工程建设项目对环境的影响和破坏总是发生在一定的区域内，不同区域对环境保护要求的重点不一样，居民稠密区对噪声敏感，而水源保护区对水污染物的排放有严格的要求，某个项目在这个地区可以建设，换个地方可能不允许建设。

（3）超前性

环境问题在时间上的同步性决定了工程建设项目环境管理工作的超前性。大多数开发建设活动对环境的污染和破坏是伴随着开发建设活动同步产生的。生产装置运行或新建工程投入使用后，废水、废气、废渣、噪声、电磁波等污染物即同步产生。因此，为了防止污染物对环境的影响和破坏，工程建设项目环境管理必须走在建设行为发生之前，预防为主，防患于未然。我国推行的预防为主、防治结合的方针以及工程建设环境影响评价制度，正是基于环境管理的超前性这一特点而采取的对策。

（4）社会性

环境问题形成原因的多元性决定了工程建设项目环境管理工作的社会性。一个建设项目对环境造成影响或破坏可能有如下多方面的原因：领导决策失误、选址不合理、厂内布局不合理、设计错误、施工质量差、管理水平低、操作人员素质差等。为了避免出现环境问题，我们对工程建设项目的环境管理工作应该深入到该项目有关的各部门中去，应该从与建设项目有关的社会各方面的环境意识和行为入手，对具体管理对象进行长期的坚持不懈的宣传和引导，提高他们保护环境的自觉性，在工程建设项目的环境管理中各司其职，为环境保护出力。

从一个单位或一个部门的内部看，工程建设项目环境管理涉及这个单位或部门的各个层次，其中最重要的是决策部门，对工程建设项目环境管理危害最大是决策失误。因此，我们要特别重视对决策者的宣传，要说服决策者按环境保护法规和科学规律办事。

（5）目的同一性

环境问题的经济性决定了工程建设项目环境管理与经济工作的目的同一性。从本质上而言，环境问题是一个经济问题，它产生于人类社会经济活动，而最终又必须通过经济手段才能解决。工程建设项目环境管理的目的是使环境、经济、社会协调有序地发展，环境保护部门严格控制环境污染，其根本目的还是为生产力的持续发展服务。从这一点来看，环境保护单位与建设单位之间利益是一致的。这种既有矛盾、又能统一的关系，就是建设项目环境管理工作与开发建设活动之间的辩证关系。

2.1.1.2 工程建设项目环境管理的程序

国家计划部门将工程建设项目的管理过程分为五个阶段，即项目建议书阶段、可行性研究阶段、设计阶段、施工阶段和竣工验收阶段。而环境保护部门在前两阶段实施环境影响评价管理，后三个阶段实施"三同时"管理。

（1）项目建议书阶段

建设单位向计划主管部门报送项目建议书时，必须按当地规定《建设项目环境保护管理办法》细则规定的权限，向负责审批该项目的相关职能部门报送项目建议书，审批该项目的相关职能部门参加项目建议书的审查会，从环境保护的角度对选址、工艺方案及拟采取的防治污染措施提出意见和建议。

（2）可行性研究阶段

工程建设项目的环境影响评价在可行性研究阶段完成。项目建议书被批准后，相关职能部门根据该项目的规模、生产工艺、拟选厂址环境现状等情况确定该项目是否进行环境影响评价，并通知建设单位。确定不做环境影响评价的项目，建设单位应填写环境影响调查表报相关职能部门；确定做环境影响评价的项目，建设单位首先应委托持证单位编写环境影响评价大纲，评价大纲编写后报相关职能部门审查，相关职能部门对评价大纲提出审查意见并书面批复建设单位后，建设单位根据批准后的大纲与评价单位签订合同，开展评价，编写报告书。

报告书完成后并经建设单位及其主管部门预审后报相关职能部门。相关职能部门接到环境影响报告书（表）后，在规定期限内批复或签署意见。《建设项目环境保护管理办法》规定："对未经批准环境影响报告书或环境影响报告表的建设项目，计划部门不办理设计任务书的审批手续，土地管理部门不办理征地手续，银行不予贷款。"根据这一规定，相关职能部门批准该项目的环境影响报告书后，计划部门才能办理可行性研究报告的审批，规划管理部门、土地管理部门才能办理拨地、征地手续。

因此，相关职能部门应对可行性研究报告进行审查，并就报告的环境保护内容提出审查意见。

（3）设计阶段

建设项目的设计一般分为初步设计和施工图设计两个阶段。建设项目的初步设计经建设主管部门会同计划部门、规划部门及其他有关部门批准后方可动工建设，环保相关职能部门参加建设项目初步设计的审查。初步设计被批准后，建设单位应会同设计单位，在施工图设计中落实环境保护工程的设计。

（4）施工阶段

建设项目开始施工后，须在年度计划中落实环境保护工程的进度与投资。施工单位在施工组织设计中必须有防止施工污染扰民的具体措施。建设项目竣工后，施工单位应当修复在建设过程中受到破坏的环境，环保相关职能部门在必要时深入施工现场进行检查。

建设项目环境影响报告书（表）、初步设计环境保护篇未经环保相关职能部门审查批准而擅自施工的，相关职能部门可责令其停止施工，补办审批手续外，对建设单位及其单位负责人处以罚款。

（5）试生产及竣工验收阶段

建设项目建成后试生产或使用前，相关职能部门一般要到现场检查是否具备试生产条件，确认试运行期限并对验收监测污染项目及监测点位置、取样频次等提出要求。

试运行期限一般不得超过半年，超过半年的应该经环保相关职能部门同意。试生产期间超标排放污染物应按规定缴纳超标准排污费，对长期运行达不到设计要求并造成环境污染的，相关职能部门有权强制建设单位停止试运行。试运行期间，生产负荷达到设计要求后，建设单位应委托市或区（县）监测站按事先确定的监测方案进行验收监测，并提出验收监测报告。试运行期满，建设单位应填写《建设项目环境保护竣工验收审批表》，并连同验收监测报告一并报相关职能部门审批。相关职能部门批准"验收审批表"后，即表示该工程已经通过环境保护"三同时"验收。经批准的"验收审批表"是国家对建设项目正式验收的主要依据之一。建设项目的环保设施未经验收或验收不合格而擅自投入使用的，相关职能部门有权令其停止使用或期限改进，补办手续并处以罚款。

建设单位在工程验收后正式生产或试用期间，要对环境保护设备加强运行管理，使其发挥效益。

2.1.2 工程建设项目环境管理的基本步骤和流程

工程建设项目环境管理的基本步骤主要包括：环境因素的识别、评价、控制措施计划、实施控制措施计划、检查，其流程如图 2-1 所示，其主要内容是：

（1）环境因素识别

识别与各类工程建设项目管理有关的环境因素，考虑谁会受到影响，以及受到何种影响。为此，项目管理人员首先要对工程建设项目的现场作业和管理业务活动进行分类，编制一份施工现场业务和管理活动表。

（2）环境影响的评价

在假定的计划（方案）或现有的控制措施适当的前提下，对与各项环境因素有关的有害环境影响的环境因素作出主观评价。同时项目管理人员应考虑措施控制的有效性，以及失败后将有可能所造成的后果。

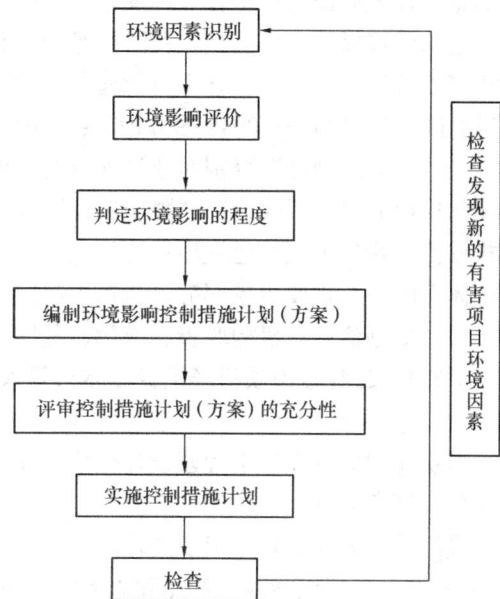

图 2-1 环境因素管理的流程图

（3）判定环境影响的程度

判定假定的计划（方案）或现有的控制措施是否能把有害的环境因素控制住，并符合法律法规、标准规范和其他要求以及施工单位自身的能力要求，据此对工程建设环境因素按环境影响的大小进行分类，确定重大环境因素。

（4）编制环境影响控制措施计划（方案）

针对评价中发现的重大环境因素，管理人员应编制控制措施计划（包括应急预案），以处理需要重视的任何问题，并确保新的和现行的控制措施仍然适当和有效。

（5）评审控制措施计划（方案）

针对已修正的控制措施计划（方案），重新评价环境影响，并检查其是否能足以把环境因素控制住，并符合法律法规、标准规范和其他要求以及施工单位自身的能力要求。

（6）实施控制措施计划

对已经评审的控制措施计划具体落实到工程建设项目的生产过程中去。

（7）检查

工程建设项目在实施过程中，一方面要对各项环境因素控制措施计划（方案）的执行情况不断地进行检查，并评价各项环境因素控制措施的执行效果。另一方面，当项目的内

13

外条件发生变化时，要确定是否需要提出不同的环境影响处理方案。此外，还需要检查是否有被遗漏的工程建设项目环境因素或者发现新的工程建设项目的环境因素，当发现新的环境因素，就要进行新的环境因素的识别，即开始新一轮的工程建设项目环境因素的管理过程。

2.2　工程建设项目环境管理体系的建立与运行

随着人类环境意识的普遍提高和各国政府严格的环境立法和依法监督，世界上许多国家的企业都先后按照环境管理标准建立相应的环境管理体系，对其项目进行控制。且自第三次全国环境保护会议以来，我国已经制定和推行了多项环境管理制度，且出台了《职业健康安全管理体系标准》（GB/T 28001—2001）（OHSAS18001：1999）、《环境管理体系标准》GB/T 24001—2004/ISO14001：2004 等一系列的标准，其中，"环境影响评价制度"和"三同时制度"分别对建设项目的立项审批和竣工验收进行管理，对项目运营期的污染物排放有"排污收费"、"限期治理"等制度进行控制，这些制度对那些在运营期向环境排放污染物的工业类建设项目的环境起到管理作用，工程建设环境管理体系是组织整个管理体系的一个重要组成部分，包括为制定、实施、实现、评审和保持环境方针所需的组织机构、规划活动、机构职责、惯例、程序、过程和资源。

2.2.1　工程建设项目环境管理体系要求与方针

（1）总要求

组织应建立并保持工程建设环境管理体系。

（2）环境方针

最高管理者应制定本组织的环境方针并确保它：

1）适合于组织活动、产品和服务的性质、规模与环境影响；

2）包括对持续改进和污染预防的承诺；

3）包括对遵守有关环境法律、法规和组织应遵守的其他要求的承诺；

4）提供建立和评审环境目标和指标的框架；

5）形成文件、付诸实施、予以保持，并传达到全体员工；

6）可为公众所获取。

工程建设环境管理体系的方针内容包括"三个承诺和一个框架"：承诺持续改进；承诺污染预防；承诺遵守有关法律法规和其他要求；提供建立和评审环境目标和指标的框架。"三个承诺和一个框架"是任何一个实施《环境管理体系——规范及使用指南》（GB 24001—1996）标准的组织进行工程建设环境管理的基本原则，必须在环境方针中承诺污染预防和持续改进及遵守有关法律法规的要求。污染预防是建立环境管理体系的核心，管理体系的实施始终贯彻了预防为主的思想；持续改进是实施环境管理体系的目的，使组织在其从事的活动，产品或服务过程中，充分体现出经济效益、社会效益、环境效益协调发展，逐步改善人类的生活环境和生态环境，走可持续发展的道路；遵循法律法规及其他要求，是 GB/T 24001 标准对组织的基本要求，也是其他各种环境管理手段的依据。

（3）作用和意义

国际标准化组织（ISO）从 1993 年 6 月正式成立环境管理技术委员会（ISO/TC207）

开始，就遵照其宗旨："通过制定和实施一套环境管理的国际标准，规范企业和社会团体等所有组织的环境表现，使之与社会经济发展相适应，改善生态环境质量，减少人类各项活动所造成的环境污染，节约能源，促进经济的可持续发展。"经过 3 年的努力到 1996 年推出 ISO14000 系列标准。同年，我国将其转换为国家标准 GB/T24000 系列标准。该标准规范体系结构如图 2-2 所示。其作用和意义体现在保护人类生存和发展、国民经济可持续发展、建立市场经济体系、环境管理现代化和协调各国管理性"指令"和控制文件等方面，且取得了显著的成果。

（4）工程建设项目环境管理体系的运行模式

环境管理体系的运行模式如图 2-3 所示，该模式的规定为环境管理体系提供了一套系统

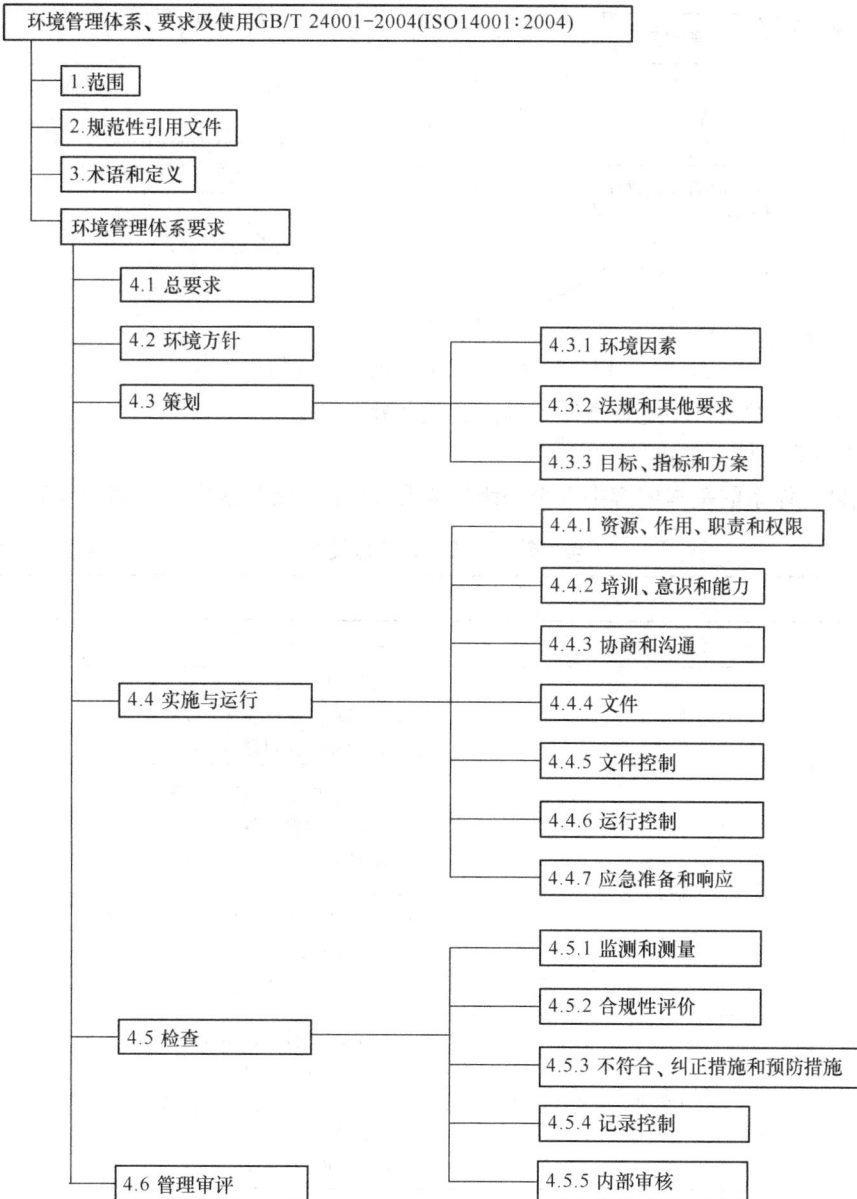

图 2-2　环境管理体系总体结构图

化的方法，指导其组织合理有效地推行其环境管理工作。该体系建立在一个由"策划、实施、检查、评审和改进"诸环节构成的动态循环过程的基础上。为工程建设项目的环境管理体系打下了坚实的基础，所以工程建设项目的环境管理体系也可以完全按此模式建立。

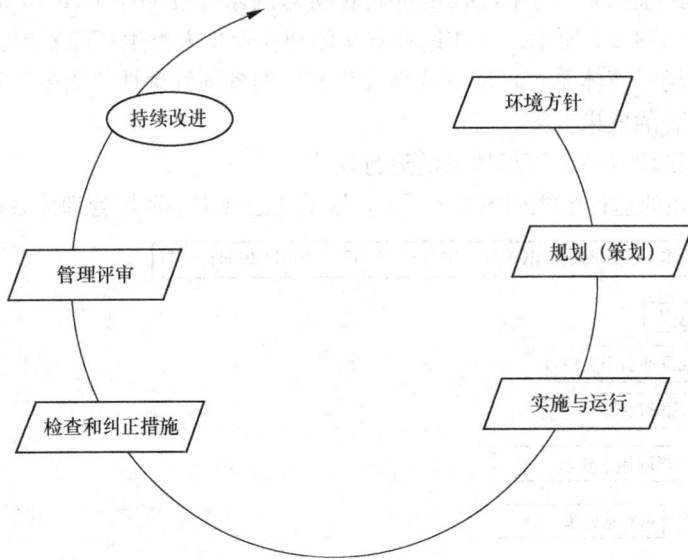

图 2-3　环境管理体系的运行模式图

（5）工程建设项目环境管理体系的内容及其相互关系

1）环境管理体系的内容

环境管理体系的基本内容由 5 个一级要素和 17 个二级要素构成，如表 2-1 所示：

环境管理体系一、二级要素表　　　　　　　　表 2-1

	一级要素	二级要素
要素名称	（一）环境方针（4.2）	1. 环境方针（4.2）
	（二）策划（4.3）	2. 环境因素（4.3.1） 3. 法律和其他要求（4.3.2） 4. 目标和指标和方案（4.3.3）
	（三）实施与运行（4.4）	5. 资源、作用、职责和权限（4.4.1） 6. 培训、意识和能力（4.4.2） 7. 信息交流（4.4.3） 8. 文件（4.4.4） 9. 文件控制（4.4.5） 10. 运行控制（4.4.6） 11. 应急准备和响应（4.4.7）
	（四）检查和纠正措施（4.5）	12. 监测和测量（4.5.1） 13. 合规性评价（4.5.2） 14. 不符合、纠正和预防措施（4.5.3） 15. 记录控制（4.5.4） 16. 内部审核（4.5.5）
	（五）管理评审（4.6）	17. 管理评审

2）各类要素之间的关系

从 17 个要素的内容及其内在关系来看，彼此之间有一定的逻辑关系，如图 2-4 所示。

（6）环境管理体系的术语和定义

1）持续改进（Continual Improvement）：强化环境管理体系的过程，目的是根据组织的环境方针，实现对整体环境表现（行为）的改进。

2）环境（Environment）：组织运行活动的外部存在，包括空气、水、土地、自然资源、植物、动物、人，以及它们之间的相互关系。

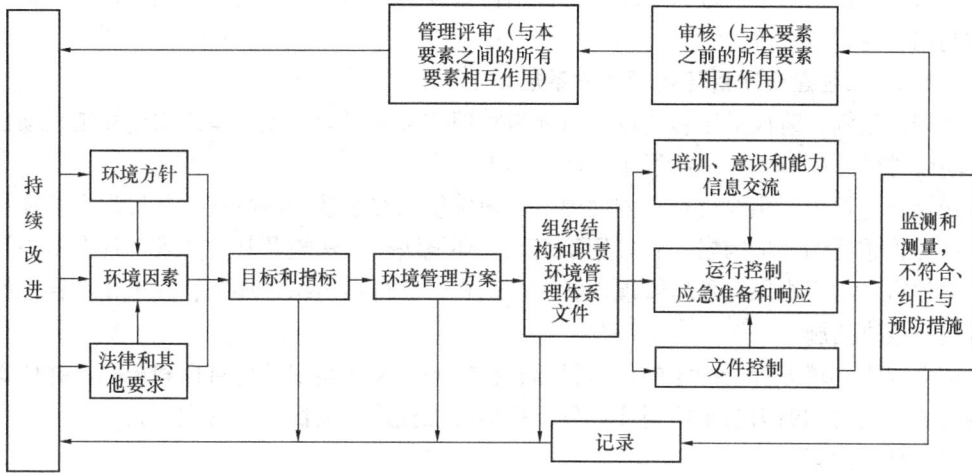

图 2-4　环境管理体系要素关系图

3）环境因素（Environment Aspect）：一个组织的活动、产品或服务中能与环境发生相互作用的要素。

4）环境影响（Environment Impact）：全部或部分有组织的活动，产品或服务给环境造成的任何有害或有益的变化。

5）环境管理体系（Environment Management System）：整个管理体系的一个组成部分，包括为制定、实施、实现、评审和保持环境方针所需的组织结构、计划活动、职责、惯例、程序、过程和资源。

6）环境管理体系审核（Environment Management System Audit）：客观地获得审核证据并予以评价，以判断组织的环境管理体系是否符合规定的环境管理体系审核标准准则的一个以文件支持的系统化验证过程，包括将这一过程的结果呈报管理者。

7）环境目标（Environment Objective）：组织依据其环境方针规定自己所要实现的总体环境目的，如可行应予以量化。

8）环境表现（行为）（Environment Performance）：组织基于其环境方针，目标和指标，对它的环境因素进行控制所取得的可测量的环境管理体系结果。

9）环境方针（Environmen Tpolicy）：组织对其全部环境表现（行为）的意图和原则的声明，它为组织的行为及环境目标和指标的建立提供了一个框架。

10）环境指标（Environment Target）：直接来自环境目标，或为实现环境目标所需规定并满足的具体的环境表现（行为）要求，它们可适用于组织或其局部，如可行应予以量化。

11）相关方（Interested party）：关注组织的环境表现（行为）或受其环境表现（行为）影响的个人或团体。

12）组织（Organization）：具有自身职能和行政管理的公司、集团公司、商行、企事业单位、政府机构或社团，或是上述单位的部分结合体，无论其是否是法人团体、公营或私营。

13）污染预防（prevention of pollution）：旨在避免、减少或控制污染而对各种过程、惯例、材料或产品的采用进行管理，可包括再循环、处理、过程更改、控制机制、资源的有效利用和材料替代等。

2.2.2　工程建设项目环境管理体系规划

规划（策划）阶段是工程建设项目环境管理体系的启动阶段，是组织建立工程项目建设环境管理体系的基础。这阶段主要内容如下：

初始环境评审，主要进行三方面内容：识别组织在活动、产品或服务过程中的环境因素，并评价重要的环境因素；收集用于组织的环境法律、法规及其他要求；现有组织管理制度的评审，对组织原有环境管理现状进行调查，评价出组织在环境管理工作中存在的问题并提出改进措施。

依据组织环境方针所确定的环境目标、指标的框架，制定环境目标和指标，并依据组织的人力、物力和财力制定实现环境目标指标的工程建设项目环境管理方案。

（1）环境因素

组织并保持一个或多个程序。用来确定其活动产品或服务过程能够得到控制，或可望对其实施影响的环境因素，从中判定哪些环境具有重大影响，或可能具有重大影响的因素。组织应确保在建立环境目标时，对与这些重大影响有关的因素加以考虑。组织应及时更新这方面的信息。

环境因素的识别与重要环境因素的评价是建立工程项目建设环境管理体系的基础，同时，确定组织在活动、产品或服务中的环境因素体现了预防为主的管理思想，它的实施也是组织污染预防承诺的保证。

识别环境因素时要考虑三种时态、三种状态、六个情况，具体指：

1）三种时态指：过去、现在、未来；

2）三种状态指：正常、异常、紧急；

3）六个情况指：污染向大气的排放；污染向水体的排放；废物对土地的污染；固体废物的管理；生产、活动和服务过程中对周围社区的影响；原材料和自然资源的利用；其他地方性的环境问题。

（2）法律与其他要求

组织应建立并保持程序，用来确定适用于其活动、产品或服务中环境因素的法律，以及其他应遵守的要求，并建立获取这些法律和要求的渠道。

（3）目标和指标

组织应针对其内部每一职能和层次，建立并保持环境目标和指标。环境目标和指标应形成文件。

组织在建立与评审目标时，应考虑的因素：

1) 法律与其他要求；

2) 它自身的重要环境因素；

3) 可选技术方案；

4) 财务、运行和经营要求；

5) 各相关方的观点。

同时，目标和指标应符合环境方针，并包括对污染预防的承诺。

（4）环境管理方案

组织应指定并保持一个或多个旨在实现环境目标和指标的环境管理方案，其中应包括以下几个方面的内容：

1) 规定组织的每个有关职能和层次实现环境目标和指标的职责；

2) 实现目标和指标的方法和时间表；

3) 如果一个项目涉及新的开发和新的或修改的活动、产品或服务，就应对有关方案进行修订，以确保环境管理和该项目相适应。

2.2.3 工程建设项目环境管理体系实施与运行

（1）组织机构和职责

为便于环境管理工作的有效开展，就应当对作用、职责和权限作出明确规定、形成文件，并予以传达。

管理者应为环境管理体系的实施与控制提供必要的资源，其中包括人力资源和专项技能、技术以及财力资源。

组织的最高管理者应指定专门的管理者代表，无论他（们）是否还负有其他方面的责任，应明确规定其作用、职责和权限，以便确保按照本标准的规定建立、实施与保持环境管理体系要求，向最高管理者汇报环境管理体系的运行情况以供评审，并为环境管理体系的改进提供依据。

（2）培训、意识与能力

组织应确定培训的需求。应要求其工作可能对环境产生重大影响的所有人员都经过相应的培训。同时，应建立并保持一套程序，使处于每一有关职能与层次的人员都意识到：

1) 符合环境方针与程序和符合环境管理体系要求的重要性；

2) 他们工作活动中实际的或潜在的重大环境影响，以及每个工作的改进所带来的环境效应；

3) 他们在执行环境方针或程序，实现环境管理体系要求时，包括应急准备与响应要求方面的作用与职责；

4) 偏离规定的运行程序时，将会产生何种后果。

所以工程建设项目运行前，管理机构要组织项目员工进行环境保护的培训教育，增强项目员工的环境保护意识，确保员工有能力履行相应的职责，完成工作场所内环境保护任务。培训教育要采取举办学习班、各部门和作业班组自行组织学习以及自学相结合的方式。培训教育的内容主要有三个方面：一是国家、地方政府和行业关于环境保护的法律、法规；二是环境管理体系文件，特别是本项目编制的作业文件；三是环境保护知识和技能。

培训教育要结合项目的实际工作和具体操作，突出作业文件中的危险源识别、风险评价和风险控制措施以及应急预案的内容和操作等的培训。

通过培训教育，项目员工不但能掌握相关的理论知识，还能掌握相应的操作技能。未经培训教育和考核不合格的员工，不允许上岗。

所以，从事可能产生重大环境影响的工作人员应具备适当的教育、培训和（或）工作经验，从而胜任他所担负的工作。

（3）信息交流

组织应建立并保持一套程序，用于有关其环境因素和环境管理体系：

1）组织内各层次和职能间的内部信息交流；

2）与外部相关方联络的接受、文件形成和答复；

3）组织应考虑对设计重要环境因素的外部联络的处理，并记录其决定。

（4）环境管理体系文件

组织应以书面或电子形式建立并保持下属信息：

1）对管理体系核心要素及其相互作用的描述；

2）查询相关文件的途径。

（5）文件控制

组织应建立并保持一套程序，以控制本标准所要求的所有文件，从而确保以下几个方面的内容：文件便于查找；对文件进行定期评审，必要时予以修改并由授权人员确认其适宜性；凡对环境管理体系的有效运行具有关键作用的岗位，都可能得到有关文件的现行版本；迅速将失效文件从所有发放和使用场所撤回，或采取其他措施防止误用；对出于法律和（或）保留信息的需要而留存的失效文件予以标识。

所有文件均须字迹清楚，注明日期（包括修订日期），标识明确，妥善保管，并在规定期间内予以留存。应规定并保持有关建立和修改各种类型文件的程序与职责。

（6）运行控制

组织应根据其方针、目标和指标，确定与所标识的重要环境因素有关的运行与活动。应针对这些活动（包括维护工作）制定计划，确保它们在程序规定的条件下进行。程序的建立应符合的要求：对于程序指导可能导致偏离环境方针、目标和指标的运行，应建立并保持一套以文件支持的程序；在程序中对运行标准予以规定；对于组织所使用的产品和服务中可标识的重要环境因素，应建立并保持一套管理程序，并将有关的程序与要求通报提供方和承包方。

（7）应急准备和响应

组织应建立并保持一套程序，以确定潜在的事故或紧急情况，做出响应，并预防或减少可能伴随的环境影响。必要时，特别是在事故或紧急情况发生后，组织应对应急准备和响应程序予以评审和修订，组织还应定期实验上述程序。

2.2.4　工程建设项目环境管理体系检查与纠偏

（1）监测和测量

工程建设项目环境管理的监测、检查和监督是管理机构日常的基本工作之一。通过监测、检查和监督，能及时发现和消除事故隐患，纠正违章行为，改善管理状况，不断提高管理水平，确保项目职业健康安全和环境管理正常、有效地运行。

监测是采用各种监测技术，持续不断地对项目的环境管理体系的运行情况进行监视和测量。监测内容包括项目的环境管理状况、有关的运行控制以及目标、指标和管理方案的实现程度等。监测设备应予校准并妥善维护，并根据组织的程序保存校准与维护记录。

组织应建立并保持一套以文件支持的程序，对可能具有重大环境影响运行与活动的关键特性进行例行监测和测量。其中应包括与环境表现有关的运行控制，对组织环境目标和指标符合情况的跟踪信息进行记录。

组织应建立并保持一个以文件支持的程序，以定期评价对有关环境法律、法规的遵循情况。

检查是工程建设项目环境管理控制工作的重要措施之一。检查的方式有日常性检查、专业性检查、季节性检查、节假日前后检查和不定期检查等。检查的内容有查思想、查管理、查隐患、查整改、查事故处理情况。

监督是工程建设项目环境保护工作的查看和督促，是管理部门日常性的岗位工作。监督点主要在项目的作业区，重点设在有风险因素的作业区。监督内容为各项作业操作是否按规定执行。建立监测、检查和监督程序，确定监测、检查和监督的方法和要求，是做好工程建设项目环境保护的先决条件，同时还要建立以下制度：使用、维护、保管监测设备制度；记录和保管记录制度；评价和报告监测结果制度。

（2）不符合，纠正与预防措施

组织应建立并保持一套程序，用来规定有关的职责和权限，对不符合要求的进行处理与调查，采取措施减少由此产生的影响，采取纠正与预防措施并予完成。任何旨在消除已存在和潜在不符合的原因的纠正或预防措施，应与该问题的严重性和伴随的环境影响相适应。

对于纠正与预防措施所引起对程序文件的任何更改，组织均应遵照实施并予以记录。

（3）记录

记录是反映环境管理客观事实的文字和数字的记载，是管理体系认证审核和管理不断改进的依据。所以组织应建立并保持一套程序，用来标识、保存与处置有关环境管理的记录。

明确记录程序和记录要求，是做好记录的基础。记录的程序和要求是：按程序文件规定的表格分类填写和管理；内容要反映环境管理活动的事实；字迹要工整、清晰；内容要完整、清楚，不可随意省略；数据要真实、可靠、全面；记录人要签字确认，并填写记录日期；重要的记录除记录人签字确认外，还要经有关见证人员签字确认。

这些记录中还应包括培训记录和审核与评审结果。具备对相关活动、产品或服务的可追溯性。对环境记录的保存和管理应使之便于查阅，避免损坏、变质或遗失。应规定其保存期限并予记录。组织应保存记录，在对其体系及自身适宜时，用来证明符合本标准的要求。

管理机构的所有人员不仅要严格执行每天的工作记录制度，而且要认真做好管理机构活动的记录和项目记录的管理工作。部门（作业班组）的活动记录都要设专人负责并妥善保管，管理机构要定期收缴，并分类管理。项目结束后，重要记录要作为档案资料上交企业和建设单位归档管理。

（4）环境管理体系审核

组织应制定并保持用于定期开展环境管理体系审核的一个或多个方案和一些程序，进行审核的目的是：判定环境管理体系是否符合对环境管理工作的预定安排和本标准的要求，以及是否得到了正确的实施和保持；向管理者保送审核结果。

组织的审核方案（包括时间表）的指定，应立足于所涉及活动的环境重要性和以前审核的结果。审核程序中应包括审核的范围、频次和方法，以及实施审核和报告结果的职责与要求。

对照环境管理体系文件的规定，对不符合项进行调查、处理，采取措施进行纠正和预防，是项目环境管理有效运行的重要程序和活动，是管理机构监测、检查、监督工作的紧后工作。

审核不符合项的整改、纠正和预防的工作程序是：对发现的职业健康安全和环境保护的不符合项，应及时填写不符合项登记表，下发给责任单位；组织有关人员对不符合项进行分析调查，制订纠正和预防措施，填写纠正和预防措施记录，并限定整改完成的时间；责任单位按照不符合项的纠正和预防措施记录的要求进行整改；管理机构要跟踪检查和记录不符合项的整改及纠正情况；采取纠正和预防措施后，责任单位及时报请检查和验证；管理机构根据纠正和预防的实施效果，对纠正和预防措施及实施情况作出评审，必要时应及时组织修改、完善纠正和预防措施及作业文件。

2.3　工程建设项目环境保护管理的目的与意义

工程建设项目环境管理的目的就是控制和减少项目环境因素的有害影响，持续改进安全业绩，实现环境保护。环境保护是最终目标。环境因素，按照现行国家标准《环境管理体系——规范及使用指南》（GB 24001—1996），将其定义为："一个有组织的活动、产品或服务中能与环境发生作用的要素。"所以建设项目的环境因素就是指项目实施后能与环境发生相互作用的要素。环境要素给环境造成的影响分为有害和有益的影响。施工现场的某些环境因素可以造成有害的影响，如施工过程中产生的废水、废气、粉尘、噪声、振动和固体废弃物的排放等。这些环境因素的有害影响是造成环境问题的主要根源之一，所以，必须展开对工程建设项目的环境保护。本着"预防为主，防治结合"的方针，工程建设项目环境保护工作的重点将围绕这些环境因素展开。

环境保护管理是环境保护的重要内容，是国家、行业与地方政府有关环境保护法律法规与法规性文件、技术政策与相关技术标准、规范的体现。

2.3.1　建设项目环境保护管理的原则

中华人民共和国国务院第 253 号令通过的《建设项目环境保护管理条例》规定了工程建设项目环境保护管理的原则：

（1）防止建设项目产生新的污染、破坏生态环境；

（2）建设产生污染的建设项目，必须遵守污染物排放的国家标准和地方标准，符合环境保护的有关法规；在实施重点污染物排放总量的区域内，还必须符合重点污染物排放总量控制的要求；

（3）工业建设项目应当采用能耗物耗小、污染物产生量少的清洁生产工艺，合理利用自然资源，防止环境污染和生态破坏；

（4）改建、扩建项目和技术改造项目必须采取措施，治理与该项目有关的原有环境污

染和生态破坏;

(5) 对环境有影响的工程项目的实施,必须执行环境影响报告书的审批制度,执行"三同时"制度。既防治污染及其他公害的设施要与主体工程同时设计、同时施工、同时投产使用;

(6) 对外经济开放地区现有的不合理布局,应当结合城市改造、工业调整逐步加以解决。在生活居住区、水源保护区、疗养区、自然保护区、风景游览区、名胜古迹和其他需要特殊保护的地区,不得建设污染环境的项目;已建成的,要限期治理、调整或搬迁。

2.3.2 建设项目环境保护管理的内容

工程建设项目环境保护的管理贯穿了建设项目寿命周期的每个阶段:

(1) 项目建议书阶段的环保管理

1) 建设单位可根据拟建项目的性质、规模、厂址、环境现状等有关资料,对建设项目建成后可能造成的环境影响,进行简要说明(或环境影响初步分析);

2) 环保部门参加厂址现场踏勘;

3) 省级环境保护部门签署意见,纳入项目建议书作为立项依据。

(2) 可行性研究(设计任务书)阶段的环保管理

1) 国家环保总局及行业主管部门根据国家计委及有关部门立项批复,督促建设单位执行环境影响报告书(表)审查制度;

2) 建设单位征求国家环保总局意见,确定作报告书或报告表。委托持甲级评价证书的单位,编制环境影响报告表、或评价大纲(环评实施方案);

3) 建设单位向国家环保总局申报环境影响评价大纲(环评实施方案),抄送行业主管部门,同时附立项文件及环评经费概算,国家环保局根据情况确定审查方式(组织专家评审会,专家现场考察及征求有关部门意见),提出审查意见;

4) 根据国家环保总局对"大纲"审查的意见和要求(主要包括评价范围,选用的标准,确定的保护目标,环境要素的取舍和评价经费等)及确定的大纲内容,评价单位与建设单位签订合同,开展评价工作,编制环境影响报告书;

5) 建设项目如有重大变动,建设单位及评价单位应及时向环保部门报告;

6) 建设单位将编制完成的"报告书(表)",按审批权限上报主管部门的环保机构,抄报国家环保总局和项目所在地省、市环保部门;

7) 主管部门组织报告书(表)预审,将预审意见和修改确定的两套环评报告书报国家环保总局审批。省级环保部门应同时向国家环保局报送审查意见。国家环保总局在接到预审意见之日起,2个月内批复或签署意见。逾期不批复或未签署意见,可视其上报方案已被确认;

8) 国家环保总局可委托省级环保部门审查"大纲"或审批"报告书";

9) 国家环保总局参加对环境有重大影响的项目可行性研究报告评估;

10) 建设项目在可行性研究阶段完成环境影响报告书或环境影响报告表。可能造成重大环境影响的项目应当编制环境影响报告书;可能造成轻度环境影响的项目,应当编制环境影响报告表;对环境影响很小、不需要进行环境影响评价的项目,应当填报环境影响登记表。

（3）设计阶段的环保管理

一般建设项目按两个阶段进行设计，即初步设计和施工图设计。对于技术上复杂而又缺乏设计经验的项目，经行业主管部门确定，可以增加技术设计阶段；为解决总体开发方案和建设部署等重大问题，有些行业，还可进行总体规划设计或总体设计。

1）初步设计阶段的环保管理

①建设项目初步设计，必须要有环境保护的篇章。其内容包括：环境保护措施的设计依据；环境影响报告书或环境影响报告表及审批规定的各项要求和措施；防治污染的处理工艺流程以及预期效果；对资源开发引起的生态变化所采取的防范措施；绿化设计、监测手段、环境保护投资的概预算等；

②建设单位在设计会审前向政府环保部门报送设计文件；

③特大型（重点）建设项目按审查权限由国家环保总局或由国家环保总局委托省级政府环保部门参加设计审查，一般建设项目由省级政府环保部门参加设计审查。必要时环保部门可单独审查环保篇章。

2）施工图设计阶段的环保管理

①根据初步设计审查的审批意见，建设单位会同设计单位，在施工图中落实有关环保工程的设计及其环保投资；

②环保部门组织监督检查；

③建设单位报批开工报告。批准后，建设项目列入年度计划，其中应包纳相应环保投资。

（4）施工阶段的环保管理

1）建设单位会同施工单位做好环保工程设施的施工建设、资金使用情况等资料、文件的整理建档工作备查，以季报的形式将环保工程进度情况上报政府环保部门；

2）环保部门检查环保报批手续是否完备，环保工程是否纳入施工计划及建设进度和资金落实情况，提出意见；

3）建设单位与施工单位负责落实环保部门对施工阶段的环保要求以及施工过程中的环保措施；主要是保护施工现场周围的环境，防止对自然环境造成不应有的破坏；防止和减轻粉尘、噪声、振动等对周围生活居住区的污染和危害。建设项目竣工后，施工单位应当修整和恢复在建设过程中受到破坏的环境。

（5）试生产和竣工验收阶段的环保管理

1）建设单位向主管部门和政府环保部门提交试运转申请报告；

2）经批准后，环保工程与主体工程同时投入试运行。做好试运转记录，并应由当地环保监测机构进行监测；

3）建设单位向行业主管部门和政府环保部门提交环保工程预验收申请报告，附试运转监测报告；

4）省级政府环保部门组织环保工程的预验收；

5）建设单位根据环保部门在预验收中提出的要求，认真组织实施，预验收合格后，方可进行正式竣工验收；

6）特大型（重点）建设项目国家环保总局参加或委托省级政府环保部门参加正式竣工验收并办理建设项目环保工程验收合格证；

7）建设项目在正式投产或使用前，建设单位必须向负责审批的环境保护部门提交"环境保护设施竣工验收报告"，说明环境保护设施运行的情况，治理的效果，达到的标准。经过验收合格并发给"环境保护设施验收合格证"后，方可正式投入生产或使用。

2.3.3 建设项目环境保护相关的法律规定

适用于建设项目环境保护的重要法律法规见表2-2。

环境保护的有关重要法律法规　　　　　　　表 2-2

类　　别	颁布单位	名　　称	时间（年）
法律法规	全国人大	环境保护法	1989
	全国人大	大气污染防治法	2000
	全国人大	环境噪声污染防治法	1996
	全国人大	水污染防治法	1996

有关环境保护的重要法律、法规简要介绍如下：

（1）《中华人民国环境保护法》

为保护和改善生活与生态环境，防治污染和其他公害，保障人体健康，促进社会主义现代化建设的发展，第七届全国人民代表大会常务委员会第十一次会议通过，中华人民共和国主席令第22号颁布了《中华人民共和国环境保护法》（以下简称《环境保护法》）。《环境保护法》是我国环境保护的基本法，自1989年12月26号起施行。其有关内容如下：

1）环境监测管理。建设污染环境的项目，必须遵守国家有关建设项目环境保护管理的规定。建设项目的环境影响报告书，必须对建设项目产生的污染和对环境的影响作出评价，规定防治措施，经项目主管部门预审并依据规定的程序报建设环境保护行政主管部门审批。

2）产生环境污染和其他公害的单位，必须把环境保护工作纳入计划，建立环境保护责任制；采取有效措施，防治在生产建设或者其他活动中产生的废气、废水、废渣、粉尘、恶臭气体、放射性物质以及噪声、振动等对环境的污染和危害。

3）建设项目中防治污染的设施，必须与主体工程同时设计、同时施工、同时投产使用。防治污染的设施必须经原审批环境影响报告书的环境行政主管部门验收合格后，该项目方可投入生产或使用。

4）建设项目的防治污染设施没有建成或没有达到国家规定的要求，投入生产或使用的，由批准该项目的环境影响报告书的环境保护行政主管部门责令停止生产或使用，可以并处罚款。

5）违反本法规定，造成重大环境污染事故，导致公私财产重大损失或人身伤亡的严重后果的，对直接责任人员依法追究刑事责任。

（2）《中华人民共和国大气污染防治法》

《中华人民共和国大气污染防治法》（以下简称《大气污染防治法》）于2000年4月29日的九届全国人民代表大会常务委员会修订通过，其主要内容如下：

采用新工艺新设备防止大气污染；防治燃煤产生的大气污染；防治废气、粉尘和恶臭污染；向大气排放粉尘的单位，必须采取除尘措施；工业生产产生的可燃气体，应回收利用，不具备回收利用条件的，应进行防治污染处理；向大气排放恶臭气体的单位必须采取措施防止周围居民受到污染；在人口集中地区和其他依法需要特殊保护的区域内，禁止焚烧沥青、油毡、橡胶、塑料、皮革以及其他产生有毒有害粉尘和恶臭气体的物质；在城市市区进行建设施工或者从事其他产生扬尘污染活动的单位，必须按照当地环境保护的规定，采取防治扬尘污染的措施。

违反《大气污染防治法》规定，在城市市区进行建设施工或者从事其他产生扬尘污染的活动，未采取有效扬尘防治措施，致使大气环境受到污染的，限期改正，处 2 万元以下罚款；对逾期仍未达到当地环境保护规定要求的，可以责令其停工整顿。对因建设施工造成扬尘污染的处罚，由县级以上地方人民政府建设行政主管部门决定，对其他造成扬尘污染的处罚，由县级以上人民政府指定的有关主管部门决定。

（3）《中华人民共和国环境噪声污染防治法》

《中华人民共和国环境噪声污染防治法》（以下简称《环境噪声污染防治法》）于 1996 年 10 月 29 日全国人大八届二十二次常委会通过，其主要内容如下：

1）在城市范围内向周围生活环境排放工业噪声的，应当符合国家规定的工业企业场界环境噪声排放标准。

2）产生环境噪声污染的工业企业，应当采取有效措施，减轻噪声对周围生活环境的影响。

3）国务院有关主管部门对可能产生环境污染的工业设备，应当根据噪声环境保护的要求和国家的经济、技术条件，逐步在依法制定的产品的国家标准、行业标准中规定噪声限值。

4）在城市市区范围内周围生活环境排放建设施工噪声的，应当符合国家规定建设施工场界环境噪声排放标准。

5）在城市市区范围内，建筑施工过程中使用机械设备，可能产生环境噪声污染的，施工单位必须在工程开工 15 日以前向所在县级以上地方人民政府环境保护行政主管部门申报该工程的项目名称、施工场所和期限、可能产生的环境噪声声值以及所采取的环境噪声污染防治措施的情况。

6）在城市市区噪声敏感建筑物集中区域内，禁止夜间进行产生噪声污染的建筑施工作业，但抢修、抢险作业和因生产工艺上要求或者特殊需要必须连续作业的除外，但必须公告附近居民。

7）建筑施工单位违反《环境噪声污染防治法》的规定，在城市市区噪声敏感建筑物集中区域内，夜间进行禁止进行的产生环境噪声污染的建筑施工作业的，由工程所在地县级以上地方人民政府环境保护行政主管部门责令改正，可以并处罚款。

（4）《中华人民共和国水污染防治法》

《中华人民共和国水污染防治法》（以下简称《水污染防治法》）于 1996 年 5 月 15 日全国人大八届十九次常委会修正通过，其主要内容如下：

1）防止地表水污染

禁止向水体排放油类、酸液、碱液或者剧毒废液。禁止在水体中清洗装贮过油类或有毒污染物的车辆和容器。禁止将含有汞、镉、砷、铬、铅、黄磷等可溶性剧毒废渣向水体排放、倾倒或者直接埋入地下。存放上述废渣的场所，必须采取防水、防渗漏、防流失的措施。禁止向水体排放、倾倒工业废渣、城市垃圾和其他废弃物。禁止在江河、湖泊、运河、渠道、水库最高水位线以下滩地和岸坡堆放、存贮固体废物和其他污物。禁止向水体排放、倾倒放射性固体废物或者含有高放射性和中放射性物质的废水。向水体排放热废水，应当采取措施，保证水体的水温符合水环境质量标准；排放含病原体的废水，应消毒、达标排放。

2）防止地下水污染

禁止企业事业单位利用渗井、渗坑、裂隙和溶洞排放、倾倒含有有毒物质的废水、含病原体的污水和其他废弃物。在无良好隔渗地层，禁止企业事业单位使用无防止渗漏措施的沟渠、坑塘等输送或贮存含有有毒污染物的废水、含病原体的污水和其他废弃物。新建地下工程设施或者进行地下勘探、采矿等活动，应当采取防护性措施，防止地下水污染。

（5）《建设项目环境保护管理条例》

为了防止建设项目产生新的污染、破坏生态环境，中华人民共和国国务院令第253号颁发了《建设项目环境保护管理条例》，是我国工程建设项目环境保护的基本法，自1998年12月实行。《建设项目环境保护管理条例》规定，建设产生污染的建设项目，必须遵守污染物排放的国家标准和地方标准；在实施重点污染物排放总量控制的区域内，还必须符合重点污染物排放总量控制的要求。工业建设项目应当采用能耗物耗小、污染物产生量少的清洁生产工艺，合理利用自然资源，防止环境污染和生态破坏。改建、扩建项目和技术改造项目必须采取措施，治理与该项目有关的原有环境污染和生态破坏。其有关内容有：

1）环境影响评价

①对工程建设项目应实行建设项目环境影响评价制度，且应由取得相应单位资格证书的单位承担；

②国家根据建设项目对环境的影响程度，应对建设项目的环境保护实行分类管理；建设项目环境保护分类管理名录，由国务院环境保护行政主管部门制订并公布；

③建设项目对环境影响由轻到重的，应分别填报环境影响登记表、编制环境影响报告表、建设项目环境影响报告书。涉及水土保持的建设项目，还必须有经水行政主管部门审查同意的水土保持方案。建设项目环境影响报告表、环境影响登记表的内容和格式，由国务院环境保护行政主管部门规定；

④建设项目环境影响报告书、环境影响报告表或者环境影响登记表，由建设单位报有审批权的环境保护行政主管部门审批；建设项目有行业主管部门的，其环境影响报告书或者环境影响报告表应当经行业主管部门预审后，报有审批权的环境保护行政主管部门审批；

⑤环境保护行政主管部门应当自收到建设项目环境影响报告书之日起60日内、收到环境影响报告之日起30日之内、收到环境影响登记表之日起15日内，分别作出审批决定并书面通知建设单位。

预审、审核、审批建设项目环境影响报告书，环境影响报告表或者环境影响登记表，不得收取任何费用。

2）环境保护设施建设

①建设项目需要配套建设的环境保护设施，必须与主体工程同时设计、同时施工、同时投产使用；

②建设项目的初步设计，应当按照环境保护设计规范的要求，编制环境保护篇章，并依据经批准的建设项目环境影响报告书或者环境影响报告表，在环境保护编章中落实防治环境污染和生态破坏的措施以及环境保护设施投资概算；

③建设项目的主体工程完工后，需要进行试生产的，其配套建设的环境保护设施必须与主体工程同时投入试运行。建设项目试生产期间，建设单位应当对环境保护设施运行情况和建设项目对环境进行监测；

④建设项目竣工后，建设单位应当向审批该建设项目环境影响报告书、环境影响报告表或者环境影响登记表的环境保护行政主管部门，申请该建设项目需要配套建设的环境保护设施竣工验收；

⑤环境保护设施竣工验收，应当与主体工程竣工验收同时进行。需要进行试生产的建设项目，建设单位应当自建设项目投入试生产之日起 3 个月内，向审批该建设项目环境影响报告书、环境影响报告表或者环境影响登记表的环境保护行政主管部门，申请该建设项目需要配套建设的环境保护设施竣工验收。

3）法律责任

①违反本条例规定，有下列行为之一的，由负责审批建设项目环境影响报告书、环境影响报告表或者环境影响登记表的环境保护行政主管部门责令限期补办手续；逾期未补办手续，擅自开工建设的，责令停止建设，可处 10 万元以下的罚款：

a. 未报批的建设项目环境影响报告书、环境影响报告表或者环境影响登记表的；

b. 建设项目的性质、规模、地点或者采用的生产工艺发生重大变化，未重新报批建设项目环境影响报告书、环境影响报告表或者环境影响登记表的；

c. 建设项目环境影响报告书、环境影响报告表或者环境影响登记表自批准之日起满 5 年，建设项目方开工建设，其环境影响报告书、环境影响报告表或者环境影响登记表未报原审批机关重新审核的。

②建设项目环境影响报告书、环境影响报告表或者环境影响登记表未经批准或者未经原审批机关重新审核同意，擅自开工建设的，由负责审批该建设项目环境影响报告书、环境影响报告表或者环境影响登记表的环境保护行政主管部门责令停止建设，限期恢复原状，可以处 10 万元以下的罚款。

③违反本条例规定，试生产建设项目配套建设的环境保护设施未与主体工程同时投入试运行的，由审批该建设项目环境影响报告书、环境影响报告表或者环境影响登记表的环境保护行政主管部门责令限期改正；逾期不改正的，责令停止试生产，可以处 5 万元以下的罚款。

④违反本条例规定，建设项目投入试生产超过 3 个月，建设项目单位未申请环境保护设施竣工验收的，由审批该建设项目环境影响报告书、环境影响报告表或者环境影响登记表的环境保护行政主管部门责令限期办理环境保护设施竣工验收手续；逾期未办理的，责令停止试生产，可以处 5 万元以下的罚款。

⑤违反本条例规定，建设项目需要配套建设的环境保护设施未建成、未经验收或者经验收不合格，主体工程正式投入生产或者使用的，由审批该项目环境影响报告书、环境影响报告表或者环境影响登记表的环境保护行政主管部门责令停止生产或者使用，可以处 10 万元以下的罚款。

⑥从事建设项目环境影响评价工作的单位，在环境影响评价工作中弄虚作假的，由国务院环境保护行政主管部门吊销资格证书，并处所收费用1倍以上3倍以下的罚款。环境保护行政主管部门的工作人员徇私舞弊、滥用职权、玩忽职守，构成犯罪的，依法追究刑事责任；尚不构成犯罪的，依法给予行政处分。

《建设项目环境保护管理条例》附则规定：流域开发、开发区建设、城市新区建设和旧区改建等区域性开发，编制建设规划时，应当进行环境影响评价。具体办法由国务院环境保护行政主管部门会同国务院有关部门另行规定；海洋石油勘探开发建设项目的环境保护管理，按照国务院关于海洋石油勘探开发环境保护管理的规定执行；军事设施建设项目的环境保护管理，按照中央军事委员会的有关规定执行。

2.4 环境影响评价

2.4.1 环境影响评价的作用

为了实施可持续发展战略，预防因规划和建设项目实施后对环境造成不良影响，促进经济、社会和环境的协调发展，必须对工程建设项目进行环境影响评价。

工程建设项目环境影响评价是对工程建设项目实施后可能造成的环境影响进行分析、预测和评估，根据评价分析的结果有针对性地进行环境影响控制，提出预防或者减轻不良环境影响的对策和措施，从而取得良好的环保效果，达到持续改进的目的。评价的前提是现有的和计划准备采取的技术及管理措施得以实施，在这种前提下对项目环境影响的大小。环境影响的评价必须客观、公开、公正，要综合考虑建设项目实施后对各种环境因素及其所构成的生态系统可能造成的影响，为决策提供科学依据。

2.4.2 环境影响评价的要求

《建设项目环境保护管理条例》中明确规定了对环境影响评价的要求：

1）承担建设项目环境影响评价工作的单位，必须持《建设项目环境影响评价资格证书》，按照证书中规定的范围开展环境影响评价工作。

2）承担环境影响评价工作的单位，根据建设单位的要求，按照建设项目的规模、建设地点的环境质量状况以及对环境的危害程度等因素开展评价工作。在正式开展评价之前，编制的评价方案、提要或编写的评价大纲需经环境保护部门同意。承担环境影响评价工作的单位必须对评价工作负责。

3）环境影响评价工作费用（包括评价审查费用）应根据建设项目的评价工作量确定，评价单位不得任意提高评价费用。

4）国家根据建设项目对环境的影响程度，按照下列规定对建设项目的环境保护实行分类管理：

①建设项目对环境可能造成重大影响的，应当编制环境影响报告书，对建设项目产生的污染和对环境的影响进行全面、详细的评价；

②建设项目对环境可能造成轻度影响的，应当编制环境影响报告表，对建设项目产生的污染和对环境的影响进行分析或者专项评价；

③建设项目对环境影响很小，不需要进行环境影响评价的，应当填报环境影响登记表。

建设项目环境保护分类管理名录，由国务院环境保护行政主管部门制订并公布。

5）建设单位应当在建设项目可行性研究阶段报批建设项目环境影响报告书、环境影响报告表或者环境影响登记表；但是，铁路、交通等建设项目，经有审批权的环境保护行政主管部门同意，可以在初步设计完成前报批环境影响报告书或者环境影响报告表。

按照国家有关规定，不需要进行可行性研究的建设项目，建设单位应当在建设项目开工前报批建设项目环境影响报告书、环境影响报告表或者环境影响登记表；其中，需要办理营业执照的，建设单位应当在办理营业执照前报批建设项目环境影响报告书、环境影响报告表或者环境影响登记表。

6）建设项目环境影响报告书、环境影响报告表或者环境影响登记表，由建设单位报有审批权的环境保护行政主管部门审批；建设项目有行业主管部门的，其环境影响报告书或者环境影响报告表应当经行业主管部门预审后，报有审批权的环境保护行政主管部门审批。

海岸工程建设项目环境影响报告书或者环境影响报告表，经海洋行政主管部门审核并签署意见后，报环境保护行政主管部门审批。

环境保护行政主管部门应当自收到建设项目环境影响报告书之日起 60 日内、收到环境影响报告表之日起 30 日内、收到环境影响登记表之日起 15 日内，分别作出审批决定并书面通知建设单位。

预审、审核、审批建设项目环境影响报告书、环境影响报告表或者环境影响登记表，不得收取任何费用。

7）国务院环境保护行政主管部门负责审批下列建设项目环境影响报告书、环境影响报告表或者环境影响登记表：

①核设施、绝密工程等特殊性质的建设项目；

②跨省、自治区、直辖市行政区域的建设项目；

③国务院审批的或者国务院授权有关部门审批的建设项目。

建设项目造成跨行政区域环境影响，有关环境保护行政主管部门对环境影响评价结论有争议的，其环境影响报告书或者环境影响报告表由共同上一级环境保护行政主管部门审批。

8）建设项目环境影响报告书、环境影响报告表或者环境影响登记表经批准后，建设项目的性质、规模、地点或者采用的生产工艺发生重大变化的，建设单位应当重新报批建设项目环境影响报告书、环境影响报告表或者环境影响登记表。

建设项目环境影响报告书、环境影响报告表或者环境影响登记表自批准之日起满 5 年，建设项目方开工建设的，其环境影响报告书、环境影响报告表或者环境影响登记表应当报原审批机关重新审核。原审批机关应当自收到建设项目环境影响报告书、环境影响报告表或者环境影响登记表之日起 10 日内，将审核意见书面通知建设单位；逾期未通知的，视为审核同意。

9）国家对从事建设项目环境影响评价工作的单位实行资格审查制度。

从事建设项目环境影响评价工作的单位，必须取得国务院环境保护行政主管部门颁发的资格证书，按照资格证书规定的等级和范围，从事建设项目环境影响评价工作，并对评价结论负责。

国务院环境保护行政主管部门对已经颁发资格证书的从事建设项目环境影响评价工作的单位名单，应当定期予以公布。具体办法由国务院环境保护行政主管部门制定。

从事建设项目环境影响评价工作的单位，必须严格执行国家规定的收费标准。

10）建设单位可以采取公开招标的方式，选择从事环境影响评价工作的单位，对建设项目进行环境影响评价。

任何行政机关不得为建设单位指定从事环境影响评价工作的单位，进行环境影响评价。

11）建设单位编制环境影响报告书，应当依照有关法律规定，征求建设项目所在地有关单位和居民的意见。

2.4.3 建设项目环境影响报告的内容

编制环境影响报告书的目的，是为了在项目的可行性研究阶段，对为了防治项目可能造成的近期和远期的环境影响拟采取的防治措施进行评价；论证和选择技术上可行，经济及布局上合理，对环境的有害影响较小的最佳方案，为领导部门决策提供科学依据。

环境影响报告书是针对建设项目对环境影响的范围、程度较大的大型项目而制订的。由于建设项目的行业不同，大小不同以及所处的地区不同，其对环境的影响也就有很大的差异。承担编制环境影响报告书的单位可根据项目的具体情况，选择其中的部分内容进行工作。环境影响报告书的主要内容有：

（1）总论

总论包括：①（结合评价项目的特点）编制"环境影响报告书"的目的；②编制依据（项目建议书的内容，评价大纲及其审查意见，评价委托书（合同）或任务书等）；③采用标准；④控制与保护目标。

（2）建设项目概况

建设项目概况包括：①名称、建设性质；②地点；③建设规模（扩建项目应说明原有规模）；④产品方案和主要工艺方法；⑤主要原料、燃料、水的用量及来源；⑥废水、废气、废渣、粉尘、放射性废物等的种类、接受量和排放量和排放方式；噪声、振动数值；⑦废弃物的回收利用、综合利用和污染物处理立案、设施和主要工艺原则；⑧职工人数和生活区布局；⑨占地面积和土地利用情况；⑩发展规划。

（3）建设项目周围地区的环境状况调查（包括必要的测试）

环境状况调查包括：①地理位置（附平面图）；②地形、地貌、土壤和地质情况，江、湖、河、海、水库的水文情况，气象情况；③矿藏、森林、草原、水产和野生动物、野生植物、农作物等情况；④自然保护区、风景游览区、名胜古迹、温泉、疗养区以及重要政治文化设施情况；⑤现有工矿企业分布情况；⑥生活居住区分布情况和人口密度、健康状况、地方病等情况；⑦大气、地表水、地下水的环境质量状况；⑧交通运输情况；⑨其他社会、经济活动污染、破坏环境现状资料。

（4）建设项目（在建设过程、投产、服务期间的正常和异常情况）对周围地区和环境近期及远期影响分析和预测

环境影响的分析和预测包括：①对周围地区的地质、水文、气象可能产生的影响、防范和减少这种影响的措施；②对周围地区的自然资源可能产生的影响、防范和减少这种影响的措施；③对周围地区自然保护区、风景游览区、名胜古迹、疗养区等可能产生的影

响，防范和减少这种影响的措施；④各种污染物最终排放量，对周围大气、水、大地的环境质量及居民生活区的影响范围和程度；⑤噪声、振动、电磁波等对周围生活居住区的影响范围和程度及防治措施；⑥绿化措施，包括防护地带的防护林和建设区域的绿化；⑦环境措施的投资估算。

（5）环境监测制度建议

环境监测制度建议包括：①监测布点原则；②监测机构的设置、人员、设备等；③监测项目。

（6）环境影响损益简要分析

（7）结论

结论包括：①对环境质量的影响；②建设规模、性质、选址是否合理；是否符合环保要求；③所采取的防治措施在技术上是否可行？经济上是否合理？④是否需要再作进一步的评价。

（8）存在的问题与建议

涉及水土保持的建设项目，还必须有经水行政主管部门审查同意的水土保持方案。

建设项目环境影响报告表、环境影响登记表的内容和格式，由国务院环境保护行政主管部门规定。

2.5　工程建设项目环境保护规划与设计要求

2.5.1　选址与总图布置的要求

1）建设项目的选址或选线，必须全面考虑建设地区的自然环境和社会环境，对选址或选线地区的地理、地形、地质、水文、气象、名胜古迹、城乡规划、土地利用、工农业布局、自然保护区现状及其发展规划等因素进行调查研究，并在收集建设地区的大气、水体、土壤等基本环境要素背景资料的基础上进行综合分析论证，制定最佳的规划设计方案。

2）凡排放有毒有害废水、废气、废渣（液）、恶臭、噪声、放射性元素等物质或因素的建设项目，严禁在城市规划确定的生活居住区、文教区、水源保护区、名胜古迹、风景游览区、温泉、疗养区和自然保护区等界区内选址。铁路、公路等的选线，应尽量减轻对沿途自然生态的破坏和污染。

3）排放有毒有害气体的建设项目应布置在生活居住区污染系数最小方位的上风侧；排放有毒有害废水的建设项目应布置在当地生活饮用水水源的下游；废渣堆置场地应与生活居住区及自然水体保持规定的距离。

4）环境保护设施用地应与主体工程用地同时选定。

5）产生有毒有害气体、粉尘、烟雾、恶臭、噪声等物质或因素的建设项目与生活居住区之间，应保持必要的卫生防护距离，并采取绿化措施。

6）建设项目的总图布置，在满足主体工程需要的前提下，宜将污染危害最大的设施布置在远离非污染设施的地段，然后合理地确定其余设施的相应位置，尽可能避免互相影响和污染。

7）新建项目的行政管理和生活设施，应布置在靠近生活居住区的一侧，并作为建设项目的非扩建端。

8）建设项目的主要烟囱（排气筒），火炬设施，有毒有害原料、成品的贮存设施，装卸站等，宜布置在厂区常年主导风向的下风侧。

2.5.2 设计上的要求

1）在设计上必须遵循国家有关环境保护的法律、法规，合理开发和充分利用各种自然资源，严格控制环境污染，保护和改善生态环境。

2）环境保护设计必须按国家规定的设计程序进行执行环境影响报告书（表）的编审制度执行，防治污染及其他公害的设施与主体工程同时设计、同时施工、同时投产的"三同时"制度。

3）建设项目的初步设计必须有环境保护篇（章），具体落实环境影响报告书（表）及其审批意见所确定的各项环境保护措施。环境保护篇（章）应包含下列内容：

①环境保护设计依据；

②主要污染源和主要污染物的种类、名称、数量、浓度或强度及排放方式；

③规划采用的环境保护标准；

④环境保护工程设施及其简要处理工艺流程、预期效果；

⑤对建设项目引起的生态变化所采取的防范措施；

⑥绿化设计；

⑦环境管理机构及定员；

⑧环境检测机构；

⑨环境保护投资概算；

⑩存在的问题及建议。

4）建设项目环境保护设施的施工图设计，必须按已批准的初步设计文件及其环境保护篇（章）所确定的各种措施和要求进行。

5）新建项目应有绿化设计，其绿化覆盖率可根据建设项目的种类不同而异。城市内的建设项目应按当地有关绿化规划的要求执行。

6）工艺设计应积极采用无毒无害或低毒低害的原料，采用不产生或少产生污染的新技术、新工艺、新设备，最大限度地提高资源、能源利用率，尽可能在生产过程中把污染物减少到最低限度。

7）建设项目的供热、供电及供煤气的规划设计应根据条件尽量采用热电结合、集中供热或联片供热，集中供应民用煤气的建设方案。

8）环境保护工程设计应因地制宜地采用行之有效的治理和综合利用技术。

9）应采取各种有效措施，避免或抑制污染物的无组织排放。如：①设置专用容器或其他设施，用以回收采样、溢流、事故、检修时排出的物料或废弃物；②设备、管道等必须采取有效的密封措施，防止物料跑、冒、滴、漏；③粉状或散装物料的贮存、装卸、筛分、运输等过程应设置抑制粉尘飞扬的设施。

10）废弃物的输送及排放装置宜设置计量、采样及分析设施。

11）废弃物在处理或综合利用过程中，如有二次污染物产生，还应采取防止二次污染的措施。

12）建设项目产生的各种污染或污染因素，必须符合国家或省、自治区、直辖市颁布的排放标准和有关法规后，方可向外排放。

13）贮存、运输、使用放射性物质及放射性废弃物的处理，必须符合《放射性防护规定》和《放射性同位素工作卫生防护管理办法》等的要求。

2.5.3　防治大气、水源、噪声等方面污染的要求

（1）废气、粉尘污染防治

1）凡在生产过程中产生有毒有害气体、粉尘、酸雾、恶臭、气溶胶等物质，宜设计成密闭的生产工艺和设备，尽可能避免敞开式操作。如需向外排放，还应设置除尘、吸收等净化设施。

2）各种锅炉、炉窑、冶炼等装置排放的烟气，必须设有除尘、净化设施。

3）含有易挥发物质的液体原料、成品、中间产品等贮存设施，应有防止挥发物质逸出的措施。

4）开发和利用煤炭的建设项目，其设计应符合《关于防治煤烟型污染技术政策的规定》。

5）废气中所含的气体、粉尘及余能等，其中有回收利用价值的，应尽可能地回收利用；无利用价值的应采取妥善处理措施。

（2）废水污染防治

1）建设项目的设计必须坚持节约用水的原则，生产装置排出的废水应合理回收重复利用。

2）废水的输送设计，应按清污分流的原则，根据废水的水质、水量、处理方法等因素，通过综合比较，合理划分废水输送系统。

3）工业废水和生活污水（含医院污水）的处理设计，应根据废水的水质、水量及其变化幅度、处理后的水质要求及地区特点等，确定最佳处理方法和流程。

4）拟定废水处理工艺时，应优先考虑利用废水、废气、废渣（液）等进行"以废治废"的综合治理。

5）废水中所含的各种物质，如固体物质、重金属及其化合物，易挥发性物体、酸或碱类、油类以及余能等，凡有利用价值的应考虑回收或综合利用。

6）工业废水和生活污水（含医院污水）排入城市排水系统时，其水质应符合有关排入城市排水管道的水质标准的要求。

7）输送有毒有害或含有腐蚀性物质的废水的沟渠、地下管线检查井等，必须采取防渗漏和防腐蚀措施。

8）水质处理应选用无毒、低毒、高效或污染较轻的水处理药剂。

9）对受纳水体造成热污染的排水，应采取防止热污染的措施。

10）原（燃）料露天堆场，应有防止雨水冲刷，物料流失而造成污染的措施。

11）经常受有害物质污染的装置、作业场所的墙壁和地面的冲洗水以及受污染的雨水，应排入相应的废水管网。

12）严禁采用渗井、渗坑、废矿井或用净水稀释等手段排放有毒有害废水。

（3）废渣（液）污染防治

1）废渣（液）的处理设计应根据废渣液的数量、性质、并结合地区特点等，进行综合比较，确定其处理方法。对有利用价值的，应考虑采取回收或综合利用措施；对没有利

用价值的，可采取无害化堆置或焚烧等处理措施。

2）废渣（液）的临时贮存，应根据排出量运输方式、利用或处理能力等情况，妥善设置堆场、贮罐等缓冲设施，不得任意堆放。

3）不同的废渣（液）宜分别单独贮存，以便管理和利用。两种或两种以上废渣（液）混合贮存时，应符合下列要求：①不产生有毒有害物质及其他有害化学反应；②有利于堆贮存或综合处理。

4）废渣（液）的输送设计，应有防止污染环境的措施。①输送含水量大的废渣和高浓液时，应采取措施避免沿途滴洒；②有毒有害废渣、易扬尘废渣的装卸和运输，应采取密闭和增湿等措施，防止发生污染和中毒事故。

5）生产装置及辅助设施、作业场所、污水处理设施等排出的各种废渣（液），必须收集并进行处理，不得采取任何方式排入自然水体或任意抛弃。

6）可燃质废渣（液）的焚烧处理，应符合两点要求：①焚烧所产生的有害气体必须有相应的净化处理设施；②焚烧后的残渣应有妥善的处理设施。

7）含有可溶性剧毒废渣禁止直接埋入地下或排入地面水体。设计此类废渣的堆埋场时，必须设有防水，防渗漏或防止扬散的措施；还须设置堆场雨水或渗出液的收集处理和采样监测设施。

8）一般工业废渣、废矿石、尾矿等，可设置堆场或尾矿坝进行堆存。但应设置防止粉尘飞扬、淋沥水与溢流水、自燃等各种危害的有效措施。

9）含有贵重金属的废渣宜视具体情况采取回收处理措施。

（4）噪声控制

1）噪声控制应首先控制噪声源，选用低噪声的工艺和设备。必要时还应采取相应控制措施。

2）管道设计，应合理布置并采用正确的结构，防止产生振动和噪声。

3）总体布置应综合考虑声学因素，合理规划，利用地形、建筑物等阻挡噪声传播。并合理分隔吵闹区和安静区，避免或减少高噪声设备对安静区的影响。

4）建设项目产生的噪声对周围环境的影响应符合有关城市区域环境噪声标准的规定。

2.5.4 项目施工要求

1）从组织上要建立一套懂行善管的环保自我监控体系，责任落实到人，把环保指标列入承包合同和岗位责任制中，把环保政绩作为考核项目经理的一项重要内容。

2）在编制施工组织设计时，必须要有环境保护的技术措施，切实可行。

3）要加强检查和施工现场的监测、监控工作，对施工现场防治扬尘、噪声、水污染及环境保护管理工作进行检查，及时采取措施消除粉尘、噪声、固体废弃物和废水的环境污染。

4）施工现场应建立环境保护管理体系，同当地政府、单位和住地居民加强联系，对施工现场环境进行综合治理。

5）定期对职工进行环保法规知识的培训考核。

6）施工现场主要道路必须进行硬化处理。施工现场应采取覆盖、固化、绿化、洒水等有效措施，做到不泥泞、不扬尘。施工现场的材料存放区、大模板存放区等场地必须平整夯实。

7）遇有四级风以上天气不得进行土方回填、转运以及其他可能产生扬尘污染的施工。

8）施工现场应有专人负责环保工作，配备相应的洒水设备，及时洒水，减少扬尘污染。

9）建筑物内的施工垃圾清运必须采用封闭式专用垃圾道或封闭式容器吊运，严禁凌空抛撒。施工现场应设密闭式垃圾站，施工垃圾、生活垃圾分类存放。施工垃圾清运时应提前适量洒水，并按规定及时清运消纳。

10）水泥和其他易飞扬的细颗粒建筑材料应密闭存放，使用过程中应采取有效措施防止扬尘。施工现场土方应集中堆放，采取覆盖或固化等措施。

11）从事土方、渣土和施工垃圾的运输，必须使用密闭式运输车辆。施工现场出入口处设置冲洗车辆的设施，出场时必须将车辆清理干净，不得将泥沙带出现场。

12）市政道路施工铣刨作业时，应采取冲洗等措施，控制扬尘污染。灰土和无机料拌合，应采用预拌进场，碾压进程中要洒水降尘。

13）规划市区内的施工现场，混凝土浇筑量超过 $100m^3$ 以上的工程，应当使用预拌混凝土，施工现场设置搅拌机的机棚必须封闭，并配备有效的降尘防尘装置。

14）施工现场使用的热水锅炉、炊事炉灶及冬季取暖锅炉等必须使用清洁燃料。施工机械、车辆尾气排放应符合环保要求。

15）拆除旧建筑时，应随时洒水，减少扬尘污染。渣土要在拆除施工完成之日起 3 日内清运完毕，并应遵守拆除工程的有关规定。

16）搅拌机前台、混凝土输送泵及运输车辆清洗处应当设置沉淀池，废水不得直接排入市政污水管网，经二次沉淀后循环使用或用于洒水降尘。

17）现场存放油料，必须对库房进行防漏处理，储存和使用都要采取措施，防止油料泄漏，污染土壤水体。

18）施工现场设置的食堂，用餐人数在 100 人以上的，应设置简易有效的隔油池，加强管理，专人负责定期掏油，防止水污染。

19）工地临时厕所，化粪池应采取防止渗漏措施。中心城市施工现场的临时厕所可采用水冲式厕所，并有防蝇、灭蛆措施，防止污染水体和环境。

20）化学用品，外加剂等要妥善保管，库内存放，防止污染环境。

21）施工现场应遵循《中华人民国建筑施工场界噪声限值》制定降噪措施。在城市市区范围内，建筑施工过程中使用的设备，可能产生噪声污染的，施工单位应按有关规定向工程所在地的环保部门申报。具体要求为：

1）施工现场的电锯、电刨、搅拌机、固定式混凝土输送泵、大型空气压缩机等强噪声设备应搭设封闭式机棚，并尽可能设置在远离居民区的一侧，以减少噪声污染。

2）因生产工艺上要求必须连续作业或者特殊需要，确需在 22 时至 6 时期间进行施工的，建设单位和施工单位应当在施工前到工程所在地的区、县建设行政主管部门提出申请，经批准后方可进行夜间施工。

建设单位应当会同施工单位做好周边居民工作。并公布施工期限。

3）进行夜间施工作业的，应采取措施，最大限度减少施工噪声，可采用隔声布、低噪声振捣棒等方法。

4）对人为的施工噪声应有管理制度和降噪措施，并进行严格控制。承担夜间材料运输的车辆，进入施工现场严禁鸣笛，装卸材料应做到轻拿轻放，最大限度地减少噪声扰民。

5）施工现场应进行噪声监测，监测方法执行《建筑施工场界噪声测量方法》（GB 12524—1990），噪声值不应超过国家或地方噪声排放标准。

复习思考题

1. 工程建设项目环境管理的特点有哪些？
2. 简述工程建设项目环境管理的程序。
3. 简述工程建设项目环境管理体系规划的主要内容。
4. 简述工程建设环境管理体系的实施与运行。
5. 建设项目环境保护管理的原则有哪些？
6. 简述建设项目环境保护管理的内容。
7. 简述建设项目环境保护相关的法律的规定。
8. 建设项目环境影响报告包括哪些方面的内容？
9. 工程建设项目环境保护规划与设计有哪些要求？

附录 2-1：南京长江第四大桥环境影响报告书

1 总论

1.1 评价内容及评价工作重点

（1）评价内容 根据本工程特点、环境特征和环境标准，本评价工作内容包括：工程分析、生态环境、水环境、社会环境、交通运输风险分析、声环境、环境空气、公众参与等。

（2）评价工作重点 生态环境、水环境、声环境影响评价。

1.2 环境保护目标

本评价工作的环境保护目标是评价范围内的珍稀濒危水生保护动物，地表水水质，基本农田，植被，沿线取、弃土场以及拟建公路两侧距离公路中心各200m范围内学校的正常教学、工作环境与居民的生活质量（含规划居住区）和开发区规划等。详见附表2-1-1和附表2-1-2。

生态环境保护目标 　　　　　　　　　　　　　附表 2-1-1

敏感目标及位置	敏感目标特征	相关关系	主要影响及时段
白鳍豚、长江江豚、中华鲟、白鲟等水生保护动物长江干流内	数量极少，除长江江豚偶有发现外，其他动物很难发现。桥位所处江段为其洄游通道	大桥跨越，江中有桥墩	施工期，大桥基础施工扰动底泥及施工废水对水生生态环境的影响；施工船只影响等
乌鱼洲湿地生态保护区 K15+000	位于长江北岸划子口河入江口至滁河入江口，芦苇群落为代表性群落。拟申报市级，待批	路左1.6km，即沿江下游1.6km	无明显影响

敏感目标及位置	敏感目标特征	相关关系	主要影响及时段
栖霞山风景区 K19＋600～终点	南京市十三处环境风貌保护区之一，是融佛教文化、石刻、名胜古迹、自然风貌为一体的省级风景名胜区	据《南京栖霞山风景名胜区总体规划（讨论稿）》，规划中为本项目预留了通道	无明显影响
基本农田、植被全线	沿线耕地中约90%为基本农田，植被以农业植被和人工林为主	占用	土地占用永久造成基本农田减少、植被损失
芦苇地桥位北岸	未划定保护区	大桥引桥穿越	施工期植被的破坏

沿线主要水环境保护目标 附表 2-1-2

敏感目标及位置	敏感目标特征	相关关系	主要影响及时段
长江 K15＋000～K17＋060	渔业、农业、工业及饮用水，规划目标为Ⅱ类水，现状为Ⅱ类水	大桥跨越，水中有桥墩（塔）	施工期底泥扰动及钻渣泄漏、施工废水的水质影响
滁河 K8＋080～K8＋380	工业、景观及农业用水，规划目标Ⅳ类水，现状为Ⅴ类水	大桥跨越，水中有墩	施工底泥扰动、钻渣泄漏、施工废水对水质的影响
新禹河 K1＋780～K1＋810	景观、农业用水，规划Ⅳ类水，现状Ⅳ类水	大桥跨越，水中无墩	施工期废水对水质的影响
九乡河 K19＋610～K19＋650	景观、农业用水，规划Ⅴ类水，现状Ⅳ类水	大桥跨越，水中有墩	底泥扰动及钻渣泄漏、施工废水对水质的影响
划子口河 K13＋610～K13＋720	农业用水，规划Ⅳ类水，现状Ⅳ类水	大桥跨越，水中无墩	施工废水对水质的影响
黄天荡水源保护区（备用）长江北岸	长江北岸八卦洲右汊口至其上游2.5km	桥位上游约6km	基本上不产生影响
龙潭水源保护区（备用）长江南岸	长江南岸七乡河入江口至上游2.5km处，并向江内及陆上各延伸100m为保护区范围	桥位下游约4.6km	风险溢油事故可能对该保护区水质产生短期影响

社会环境保护目标，包括与南京市城市总体规划、六合区总体规划协调性较好，经过规划中预留的走廊带；穿经龙袍镇规划区距离1km以外；根据文物部门的意见，路线所经北象山一带可能有不明文物；项目沿线、六合区和栖霞区相关渔业队，征地拆迁户、渔业户可能受影响。

1.3 评价工作等级

声环境：二级。水生生态环境：二级。陆生生态环境：三级。地表水环境：三级。环境空气质量：三级。

2 工程概况

2.1 推荐路线及过江方案

(1) 推荐桥位方案 石埠桥方案。

(2) 推荐桥型方案 2×958m 三塔悬索桥方案。

（3）推荐连线方案　起于宁通高速公路横梁镇以东，向南经红光东，于红山窑东南跨越滁河，后经龙袍镇西，于石埠桥桥位跨越长江，向南沿九乡河以西南京市总体规划中的预留通道布线，由仙林大学城五福家园西侧边缘通过，并跨越栖霞大道、京沪铁路及九乡河，止于312国道栖霞区新安村西南，接规划的南京绕越高速公路东南段推荐方案终点。

2.2　建设规模及主要技术指标

推荐跨江大桥采用双向六车道高速公路标准，主桥长1916m，引桥长4280m，全桥长6196m，桥面宽度33m。两岸接线采用双向六车道高速公路标准，路基宽34.5m。推荐方案共长19.19km。主要工程特性见附表2-1-3。

南京长江第四大桥工程特性表　　　　　附表 2-1-3

项　目	序号	内　容	单　位	技术指标		备　注
基本指标	1	公路技术等级		高速公路		
	2	计算行车速度	km/h	大桥	100	
				接线	120	
	3	工程占地				
		主体工程占地	亩	3736		
		取、弃土用地	亩	910		
		临时工程占地	亩	663		
	4	拆迁建筑物	m²	167311		楼房
总线总长度19.19km	5	主桥长度	km	1.916		
	6	引桥长度	km	4.28		
	7	接线长度	km	12.994		
两岸接线路基、路面、排水防护	8	路基宽度	m	34.5		
	9	路基土石方数量	$10^4 m^3$	126.6		含互通立交主线
	10	平均每公里土石方	$10^4 m^3/km$	14.58		扣除桥梁长度
	11	排水及防护	m³	27149		
	12	特殊路基处理长度	km	4.57		
	13	路面	$10^3 m^2$	230.65		
两岸接线桥梁、涵洞	14	特大桥	m/座	2722/2		
	15	大桥	m/座	1056/3		
	16	中桥	m/座	168/2		
路线交叉	17	互通式立交	处	4		含1处预留
	18	分离式立交	处	2		
	19	通道	道	15		
	20	天桥	处	—		
沿线设施	21	服务区与管理中心	处	1		合建
	22	主线收费站	处	1		

2.3   工程环境影响分析

2.3.1   勘察设计期

本阶段对社会经济、水环境和生态环境影响较大，特别是对项目直接影响区的社会经济发展、城镇规划、土地利用、居民生活、自然生态及景观均会产生重大影响。就本项目而言，桥址及线位的布设将影响沿线南京市城市总体规划和六合区的城市规划、南京市乃至江苏省公路网规划、工程区域国土资源的开发规划、农副渔业生产以及工程附近的人群生活质量。

桥址、线位和互通的选择关系到工程自身的技术可行性、社会使用效益的长久性、经济的相对合理性以及工程安全可靠性等重大问题。

桥址、线位的布设引起的基本农田保护区、渔业作业场地、鱼塘等农副业用地的永久性或临时性占用，将对当地农业、渔业和多种经营产生影响。

桥址、线位的布设将引起部分企业、居民拆迁，从而对企业工作人员和居民生活质量产生影响。

选线方案及设计对交通环境、国土资源利用将产生一定的影响。

大桥、引桥和接线线型设计将对城镇规划、工程与周围景观协调性产生影响。

桥址、接线位置的布设将会影响到河流水文、岸基稳定、农田灌溉水利设施、防洪、长江综合整治以及水土流失。

线位的布设可能会对沿线文物保护产生一定的影响。

2.3.2   施工期

在施工准备期，拟建工程征地涉及永久性和临时性占地（永久占地 3536.1 亩），从而将影响到当地农业、渔业和多种经营业；工程征地将引起部分居民、企事业单位的非自愿拆迁，在短期内会对其生活质量和生产产生一定的负面影响。

工程施工会影响正常的交通环境，对沿线居民正常生产和生活产生不便影响。

跨江桥索塔及锚碇基础施工过程中产生的弃渣和废泥将影响水生生态环境，施工船只的往来也会对长江水生生态环境造成一定的影响，尤其是将对国家珍稀濒危保护动物白鳍豚、江豚、中华鲟、白鲟的生活和繁殖可能造成一定的影响。

江面工程、建材运输船舶、临时码头、混凝土拌合站或工厂、各种构件预制场及运输散体建材或废渣，以及施工营地管理不当，将对长江水质产生一定的影响。

预制构件场、灰土搅拌站或工厂和灰土沿线拌合以及材料运输、施工过程中产生的粉尘、沥青烟、噪声会影响施工人员身心健康、社区和学校的正常教学、居民生活和公共健康，并对现有公用设施、水面和陆地运输产生影响。施工场地、施工营地固体废物和生活垃圾对周边环境可能造成污染。

引桥和接线工程会影响原有水利排灌系统、岸基稳定、防洪设施和长江综合整治，其土方工程会导致一定量的水土流失。

土方工程会破坏当地植被、动物栖息地，降低环境美，同时泥沙对水环境也将产生一定影响。

江面上施工对安全通航将产生一定影响。

2.3.3   营运期

交通量的增长与项目影响区的社会经济发展状况、旅游、居民生活质量密切相关。

随着交通量的增加，交通噪声将影响邻近公路的居民和学校的声环境；汽车尾气中所含的多种污染物，如 CO、NO$_x$ 等物质，会污染环境空气。

大桥管理中心等设施产生的生活污水以及桥面径流水含 COD、BOD$_5$、石油类等，随意排放可能会污染水体，危害水生生物和公众健康。

各类环境工程和土地复垦工程的实施将恢复植被、改善被破坏的生态环境，减少水土流失，减轻汽车尾气、交通噪声、生活污水、固体废物等对周围环境的污染以及对居民生活质量的负面影响。

突发性交通事故会影响公路的正常营运、公共安全。

由于局部工程防护稳定和植被恢复均需一定的时间，水土流失在工程营运初期可能存在。

航道上的大桥桥墩需要过桥船舶回避。

3 环境现状评价

3.1 自然环境概况

（1）地形地貌 桥位区横穿长江水域，北岸接线沿线地形由长江高漫滩渐变为长江低漫滩，地势开阔，地面标高 4.0～5.0m；南岸发育低山丘陵，从东向西主要分布斗门山、北象山、栖霞山、黄龙山等。

（2）不良地质 不良地质现象主要有岸边坍塌，砂土液化等两种类型。

（3）气候、气象 南京属北亚热带季风气候，近地层受冬季风和夏季风交替影响，天气气候具有季风盛行、四季分明、雨量丰沛、冬冷夏热、春温多变、秋高气爽和灾害性天气频繁的特点。年平均气温 15.5℃，年平均降水量 1019.5mm，最大年降水量 1825.8mm。

（4）水系、水文 项目区内江河发育、水网密布、水系发育。该工程所能影响及跨越的较大的河流有长江南京河段、滁河等。

3.2 社会环境现状

项目所在地社会经济发展概况（书略）。

项目所在地社会经济与城镇发展规划（书略）。

南京市交通基础设施现状及发展规划（书略）。

距拟建工程线位最近的栖霞风景名胜内重点文物保护单位有以下几处：

①栖霞寺：位于栖霞山中峰西麓，江西省重点文保单位，位于拟建公路东侧约 1.8km。

②千佛岩：位于栖霞寺东北侧，全国重点文保单位，位于拟建公路东侧约 1.5km。

③舍利塔：位于栖霞寺东侧，千佛岩西峰前，全国重点文保单位，位于拟建公路东侧约 1.4km。

④明征君碑：位于栖霞寺山门外，全国重点文保单位，位于拟建公路东侧约 1.3km。

上述几处重点文物保护单位，距拟建公路均有一定距离，本工程施工对其将不会带来不利影响。

3.3 生态环境现状

3.3.1 沿线陆生植被及动物（书略）

3.3.2 桥位区所处长江段的水生生物概况

41

南京长江四桥位于南京江段，距长江入海口约 320km。南京江段干流的经济鱼类和珍稀水生动物有 26 种。属国家一级重点保护的野生动物包括中华鲟、白鲟、白鳍豚，二级保护的种类有江豚、胭脂鱼、松江鲈、花鳗鲡等，以上国家一级和二级保护野生动物已多年踪迹罕见。常见经济鱼类繁多，洄游性鱼类中溯河性鱼类如刀鱼、鲥鱼较为集中，降河性洄游鱼类如鳗鱼、河蟹等在该段也有集中分布区；属于半洄游性的鱼类有青、草、鲢、鳙四大家鱼；基本上属于定居性鱼类的长吻鱼、鲶鱼、鲤鱼、鳊鱼等也有分布。

3.3.3 长江乌鱼洲湿地

南京市长江乌鱼洲湿地保护区（拟报市级，尚未批）位于长江南京段北岸划子口河入江口至滁河入江口，芦苇群落为该湿地的代表性群落。该保护区位于拟建大桥桥位下游约 1.6km 处。

3.3.4 土壤、土地利用状况等内容（书略）

3.4 水环境现状

3.4.1 评价区域水体的现状及功能区别（见附表 2-1-4）

拟建工程沿线主要水体水质现状及功能规划情况　　　　　　　附表 2-1-4

水体名称及所在河段	使用功能现状	水质类别现状	规划主导功能	水质目标
长江岳子河闸—划子口河口（北岸）①	渔业、工业、农业	Ⅱ	渔业	Ⅱ
长江划子口河口—仪征市小河口（北岸）②	渔业、农业	Ⅱ	渔业	Ⅱ
长江燕子矶镇—九乡河口（南岸）①	渔业、工业	Ⅱ	渔业	Ⅱ
长江九乡河口—七乡河口（南岸）②	饮用、渔业、工业	Ⅱ	饮用水源保护区	Ⅱ
滁河六合红山窑闸—六合大河口	工业、景观、农业	Ⅴ	农业	Ⅳ
新禹河	景观、农业	Ⅳ	农业	Ⅳ
九乡河	景观、农业	Ⅳ	农业	Ⅴ
划子口河（即白庙河）瓜埠果园—龙袍	农业	Ⅳ	农业	Ⅳ

①推荐方案经过。

②比较方案经过，且在推荐桥位两侧 5km 范围内。

3.4.2 工程沿线饮用水源情况

拟建桥位上下游 5km 范围内无集中饮用水取水口分布；两岸连接线不涉及具有饮用功能的水体。

规划饮用水源保护区：黄天荡水源保护区在桥位上游约 6km；龙潭水源保护区位于桥位下游约 4.6km。

3.5 声环境现状（书略）

总的看来，拟建公路沿线声环境质量良好，基本可以达到规划功能的要求。

3.6 环境空气质量现状调查与评价

项目沿线环境空气中 NO_2 有一定的容量，但 TSP 已经超标。

3.7 水土流失现状

拟建工程江北段所经地区的地形平坦，沿线主要为农田，土壤侵蚀以水力侵蚀为主，冲积平原区土壤侵蚀模数一般在 500t/（km²·a）以下，属微度流失区；江南路段沿线以村庄、居住区为主，只在终点路段穿越部分农田，土壤侵蚀以水力侵蚀为主，侵蚀强度以微度侵蚀为主。

3.8　景观环境现状和栖霞山风景区

大桥北岸位于南京市六合区境内，所经过的地区多为农田、鱼塘和村庄，植被覆盖度较高。丘陵、岗地、平原和江洲等单元构成了该区的地貌景观。大桥南岸位于栖霞区，沿线少数平原和较多的低山丘陵，构成了区域内的地貌主要特点。在这样的背景下，工程的总体线形与桥型、桥塔造型成为景观的重点。

四桥推荐方案直接影响区内的视觉敏感点主要有位于南岸接线西侧的栖霞山风景名胜区。

据《南京栖霞山风景名胜区总体规划（讨论稿)》（2004.8，尚未批复），其规划范围面积约798km²，具体范围（书略）。风景区规划分为自然景观区、名胜古迹区、户外休憩区、旧貌新颜区、旅游服务区、管理区、科研生产区七大功能区。同时针对风景名胜区外围的其他用地也进行了一定的控制和保护，其保护控制地带范围为：东西两侧，西至南北象山，东至栖霞区科技园。

拟建工程 K19＋600～K20＋707.148（工程终点）路段经过风景区总体规划中的旧貌新颜区，这与风景区保护规划中的本工程线位是一致的。风景区规划中的自然景观区和名胜古迹区与线位相距较远，分别约为1km、1.5km，在工程环境影响评价范围之外。

另外，从两岸规划发展的角度看，北岸接线附近有新兴的化学工业园区，南岸接线工程沿线周边为新城区，有未来的行政区和居住区，因此大桥的形态应与两岸的发展前景相协调。

4　环境影响预测与评价

4.1　社会环境影响预测与评价（书略）

4.2　水环境影响预测与评价

4.2.1　大桥基础施工对长江水质的影响

本工程在可行性研究阶段将石埠桥桥位 2×958m 三塔悬索桥方案作为推荐桥型方案，并将1680m 双塔悬索桥方案作为重点比选方案的情况，此处，将对两种桥型方案对长江水环境的影响进行同等深度的分析，预测重点为施工期大桥基础施工和营运期桥面径流对长江水质的影响。

4.2.1.1　源强分析

1680m 方案跨江大桥南、北两索塔基础均采用 48 根 2.8m 钻孔灌注桩，北塔基础桩长72m，钻孔出渣量为 21270m³；南塔基础桩长 52m，钻孔出渣量为 15361m³。作业期183d。

2×958m 方案跨江大桥南、北两塔基础均采用 32 根直径 2.8m 钻孔灌注桩，南塔桩长50m，钻孔出渣量为 9847m³，北塔桩长 67m，钻孔出渣量为 13195m³；中塔基础采用88 根直径 2.8m 钻孔灌注桩，基础桩长55m，钻孔出渣量为 29787m³。作业期183d。

每个索塔基础施工点为一个点状悬浮物排放源，悬浮物排放量与桥基挖泥方总量正相关，根据已有的研究成果，悬浮颗粒物排放系数按 5kg/m³ 计。

4.2.1.2　预测模型

$$\nabla \cdot \vec{V} + \frac{\partial W}{\partial Z} = 0 \tag{1}$$

$$\frac{\partial U}{\partial t} + \vec{V} \cdot \nabla U + W \frac{\partial U}{\partial z} - fV = -\frac{1}{\rho_0} \times \frac{\partial P}{\partial x} + \frac{\partial}{\partial z}\left(K_M \frac{\partial U}{\partial z}\right) + F_x \tag{2}$$

$$\frac{\partial U}{\partial t} + \vec{V} \cdot \nabla V + W \frac{\partial U}{\partial z} + fU = -\frac{1}{\rho_0} \times \frac{\partial P}{\partial y} + \frac{\partial}{\partial z}\left(K_M \frac{\partial V}{\partial z}\right) + F_y \tag{3}$$

$$\rho g = -\frac{\partial P}{\partial z} \tag{4}$$

$$\frac{\partial \theta}{\partial t} + \vec{V} \cdot \Delta \theta + W \frac{\partial \theta}{\partial z} = \frac{\partial}{\partial z}\left(K_H \frac{\partial \theta}{\partial z}\right) + F_\theta \tag{5}$$

$$\frac{\partial S}{\partial t} + \vec{V} \cdot \Delta S + W \frac{\partial S}{\partial z} = \frac{\partial}{\partial z}\left(K_H \frac{\partial S}{\partial z}\right) + F_s \tag{6}$$

$$\frac{\partial C}{\partial t} + \frac{\partial UC}{\partial t} + \frac{\partial VC}{\partial y} + \frac{\partial (W - W_s)C}{\partial z} = \frac{\partial}{\partial x}\left(A_H \frac{\partial C}{\partial x}\right) + \frac{\partial}{\partial y}\left(A_H \frac{\partial C}{\partial y}\right) + \frac{\partial}{\partial z}\left(A_H \frac{\partial C}{\partial z}\right) \tag{7}$$

参数取值略。

4.2.1.3　水流特征

研究区域河道地形较为简单，石埠桥桥位处于主流从左岸向右岸的过渡段，深泓线摆幅较大。水流流态与水下地形结构相适应，水流受深槽束缚，涨、落潮流主要沿摆动的深槽的流动，洪季由于上游下泄径流强大，抑制了下游潮流的上溯，水流表现为单向流；枯季则潮流作用相对较强，由于狭长河道地形制约，水流流态呈现往复流动。洪枯季不同的水流流态关系着污染物在不同季节的输运扩散特征。

4.2.1.4　桥墩施工钻渣泄漏悬浮物影响分析

1680m 双塔悬索桥方案：北岸施工点位置 SS 最大增值浓度为 25.3mg/L，1mg/L 增值浓度向下游（向东）最大至 3500m，向上游（向西）最大至 2700m 处；3mg/L 增值浓度向下游至 1800m，向上游最大至 700m。南岸施工点位置最大增加浓度不超过 1mg/L，基本不对上下游产生影响。

2×958m 三塔悬索桥方案：北岸 0.02mg/L 增值浓度向上游最远至 1.3km 处，向下游 2.8km 处，不会影响黄天荡水源保护区和龙潭水源保护区；中间塔基 0.01mg/L 增值浓度向上游最远至 250m，向下游 1.4km 处；南岸施工点位置最大增值浓度不超过 0.02mg/L，对上下游的影响极小。

研究河道水流主要沿轴向往复流动，流速横向分量较小，因此悬浮物沿河道横向扩散的距离较小，悬浮物增值浓度在横向距离 200m 处不超过 1mg/L。

总的说来，大桥桩基础施工流失悬浮物随涨落潮流向上、下游往复输运，影响距离较小，尤其是横向扩散，影响十分微弱，SS 对水质影响轻微。

4.2.2　大桥桥面径流对长江水质的影响

通常在降雨初期，桥面径流中污染物浓度随着降雨量的增加而增大；降雨一段时间后，污染物被稀释，浓度逐渐降低。本评价假定发生南京近年 24h 最大降雨量的情况下，对桥面径流产生的污染特殊情况进行分析评价。由于 1680m 和 2×958m 两种悬索桥方案，桥梁跨江面部分的长度及桥面宽度是相同的，因此桥面径流的水环境影响计算只计算一种结果。

计算悬浮物、BOD₅ 和油随桥面径流入河，与河水充分混合后，河水中的污染物浓度值计算公式和结果如下（附表 2-1-5）

$$C_i = (C_{io}Q_o + C_fQ_f)/(Q_o + Q_f)$$

桥面径流入河后污染物浓度　　　　　　　　　　　　　　附表 2-1-5

指　　标	SS/（mg/L）	BOD$_5$/（mg/L）	油/（mg/L）
本底值	54	0.645	0.05
入河后污染物浓度	54.000158	0.645015	0.050039

由表 2-1-5 可知，径流中的污染物与河水充分混合后，几乎未引起水体各污染物浓度的变化。根据《环境影响评价技术导则——地面水环境》中污染物充分混合长度公式

$$L = [(0.4B - 0.6a)Bu]/[(0.058H + 0.065B)(gHI)^{1/2}]$$

推算出污染物进入长江后充分混合的长度为 161.59m，说明随桥面径流进入长江经过 161.59m 长的充分混合段后，便达到了水质保护目标，不会对 3.5km 远处的龙潭水源保护区造成影响。

4.2.3　沿线交通工程设施污水对水体的影响分析

拟建公路沿线各种交通管理设施每日生活污水排放量约 24t。必须采取措施，达标排放。

4.3　生态环境影响预测与评价

4.3.1　大桥施工期对水生保护动物和渔业资源的影响

跨江大桥施工区域是洄游性鱼类的主要洄游路经水域，也是定居性鱼类和河口性鱼类的索饵育肥场所，南京市六合鱼类保护区就位于桥位处下游区域。大桥施工各类施工噪声，频繁出入各类作业船舶排污等不利因素，可能会使洄游性鱼类改变洄游路线，其他经济鱼类将不能继续在此水域产卵、育肥、索饵，会对经济鱼类和当地捕捞业造成一定的影响。但这种影响是暂时的，只有约 200 天，过后可以恢复到原状态。

4.3.2　施工期对湿地资源的影响

本工程桥位处沿长江北岸有一片芦苇荡湿地，大桥北主塔位于该片芦苇地中，将占用部分湿地资源，造成占地范围内底栖生物的丧失，并对在此活动的各种鱼类、鸟类产生一定的影响，致使这些生物远离此区域。但是，大桥工程采用桥梁上跨通过该片区域，最大限度地减少了对该湿地生态系统的不利影响。

4.3.3　对林业植被的影响

公路沿线的林业植被群落结构较为单一，物种较为常见，对当地的生态环境保护所起到的作用是有限的。虽然工程施工期内由于路基开挖、取弃土等在短期内会对当地植被和生态环境造成一定程度的不利影响，但随着大桥工程施工过程中各种环境保护措施和绿化措施的实施，这种影响将逐渐缓解。

4.3.4　取土场设置建议

工程主线需借方 $1.16 \times 10^6 \text{m}^3$，根据"工可"资料，接线工程借方均集中在桥址北岸六合区境内，接线工程 K5+800～K7+400 段路西约 1km，有一片低丘岗地，目前该处建有多处砖瓦厂并在此处取土，本工程可考虑在此处设置大型取土场，取土后复垦。

4.4　通航影响及交通运输风险分析

4.4.1　大桥建设对上、下游水流及通航条件的影响

对水位的影响（书略）。

对流速、流向的影响（书略）。

对下游河势的影响（书略）。

对通航净空的影响（书略）。

4.4.2　过往船舶撞击桥墩风险分析（书略）

根据对项目区上游已建成的南京长江大桥的类比分析，1987～1999 年桥下过往船舶约 2000 艘次/日时，平均每年发生撞墩事故 1.38 次，但从未发生污染事故。本项目从船舶流量、船区通航条件、大桥通航宽度和净空、桥墩阻水作用、科技进步等角度，考虑桥墩灯标等主动防撞设计，综合分析预测，长江四桥建成后，100t 以上船舶撞击桥墩的风险概率约 1.3 次/年；危险货船（主要是油船）撞击桥墩的风险概率约 0.2 次/年。

4.4.3　运油船只事故溢油的影响

针对施工期间，由于桥下施工机械、施工船舶布置等原因造成水面交通拥堵，原油运输船只发生碰撞而发生溢油事故，对上游黄天荡水源保护区和下游龙潭水源保护区造成的影响进行分析。

（1）溢油事故排放源强　以 20t/h 泄漏量为前提，分别预测洪、枯季事故可能的污染影响程度。

（2）预测模式　采用 ECOMSED 模型中溶解质示踪模块进行水面溢油预测。

（3）洪季溢油预测结果分析　根据预测表明，因为洪季径流强，单向流驱动下，溢油不会发生向上游输运，位于拟建工程桥位上游 6km 处的黄天荡水源保护区基本不受溢油影响；而下游 4.6km 的龙潭水源保护区，会在溢油发生后 7h 左右受到油污染，初始浓度为 0.6mg/L，至第 9 个小时，污染浓度最大，达 1.7mg/L，之后持续 2～3h 后，在强大的水流冲击下基本再无污染。

（4）枯季溢油预测结果分析　桥位上游 6km 处的黄天荡水源保护区即使在上溯潮流相对较强的枯季也基本不受工程位置的溢油污染；但 0.5mg/L 的溢油浓度线可在事故发生 6h 后到达下游的龙潭水源保护区边缘，并会持续影响一段时间，最大污染浓度为 1.5mg/L。枯水季节，由于潮流的往复运动，带动溢油在事故发生地附近来回运动，直至溢油完全排放至稀释。

4.5　声环境影响预测和评价

4.5.1　施工期声环境影响评价（书略）

4.5.2　营运期声环境预测模式（书略）

4.5.3　预测结果及分析

由于拟建公路中、远期交通量增加较快，且车型比有所变化（小型、大型车比例增加，中型车比例减少），使得夜间噪声达标距离有骤增的现象。相对于 1、2 类标准，初期夜间达标距离小于昼间，但中、远期却远远大于昼间的达标距离。

不同营运期、从不同时间段（白天、夜间）的敏感点声环境预测结果来看，拟建公路交通噪声对沿线敏感点的夜间声环境质量造成的影响远比白天严重。

由超标分析结果来看，绝大多数超标敏感点集中在接线路段；而大桥路段的敏感点，因大大低于路面，受声影区的影响，环境噪声超标不明显。

由于沿线大多数村庄住户沿河而居，走向与拟建公路基本正交，尽管这样的敏感点噪声级较高，但受影响的住户并不多，可以采取搬迁或隔声窗等办法解决；而对于人口比较集中、稠密，且超标较严重的村庄，则应考虑建声屏障等方法解决噪声防护问题。

拟建大桥北接线穿越龙袍镇规划区路段，由于路线纵坡较高，对沿线的噪声影响较小。按 4 类标准，营运各期昼夜间在路侧均可达标；按 2 类标准，营运初期昼夜间路侧均达标，中、远期昼间达标距离分别为 21.5～100m 和 21.5～130m，中、远期夜间达标距离为 21.5～150m 和 21.5～190m。

4.6　环境空气质量影响预测与评价（书略）

4.7　水土流失预测（书略）

4.8　景观环境影响评价（书略）

5　环境保护措施及技术、经济论证

5.1　设计阶段环境保护措施及建议

（1）进行专门景观和绿化设计　南京市是著名的历史文化名城和旅游城市，且四桥长江南岸路段紧邻栖霞山风景名胜区。同时，拟建大桥以其雄伟的气势，本身也将成为当地的一个重要的、标志性的景观。因此，设计阶段在注重桥型方案美学设计的同时，还应考虑到大桥与栖霞山风景区的景观协调性，使该工程成为富有地方特色的、与沿线自然景观相和谐的现代化工程。

（2）土地补偿措施及基本农田环境保护方案（书略）

（3）水环境保护　建议在工作人员和过往停车人员较集中且可能距长江较近的服务区设计二级污水处理设备，采用 A/O 法（厌氧—好氧污水处理工艺），工艺流程如图（书略）；主线收费站设计无能耗地埋式小型生活污水处理装置（即改进型化粪池），工艺流程如图（书略）。

5.2　施工期环境保护措施及建议

5.2.1　临时工程用地设置要求及恢复措施

（1）桥梁构件预制场、灰土拌合场、沥青搅拌站和建材堆放场等临时用地应尽量少占耕地，尤其是严格控制占用水田，并尽量布设在公路用地范围内，如服务区、收费站和互通立交区等。

（2）施工营地应尽可能地租用当地民房，或布设在立交等公路用地范围内；应防止生活污水、垃圾污染。

（3）施工前，应将临时占用农田的表土层（约 15cm 厚，即土壤耕作层）剥离、分放，并进行临时防护，以便用于后期的土地复垦。

（4）临时占地结束后，应尽早进行土地平整和植被、耕地等的恢复工作。

（5）除部分施工便道留给地方作为农用便道外，其余施工便道也应尽可能复垦为旱地，或及时进行植被恢复工作。

5.2.2　水生野生动物保护建议

加强施工前的宣传和教育工作；建立高效有力的监管体系，加强对珍稀水生动物的保护。

大桥基础施工过程中的保护措施如下。

（1）应根据长江江豚、白鳍豚等水生保护动物的生活习性和南京江段季节分布规律，选择这些保护动物出没概率较小的季节进行施工，并将其惯常通过的通道保留作为其在大桥施工期间的洄游通道。

（2）建议施工前先采用搅动江水的方式将其驱赶出施工区域，并设置防污帘将施工区域包围（半封闭，以供施工船只进出），防污帘由浮体裙帘、张紧绳和重锤组成，一方面可以防止水生保护动物及幼体进入施工区域被船只碰伤，也可以缓解基础施工悬浮物对长江水质的影响。

（3）中主塔和南主塔桩基施工时预先用小船在施工区域周围回旋发出驱赶的噪声，避免长江江豚、白鳍豚等水生保护动物进入受影响的区域；或者通过插入水下的管道喷气在施工区周围建立"气屏幕"，防止长江江豚等进入施工区域。

5.2.3　沿江北岸湿地及渔业资源保护措施

（1）施工进场前，应规划好北岸芦苇荡路段的施工场地和进出场线路，尽量减少扰动的面积。施工过程中，船只进出及装卸应严格按照规定的线路和场地行驶和停泊，禁止随意航行，以减小对北岸芦苇荡的破坏程度。

（2）芦苇荡路段施工中，禁止抛撒土石填江作施工便道和施工场地的做法。

（3）为了防止桥梁基础施工对长江渔业资源的破坏和污染损害，避免环境污染纠纷，北岸主塔和引桥桥墩基础的施工时间应尽量避开鱼虾产卵繁殖期，以保护鱼虾类的产卵场。施工进行前应通知有关养殖场，施工期间加强附近水域的水质监测。

（4）跨江大桥施工过程中，应妥善收集基础施工钻渣和桥梁上部结构施工中产生的含油污水，并运送至陆域进行妥善处置，禁止直接向江中抛撒钻渣和含油污水，并应尽量减少泥水泄漏量，以免对水域水质造成污染，对渔业资源造成破坏。

5.2.4　减少或控制运输船舶交通事故的措施建议及水源保护应急措施

建议由建设单位委托有资质单位编制较完整、便于运作的大桥施工期间通航安全维护方案，以指导大桥施工期间通航安全工作。其主要应包括：建立建桥通航管理指挥部和大桥现场维护机构，明确各组织机构的职责及工作制度；根据全桥不同施工作业内容与进度，制定相应的船舶通航维护方案。

条件允许时，应尽量围控、回收或清除水面溢油，防止漂及岸边，污染岸线。

当受到溢油污染损害的场所，如旅游、水产养殖区、农作物区等，需要经过较长时间的人工或自然恢复，才能基本消除所受的污染影响时，由应急指挥部在溢油应急反应结束前组织有关部门和专家进行评估，提出适当的恢复方案及跟踪监测建议，并提出环境恢复费用预算。

水源保护区管理部门接到事故报警后，应迅速作出反应，组织人员进行江面的监控及监测工作，并采取适当的拦污措施保护取水口安全。当监测值超标时，应立即停止取水。

5.3　营运期环境保护措施及建议

（1）水生态环境保护措施和建议。

（2）水环境保护措施和建议。

（3）按管理计划，危险品运输不通过此桥。

（4）声环境保护措施和建议　交通噪声防治从以下几个方面着手：路线的规划设计，应尽可能远离噪声敏感点；今后规划居民住宅区、学校、医院等噪声敏感目标时，也应使其远离交通干道；采取工程措施降低交通噪声的危害，针对拟建工程的具体建设情况和环境特点，建议采用公路两侧加设声屏障、隔声窗或种植绿化林带等降噪措施（具体方案技术论证略）。

5.4 环境保护投资分析（书略）

6 公众参与（书略）

7 水土流失防治方案（书略）

8 评价结论

8.1 环境现状

（1）社会环境 沿线地区土地利用率不高，尚有一定的土地利用潜力。六合、栖霞两区现有土地利用效益偏低。南京历史悠久，文物古迹众多，项目沿线地区旅游、文物资源亦相当丰富。沿线已发掘文物主要分布在栖霞山风景区内，路线终点处南象山一带可能有未发掘的重要文物分布。

（2）生态环境现状 项目区已无原始地带性常绿、落叶阔叶混交林存在，现为人工林和农业植被。项目区动物以家禽、家畜为主，野生动物包括鸟类、两栖类和小型兽类。沿线陆域评价范围内除长江北岸芦苇带可偶见白鹭等保护鸟类外，无其他珍稀保护动植物分布及其栖息地。

拟建大桥跨江段为国家重点水生保护动物中华鲟、白鲟、白鳍豚、长江江豚、胭脂鱼、松江鲈、花鳗鲡等的洄游通道或栖息地，现保护动物已多年罕见。同时，该江段也是南京市渔业资源较为丰富的江段。另外，南京市长江乌鱼洲湿地保护区位于南京段北岸划子口河入江口至滁河入江口，芦苇群落为该湿地的代表性群落，该保护区位于推荐桥位下游约 1.6km 处。

（3）水环境 工程沿线跨越的河流水系中，除长江（九乡河口——七乡河口）具有饮用水功能外，其他水体均为渔业、景观、农业和工业用水。沿线水体水质良好。沿线基本上没有大型污水排放单位，水污染源主要为农村生产生活面源污水。拟建大桥工程桥位位于黄天荡水源保护区下游，距其下游边界约 6km 左右，另外，龙潭水源保护区位于推荐桥位下游约 4.6km 处。

（4）声环境（书略）。

（5）环境空气（书略）。

（6）水土流失现状（书略）。

8.2 主要环境影响及对策、措施

（1）社会环境 拟建公路工程永久占地共 3736 亩，其中以占用农用地为主。本工程建设虽然不会对项目直接影响区的农业生产造成大的影响，但因征地，沿线至少有 2536 人的正常生产生活短期内受到一定的影响。本工程拆迁建筑物面积为 $167311m^2$，其中民房约 $37000m^2$，受影响户数约 260 户，人口约 900 人。另外，工程施工期大桥施工区段禁渔也将对在该江段打鱼的渔业队和渔民的生产生活造成一定的影响。各级地方政府应根据当地实际情况做好这些受征地、拆迁及禁渔影响户的重新安置和经济补偿工作。

根据文物文献记载及以往考古发现，工程经过的北象山等山地地下可能埋藏有比较重要的南朝宗室或贵族墓葬陵寝建筑。因此，建议下阶段建设单位应配合好文物保护部门进行项目建设区文物调查工作，同时，施工中如发现地下文物，应协助好文物保护工作。

（2）生态环境 大桥基础钻孔、灌注过程中可能对周围环境造成一定的振动影响，但中华鲟、长江江豚和其他鱼类自身都具有遇船只和水下构造物逃避的本能，因此振动影响对水生生物的影响不大。但钻渣泄漏和底泥扰动会给在施工区附近活动的水生动物造成一定的影响。建议施工前采用敲打船帮等方式将水生动物（特别是白鳍豚等保护动物）赶离施工区域，并采用防污帘等措施减小施工造成的悬浮物对长江水质和水生动物栖息环境的影响。

拟建工程永久性占地导致的植被生物量损失约 6123.1t/a，其中，植被生物量损失主要表现在农业植被生物量损失，年生物量损失量为 5380.9t，占永久性生物量损失总量的 87.9%。本工程永久占用的基本农田面积约为 2820 亩。对当地的农业生产影响不大。而且，取、弃地场和临时工程占地的复耕还将有助于缓解这些影响。

（3）水环境　大桥桩基础施工流失悬浮物随涨落潮流向上、下游往复输运，影响距离较小，尤其是横向扩散，影响十分微弱，SS 对水质影响是轻微的，不会影响黄天荡水源保护区和龙潭水源保护区。

工程施工过程中，全线各施工区每天产生的生活污水量约为 150～230t，直接排放将会给沿线水体或农田造成一定的污染。因此，建议各施工区应设置临时性污水处理设施（如化粪池等），对各类生产生活废水处理后进行达标排放。

（4）危险品运输风险　龙潭水道河槽容量大，流量也较大，尤其是洪水季节，自我净化能力较强，船只碰撞发生的溢油污染影响不显著；但在枯水季节，溢油事故则可以持续影响下游的龙潭水源保护区。

（5）声环境　施工噪声影响白天将主要出现在距施工场地 130m 范围内，夜间将主要出现在距施工场地 480m 范围内。

敏感点声环境预测结果表明，拟建公路交通噪声夜间影响远比白天严重。白天营运中、远期分别只有 3 个、4 个点超标，但夜间营运初、中、远期分别有 7 个、16 个和 21 个敏感点超标。

对沿线 10 处敏感点采取措施进行降噪，主要措施包括隔声墙、隔声窗和村边绿化带等（书略）。鉴于目前尚处于"工可"研究阶段，路线还可能有一定的改动，建议在施工图设计阶段进行专门的降噪设计。

8.3　综合结论

南京长江第四大桥的建设对于形成南京市"沿江成束、跨江成环、南北放射、内外沟通"的公路交通总体框架，满足南京市区及过境交通的需求，完善国道、省道干线公路网，加强江苏省与邻近省份的联系，促进江苏省、南京市的改革开放和区域经济发展等，都具有非常重要的意义。而且，项目的社会经济和环境效益极为显著，具有较强的抗风险能力。

虽然南京长江四桥建设将会对沿线地区的长江水生生态环境、水环境以及沿线居民生活质量、学校教学产生一定的不利影响，但只要认真落实本报告所提出的减缓措施，真正落实环保措施与主体工程建设的"三同时"制度，所产生的负面影响是完全可以得到有效控制的，并能为环境所接受。环境损益分析表明拟建公路产生的环境经济正效益占主导地位。从环保角度来看该项目是可行的。

第3章 项目施工的环境管理与环境保护验收

内容提要：本章主要介绍了施工现场环境因素、施工环境条件的管理及措施、施工现场环境管理、建设项目竣工环境保护验收管理办法、建设项目竣工环境保护验收标准与验收程序和建设项目竣工环境保护验收内容，并示例说明。

3.1 施工环境管理的要求与标准

3.1.1 施工现场环境因素

施工现场是指作业场所，是工程的建造地点和为工程建设提供生产服务的场所。它既包括生产前方的作业场所——工地，又包括生产后方各辅助生产的作业场所。

有现场就必然有现场管理。所谓施工现场管理就是运用科学的思想、组织、方法和手段，对施工现场的人、设备、材料、工艺、资金等生产要素，进行有计划的组织、控制、协调、激励，来保证预定目标的实现。

施工现场的环境因素是指在施工现场生产及管理活动中能与环境发生相互作用的要素。现行国家标准《环境管理体系——规范及使用指南》（GB 24001—1996）将环境因素定义为："一个组织活动、产品和服务中能与环境发生相互作用的要素"。一般而言，环境因素给环境造成两种影响，一种是有益的影响，一种是有害的影响。而施工现场环境因素造成的有害影响，主要是指在施工过程中产生的粉尘、废水、废气、噪声、振动和固体废弃物的排放等，它是影响环境的主要原因，其有害的影响又是导致环境污染的根源，所以，造成严重有害影响的重要环境因素是工程建设环境管理的核心问题。

施工现场环境因素的分类如下：

1）按施工现场产生的污染物分类

施工现场产生的污染物是对环境造成污染的根源，主要有以下几类：

①噪声。主要包括施工机械、运输设备、电动工具、模板与脚手架等周转材料的装卸、安装、拆除、清理和修复造成的噪声等；

②粉尘。主要包括场地平整作业、土堆、砂堆、石灰、现场路面、水泥搬运、混凝土搅拌、木工房锯木、现场清扫、车辆进出引起的粉尘等；

③废水。主要包括施工过程搅拌站、洗车处等产生的生产废水、生活区域的食堂、厕所产生的生活废水等；

④废气。主要包括油漆、油库、化学材料泄漏或挥发引起的有毒有害气体排放等；

⑤固体废弃物。主要包括建筑渣土、生活垃圾、废包装物、含油抹布的处置与排放等；

⑥振动。主要包括打桩、爆破等施工对周边建筑物、构筑物、道路桥梁等市政公用设施的影响；

⑦光。主要包括施工现场夜间照明灯光产生的光污染。

2）按施工现场环境因素的对象分类

施工现场环境因素影响的对象，通常分为以下几类：

①向大气排放。主要包括粉尘、有毒有害气体的排放；

②向水体排放。主要包括生产废水、生活废水排放；

③废弃物管理。主要包括建筑渣土、建筑垃圾、生活垃圾、废包装物、含油抹布等废弃物的处置管理；

④土地污染。主要包括油品、化学品的泄漏；

⑤原材料与自然资源的使用；

⑥当地环境和社区性问题，包括噪声、振动、光污染等。

3）施工现场重大环境因素及其影响

表 3-1 中列出了工程建设项目施工现场的重大环境因素及其影响。

重大环境因素表　　　　　　　　　　　　　　　表 3-1

环境因素	活动点/工序/部位	环境影响	控制方式
噪声的排放	①施工机械：推土机、挖掘机、装卸机、钻孔桩机、打夯机、混凝土运送泵；运输设备：翻斗机；电动工具：电锯、压刨、空压机、切割机、混凝土振动棒、冲钻机； ②脚手架装卸、安装与卸除； ③模架支拆、清理与修复	影响人体健康、社区居民休息	执行"环境管理方案"
粉尘的排放	施工场地平整作业、土堆砂堆、石灰、现场路面、进出车辆车轮带泥沙、水泥搬运、混凝土搅拌、木工房锯末、拆除作业	污染大气、影响居民身体健康	
环境因素	活动点/工序/部位	环境影响	
甲醛、氨、放射性核素及各种有害性物质的超量排放	各种室内建筑装饰材料、混凝土外加剂（氨）、建筑材料作业和使用	影响用户健康	
化学危险品的使用排放	装饰、排水、焊接作业现场	大气、土地、光污染	
运输的遗洒	运输渣土、预拌（商品）混凝土、生活垃圾	污染路面、影响居民生活	
有毒有害废弃物的排放	①施工现场（废化工材料及其包装物、容器等，废玻璃丝布，废铝箔纸，工业棉布，漆刷，废旧测温计）； ②中心实验室有毒有害容器清洗液及废试液瓶、油布及油手套； ③现场清理工具废渣、机械维修保养废渣、办公区废复写纸、复印机废墨盒核废粉、打印机废硒鼓、废色带、废电池、废磁盘、废计算机、废日光灯	污染土地、水体	

环境因素	活动点/工序/部位	环境影响	控制方式
火灾、爆炸的发生	油漆、易燃材料库房及作业面、木工房、电气焊接作业点、氧气瓶（库）、乙炔气瓶（库）、液化气瓶、油库、建筑垃圾、冬期混凝土养护作业、施工现场配电器、实验室使用的乙醇、松节油、燃煤取暖	污染大气	执行"环境管理方案"
污水的排放	食堂、现场搅拌站、厕所、现场洗车处	污水水体	

3.1.2　施工环境条件的管理及措施

（1）施工现场环境条件的管理

施工现场的环境条件主要是指水、电或动力供应、施工照明、安全防护设备、施工场地空间条件和通道、交通运输和道路条件等。这些条件是否良好，直接影响到环境污染。施工现场环境管理主要是管理好施工现场的环境条件和控制好施工现场的环境因素，其目的是保证人们身体健康，消除对外部干扰，保证施工顺利进行，符合现代化大生产的要求，从而节约能源、保护人类生存环境、保证社会和企业的可持续发展。施工现场环境管理的主要内容是：

①施工现场应明确划分办公区域、施工区域和生活区域，将施工区和生活区分成若干片，分片包干，建立责任区；

②从道路交通、消防器材、材料堆放到垃圾、厕所、厨房、宿舍、火炉、吸烟等都有专人负责，做到责任落实到人；

③施工现场要保持整洁卫生，场地平整，各类物资堆放整齐，道路畅通，做到无积水，无垃圾；

④施工现场无堆放物和散落物，零散材料要及时清理，生活垃圾与建筑垃圾分别定点堆放，严禁混放，并及时清运。垃圾临时堆放不得超过1天；

⑤保持办公室整洁卫生，做到窗明地净，文具摆放整齐；

⑥职工宿舍做到整洁有序，室内和宿舍四周保持干净，污水和污物、生活垃圾集中堆放，及时外运；

⑦冬季办公室和职工宿舍取暖炉，应有验收手续，合格后方可使用；

⑧施工现场严禁随地大小便，现场的厕所，坚持天天有人打扫，每周撒白灰或打药一两次，便坑须加盖；

⑨施工现场应设置保温桶和开水，并使用一次性杯子，开水桶有盖加锁；

⑩施工现场的卫生要定期进行检查，发现问题，限期改正，并保存检查评分记录。

（2）施工现场环境条件管理的措施

施工现场的环境管理措施主要体现在以下几个方面：

1）实行环保目标责任制

把环保指标以责任书的形式层层分解到有关单位和个人，列入承包合同和岗位责任制中，建立一个懂行善管的环保自我监控体系。项目经理是环保工作的第一责任人，是施工现场环境管理自我监控体系的领导者和责任者，要把施工现场环境管理政绩作为考核项目经理的一项重要指标。

2）加强检查和监控工作

要加强检查，特别是加强对施工现场粉尘、废水、噪声、固体废弃物的监测和监控工作。及时采取措施消除粉尘、废水、噪声和固体废弃物的污染。

3）施工现场环境综合治理

一方面施工单位要采取有效措施控制人为噪声、粉尘的污染和采取措施控制烟尘、污水、噪声污染；另一方面建设单位应该负责协调外部关系，同当地居委会、村委会、办事处、派出所、居民、施工单位、环保部门加强联系。项目经理要做好宣传教育工作，认真对待来信来访，凡能解决的问题，立即解决，一时不能解决的扰民问题，也要说明情况，求得谅解并限期解决。

同时，在施工现场平面布置和组织施工过程中要执行国家、地区、行业和企业有关防治空气污染、水源污染、噪声污染、固体废弃物污染等环境保护的法律、法规和规章制度。

3.1.3 施工现场环境管理的标准

为保障作业人员的身体健康和生命安全，改善作业人员的工作环境与生活条件，保护生态环境，防治施工过程对环境造成污染和各类疾病的发生，建设部制定了行业标准《建筑施工现场环境与卫生标准》JGJ 146—2004。该标准自 2005 年 3 月 1 日起实施，适用于新建、扩建、改建的土木工程、建筑工程、线路管道工程、设备安装工程、装修装饰工程及拆除工程。标准中所指的施工现场包括施工区、办公区和生活区。该标准的主要要求如下：

（1）一般规定

1）施工现场的施工区域应办公、生活区划分清晰，并应采取相应的隔离措施；

2）施工现场必须采用封闭围挡，高度不得小于 1.8m；

3）施工现场出入口应标有企业名称或企业标识。主要出入口明显处应设置工程概况牌，大门内应有施工现场总平面图和安全生产、消防保卫、环境保护、文明施工等制度牌；

4）施工现场临时用房应选址合理，并应符合安全、消防要求和国家有关规定；

5）在工程的施工组织设计中应有防治大气、水土、噪声污染和改善环境卫生的有效措施；

6）施工企业应采取有效的职业病防护措施，为作业人员提供必备的防护用品，对从事有职业病危害作业的人员应定期进行体检和培训；

7）施工企业应结合季节特点，做好作业人员的饮食卫生和防暑降温、防寒保暖、防煤气中毒、防疫等工作；

8）施工现场必须建立环境保护、环境卫生管理和检查制度，并应做好检查记录；

9）对施工现场作业人员的教育培训、考核应包括环境保护、环境卫生等有关法律、法规的内容；

10）施工企业应根据法律、法规的规定，制定施工现场的公共卫生突发事件应急预案。

（2）环境保护

1）防治大气污染

①施工现场的主要道路必须进行硬化处理，土方应集中堆放。裸露的场地和集中堆放的土方应采取覆盖、固化或绿化等措施；

②拆除建筑物、构筑物时，应采用隔离、洒水等措施，并应在规定期限内将废弃物清理完毕；

③施工现场土方作业应采取防止扬尘措施；

④从事土方、渣土和施工垃圾运输应采用密闭式运输车辆或采取覆盖措施；施工现场出入口处应采取保证车辆清洁的措施；

⑤施工现场的材料和大模板等存放场地必须平整坚实。水泥和其他易飞扬的细颗粒建筑材料应密闭存放或采取覆盖等措施；

⑥施工现场混凝土搅拌场所应采取封闭、降尘措施；

⑦建筑物内施工垃圾的清运，必须采用相应容器或管道运输，严禁凌空抛掷；

⑧施工现场应设置密闭式垃圾站，施工垃圾、生活垃圾应分类存放，并应及时清运出场；

⑨城区、旅游景点、疗养区、重点文物保护地及人口密集区的施工现场应使用清洁能源；

⑩施工现场的机械设备、车辆的尾气排放应符合国家环保排放标准的要求；

■施工现场严禁焚烧各类废弃物。

2）防治水土污染

①施工现场应设置排水沟及沉淀池，施工污水经沉淀后方可排入市政污水管网或河流；

②施工现场存放的油料和化学溶剂等易燃物品应设有专门的库房，地面应做防渗漏处理。废弃的油料和化学溶剂应集中处理，不得随意倾倒；

③食堂应设置隔油池，并应及时清理；

④厕所的化粪池应做抗渗处理；

⑤食堂、盥洗室、淋浴间的下水管线应设置过滤网，并应与市政污水管线连接，保证排水通畅。

3）防治施工噪声污染

①施工现场应按照现行国家标准《建筑施工场界噪声限值》（GB 12523—1990）和《建筑施工场界噪声测量方法》（GB 12524—1990）制定降噪措施，并可由施工企业自行对施工现场的噪声值进行监测和记录；

②施工现场的强噪声设备宜设置在远离居民区的一侧，并应采取降低噪声措施；

③对因生产工艺要求或其他特殊需要，确需在夜间进行超过噪声标准施工的，施工前建设单位应向有关部门提出申请，经批准后方可进行夜间施工；

④夜间运输材料的车辆进入施工现场，严禁鸣笛，装卸材料应做到轻拿轻放。

（3）环境卫生

1）临时设施

①施工现场应设置办公室、宿舍、食堂、厕所、淋浴间、开水房、文体活动室、密闭式垃圾站（或容器）及盥洗设施等临时设施。临时设施所用建筑材料应符合环保、消防要求；

②办公区和生活区应设密闭式垃圾容器；

③办公室内布局应合理，文件资料宜归类存放，并应保持室内清洁卫生；

④施工现场应配备常用药及绷带、止血带、颈托、担架等急救器材；

⑤宿舍内应保证有必要的生活空间，室内净高不得小于 2.4m，通道宽度不得小于 0.9m，每间宿舍居住人员不得超过 16 人；

⑥施工现场宿舍必须设置可开启式窗户，宿舍内的床铺不得超过 2 层，严禁使用通铺；

⑦宿舍内应设置生活用品专柜，有条件的宿舍宜设置生活用品储藏室；

⑧宿舍内应设置垃圾桶，宿舍外宜设置鞋柜或鞋架，生活区内应提供为作业人员晾晒衣物的场地；

⑨食堂应设置在远离厕所、垃圾站、有毒有害场所等污染源的地方；

⑩食堂应设置独立的制作间、储藏间，门扇下方应设不低于 0.2m 的防鼠挡板。制作间灶台及其周边应贴瓷砖，所贴瓷砖高度不宜小于 1.5m，地面应做硬化和防滑处理。粮食存放台距墙和地面应大于 0.2m；

■食堂应配备必要的排风设施和冷藏设施；

■食堂的燃气罐应单独设置存放间，存放间应通风良好并严禁存放其他物品；

■食堂制作间的炊具宜存放在封闭的橱柜内，刀、盆、案板等炊具应生熟分开。食品应有遮盖，遮盖物品应有正反面标识。各种佐料和副食应存放在密闭器皿内，并应有标识；

■食堂外应设置密闭式泔水桶，并应及时清运；

■施工现场应设置水冲式或移动式厕所，厕所地面应硬化，门窗应齐全。蹲位之间宜设置隔板，隔板高度不宜低于 0.9m；

■厕所大小应根据作业人员的数量设置。高层建筑施工超过 8 层以后，每隔 4 层宜设置临时厕所。厕所应设专人负责清扫、消毒，化粪池应及时清掏；

■淋浴间内应设置满足需要的淋浴喷头，可设置储衣柜或挂衣架；

■盥洗设施应设置满足作业人员使用的盥洗池，并应使用节水龙头；

■生活区应设置开水炉、电热水器或饮用水保温桶；施工区应配备流动保温水桶；

■文体活动室应配备电视机、书报、杂志等文体活动设施、用品。

2）卫生与防疫

①施工现场应设专职或兼职保洁员，负责卫生清扫和保洁；

②办公区和生活区应采取灭鼠、蚊、蝇、蟑螂等措施，并应定期投放和喷洒药物；

③食堂必须有卫生许可证，炊事人员必须持身体健康证上岗；

④炊事人员上岗应穿戴洁净的工作服、工作帽和口罩，并应保持个人卫生。不得穿工作服出食堂，非炊事人员不得随意进入制作间；

⑤食堂的炊具、餐具和公用饮水器具必须清洗消毒；

⑥施工现场应加强食品、原料的进货管理，食堂严禁出售变质食品；

⑦施工现场作业人员发生法定传染病、食物中毒或急性职业中毒时，必须在 2h 内向施工现场所在地建设行政主管部门和有关部门报告，并应积极配合调查处理；

⑧现场施工人员患有法定传染病时，应及时进行隔离，并由卫生防疫部门进行处置。

【问题】 建筑工程施工现场周边环境的安全评估应考虑哪些方面的因素？

【解析】 应考虑的因素有：①毗邻高压线的状况；②施工对毗邻建筑物、构筑物（含围挡墙、护坡、挡土墙）的影响；③靠近山体、水体、油库、地下管线、坑道、堤坝、危险品库、军事设施、测量标志的状况；④深基坑施工对周边环境的影响；⑤施工对周边通信、道路等公用设施的影响；⑥施工现场的临建设施选址是否合理，结构是否安全，围挡墙是否牢固可靠；⑦施工现场对周边交通、行人、集贸市场和学校等人流密集区域的影响；⑧施工中各种粉尘、废气、废水、固体废弃物以及噪声、振动对环境的污染和危害。

3.2 施工现场环境管理

施工现场的环境管理与文明施工是安全生产的重要组成部分。安全生产是树立以人为本的管理理念，保护社会弱势群体的重要体现；文明施工是现代化施工的一个重要标志，是施工企业一项基础性的管理工作，坚持文明施工具有重要意义。

3.2.1 施工现场管理

（1）施工现场的平面布置与划分

施工现场的平面布置图是施工组织设计的重要组成部分，必须科学合理的规划，绘制出施工现场平面布置图，在施工实施阶段按照施工总平面图要求，设置道路、组织排水、搭建临时设施、堆放物料和设置机械设备等。

1）施工总平面图编制的依据

①工程所在地区的原始资料，包括建设、勘察、设计单位提供的资料；

②原有和拟建建筑工程的位置和尺寸；

③施工方案、施工进度和资源需要计划；

④全部施工设施建造方案；

⑤建设单位可提供房屋和其他设施。

2）施工平面布置原则

①满足施工要求，场内道路畅通，运输方便，各种材料能按计划分期分批进场，充分利用场地；

②材料尽量靠近使用地点，减少二次搬运；

③现场布置紧凑，减少施工用地；

④在保证施工顺利进行的条件下，尽可能减少临时设施搭设，尽可能利用施工现场附近的原有建筑物作为施工临时设施；

⑤临时设施的布置，应便于工人生产和生活，办公用房靠近施工现场，福利设施应在生活区范围之内；

⑥平面图布置应符合安全、消防、环境保护的要求。

3）施工总平面图表示的内容

①拟建建筑的位置，平面轮廓；

②施工用机械设备的位置；

③塔式起重机轨道、运输路线及回转半径；

④施工运输道路、临时给水、排水管线、消防设施；

⑤临时供电线路及变配电设施位置；

⑥施工临时设施位置；

⑦物料堆放位置与绿化区域位置；

⑧围墙与入口位置。

4）施工现场功能区域划分要求

施工现场按照功能可划分为施工作业区、辅助作业区、材料堆放区和办公生活区。施工现场的办公生活区应当与作业区分开设置，并保持安全距离。办公生活区应当设置于在建建筑物坠落半径之外，与作业区之间设置防护措施，进行明显的划分隔离，以免人员误入危险区域；办公生活区如果设置在在建建筑物坠落半径之内时，必须采取可靠的防砸措施。功能区的规划设置时还应考虑交通、水电、消防和卫生、环保等因素。

这里的生活区是指建设工程作业人员集中居住、生活的场所，包括施工现场内外独立设置的生活区。施工现场以外独立设置的生活区是指施工现场内无条件建立生活区，在施工现场以外搭设的用于作业人员居住生活的临时用房或者集中居住的生活基地。

（2）场地管理

施工现场的场地应当整平，清除障碍物，无坑洼和凹凸不平，雨季不积水，暖季应适当绿化。施工现场应具有良好的排水系统，设置排水沟及沉淀池，现场废水不得直接排入市政污水管网和河流；现场存放的油料、化学溶剂等应设有专门的库房，地面应进行防渗漏处理。地面应当经常洒水，对粉尘源进行覆盖遮挡。

（3）道路管理

1）施工现场的道路应畅通，应当有循环干道，满足运输、消防要求；

2）主干道应当平整坚实，且有排水措施，硬化材料可以采用混凝土、预制块或用石屑、焦渣、砂粒等压实整平，保证不沉陷，不扬尘，防止泥土带入市政道路；

3）道路应当中间起拱，两侧设排水设施，主干道宽度不宜小于 3.5m，载重汽车转弯半径不宜小于 15m，如因条件限制，应当采取措施；

4）道路的布置要与现场的材料、构件、仓库等堆场、吊车位置相协调、配合；

5）施工现场主要道路应尽可能利用永久性道路，或先建好永久性道路的路基，在土建工程结束之前再铺路面。

（4）封闭管理

施工现场的作业条件差，不安全因素多，在作业过程中既容易伤害作业人员，也容易伤害现场以外的人员。因此，施工现场必须实施封闭式管理，将施工现场与外界隔离，防止"扰民"和"民扰"问题，同时保护环境、美化市容。

1）围挡设置

①施工现场围挡应沿工地四周连续设置，不得留有缺口，并根据地质、气候、围挡材料进行设计与计算，确保围挡的稳定性、安全性；

②围挡的用材应坚固、稳定、整洁、美观，宜选用砌体、金属材板等硬质材料，不宜使用彩条布、竹笆或安全网等；

③施工现场的围挡一般应高于 1.8m；

④禁止在围挡内侧堆放泥土、砂石等散状材料以及架管、模板等，严禁将围挡做挡土墙使用；

⑤雨后、大风后以及春融季节应当检查围挡的稳定性，发现问题及时处理。

2）大门设置

①施工现场应当有固定的出入口，出入口处应设置大门；

②施工现场的大门应牢固美观，大门上应标有企业名称或企业标识；

③出入口处应当设置专职门卫保卫人员，制定门卫管理制度及交接班记录制度；

④施工现场的施工人员应当佩戴工作卡。

（5）临时设施设置

施工现场的临时设施较多，这里主要指施工期间临时搭建、租赁的各种房屋临时设施。临时设施必须合理选址、正确用材，确保使用功能和安全、卫生、环保、消防要求。

1）临时设施的种类

①办公设施，包括办公室、会议室、保卫传达室；

②生活设施，包括宿舍、食堂、厕所、淋浴室、阅览娱乐室、卫生保健室；

③生产设施，包括材料仓库、防护棚、加工棚（站、厂，如混凝土搅拌站、砂浆搅拌站、木材加工厂、钢筋加工厂、金屑加工厂和机械维修厂）、操作棚；

④辅助设施，包括道路、现场排水设施、围墙、大门、供水处、吸烟处。

2）临时设施的设计

施工现场搭建的生活设施、办公设施、两层以上、大跨度及其他临时房屋建筑物应当进行结构计算，绘制简单施工图纸，并经企业技术负责人审批方可搭建。临时建筑物设计应符合《建筑结构可靠度设计统一标准》（GB 50068—2001）、《建筑结构荷载规范》（GB 50009—2001)的规定。临时建筑物使用年限定为 5 年。临时办公用房、宿舍、食堂、厕所等建筑物结构重要性系数 $\gamma_0=1.0$，工地非危险品仓库等建筑物结构重要性系数 $\gamma_0=0.9$，工地危险品仓库按相关规定设计。临时建筑及设施设计可不考虑地震作用。

3）临时设施的选址

办公生活临时设施的选址首先应考虑与作业区相隔离，保持安全距离，其次位置的周边环境必须具有安全性，例如不得设置在高压线下，也不得设置在沟边、崖边、河流边、强风口处、高墙下以及滑坡、泥石流等灾害地质带上和山洪可能冲击到的区域。

安全距离是指，在施工坠落半径和高压线防电距离之外。建筑物高度 2~5m，坠落半径为 2m；高度 30m，坠落半径为 5m（如因条件限制，办公和生活区设置在坠落半径区域内，必须有防护措施）。lkV 以下裸露输电线，安全距离为 4m；330~550kV，安全距离为 15m（最外线的投影距离）。

4）临时设施的布置原则

①合理布局，协调紧凑，充分利用地形，节约用地；

②尽量利用建设单位在施工现场或附近能提供的现有房屋和设施；

③临时房屋应本着厉行节约，减少浪费的精神，充分利用当地材料，尽量采用活动式或容易拆装的房屋；

④临时房屋布置应方便生产和生活；

⑤临时房屋的布置应符合安全、消防和环境卫生的要求。

5）临时设施的布置方式

①生活性临时房屋布置在工地现场以外，生产性临时设施按照生产的需要在工地选择

适当的位置，行政管理的办公室等应靠近工地或是工地现场出入口；

②生活性临时房屋设在工地现场以内时，一般布置在现场的四周或集中于一侧；

③生产性临时房屋，如混凝土搅拌站、钢筋加工厂、木材加工厂等，应全面分析比较确定位置。

6）临时房屋的结构类型

①活动式临时房屋，如钢骨架活动房屋、彩钢板房；

②固定式临时房屋，主要为砖木结构、砖石结构和砖混结构；临时房屋应优先选用钢骨架彩板房，生活办公设施不宜选用菱苦土板房。

（6）临时设施的搭设与使用管理

1）办公室

施工现场应设置办公室，办公室内布局应合理，文件资料宜归类存放，并应保持室内清洁卫生。

2）职工宿舍

①宿舍应当选择在通风、干燥的位置，防止雨水、污水流入；

②不得在尚未竣工建筑物内设置员工集体宿舍；

③宿舍必须设置可开启式窗户，设置外开门；

④宿舍内应保证有必要的生活空间，室内净高不得小于 2.4m，通道宽度不得小于 0.9m，每间宿舍居住人员不应超过 16 人；

⑤宿舍内的单人铺不得超过 2 层，严禁使用通铺，床铺应高于地面 0.3m，人均床铺面积不得小于 1.9m×0.9m，床铺间距不得小于 0.3m；

⑥宿舍内应设置生活用品专柜，有条件的宿舍宜设置生活用品储藏室；宿舍内严禁存放施工材料、施工机具和其他杂物；

⑦宿舍周围应当搞好环境卫生，应设置垃圾桶、鞋柜或鞋架，生活区内应为作业人员提供晾晒衣物的场地，房屋外应道路平整，晚间有充足的照明；

⑧寒冷地区冬季宿舍应有保暖措施、防煤气中毒措施，火炉应当统一设置、管理，炎热季节应有消暑和防蚊虫叮咬措施；

⑨应当制定宿舍管理使用责任制，轮流负责卫生和使用管理或安排专人管理。

3）食堂

①食堂应当选择在通风、干燥的位置，防止雨水、污水流入，应当保持环境卫生，远离厕所、垃圾站、有毒有害场所等污染源的地方，装修材料必须符合环保、消防要求；

②食堂应设置独立的制作间、储藏间；

③食堂应配备必要的排风设施和冷藏设施，安装纱门纱窗，室内不得有蚊蝇，门下方应设不低于 0.2m 的防鼠挡板；

④食堂的燃气罐应单独设置存放间，存放间应通风良好并严禁存放其他物品；

⑤食堂制作间灶台及其周边应贴瓷砖，瓷砖的高度不宜小于 1.5m；地面应做硬化和防滑处理，按规定设置污水排放设施；

⑥食堂制作间的刀、盆、案板等炊具必须生熟分开，食品必须有遮盖，遮盖物品应有正反面标识，炊具宜存放在封闭的橱柜内；

⑦食堂内应有存放各种佐料和副食的密闭器皿，并应有标识，粮食存放台距墙和地面

应大于 0.2m;

⑧食堂外应设置密闭式泔水桶,并应及时清运,保持清洁;

⑨应当制定并在食堂张挂食堂卫生责任制,责任落实到人,加强管理。

4)厕所

①厕所大小应根据施工现场作业人员的数量设置;

②高层建筑施工超过 8 层以后,每隔 4 层宜设置临时厕所;

③施工现场应设置水冲式或移动式厕所,厕所地面应硬化,门窗齐全。蹲坑间宜设置隔板,隔板高度不宜低于 0.9m;

④厕所应设专人负责,定时进行清扫、冲刷、消毒,防止蚊蝇孳生,化粪池应及时清掏。

5)防护棚

施工现场的防护棚较多,如加工站厂棚、机械操作棚、通道防护棚等。

大型站厂棚可用砖混、砖木结构,应当进行结构计算,保证结构安全。小型防护棚一般钢管扣件脚手架搭设,应当严格按照《建筑施工扣件式钢管脚手架安全技术规范》JGJ 130—2001 要求搭设。

防护棚顶应当满足承重、防雨要求,在施工坠落半径之内的,棚顶应当具有抗砸能力。可采用多层结构。最上材料强度应能承受 10kPa 的均布静荷载,也可采用 50mm 厚木板架设或采用两层竹笆,上下竹笆层间距应不小于 600mm。

6)搅拌站

①搅拌站应有后上料场地,应当综合考虑砂石堆场、水泥库的设置位置,既要相互靠近,又要便于材料的运输和装卸;

②搅拌站应当尽可能设置在垂直运输机械附近,在塔式起重机吊运半径内,尽可能减少混凝土、砂浆水平运输距离;采用塔式起重机吊运时,应当留有起吊空间,使吊斗能方便地从出料口直接挂钩起吊和放下;采用小车、翻斗车运输时,应当设置在大路旁,以方便运输;

③搅拌站场地四周应当设置沉淀池、排水沟:

a. 避免清洗机械时,造成场地积水;

b. 沉淀后循环使用,节约用水;

c. 避免将未沉淀的污水直接排入城市排水设施和河流。

④搅拌站应当搭设搅拌棚,挂设搅拌安全操作规程和相应的警示标志、混凝土配合比牌,采取防止扬尘措施,冬期施工还应考虑保温、供热等。

7)仓库

①仓库的面积应通过计算确定,根据各个施工阶段的需要的先后进行布置;

②水泥仓库应当选择地势较高、排水方便、靠近搅拌机的地方;

③易燃易爆品仓库的布置应当符合防火、防爆安全距离要求;

④仓库内各种工具器件物品应分类集中放置,设置标牌,标明规格型号;

⑤易燃、易爆和剧毒物品不得与其他物品混放,并建立严格的进出库制度,由专人管理。

(7)五牌一图与两栏一报

施工现场的进口处应有整齐明显的"五牌一图",在办公区、生活区设置"两栏一报"。

1) 五牌指:工程概况牌、管理人员名单及监督电话牌、消防保卫牌、安全生产牌、文明施工牌;一图指:施工现场总平面图。

2) 各地区也可根据情况再增加其他牌图,如工程效果图。五牌具体内容没有作具体规定,可结合本地区、本企业及本工程特点设置。工程概况牌内容一般应写明工程名称、面积、层数、建设单位、设计单位、施工单位、监理单位、开竣工日期、项目经理以及联系电话。

3) 标牌是施工现场重要标志的一项内容,所以不但内容应有针对性,同时标牌制作、挂设也应规范整齐、美观,字体工整。

4) 为进一步对职工做好安全宣传工作,所以要求施工现场在明显处,应有必要的安全内容的标语。

5) 施工现场应该设置"两栏一报",即读报栏、宣传栏和黑板报,丰富学习内容,表扬好人好事。

(8) 警示标牌布置与悬挂

施工现场应当根据工程特点及施工的不同阶段,有针对性地设置、悬挂安全标志。

1) 安全标志的定义

安全警示标志是指提醒人们注意的各种标牌、文字、符号以及灯光等。一般来说,安全警示标志包括安全色和安全标志。安全警示标志应当明显,便于作业人员识别。如果是灯光标志,要求明亮显眼;如果是文字图形标志,则要求明确易懂。

根据《安全色》(GB 2893—2001)规定,安全色是表达安全信息含义的颜色,安全色分为红、黄、蓝、绿4种颜色,分别表示禁止、警告、指令和提示。

根据《安全标志》(GB 2894—1996)规定,安全标志是用于表达特定信息的标志,由图形符号、安全色、几何图形(边框)或文字组成。安全标志分禁止标志、警告标志、指令标志和提示标志。安全警示标志的图形、尺寸、颜色、文字说明和制作材料等,均应符合国家标准规定。

2) 设置悬挂安全标志的意义

施工现场施工机械、机具种类多、高空与交叉作业多、临时设施多、不安全因素多、作业环境复杂,属于危险因素较大的作业场所,容易造成人身伤亡事故。在施工现场的危险部位和有关设备、设施上设置安全警示标志,这是为了提醒、警示进入施工现场的管理人员、作业人员和有关人员,要时刻认识到所处环境的危险性,随时保持清醒和警惕,避免事故发生。

3) 安全标志平面布置图

施工单位应当根据工程项目的规模、施工现场的环境、工程结构形式以及设备、机具的位置等情况,确定危险部位,有针对性地设置安全标志。施工现场应绘制安全标志布置总平面图,根据施工不同阶段的施工特点,组织人员有针对性地进行设置、悬挂或增减。

安全标志设置位置的平面图,是重要的安全工作内业资料之一,当一张图不能表明时可以分层表明或分层绘制。安全标志设置位置的平面图应由绘制人员签名,项目负责人审批。

4) 安全标志的设置与悬挂

根据国家有关规定，施工现场入口处、施工起重机械、临时用电设施、脚手架、出入通道口、楼梯口、电梯井口、孔洞口、桥梁口、隧道口、基坑边沿、爆破物及有害危险气体和液体存放处等属于危险部位，应当设置明显的安全警示标志。安全警示标志的类型、数量应当根据危险部位的性质不同，设置不同的安全警示标志。如：在爆破物及有害危险气体和液体存放处设置禁止烟火、禁止吸烟等禁止标志；在施工机具旁设置当心触电、当心伤手等警告标志；在施工现场入口处设置必须戴安全帽等指令标志；在通道口处设置安全通道等指示标志；在施工现场的沟、坎、深暮坑等处，夜间要设红灯示警。

安全标志设置后应当进行统计记录，并填写施工现场安全标志登记表。

（9）塔式起重机的设置

1) 位置的确定原则

塔式起重机的位置首先应满足安装的需要，同时，又要充分考虑混凝土搅拌站、料场位置，以及水、电管线的布置等。固定式塔式起重机设置的位置应根据机械性能、建筑物的平面形状、大小、施工段划分、建筑物四周的施工现场条件和吊装工艺等因素决定，一般宜靠近路边，减少水平运输量。有轨式塔式起重机的轨道布置方式，主要取决于建筑物的平面形状、尺寸和四周施工场地条件。轨道布置方式通常是沿建筑物一侧或内外两侧布置。

2) 应注意的安全事项

①轨道塔式起重机的塔轨中心距建筑外墙的距离应考虑到建筑物突出部分、脚手架、安全网、安全空间等因素，一般应不少于 3.5m；

②拟建的建筑物临近街道，塔臂可能覆盖人行道，如果现场条件允许，塔轨应尽量布置在建筑物的内侧：

③塔式起重机临近的高压线，应搭设防护架，并且应限制旋转的角度，以防止塔式起重机作业时造成事故；

④在一个现场内布置多台起重设备时，应能保证交叉作业的安全，上下左右旋转，应留有一定的空间以确保安全；

⑤轨道式塔式起重机轨道基础与固定式塔式起重机机座基础必须坚实可靠，周围设置排水措施，防止积水；

⑥塔式起重机布置时应考虑安装与拆除所需要的场地；

⑦施工现场应留出起重机进出场道路。

（10）材料的堆放

1) 一般要求

①建筑材料的堆放应当根据用量大小、使用时间长短、供应与运输情况确定，用量大、使用时间长、供应运输方便的，应当分期分批进场，以减少堆场和仓库面积；

②施工现场各种工具、构件、材料的堆放必须按照总平面图规定的位置放置；

③位置应选择适当，便于运输和装卸，应减少二次搬运；

④地势较高、坚实、平坦、回填土应分层夯实，要有排水措施，符合安全、防火的要求；

⑤应当按照品种、规格堆放，并设明显标牌，标明名称、规格和产地等；

⑥各种材料物品必须堆放整齐。

2）主要材料半成品的堆放

①大型工具，应当一头见齐；

②钢筋应当堆放整齐，用方木垫起，不宜放在潮湿和暴露在外受雨水冲淋；

③砖应丁码成方垛，不准超高并距沟槽坑边不小于 0.5m，防止坍塌；

④砂应堆成方，石子应当按不同粒径规格分别堆放成方；

⑤各种模板应当按规格分类堆放整齐，地面应平整坚实，叠放高度一般不宜超过 1.6m；大模板存放应放在经专门设计的存架上，应当采用两块大模板面对面存放，当存放在施工楼层上时，应当满足自稳角度并有可靠的防倾倒措施；

⑥混凝土构件堆放场地应坚实、平整，按规格、型号堆放，垫木位置要正确，多层构件的垫木要上下对齐，垛位不准超高；混凝土墙板宜设插放架，插放架要焊接或绑扎牢固，防止倒塌。

3）场地清理

作业区及建筑物楼层内，要做到工完场清，拆模时应当随拆随清理运走，不能马上运走的应码放整齐。

各楼层清理的垃圾不得长期堆放在楼层内，应当及时运走，施工现场的垃圾也应分类集中堆放。

【方法原理的应用】 工地临时供水计算

（1）用水量计算

1）工程用水量计算

工地施工工程用水量可按下式计算：

$$q_1 = K_1 \cdot \frac{\sum Q_1 N_1}{T_1 \cdot t} \cdot \frac{K_2}{8 \times 3600} \tag{3-1}$$

式中 q_1——施工工程用水量（L/s）；

K_1——未预计的施工用水系数，取 1.05～1.15；

Q_1——年（季）度工程量（以实物计量单位表示）；

N_1——施工用水定额，见表 3-1；

T_1——年（季）度有效作业日（d）；

t——每天工作班数（班）；

K_2——用水不均衡系数，见表 3-2。

2）机械用水量计算

施工机械用水量可按下式计算：

$$q_2 = K_1 \sum Q_2 N_2 \cdot \frac{K_3}{8 \times 3600} \tag{3-2}$$

式中 q_2——施工机械用水量（L/s）；

K_1——未预计施工用水系数，取 1.05～1.15；

Q_2——同一种机械台数（台）；

N_2——施工机械台班用水定额，参考表 3-3 中的数据换算求得；

K_3——施工机械用水不均衡系数，见表 3-2。

施工用水量（N_1）定额　　　　　　　　　　表 3-1

用水名称	单位	耗水量（L）	用水名称	单位	耗水量（L）
浇筑混凝土全部用水	m³	1700~2400	抹灰工程全部用水	m²	30
搅拌普通混凝土	m³	250	砌耐火砖砌体（包括砂浆搅拌）	m³	100~150
搅拌轻质混凝土	m³	300~350	浇砖	千块	200~250
混凝土自然养护	m³	200~400	浇硅酸盐砌块	m³	300~350
混凝土蒸汽养护	m³	500~700	抹灰（不包括拌制砂浆）	m²	4~6
模板浇水湿润	m²	10~15	楼地面抹砂浆	m²	190
搅拌机清洗	台班	600	搅拌砂浆	m³	300
人工冲洗石子	m³	1000	石灰消化	t	3000
机械冲洗石子	m³	600	原土地坪、路基	m²	0.2~0.3
洗砂	m³	1000	给水管道工程	m	98
砌筑工程全部用水	m³	150~250	排水管道工程	m	1130
砌石工程全部用水	m³	50~80	工业管道工程	m	35

施工用水不均衡系数　　　　　　　　　　表 3-2

系 数 号	用 水 名 称	系 数
K_2	现场施工用水，附属生产企业用水	1.50；1.25
K_3	施工机械、运输机械	2.00
	动力设备	1.05~1.10
K_4	施工现场生活用水	1.30~1.50
K_5	生活区生活用水	2.00~2.50

3）工地生活用水量计算

施工工地生活用水量可按下式计算：

$$q_3 = \frac{P_1 \cdot N_3 \cdot K_4}{t \times 8 \times 3600} \tag{3-3}$$

式中　q_3——施工工地生活用水量（L/s）；

　　　P_1——施工工地高峰昼夜人数（人）；

　　　N_3——施工工地生活用水定额见表 3-4；

　　　K_4——施工工地生活用水不均衡系数，见表 3-2；

　　　t——每天工作班数（班）。

施工机械用水量（N_2）定额　　　　　　　　　　表 3-3

机械名称	单 位	耗水量（L）	机械名称	单 位	耗水量（L）
内燃挖土机	m³·台班	200~300	拖拉机	台·昼夜	200~300
内燃起重机	t·台班	15~18	汽车	台·昼夜	400~700
蒸汽起重机	t·台班	300~400	锅炉	t·h	1050
蒸汽打桩机	t·台班	1000~1200	点焊机50型	台·h	150~200
内燃压路机	t·台班	12~15	点焊机75型	台·h	250~300
蒸汽压路机	t·台班	100~150	对焊机·冷拔机	台·h	300
蒸汽机车	台·昼夜	10000~20000	凿岩机	台·min	8~12
内燃机动力装置	kW·台班	160~400	木工场	台·台班	20~25
空压机	m³/min·台班	40~80	锻工场	炉·台班	40~50

生活用水量（N_3、N_4）定额　　　　　　　　　表 3-4

用水名称	单位	耗水量（L）	用水名称	单位	耗水量（L）
盥洗、饮用用水	L/人	25～40	学校	L/学生	10～30
食堂	L/人	10～15	幼儿园、托儿所	L/幼儿	75～100
淋浴带大池	L/人	50～60	医院	L/病床	100～150
洗衣房	L/（人·斤）	40～60	施工现场生活用水	L/人	20～60
理发室	L/（人·次）	10～25	生活区全部生活用水	L/人	80～120

生活区生活用水量可按下式计算：

$$q_4 = \frac{P_2 \cdot N_4 \cdot K_5}{24 \times 3600} \tag{3-4}$$

式中　q_4——生活区生活用水（L/s）；

$\quad P_2$——生活区居住人数；

$\quad N_4$——生活区昼夜全部生活用水定额，见表 3-4；

$\quad K_5$——生活区生活用水不均衡系数见表 3-2。

4）消防用水量计算

消防用水量 q_5，可根据消防范围及发生次数按表 3-5 取用。

5）施工工地总用水量计算

施工工地总用水量 Q 可按以下组合公式计算：

①当 $(q_1 + q_2 + q_3 + q_4) \leqslant q_5$ 时，则：

$$Q = q_5 + \frac{1}{2}(q_1 + q_2 + q_3 + q_4) \tag{3-5}$$

②当 $(q_1 + q_2 + q_3 + q_4) > q_5$ 时，则：

$$Q = q_1 + q_2 + q_3 + q_4 \tag{3-6}$$

③当工地面积小于 5ha，而且 $(q_1 + q_2 + q_3 + q_4) < q_5$ 时，则：

$$Q = q_5 \tag{3-7}$$

最后计算出的总用水量，还应增加 10%，以补偿不可避免的水观漏水损失。

消防用水量 q_5 定额　　　　　　　　　表 3-5

用水名称	火灾同时发生次数	单　位	用水量（L）
居住区消防用水：			
5000 人以内	一次	L/s	10
10000 人以内	二次	L/s	10～15
25000 人以内	三次	L/s	15～20
施工现场消防用水：			
施工现场在 25hm² 内	二次	L/s	10～15
每增加 25hm²			5

【案例 3.1】　试计算全现浇大模多层住宅群工程的工地总用水量。为简化计算，以日用水量最大时的混凝土浇筑工程计算，按计划每班浇筑高峰混凝土量为 100m³ 计，已知工地施工工人 350 人，居住人数 380 人，施工场地面积为 10 万 m²。

【解析】　（1）计算工程用水量

查表 3-1，取 N_1 为 2000L/m²，K_1＝1.10；查表 3-2，取 K_2＝1.5，T_1＝1，t＝1 施工工程用水量由式（3-1）得：

$$q_1 = \frac{K_1 \Sigma Q \cdot N_1 \cdot K_2}{T_1 \cdot t \cdot 8 \times 3600} = \frac{1.1 \times 100 \times 2000 \times 1.5}{8 \times 3600} = 11.46 \text{L/s}$$

（2）计算机械拥用水量

无拌制和浇筑混凝土以外的施工机械，不考虑 q_2 用水量。

（3）计算工地生活用水量

查表 3-4，取 N_3＝40L/人，查表 3-2，取 K_4＝1.4，t＝1。

工地生活用水量由式（3-3）得：

$$q_1 = \frac{P_1 \times N_3 \times K_4}{t \times 8 \times 3600} = \frac{350 \times 40 \times 1.4}{1 \times 8 \times 3600} = 0.68 \text{L/s}$$

（4）计算生活区生活用水量

查表 3-4，取 N_4＝100L/人，查表 3-2，取 K_5＝2.25。生活区生活用水量由式（3-4)得：

$$q_4 = \frac{P_2 \cdot N_4 \cdot K_5}{24 \times 3600} = \frac{380 \times 100 \times 2.25}{24 \times 3600} = 0.99 \text{L/s}$$

（5）计算消防用水量

本工程施工场地为 10 万 m²，合 10hm²，小于 25hm²，故取 q_5＝10L/s。

（6）计算总用水量

因 $q_1 + q_2 + q_3 + q_4$＝11.46＋0＋0.68＋0.99＝13.13L/s＞q_5（＝10L/s），则总用水量由式（3-6）得：

$$Q = q_1 + q_3 + q_4 = 13.13 \text{L/s}$$

故土地总用水量为 13.13L/s。

（7）供水管径计算

工地临时网路需用管径，可按下式计算：

$$d = \sqrt{\frac{4Q}{\pi \cdot v \cdot 1000}} \tag{3-8}$$

式中　d——配水管直径（m）；

Q——施工工地总用水量（L/s）；

v——管网中水流速度（m/s），临时水管经济流速范围参见表 3-6；一般生活及施工用水其 1.5m/s，消防用水取 2.5m/s。

临时水管经济流速参考表　　　　　表 3-6

管径（mm）	流速（m/s）	
	正常时间	消防时间
$D<100$	0.5～1.2	—
$D=100\sim500$	1.0～1.6	2.5～3.0
$D>300$	1.5～2.5	2.5～3.0

为了减少计算工作量，在确定了管段流量 q 和流速范围，亦可直接查表 3-7 和表 3-8

[表中：v—流速（m/s）；i—压力损失（mm/m）] 选择管径。

【案例 3.2】　条件同案例 3.1，试求临时网路需用管径。

【解析】　由案例 3.1 计算得 $Q=13.13$L/s；取 $v=1.5$m/s。

供水管径由式（3-8）得：

$$d=\sqrt{\frac{4Q}{\pi \cdot v \cdot 1000}}=\sqrt{\frac{4 \times 13.13}{3.14 \times 1.5 \times 1000}}$$
$$=0.106\text{m}=106\text{mm}$$

故知临时网路需用外径为 114mm（内径 106mm）对缝焊接钢管。

给水铸铁管计算表　　　　　　　　　　　　　　　　　　　　　　　　表 3-7

流量 (L/s)	管　径　（mm）									
	75		100		150		200		250	
	i	v	i	v	i	v	i	v	i	v
2	7.98	0.46	1.94	0.26						
4	28.4	0.93	6.69	0.52						
6	61.5	1.39	14.0	0.73	1.87	0.34				
8	109.0	1.86	23.9	1.04	3.14	0.46	0.765	0.26		
10	171.0	2.33	36.5	1.30	4.69	0.57	1.13	0.32		
12	246.0	2.76	52.6	1.56	6.55	0.69	1.58	0.39	0.529	0.25
14			71.6	1.82	8.71	0.80	2.08	0.45	0.595	0.29
16			93.5	2.08	11.1	0.92	2.64	0.51	0.886	0.33
18			118.0	2.34	13.9	1.03	3.28	0.58	1.09	0.37
20			146.0	2.60	16.9	1.15	3.97	0.64	1.32	0.41
22			177.0	2.86	20.2	1.26	4.73	0.71	1.57	0.45
24					24.1	1.38	5.56	0.77	1.83	0.49
26					28.3	1.49	6.64	0.84	2.12	0.53
28					32.8	1.61	7.38	0.90	2.42	0.57
30					37.7	1.72	8.4	0.96	2.75	0.62
32					42.8	1.84	9.46	1.03	3.09	0.66
34					84.4	1.95	10.6	1.09	3.45	0.70
36					54.2	2.06	11.8	1.16	3.83	0.74
38					60.4	2.18	13.0	1.22	4.23	0.78

工地临时供水系统计算

工地临时供水系统一般由取水设施，净水设施，贮水构筑物（水塔及蓄水池），输水管和配水管等组合而成。地面水源取水设施一般由取水口、进水管及水泵组成。水泵有离心泵和活塞泵两种。水泵的选用，要求有足够的抽水能力和扬程。水泵抽水能力由工地需用总用水量确定；水泵的扬程由水泵将水送至水塔和用户时的扬程并考虑水头的损失来确定。

1）水泵扬程计算

水泵应具有的扬程按下列公式计算：

①将水送到水塔的扬程

$$H_b = (Z_t - Z_b) + H_t + a + \Sigma h' + h_c \qquad (3-9)$$

式中 H_b——水泵所需的扬程（m）；

$\quad Z_t$——水塔处的地面标高（m）；

$\quad Z_b$——水泵轴中线标高（m）；

$\quad H_t$——水塔高度（m）；

$\quad a$——水塔的水箱高度（m）；

$\quad \Sigma h'$——从泵站到水塔之间的水头损失（m）；

$\quad h_c$——水泵的吸水高度。

②将水直接送到用户时的扬程

$$H_b = (Z_c - Z_b) + H_f + \Sigma h + h_c \qquad (3-10)$$

式中 Z_c——供水对象（即用户）最不利处的标高（m）；

$\quad H_f$——供水对象最不利处必须的自由水头，一般为8～10m；

$\quad \Sigma h$——供水网路中的水头损失（m）。

给水钢管计算表

表 3-8

流量 (L/s)	管 径 (mm)									
	25		40		50		70		80	
	i	v	i	v	i	v	i	v	i	v
0.2	21.3	0.38								
0.4	74.8	0.75	8.96	0.32						
0.6	159	1.13	18.4	0.48						
0.8	279	1.51	31.4	0.64						
1.0	437	1.88	47.3	0.80	12.9	0.47	3.76	0.28	1.61	0.20
1.2	629	2.26	66.3	0.95	18	0.56	5.18	0.34	2.27	0.24
1.4	856	2.64	88.4	1.11	23.7	0.66	6.83	0.40	2.97	0.28
1.6	1118	3.01	114	1.27	30.4	0.75	8.7	0.45	3.76	0.32
1.8			144	1.43	37.8	0.85	10.7	0.51	4.66	0.36
2.0			178	1.59	46	0.94	13	0.57	5.62	0.40
2.6			301	2.07	74.9	1.22	21	0.74	9.03	0.52
3.0			400	2.39	99.8	1.41	27.4	0.85	11.7	0.60
3.6			577	2.86	144	1.69	38.4	1.02	16.3	0.72
4.0					177	1.88	46.8	1.13	19.8	0.81
4.6					235	2.17	61.2	1.30	25.7	0.93
5.0					277	2.35	72.3	1.42	30	1.01
5.6					348	2.64	90.7	1.59	37	1.13
6.0					399	2.82	104	1.70	42.1	1.21

2）水塔高度计算

水塔高度 H_t 与供水范围、供水对象的位置及水塔本身的位置有关，可按下式计算：

$$H_t = (Z_f - Z_t) + H_f + \Sigma h' \qquad (3-11)$$

符号意义同前。

3）水头损失计算

计算水头损失在于确定水泵所需的扬程，并根据流量选择水泵和水塔高度能否满足厂区内用水点最大用水时所需要的压力，水头损失可按下式计算：

$$h = h_1 + h_2$$
$$= (1.15 \sim 1.20)h_1$$
$$= (1.15 \sim 1.20)iL \tag{3-12}$$

式中　h——水头损失（m）；

　　　h_1——沿程水头损失（m）；

　　　h_2——局部水头损失（m）；

　　　i——单位管长水头损失，根据流量和管径从表 3-7，表 3-8 直接查得（mmHg/m）；

　　　L——计算管段长度（m）。

【案例 3.3】　某工程供水系统，管道平面如图 3-1 所示，距厂区 1500m 处有一取水口，标高为±0.000，厂区内设 150t 高位水池来调节生产和生活及消防用水。根据地形条件初步确定水池池底标高为 40m 左右，各用水点最大用水时的流量、地面标高和所需的自由水头见表 3-9。管材为给水铸铁管。试计算各管段的流量和管径，校核高位水池的池底标高能否满足各用水点在最大用水时的压力要求，选择水泵型号。

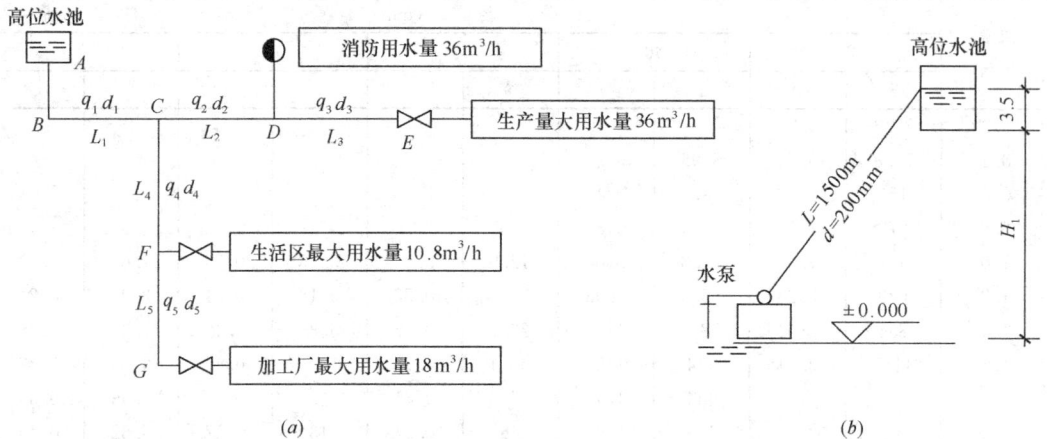

图 3-1　供水管线示意图

(a) 供水管线布置图；(b) 供水系统

各用水点的最大用水流量、地面标高和所需自由水头　　　　表 3-9

节点号	流量 (m³/h)	地面标高 (m)	所需自由水头 $H_\text{自}$ (m)	与上节点间管段长度
A				
B	—	5.0	—	50
C	—	5.0	—	450
D	36	5.5	20	50
E	36	6.0	20	200
F	16.8	5.0	10	200
G	18	6.0	10	100

【解析】　(1) 先求出各管段在最大用水时的流量 q、管径 d 及水头损失 h。

$A-B-C$ 段：查表 3-7，的管径 $d_1 = 200$mm（$i_1 = 7.38$mm/m，$v_1 = 0.9$m/s，满足流

速范围规定要求)。

$$h_1 = 1.2 i_1 L_1 = 1.2 \times 7.38 \times 10^{-3} \times 500 = 4.43m$$

$C-D$ 段 $\qquad q_2 = \dfrac{36+36}{3600} = 0.02m^3/s = 20L/s$

查表 3-7 得管径 $d_2 = 150mm$ ($i_2 = 16.9mm/m$, $v_2 = 1.15m/s$, 满足流速范围规定要求)。

$$h_2 = 1.2 i_2 L_2 = 1.2 \times 16.9 \times 10^{-3} \times 50 = 1.01m$$

$D-E$ 段 $\qquad q_3 = \dfrac{36}{3600} = 0.01m^3/s = 10L/s$

查表 3-7, 得管径 $d_3 = 10mm$ ($i_3 = 36.5mm/m$, $v_3 = 1.30m/s$, 满足流速范围规定要求)。

$$h_3 = 1.2 i_3 L_3 = 1.2 \times 36.5 \times 10^{-3} \times 200 = 8.76m$$

$C-F$ 段 $\qquad q_4 = \dfrac{10.8+18}{3600} = 0.008m^3/s = 8L/s$

查表 3-7, 得管径 $d_4 = 100mm$ ($i_4 = 23.9mm/m$, $v_4 = 1.04m/s$, 满足流速范围规定要求)。

$$h_4 = 1.2 i_4 L_4 = 1.2 \times 23.9 \times 10^{-3} \times 200 = 5.74m$$

$F-G$ 段 $\qquad q_5 = \dfrac{18}{3600} = 0.005m^3/s = 5L/s$

查表 3-7, 得管径 $d_5 = 75mm$ ($i_5 = 44.95mm/m$, $v_5 = 1.16m/s$, 满足流速范围规定要求)。

$$h_5 = 1.2 i_5 L_5 = 1.2 \times 44.95 \times 10^{-3} \times 100 = 5.39m$$

(2) 根据用水点所需要水头 $H_自$ 和各管头的水头损失 h, 校核高位水池的标高。

已知节点 E, $H_自 = 20m$, 地面标高为 5.5m, 从水池至节点 D 管段的水头损失 $\sum h = h_1 + h_2 + h_3 = 4.43 + 1.10 + 8.76 = 14.2m$, 节点 E 的地面标高为 6m, 所以水池的池底标高应为: $6 + 14.2 + 20 = 40.2m$

已知节点 D, $H_自 = 20m$, 地面标高为 5.5m, 从水池至节点 D 管段的水头损失 $\sum h = 4.43 + 1.01 = 5.44m$, 所以水池的池底标高应为:

$$5.5 + 5.44 + 20 = 30.94m$$

已知节点 G, $H_自 = 10m$, 地面标高为 6.0m, 从水池至节点 G 管段的水头损失 $\sum h = h_1 + h_4 + h_5 = 4.43 + 5.74 + 5.30 = 15.56m$, 所以水池的池底标高应为:

$$6 + 15.55 + 10 = 31.56m$$

已知节点 F, $H_自 = 10m$, 地面标高为 5.0m, 从水池至节点 F 管段的水头损失 $\sum h = H_1 + H_4 = 4.43 + 5.74 = 10.17m$, 所以水池的池底标高应为:

$$5 + 10.17 + 10 = 25.17m$$

根据以上计算, 高位水池的池底标高应定为 40.2m。

(3) 水泵选择

取水口至高位水池管道总长 $L = 1500m$, 管道直径 $d = 200mm$, 流量 $q = 28L/s$, 根据流量和管径查表 3-7, 得 $i = 7.38mm/m$, 所以总水头损失 $h = 1.2 \times 7.38 \times 10^{-3} \times 1500 = 13.28m$

总扬程 $H = H_1 + h = (40.2 + 3.5) + 13.28 = 56.98m$ (式中 3.5m 为水池最高水位的水

深，取标高为±0.000m)，选用水泵型号为 4BA—6A。

【案例 3.4】 说明施工现场的卫生与防疫的要点与措施

【解析】 施工现场的卫生与防疫的要点与措施如表 3-10 所示。

施工现场的卫生与防疫的要点与措施 表 3-10

要　点	措　　　　施
卫生保健	①施工现场应设置保健卫生室，配备保健药箱、常用药及绷带、止血带、颈托、担架等急救器材，小型工程可以用办公用房兼做保健卫生室； ②施工现场应当配备兼职或专职急救人员，处理伤员和职工保健，对生活卫生进行监督和定期检查食堂、饮食等卫生情况； ③要利用板报等形式向职工介绍防病的知识和方法，做好对职工卫生防病的宣传教育工作，针对季节性流行病、传染病等； ④当施工现场作业人员发生法定传染病、食物中毒、急性职业中毒时，必须在 2 小时内向事故发生所在地建设行政主管部门和卫生防疫部门报告，并应积极配合调查处理； ⑤现场施工人员患有法定的传染病或病源携带者时，应及时进行隔离，并由卫生防疫部门进行处置
保　洁	办公区和生活区应设专职或兼职保洁员，负责卫生清扫和保洁，应有灭鼠、蚊、蝇、蟑螂等措施，并应定期投放和喷洒药物
食堂卫生	①食堂必须有卫生许可证； ②炊事人员必须持有身体健康证，上岗应穿戴洁净的工作服、工作帽和口罩，并应保持个人卫生； ③炊具、餐具和饮水器具必须及时清洗消毒； ④必须加强食品、原料的进货管理，做好进货登记，严禁购买无照、无证商贩经营的食品和原料，施工现场的食堂严禁出售变质食品

3.2.2 施工现场环境污染的管理

(1) 施工现场噪声的管理

所谓噪声就是对人的生活和工作造成不良影响的声音。在项目施工现场的施工过程及构件加工过程中，存在着多种无规律的音调和使人听之生厌的噪声。它的危害主要是干扰人的睡眠与工作、影响人的心理状态与情绪，造成人的听力损失、甚至引起许多疾病。

1) 噪声的分类

噪声按照振动性质可分为气体动力噪声、机械噪声、电磁性噪声；按噪声来源又可分为交通噪声（如汽车、火车、飞机等）、工业噪声（如鼓风机、汽轮机、冲压设备等）、建筑施工噪声（如打桩机、推土机、混凝土搅拌机等发出的声音）、社会生活噪声（如高声喇叭、收音机等）。

2) 噪声的允许标准

为了保护人们的听力和健康，1971 年国际标准化组织（ISO）提出了允许的噪声标准值（表 3-11）。

ISO 推荐的噪声标准 表 3-11

累计噪声暴露时间（h）	8	4	2	1	1/2	1/4	1/8	最高限
噪声标准[dB/（A）]	85～90	88～93	91～96	94～99	97～102	100～105	103～108	115

不同时间的环境噪声标准如表 3-12 所示。

我国 1982 年 8 月 1 日颁发了《城市区域环境噪声标准》，如表 3-13 所示。

1979 年 8 月 31 日我国卫生部和国家劳动总局发布的新建、扩建、改建企业噪声标准如表 3-14 所示。

不同时间的环境噪声标准　　表 3-12

时　间	噪声标准［dB／（A）］
白天	35～45
晚上	30～40
午夜	20～30

城市区域环境噪声标准　　　　　　　　　　　　表 3-13

适用区域	噪声标准［dB／（A）］	
	昼　间	夜　间
疗养区、高级别墅区、高级宾馆区等	50	40
文教机关为主的区域	55	45
商业、工业混杂区	60	50
工业集中区	65	55
交通干线道路两侧	70	55

新建、扩建、改建企业噪声标准　　　　　　　表 3-14

每个工作日接触噪声的时间（h）	8	4	2	1	最高限
噪声［dB／（A）］	85	88	91	94	115

3）噪声的管理

施工现场的噪声管理可以从声源、传播途径、接受者防护等方面来管理。

①声源管理。从声源上降低噪声，从而有效的管理施工现场的噪声污染。尽量采用低噪声设备和工艺代替高噪声设备与加工工艺，如降低噪声振动器、风机、电动空压机、电锯等。同时也可以在声源处安装消声器消声，如在通风机、鼓风机、压缩机、燃气机、内燃机及各类排气放空装置等进出风管的适当位置设置消声器。

②传播途径的管理。传播途径的噪声管理方法主要有以下几种：吸声，利用吸声材料（大多由多孔材料制成）或由吸声结构形成的共振结构（金属或木质薄板钻孔制成的空腔体）吸收声能，降低噪声；隔声，应用隔声结构，阻碍噪声向空间传播，将接受者与噪声声源分隔。隔声结构包括隔声室、隔声罩、隔声屏障、隔声墙等；消声，利用消声器阻止传播，允许气流通过的消声降噪是防治空气动力性噪声的主要装置。如对空气压缩机、内燃机产生的噪声等。

施工现场涉及产生强噪声的成品、半成品加工、制作作业（如预制构件、木门窗制作等），应尽量放在工厂、车间完成，减少施工现场加工制作产生的噪声。尽量选用低噪声或备有消声降噪设备的施工机械。施工现场的强噪声机械、如搅拌机、电锯、电创、砂轮机等，要设置封闭的降噪棚，以减轻噪声强噪声的扩散。常用的噪声控制措施的原理及其应用范围如表 3-15 所示。

③接收者的防护管理。让处于噪声环境下的人员使用耳塞、耳罩等防护用品，减少相关人员在噪声环境中的曝露时间，以减轻噪声对人体的危害。

　　④人为噪声的管理。进入施工现场不得高声喊叫、无故甩打模板、吹哨，且建立健全的人为噪声的管理制度，增强全体施工人员防噪声扰民的意识。

　　⑤噪声作业时间的控制。凡在人口稠密区进行强噪声作业时，须严格控制作业时间，一般晚 10 点到次日早 6 点之间停止强噪声作业。特殊情况需连续作业（或夜间作业）的，应尽量采取降噪措施，且事先作好周围群众的工作，并报工地所在地的政府有关管理部门同意后方可夜间施工。

常用的噪声控制原理及其应用范围　　　　　　　表 3-15

措施种类	降噪原理	应用范围	减噪效果［dB/（A）］
吸　声	利用吸声材料或结构，降低厂房、室内反射声，如悬挂吸声体等	车间内噪声设备多且分散	4～10
隔　声	利用隔声结构将噪声声源和接收点隔开，常用的有隔源、隔声间和隔声屏	车间人少，噪声设备少，用隔声罩；反之，用隔声间；二者均不行，用隔声屏	10～40
消声器	利用阻尼、抗性、小孔喷注和多孔扩散等原理，削减气流噪声	气动设备的空气动力性噪声，各类放空排气噪声	15～40
隔　振	将产生的振动的设备与地板的刚性接触改为弹性接触，隔绝固体声传播，如隔振基础，隔振器	设备振动厉害，固体传播远	5～25
减振（阻尼）	利用内摩擦、耗能大的阻尼材料，涂抹在振动构件表面，减少振动	机械设备外壳、管道振动噪声严重	5～15

　　在加强对施工现场的噪声管理时，我们还要加强施工现场的噪声监测，采取专人监测、专人管理的原则，根据国家标准《建筑施工场界噪声限值》（GB 12523—90）的要求，对不同施工作业的噪声限值见表 3-16 所示。同时，在工程施工中，对施工现场噪声超标的有关因素进行调整，达到施工噪声不扰民的目的。

建筑施工场界噪声限值　　　　　　　表 3-16

施工阶段	主要噪声源	噪声限值［db（A）］	
		昼　间	夜　间
土石方	推土机、挖掘机、装载机等	75	55
打　桩	各种打桩机械等	85	禁止施工
结　构	混凝土搅拌机、振捣棒、电锯等	70	55
装　饰	吊车、升降机等	65	55

　　（2）施工现场废水的管理

　　施工现场废水的管理主要是将施工现场废水中的有害物质清理分离出来。常用的废水处理方法可包括：化学法、物理法、生物法。

　　1）化学法

　　化学法是通过在废水中投加化学剂或利用其他化学反应来去除废水中的污染物或使污染物质转化为无害物质的处理方法。常用的废水处理的化学方法有混凝法、氧化还原法、电解法、中和法，此外还有气体传递法、吸附法、离子交换法和消毒法等。

①混凝法。水中胶体状态的污染物质一般带有负电荷，由于颗粒间同性相斥的原理，使污染物和水形成稳定的混合液，如在水中投加相反电荷（正电荷）的电解液，就可以使胶体颗粒变成中性体，此时由于分子引力的作用，胶体颗粒之间发生凝聚，形成较大的颗粒在水中下沉。混凝法就是利用胶体带电的这种性质来去除污染物的一种方法。常用的混凝剂有硫酸铝、硫酸亚铁、三氧化铁和有机高分子混凝剂。

②氧化还原反应法。通过在废水中投放氧化剂或还原剂，使水中的污染物质发生氧化或还原作用，从而将废水转化为无毒害的清洁水。常用的氧化剂有漂白粉、氯气等，常用的还原剂有铁屑、硫酸亚铁等。

③电解法。在废水中插入电极，通过电流使阳极上发生氧化作用，产生氧气；在阴极上发生还原作用，产生氢气，使有毒有害的污染物在两极析出。电解法可用于含铬或含氰的废水处理。

④中和法。在酸性废水中加入石灰、石灰石、氢氧化钠等碱性物质；在碱性废水中加入酸性物质或混入 CO_2 等酸性气体，利用酸碱中和的原理使废水中和还原。

2）物理法

废水处理的物理方法主要包括沉淀、浮选、筛选、反渗透等方法。

①沉淀法。利用污水中的悬浮物和水的密度不同的原理，借助悬浮物的重力沉降作用，通过沉沙池、沉淀池和隔油池去除污水中的悬浮物。

②浮选法。将空气混入水中，使其以微小气泡的形式由水中析出，并使污水中密度接近于水的微小颗粒污染物与空气气泡粘附，同时随气泡上升至水面，形成泡沫浮渣，然后将泡沫浮渣除去。

③筛选法。利用钢条、筛网、纱布、微孔管等筛滤介质来截留污水中的悬浮物。筛滤法所用的处理设备有：栅格、过滤机、压滤机、沙滤池等。

④反渗透法。在一定的压力作用下，将水分子压过一种特殊的半渗透膜，而溶解于水中的污染物则被渗透膜所截留，从而去除水中的污染物。

3）生物法

生物法是利用微生物的活动使污水中的有机物质转化为可发散到大气中的各种气体和通过沉降可以除去的细胞组织，从而使污水中可生物降解的胶体状态的和溶解状态的有机物质除去。

生物法可分为好氧分解和厌氧分解生物处理两大类，其中常用的方法有活性污泥法、生物膜法、厌氧消化法等。

①活性污泥法。将空气连续不断地注入曝气池的污水中，经过一段时间，水中即形成繁殖有大量好氧微生物的絮凝体，即所谓的活性污泥。污水中的有机物被吸附到活性污泥上，生活在活性污泥上的微生物以有机物为食物而不断生长繁殖，微生物的新陈代谢将有机物氧化分解和同化为微生物细胞，再以微生物细胞质的自身氧化分解而除去有机物，再经过沉淀使泥水分离，最后达到水的净化。

②生物膜法。使污水连续不断的流经固定的透水填料，在填料上形成污泥状的生物膜，生物膜上繁殖着大量微生物来吸附与降解水中的有机质，最终使污水得到净化，其净化过程与活性污泥法相同。

③厌氧消化法。此法是利用兼性厌氧菌的新陈代谢功能来净化污水的一种方法，可以用来处理高浓度的有机污水和混合污泥。

一般而言，根据施工现场的实际情况，工程建设项目施工现场废水的管理主要体现在以下几方面：

①搅拌机的废水排放管理。凡在施工场地进行搅拌作业的，必须在搅拌机前台及运输车清洗处设置沉淀池。将排放的废水排入沉淀池内，经二次沉淀后，方可排入市政污水管线或回收用于洒水降尘。未经处理的泥浆水，严禁直接排入城市排水设施和河流。

②现制水磨石作业污水的排放管理。施工现场现制水磨石作业产生的污水，禁止随地排放。作业时严格控制污水流向，在合理位置设置沉淀池，经沉淀后方可排入市政污水管线。

③食堂污水的排放管理。施工现场临时食堂要设置简易有效的隔油池，产生的污水经下水管道排放要经过隔油池。且平时加强管理，定期清理，防止污染。

④工地临时厕所、化粪池应采取防渗漏措施。城市市区施工现场的临时厕所所采用水冲式厕所，并有防蝇、灭蛆措施，防止污染水体和环境。

⑤油漆油料库、化学用品、添加剂等的防渗漏管理。施工现场要设置专用的油漆油料库及化学用品储存库等，严禁库内放置其他物资，库房地面和墙面要做防渗漏的特殊处理，储存、使用和保管要设专人管理，防止油料、化学用品、添加剂等的跑、冒、滴、漏等，以免污染水体。

同时也要禁止将有毒有害废弃物作土方回填使用，以免污染地下水和环境。

（3）施工现场大气污染的管理

大气污染物的种类有数千种，已发现有危害作用的有 100 多种，其中大部分是有机物。它通常以气体状态和粒子状态存在于空气中。

1）大气污染物的分类

①气体状态污染物

气体状态污染物具有运动速度较大，扩散较快，比较均匀的分布在周围大气等特点。气体状态污染物包括分子状态污染物和蒸气状态污染物。分子状态污染物指在常温常压下以气体分子形式分散于大气中的物质，如燃料燃烧过程中产生的二氧化硫、一氧化碳、氮氧化物等；蒸气状态污染物指在常温常压下易挥发的物质，以蒸气状态进入大气，如机动车尾气、沥青烟中含有的碳氢化合物等。

②粒子状态污染物

粒子状态污染物又称固体颗粒污染物，是分散在大气中的微小液滴和固体颗粒，粒径在 $0.01\sim100\mu m$ 之间，是一个复杂的非均匀体。通常根据粒子状态污染物在重力作用下的沉降特性又可分为降尘和飘尘。降尘，指在重力的作用下能很快下降的固体颗粒，其粒径大于 $10\mu m$；飘尘，指可长期漂浮于大气中的固体颗粒，其粒径小于 $10\mu m$。飘尘具有胶体的性质，故又称为气溶胶，它易随呼吸进入人体肺脏，危害人体健康，故称为可吸入颗粒。

而施工现场的粒子状态污染物主要有锅炉、熔化炉、厨房烧煤产生的烟尘，还有建材破碎、筛分、碾磨、加料过程、装卸运输过程产生的粉尘等。

2）施工现场大气污染的防治措施

①除尘技术

在气体中除去或收集固态或液态粒子的设备称为除尘装置。主要种类有机械除尘装置、洗涤式除尘装置、过滤除尘装置和电除尘装置等。建设工地烧煤茶炉、锅炉、炉灶等应选用装有上述除尘装置的设备。施工现场其他粉尘可用遮盖淋水等措施防治。

②气态污染物治理技术

气态污染物治理技术主要包括以下几种方法：

a. 吸收法：选用合适的吸收剂，可吸收空气中的二氧化硫、氮氧化物等。

b. 吸附法：让气体混合物与多孔性固体接触，把混合物中的某个组分吸留在固体表面。

c. 催化法：利用催化剂把气体中有害物质转化为无害物质。

d. 燃烧法：通过热氧化作用，将废气中的可燃有害部分，转化为无害物质的方法。

e. 冷凝法：使处于气态的污染物冷凝，从气体分离出来的方法，该法特别适合处理有效高浓度的有机废气，如对沥青气体的冷凝，回收油品。

f. 生物法：利用微生物的代谢活动过程把废气中的气态污染物转化为少害甚至无害的物质，该法适用于低浓度污染物。

3）施工现场扬尘管理

扬尘污染是指在建设工程范围内，由于施工生产过程中（包括房屋建筑、施工、装饰、装修工程施工道路与管线施工、房屋拆除、物料运输与堆放、道路保洁等）产生的粉尘颗粒物，对大气环境造成的污染。

扬尘污染的物料。扬尘污染的物料是指建设工程施工生产中使用或产生的砂石、灰土、灰浆、灰膏、建筑垃圾、工程渣土等易产生粉尘颗粒物的物料。

环保型工地。施工企业遵守国家和地方有关环境保护法律、法规，在施工生产中树立保护环境、节约资源、维护生态平衡的可持续发展思想，建立完善管理体系，落实工地环境保护措施，保证工程施工对环境的影响降低到最低程度。

扬尘污染控制方案。依据施工现场生产特点与环境状况，确定项目经理部在生产过程中控制扬尘污染目标、控制措施、资源落实和行为准则的文件。

①扬尘管理的要求：

环境保护行政主管部门应加强对建设工程落实环境保护工作的监督管理。建设行政主管部门应当加强对辖区内建设工程执行扬尘污染防治工作的监督检查。

施工现场扬尘污染控制工作由总包单位负总责，实行统一协调管理，各分包单位各司其职负责做好在其分工范围内的扬尘污染防治工作。总包单位项目经理是施工现场扬尘污染防治工作的第一责任人，并在控制扬尘污染管理活动中保证项目部制定的扬尘污染控制方案得到切实有效的实施。总包单位项目经理部（以下简称项目经理部）应根据工程特点与周边环境情况制定扬尘污染控制方案，并在工程开工前报所在辖区内建设行政主管部门或其委托的工程受监安全监督机构备案。

工程项目的建设单位应当将防治扬尘污染的费用列入工程概算，并在施工承包发包合同中明确与施工单位在扬尘污染控制工作中各自的职责。施工单位应保证建设单位提供的防治扬尘污染专项资金在施工过程中专款专用。

项目经理部应当在工程开工前将本工程扬尘污染防治方案在工地大门口醒目位置向社

会公众公布，以接受社会公众的监督。建设单位、施工单位应认真对待公众针对施工现场扬尘污染的反映和投诉，积极采取整改措施，消除扬尘污染源，并将整改情况及时告之反映人或投诉人。

②施工现场扬尘污染控制

施工现场扬尘污染控制的一般要求见表 3-17 所示。

③对施工项目部扬尘管理的具体规定：

a. 施工现场扬尘污染控制方案应纳入施工组织设计编制范围或根据工程周边环境和本工程施工特点，单独编制专项控制扬尘污染方案。

b. 项目经理部应围绕扬尘防治工作目标，按扬尘污染控制方案建立健全各级各岗位相关责任制，并将目标分解到岗位、到人员。

c. 项目经理部应对各级各岗位进行扬尘污染控制教育，提高管理人员和作业人员文明施工意识，落实各项控制扬尘污染的技术措施，建设环保型工地。

d. 项目经理部应按扬尘污染控制方案要求，落实相应的交底手续，对施工过程中可能会出现的严重扬尘污染源必须采取针对性较强的专项交底。

e. 项目经理部应建立扬尘污染控制工作检查制度，定期对扬尘污染控制方案的实施情况进行检查评估，对施工过程中存在的扬尘污染行为或状态应进行原因分析并制定相应整改、防范措施。

f. 项目经理部应建立和完善扬尘污染控制工作记录，建立必要的管理资料。

施工现场扬尘污染控制　　　　　　　　　　　　　　　表 3-17

控制对象	控 制 措 施
施工现场场地扬尘	①施工期间四周必须采用封闭围挡，主要路段围墙高于 2.5m；一般路段高于 1.8m；新建、大修道路工程的封闭围挡高度不低于 2m；②建筑物立面必须采用 2000 目/100cm² 的密目式安全立网（以下简称密目网）进行全封闭围挡施工。施工现场脚手架外侧必须使用密目网进行封闭；③中心城区和郊县主要城镇地区的建设工程，在基础施工阶段应浇筑约 0.15m 厚的混凝土作为现场施工地坪，主要道路必须硬化处理，做到泥土不裸露；④施工现场的主要干道要硬化，并制定清扫洒水制度，设专人负责；⑤必要时，施工现场的出入口要设置冲洗槽和沉淀池，以免车轮带泥土、扬尘上路
施工现场材料加工扬尘	①施工现场木工加工车间必须采用全封闭房屋结构，室内应有吸尘、降尘装置；②施工现场的材料和模板等存放场地必须坚实平稳不扬尘。水泥和其他易飞扬的细颗粒建筑材料及垃圾应密闭存放或采取覆盖等措施；③中心城区和郊县主要城镇地区的施工现场应采用商品混凝土和商品砂浆，逐步淘汰现场砂石料堆放场地和搅拌机
土石方施工扬尘	①从事土方、渣土、砂石料和施工垃圾运输的车辆，应采用密闭式运输车辆或采取覆盖措施；施工现场出入口处应设置保证车辆清洁措施的设施；②市政道路基层宜使用不易扬尘的材料；如使用三渣混合料时，养护期间应根据实际情况及时洒水，确保三渣面层无扬尘状态；③工程机械在土石方、路面切割、破碎铣刨等作业时，应采用喷洒水雾等措施，防止扬尘污染；④回填土施工时，掺拌白灰回填时严禁抛撒，以免产生扬尘
管线施工扬尘	①工期较短的道路、管线工程的维修作业，应尽量做到缩短开挖、修时间，并做到工完料尽场地清；②管线工程施工应采用渐进式分段施工法，以减少泥土裸露面积，管道工程作业面长度不宜超过 50m，线缆工程泥土面长度不宜超过 100m；③横向掘路修复，应采用掘路、排管、修复一体化施工工艺；④管线施工即将结束时，施工单位应及时与道路修复单位办理修复交接手续，做到结束一段，修复一段，缩短土方裸露时间
其　他	①工程项目竣工后 30 日内，施工单位应当平整施工场地并及时清除积土、堆物；②在扬尘较多的环境从事工作的施工人员要佩戴口罩等防护用品

4) 拆除工程扬尘污染控制

拆除工程（阶段）的施工组织设计应制订扬尘控制的治理措施。拆房工程的降尘洒水或喷淋用水，消防管理等有关部门、单位应予以提供。

中心城区和郊县主要城镇地区拆房工程的措施：

①气象预报风力达五级以上时，应停止进行拆房作业；

②机械拆除、爆破拆除应采用洒水或喷淋措施。人工拆除法，应采用脚手架围挡、密目式安全网、立笆或布式围挡等措施，以控制粉尘外泄，禁止采用高空抛物和整体拉、推墙体的拆除方法；

③清理楼面、整理破碎构件、翻渣和清运建筑垃圾时，应采取洒水或喷淋措施；

④住宅区域范围内的拆除施工，不得违反夜间施工规定；市政重大工程或采用爆破作业必须夜间施工的，应向拆除工程所在地的有关部门提出申请，获准后方可施工。拆房施工应避开上、下班高峰时段。

施工现场内的运输车辆外出前应该清洗干净。拆房施工单位应督促建筑渣土运输单位做好车辆清洁工作，在车辆除泥、冲洗干净后，方可驶出工地。建筑垃圾在 48 小时内不能完成清运的，应采取覆盖或洒水等措施。

拆房施工场地，应严格划分材料堆放区和施工通道界线，及时清除遗落物料、渣土，并及时清扫、洒水，以防扬尘。拆房工程的现场围挡应符合围挡高度要求。中心城区的拆房工程，必须实施封闭式围挡。

拆除作业中防尘要求：

①人工拆除时，严禁高空抛掷材料和建筑渣土。拆卸下的材料、构件、杆件等，应由垂直升降设备或从流放槽中卸下，或通过楼梯搬运到地面；建筑垃圾可通过原电梯井道或设置的垃圾井道卸下。拆除墙体时，严禁采用拉倒或推倒拆除方法；

②机械拆除时，必须洒水或喷淋；

③爆破拆除时，应制定扬尘控制方案，把扬尘控制到最小程度。在确保爆破作业安全的条件下应采取以下措施控制扬尘：适当预拆非承重墙，清理部分致尘构件与积尘；建筑物内部应采取洒水措施；各层楼板应设置塑料盛水袋；起爆前后采取喷水降尘措施。

【案例 3.5】 对于在大风季节施工，项目管理部应该采用的扬尘对策有哪些？

【解析】 施工项目部应采取四项措施做好大风扬尘天气施工现场环境保护工作。包括：

①合理安排施工内容，四级风以上天气不得进行土方回填、转运以及其他可能产生扬尘污染的施工作业；②认真治理施工环境，做好施工现场主要道路硬化处理、土方集中堆放、水泥和其他易扬尘材料的密闭存放等工作；③做好土方、渣土和施工垃圾运输工作，在施工现场出入口处设置冲洗车辆设施，确保车辆不带泥沙离开现场；④监控各施工分包单位制定恶劣天气控制扬尘应急预案，加强对施工现场的检查。

【案例 3.6】 施工现场环境管理方案示例。

为进一步加强某有限公司厂房项目工地现场的文明施工管理工作，改善工地施工现场条件、生活环境、创造良好的城市环境和社会效益。根据市建设与管理局关于加强文明施工管理实施及市人民政府关于控制扬尘污染的通告，我公司秉承"营造美满，建设理想，服务八方，和畅发达"的经营理念，奉行"营造顾客满意产品、创造绿色环保工程、保障员工健康安全、诚信守法持续发展"的管理方针，贯彻实施 ISO 9001 质量、ISO 14001 环境和 OHSAS 18001 职业健康安全管理标准，引入 CIS，实施优质名牌战略，创造优质达标工程。根据本工程施工现场实际情况及施工总平面布置图，采取以下方案对施工现场进行管理：

1）粉尘控制

①总平面范围及工地周边场地设置专人每天 2~3 次洒水后进行清扫，并对场区内绿化地段的花草定期洒水冲洗，保持洁净；

②砂、石材料堆放处砌筑围墙，表面覆盖雨篷，防止刮风粉尘弥漫，影响环境卫生。

③现场设置专人清扫泥浆及车辆沾带的泥土，出入口道路铺设草垫，同时设置洗车池、高压洗车泵，保证市容及周围环境干净；

④土方工程阶段，为防扬尘，现场设置高压泵，运土车，翻卸泥土产生灰尘时，立即用水枪喷洒灭尘。高出地面的土方用安全网覆盖。

2）噪声控制

①场内采用低噪声机械，一般情况晚上 10 点以后及午休时尽量不施工；

②材料装卸采用人工传递，特别是钢管、模板严禁抛掷或汽车一次性翻斗下料；

③教育操作人员，减少人为噪声污染。严禁汽车高音鸣笛。

3）污水控制

①施工废水，经沉淀处理有组织排放；

②生活废水，经化粪池处理排放到业主污水处理站；

③大力宣传教育节约用水，减少污染，不乱倒、乱排。

4）安全文明施工布置

①现场大门入口左侧围墙，设公司简介及五图一牌宣传栏；

②办公室外墙大门入口侧面书写工程名称及施工单位；

③大门入口设保卫室及岗亭。场内设专用行车施工道路。场内设吸烟室、茶亭、建筑垃圾堆场、绿化带等；

④生产区、生活区、办公区标牌明显齐全，机械旁、搅拌站、钢筋加工房、施工现场等安全标志牌、机械操作规程、操作人员、规章制度齐全。

5）入口处设置 5.5m 宽钢质大门，大门两侧设置企业标志及施工标语，大门上设置灯箱，灯箱上写企业名称及工程名称，并在路口两侧外围墙左边设置企业经营理念牌，右边设置拟建建筑平视效果图。

6）大门入口设置门卫值班室，并挂设门卫制度牌，值班人员负责对出入人员及材料出场进行登记。

7）场区道路与施工区连接处的主干道采用 C20 混凝土浇灌，厚度为 15cm；非主要施工场地采用石砂铺底夯实，面层采用 1：2 水泥砂浆找平压光，并在入口两侧、办公室门口及宿舍周边空地上设置绿化带，绿化面积达 1200m²，空旷场地和拟建建筑位置采用自动淋水喷头及人工辅助喷水防尘。

8）宿舍与施工现场分离，采用活动房搭设，层高 2.5m，地面水泥砂浆抹面。宿舍统一设置双层铁架床，生活用品放置整齐，并建立宿舍管理制度，配备专门的卫生保洁员，保证宿舍卫生的整洁。

9）厕所和浴室采用彩钢板结构，屋顶采用彩钢折型板，地面铺防滑地砖，厕所蹲位采用花岗石隔断及高水位节能水箱，浴室采用防水灯头照明，保证工人的使用安全。

10）厨房地面铺防滑地砖，墙面、灶台、洗涤池、售菜台贴瓷砖，顶棚采用塑料吊顶，卫生制度上墙。防尘、防蝇、排烟、排气、消毒设施齐全，采用液化石油气进行生火，避免造成环境的污染。并具备《卫生许可证》，炊事人员持健康证上岗，在厨房边设置茶水供应处，食堂统一配置餐桌。

11）厕所、浴室和食堂污水经过工地三级化粪池，出口处与市政污水管道连接。

12）在宿舍区设置职工学习娱乐活动室及吸烟处，保证施工人员的休闲时间活动丰富。

13）根据施工总平面图布置物料堆放处、仓库、机具设备；材料及仓库设置标牌，写明名称、品种和规格，机械设备挂设操作规程牌。其中砂浆和混凝土搅拌机四周张挂密目式安全网，减少扬尘。

14）建立卫生管理制度，设专职保洁人员，做到生活区、办公区、施工区干净整洁无积水，生活垃圾装入卫生容器，建筑垃圾及时清理并当日清运，定时定人对工人宿舍、办公室、厕所、食堂进行消毒、灭蚊、灭蝇、灭鼠等。

（4）施工现场固体废物的管理

1）施工现场固体废弃物及其分类

施工现场的固体废弃物是生产、建设、日常生活和其他生活中产生的固态、半固态废弃物质。

按照其化学组成和其危害程度进行分类有以下几种：

①按化学成分分类：

a. 有机废物；

b. 无机废物。

2）按对环境和人类健康的危害程度：

a. 一般废物；

b. 危险废物。

3）施工现场常见的固体污染物及其危害。

固体废物是生产和生活的固态、半固态废弃物质。固体废物是一个极其复杂的废物体系。按照其化学组成可分为有机废物和无机废物；按照其对环境和人类健康的危害程度又可以分为一般废物和危险废物。

施工现场常见的固体废物包括：

①建筑渣土：如砖瓦、碎石、渣土、混凝土碎块、废钢铁、碎玻璃、废屑、废弃装饰材料等；

②废弃的散装建筑材料：如散装水泥、石灰等；

③生活垃圾，如炊厨废物、丢弃食品、废纸、生活用品、玻璃、陶瓷碎片、废电池、废旧日用品、废塑料制品、煤灰渣、废交通工具等；

④以及设备、材料等的废弃包装材料及粪便等。

固体废物对环境的危害主要表现在以下几个方面：

a. 侵占土地：由于固体废物的堆放，可直接破坏土地和植被；

　　b. 污染土壤：固体废物的堆放中，有害成分易污染土壤，并在土壤中发生积累，给作物生长带来危害，部分有害物质还能杀死土壤中的微生物，使土壤丧失腐解能力；

　　c. 污染水体：固体废物遇水浸泡、溶解后，其有害成分随地表径流或土壤渗流污染地下水和地表水，随风飘迁进入水体造成污染；

　　d. 污染大气：以细颗粒状存在的废渣垃圾和建筑材料在堆放和运输过程中，会随风扩散，使大气中悬浮的灰尘废弃物提高，固体废物的焚烧等处理过程中，可能产生有害气体造成大气污染。

　　总之，固体废物的大量堆放，会招致蚊蝇滋生，臭味四溢，严重影响工地以及周围环境卫生，对员工和工地附近居民的健康都会造成不同程度的危害。

　　4）施工现场固体废物处理和处置

　　施工现场固体废物处理一般是采取资源化、减量化和无害化的处理原则，对固体废物产生的全过程进行控制，其主要处理方法如下：

　　①回收利用：回收利用是对固体废物进行资源化，减量化的重要手段之一。如对建筑渣土可视其情况加以利用；废钢可按需要用作金属原材料；对废电池等废弃物应分类回收，集中处理等；

　　②减量化处理：减量化是对已产生的固体废弃物进行分选、破碎、压实浓缩、缩水等减少最终处置量，降低处理成本，减少对环境的污染。在减量化处理的过程中，包括与其他处理技术相关的工艺技术，如焚烧、热解、堆肥等；

　　③焚烧技术：焚烧用于不适合再利用不宜直接予以填埋处置的废物，尤其是对于受到病菌、病毒污染的物品，可以用焚烧进行无害化处理。焚烧处理应使用符合环境要求的处理装置，注意避免对大气的二次污染；

　　④稳定和固化技术：利用水泥、沥青等胶结材料，将松散的废物包裹起来，减小废物的毒性和可迁移性，使得污染减小；

　　⑤填埋：填埋是固体废物处理的最终技术，经过无害化、减量化处理的废物残渣集中到填埋场进行处置。填埋时应尽量使需处置的废物与周围的生态环境隔离，并注意废物的稳定性和长期安全性。

3.3　建设项目竣工环境保护验收

　　建设项目竣工环境保护验收是指建设项目竣工后，环境保护行政主管部门根据建设项目竣工环境保护验收管理办法的规定，依据环境保护验收监测或调查结果，并通过现场检查等手段，考核该建设项目是否达到环境保护要求的活动。为加强建设项目竣工环境保护验收管理，监督落实环境保护设施与建设项目主体工程同时投产或者使用，以及落实其他需配套采取的环境保护措施，防治环境污染和生态破坏，根据《建设项目环境保护管理条例》和其他有关法律、法规规定，国家环境保护局于 2001 年 12 月 11 日发布了《建设项目竣工环境保护验收管理办法》，并于 2002 年 2 月 1 日起施行。

3.3.1　建设项目竣工环境保护验收管理办法

（1）建设项目竣工环境保护验收范围

通过环境保护行政主管部门负责审批环境影响报告书（表）或者环境影响登记表的建

设项目，都要进行项目竣工环境保护的验收。建设项目竣工环境保护验收范围包括：

1）与建设项目有关的各项环境保护设施，包括为防治污染和保护环境所建成或配备的工程、设备、装置和监测手段，各项生态保护设施；

2）环境影响报告书（表）或者环境影响登记表和有关项目设计文件规定应采取的其他各项环境保护措施。

（2）验收部门

国务院环境保护行政主管部门负责制定建设项目竣工环境保护验收管理规范，指导并监督地方人民政府环境保护行政主管部门的建设项目竣工环境保护验收工作，并负责对其审批的环境影响报告书（表）或者环境影响登记表的建设项目竣工环境保护验收工作。

县级以上地方人民政府环境保护行政主管部门按照环境影响报告书（表）或环境影响登记表的审批权限负责建设项目竣工环境保护验收。

（3）试生产申请

1）建设项目的主体工程完工后，其配套建设的环境保护设施必须与主体工程同时投入生产或者运行。需要进行试生产的，其配套建设的环境保护设施必须与主体工程同时投入试运行。

2）建设项目试生产前，建设单位应向有审批权的环境保护行政主管部门提出试生产申请。

对国务院环境保护行政主管部门审批环境影响报告书（表）或环境影响登记表的非核设施建设项目，由建设项目所在地省、自治区、直辖市人民政府环境保护行政主管部门负责受理其试生产申请，并将其审查决定报送国务院环境保护行政主管部门备案。

核设施建设项目试运行前，建设单位应向国务院环境保护行政主管部门报批首次装料阶段的环境影响报告书，经批准后，方可进行试运行。

3）环境保护行政主管部门应自接到试生产申请之日起 30 日内，组织或委托下一级环境保护行政主管部门对申请试生产的建设项目环境保护设施及其他环境保护措施的落实情况进行现场检查，并做出审查决定。

对环境保护设施已建成及其他环境保护措施已按规定要求落实的，同意试生产申请；对环境保护设施或其他环境保护措施未按规定建成或落实的，不予同意，并说明理由。逾期未做出决定的，视为同意。

试生产申请经环境保护行政主管部门同意后，建设单位方可进行试生产。

（4）建设项目竣工环境保护验收申请

1）建设项目竣工后，建设单位应当向有审批权的环境保护行政主管部门申请该建设项目竣工环境保护验收。

2）进行试生产的建设项目，建设单位应当自试生产之日起 3 个月内，向有审批权的环境保护行政主管部门申请该建设项目竣工环境保护验收。

对试生产 3 个月确不具备环境保护验收条件的建设项目，建设单位应当在试生产的 3 个月内，向有审批权的环境保护行政主管部门提出该建设项目环境保护延期验收申请，说明延期验收的理由及拟进行验收的时间。经批准后建设单位方可继续进行试生产。试生产的期限最长不超过一年。核设施建设项目试生产的期限最长不超过两年。

3）根据国家建设项目环境保护分类管理的规定，对建设项目竣工环境保护验收实施分类管理。

建设单位申请建设项目竣工环境保护验收，应当向有审批权的环境保护行政主管部门提交以下验收材料：

①对编制环境影响报告书的建设项目，为建设项目竣工环境保护验收申请报告，并附环境保护验收监测报告或调查报告；

②对编制环境影响报告表的建设项目，为建设项目竣工环境保护验收申请表，并附环境保护验收监测表或调查表；

③对填报环境影响登记表的建设项目，为建设项目竣工环境保护验收登记卡。

4）对主要因排放污染物对环境产生污染和危害的建设项目，建设单位应提交环境保护验收监测报告（表）。

对主要生态环境产生影响的建设项目，建设单位应提交环境保护验收调查报告（表）。

5）环境保护验收监测报告（表），由建设单位委托经环境保护行政主管部门批准有相应资质的环境监测站或环境放射性监测站编制。

环境保护验收调查报告（表），由建设单位委托经环境保护行政主管部门批准有相应资质的环境监测站或环境放射性监测站，或者具有相应资质的环境影响评价单位编制。承担该建设项目环境影响评价工作的单位不得同时承担该建设项目环境保护验收调查报告（表）的编制工作。

承担环境保护验收监测或者验收调查工作的单位，对验收监测或验收调查结论负责。

6）环境保护行政主管部门应自收到建设项目竣工环境保护验收申请之日起 30 日内，完成验收。

（5）建设项目竣工环境保护验收的组织

1）环境保护行政主管部门在进行建设项目竣工环境保护验收时，应组织建设项目所在地的环境保护行政主管部门和行业主管部门等成立验收组（或验收委员会）。

验收组（或验收委员会）应对建设项目的环境保护设施及其他环境保护措施进行现场检查和审议，提出验收意见。

建设项目的建设单位、设计单位、施工单位、环境影响报告书（表）编制单位、环境保护验收监测（调查）报告（表）的编制单位应当参与验收。

2）建设项目竣工环境保护验收条件是：

①建设前期环境保护审查、审批手续完备，技术资料与环境保护档案资料齐全；

②环境保护设施及其他措施等已按批准的环境影响报告书（表）或者环境影响登记表和设计文件的要求建成或者落实，环境保护设施经负荷试车检测合格，其防治污染能力适应主体工程的需要；

③环境保护设施安装质量符合国家和有关部门颁发的专业工程验收规范、规程和检验评定标准；

④具备环境保护设施正常运转的条件，包括：经培训合格的操作人员、健全的岗位操作规程及相应的规章制度，原料、动力供应落实，符合交付使用的其他要求；

⑤污染物排放符合环境影响报告书（表）或者环境影响登记表和设计文件中提出的标准及核定的污染物排放总量控制指标的要求；

⑥各项生态保护措施按环境影响报告书（表）规定的要求落实，建设项目建设过程中

受到破坏并可恢复的环境已按规定采取了恢复措施；

⑦环境监测项目、点位、机构设置及人员配备，符合环境影响报告书（表）和有关规定的要求；

⑧环境影响报告书（表）提出需对环境保护敏感点进行环境影响验证，对清洁生产进行指标考核，对施工期环境保护措施落实情况进行工程环境监理的，已按规定要求完成；

⑨环境影响报告书（表）要求建设单位采取措施削减其他设施污染物排放，或要求建设项目所在地地方政府或者有关部门采取"区域削减"措施满足污染物排放总量控制要求的，其相应措施得到落实。

3）对符合验收条件的建设项目，环境保护行政主管部门批准建设项目竣工环境保护验收申请报告、建设项目竣工环境保护验收申请表或建设项目竣工环境保护验收登记卡。

对填报建设项目竣工环境保护验收登记卡的建设项目，环境保护行政主管部门经过核查后，可直接在环境保护验收登记卡上签署验收意见，作出批准决定。

建设项目竣工环境保护验收申请报告、建设项目竣工环境保护验收申请表或者建设项目竣工环境保护验收登记卡未经批准的建设项目，不得正式投入生产或者使用。

4）分期建设、分期投入生产或者使用的建设项目，按照本办法规定的程序分期进行环境保护验收。

5）国家对建设项目竣工环境保护验收实行公告制度。环境保护行政主管部门应当定期向社会公告建设项目竣工环境保护验收结果。

（6）违规处罚

1）对违反规定，试生产建设项目配套建设的环境保护设施未与主体工程同时投入试运行的，由有审批权的环境保护行政主管部门依照《建设项目环境保护管理条例》的规定，责令限期改正；逾期不改正的，责令停止试生产，可以处5万元以下罚款。

2）对违反规定，建设项目投入试生产超过3个月，建设单位未申请建设项目竣工环境保护验收或者延期验收的，由有审批权的环境保护行政主管部门依照《建设项目环境保护管理条例》的规定责令限期办理环境保护验收手续；逾期未办理的，责令停止试生产，可以处5万元以下罚款。

3）对违反规定，建设项目需要配套建设的环境保护设施未建成，未经建设项目竣工环境保护验收或者验收不合格，主体工程正式投入生产或者使用的，由有审批权的环境保护行政主管部门依照《建设项目环境保护管理条例》的规定责令停止生产或者使用，可以处10万元以下的罚款。

4）从事建设项目竣工环境保护验收监测或验收调查工作的单位，在验收监测或验收调查工作中弄虚作假的，按照国务院环境保护行政主管部门的有关规定给予处罚。

3.3.2 建设项目竣工环境保护验收标准与验收程序

（1）验收标准

为贯彻落实《中华人民共和国环境保护法》、《建设项目环境保护管理条例》和《建设项目竣工环境保护验收管理办法》，加强建设项目竣工环境保护验收阶段的技术管理，统一环境保护竣工验收范围、验收标准、验收内容和验收方法，确保环境保护竣工验收质量和效率，根据不同行业建设项目的不同性质，国家环境保护总局科技标准司提出、国家环境保护总局批准了一系列《中华人民共和国环境保护行业标准——建设项目竣工环境保护验收技术规范》，标准的主要内容包括：总则、工程调查、公众调查、环保措施落实情况调查、生态环境影响调查、水环境影响调查、空气环境影响调查、声环境影响调查、社会环境影响调查、固体废物影响调查、清洁生产核查与总量控制执行情况检查等。标准的附录均为规范性附录。

（2）验收程序

建设项目竣工环保验收工作包括验收申请与准备阶段、验收调查阶段和现场验收检查阶段。具体工作程序图如图 3-2 所示。

验收申请与准备阶段：建设项目投入试运营后，项目建设单位应按照《建设项目竣工环境保护验收管理办法》的要求向环境保护行政主管部门申请项目竣工环境保护验收，同时委托有资质的技术单位开展建设项目竣工环境保护验收调查工作。

验收调查阶段：受建设方委托的单位按照《行业标准》的技术要求开展项目环境保护竣工验收调查工作，编制建设项目竣工环境保护验收调查报告，并由环境保护行政主管部门进行审查。

现场验收检查阶段：依据审查后的建设项目竣工环境保护验收调查报告，环境保护行政主管部门组织对项目的竣工环境保护验收现场检查。

3.3.3　建设项目竣工环境保护验收内容

验收范围应与环评文件评价范围一致；当工程实际建设内容发生变更或环评文件未能反映出项目建设的实际生态影响和其他环境影响时，根据工程实际的变动情况以及环境影响的实际情况，结合现场踏勘结果进行适当调整。

（1）验收的内容

1）建设项目立项情况、建设情况及其变更情况；

2）环评文件、环评批复文件主要内容及其在设计、施工、运营等阶段落实情况调查；

3）生态影响调查、防护措施、恢复措施和效果调查；

4）污染物排放达标调查、污染防治设施建设、运行和效果调查；污染物排放总量调查；环境质量现状调查；

5）环境保护目标数量、类型、分布调查、影响调查和保护措施及其效果调查；

6）迹地恢复与视觉景观调查；

7）社会影响调查（包括公众意见、文物影响、移民环境影响调查等）；

8）环境管理状况、清洁生产水平调查；总量控制目标可达性调查；

9）风险事故防范、应急措施及其有效性调查等。

10）工程环保投资情况。

（2）验收重点

1）核查实际工程内容及方案设计变更情况；

2）环境敏感保护目标基本情况及变更情况；

3）实际工程内容及方案设计变更造成的环境影响变化情况；

4）环保规章制度、环境影响评价制度执行情况；

5）环境保护设计文件、环境影响评价文件及环境影响审批文件中提出的环境保护措施落实情况及其效果；

6）工程施工期和试运营期实际存在的环境问题以及公众反映强烈的环境问题；

```
┌────────────────────────────────────────────────┐
│  建设方申请项目竣工环境保护验收，委托调查单位   │
└────────────────────────────────────────────────┘
                       │
┌────────────────────────────────────────────────┐
│  调查单位接受委托开展项目竣工环境保护验收调查   │
└────────────────────────────────────────────────┘
```

初步
踏勘
现场

```
┌────────────────────────────────────────────────┐
│  研读资料，环境影响评价文件及批文文件、设计资   │
│  料及批文文件、工程竣工资料、其他基础资料       │
└────────────────────────────────────────────────┘

┌────────────────────────────────────────────────┐
│  确定验收调查范围、因子、重点及方法，确定初步踏勘工作方案 │
└────────────────────────────────────────────────┘

┌────────────────────────────────────────────────┐
│                  进行现场踏勘                    │
└────────────────────────────────────────────────┘
```

| 环境情况调查 | 污染源和地感点调查 | 环保措施和设施落实情况调查 | 工程调查 |

编制
实施
方案

| 确定验收执行标准 | 确定验收调查内容 |

```
┌────────────────────────────────────────────────┐
│         编写竣工环境保护验收调查实施方案         │
└────────────────────────────────────────────────┘
```

现场
勘察
环境
监测

| 环境保护措施和设施检查 | 环境质量和污染源监测 | 公众意见调查 |

编制
调查
报告

| 环境影响调查与分析 | 公众意见分析 |

```
┌────────────────────────────────────────────────┐
│  编写竣工环境保护验收调查报告并由环保主管进行审查 │
└────────────────────────────────────────────────┘

┌────────────────────────────────────────────────┐
│  环保行政主管部门组织项目竣工环境保护验收现场检查 │
└────────────────────────────────────────────────┘
```

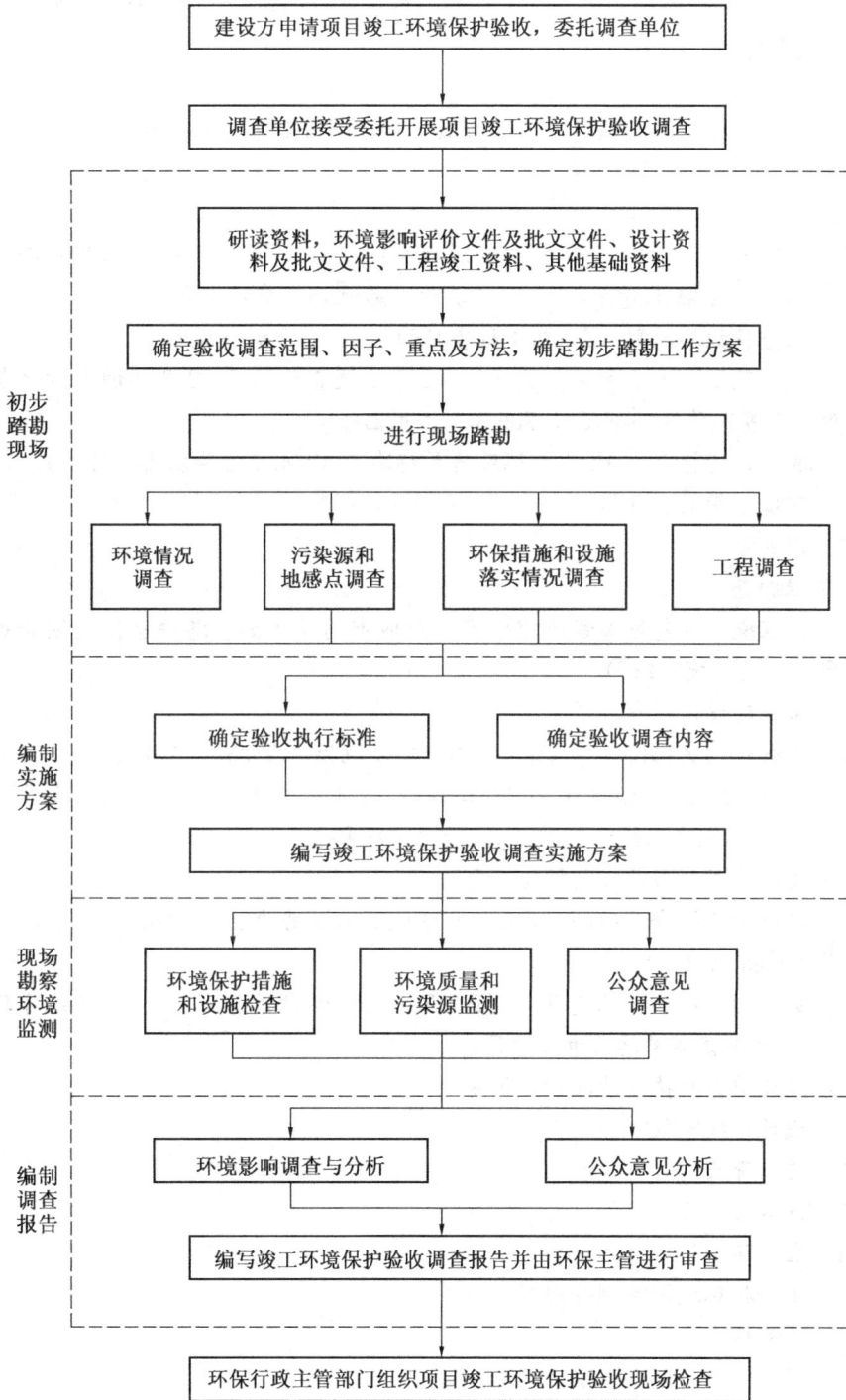

图 3-2　建设项目竣工环保验收工作程序

7）验收环境影响评价文件对污染因子达标情况的预测结果；

8）工程环保投资情况。

在实际工作中根据项目的具体情况来具体分析，可选择全部或增减部分内容。

建设项目竣工环境保护验收检查工作的内容在建设项目竣工环境保护验收调查实施方案中得到了充分体现。

【案例 3.7】　编写建设项目竣工环境保护验收调查实施方案提纲：

A1　前言

A2　总论

A2.1　编制依据 [A2.1.1 环境保护法规和规范性文件，A2.1.2 工程资料及相关批复文件，A2.1.3 主要技术资料，A2.1.4 其他（验收调查委托书等）]

A2.2　调查目的及原则（A2.2.1 调查目的，A2.2.2 调查原则）

A2.3　调查范围、方法和调查因子 [A2.3.1 调查范围，A2.3.2 调查方法与工作程序（给出项目调查工作程序框图），A2.3.3 调查因子]

A2.4　验收执行标准（A2.4.1 环境质量标准，A2.4.2 污染物排放标准）

A2.5　环境保护敏感目标

A2.6　调查重点

A3　工程调查

A3.1　工程概述（包括工程地理位置、与城市总体规划、港口总体规划等规划的关系以及简要的建设规模介绍。）

A3.2　工程建设过程

A3.3　工程建设变化情况（A3.3.1 工程建设规模，A3.3.2 工程变化情况）

A3.4　工程概况（A3.4.1 主体工程，A3.4.2 辅助工程，A3.4.3 生产工艺，A3.4.4 工程总投资及环保投资，A3.4.5 验收工况要求）

A4　环境影响报告书及相关批复回顾

A4.1　环境影响报告书回顾（A4.1.1 环境影响报告书主要结论回顾，A4.1.2 环境影响报告书对策措施回顾）

A4.2　环境影响报告书批复意见（A4.2.1 交通部预审意见，A4.2.2 地方环保局审查意见，A4.2.3 国家环保总局审批意见）

A5　项目环境保护执行情况初步调查

A5.1　设计选线阶段

A5.2　施工阶段

A5.3　试运营阶段

A5.4　主要环境问题

A6　竣工验收环境影响调查内容

A6.1　工程核查

A6.2　环境保护措施落实情况调查

A6.3　水环境影响调查（A6.3.1 施工期水环境影响调查，A6.3.2 竣工环保验收水环境监测方案，A6.3.3 试运营期水环境影响调查）

A6.4　大气环境影响调查（A6.4.1 施工期大气环境影响调查，A6.4.2 竣工环保验收大气环境监测方案，A6.4.3 试运营期大气环境影响调查）

A6.5　声环境影响调查（A6.5.1 施工期声环境影响调查，A6.5.2 竣工环保验收声

环境监测方案，A6.5.3试运营期声环境影响调查）

A6.6 固体废物影响调查（A6.6.1施工期固体废物影响调查，A6.6.2竣工环保验收固体废物检查［监测］方案，A6.6.3试运营期固体废物影响调查）

A6.7 非污染生态影响要素环境影响调查［A6.7.1非污染生态影响要素监测方案，A6.7.2绿化工程与生态恢复效果调查方案，A6.7.3陆域生态（含景观）影响调查，A6.7.4水生生态（含渔业资源、养殖业）影响调查］

A6.8 社会类要素环境影响调查（A6.8.1移民安置与征地拆迁影响调查，A6.8.2文物保护情况调查，A6.8.3项目建设对所在地社会经济影响调查）

A6.9 清洁生产核查

A6.10 环境风险事故调查

A6.11 总量控制指标执行情况调查

A6.12 环境管理与环境监测计划执行情况调查

A6.13 公众意见调查（A6.8.1公众调查内容，A6.8.2公众意见调查方案，A6.8.3调查结果统计与分析）

A7 组织分工与设施

A7.1 组织分工

A7.2 实施进度

A8 提交成果

A9 经费概算

附图：①项目地理位置图

②项目平面布置图

③调查范围和环境保护敏感目标位置图

④环境监测站位图

附件：①竣工验收环境影响调查委托书

②建设项目立项批复文件

③建设项目设计批复文件

④建设项目环境影响报告书批复文件

⑤其他相关文件，如环境影响评价文件执行标准的批复等

【案例3.8】 建设项目竣工环境保护验收检查工作的成果与结论集中体现在建设项目竣工环境保护验收调查报告中，它是考核该建设项目是否达到环境保护要求的依据，建设项目竣工环境保护验收阶段的全部工作是围绕它而展开的。编写建设项目竣工环境保护验收调查报告提纲：

B1 前言

B2 总论

B2.1 编制依据（B2.1.1环境保护法规和规范性文件，B2.1.2工程资料及相关批复文件，B2.1.3主要技术资料，B2.1.4其他）

B2.2 调查目的及原则（B2.2.1调查目的，B2.2.2调查原则）

B2.3 调查范围、方法和调查因子（B2.3.1调查范围，B2.3.2调查方法，B2.3.3

调查因子)

B2.4 验收执行标准（B2.4.1环境质量标准，B2.4.2污染物排放标准）

B2.5 环境保护敏感目标

B2.6 调查重点

B3 工程调查

B3.1 工程概述

B3.2 工程建设过程

B3.3 工程建设变化情况（B3.3.1工程建设规模，B3.3.2工程变化情况）

B3.4 工程概况（B3.4.1主体工程，B3.4.2辅助工程，B3.4.3生产工艺，B3.4.4工程总投资及环保投资，B3.4.5运行工况）

B4 环境影响报告书及相关批复回顾

B4.1 环境影响报告书回顾（B4.1.1环境影响报告书主要结论回顾，B4.1.2环境影响报告书对策措施回顾）

B4.2 环境影响报告书批复意见（B4.2.1交通部预审意见，B4.2.2地方环保局审查意见，B4.2.3国家环保总局审批意见）

B5 环境保护措施落实情况调查

B5.1 环评提出的环保措施落实情况调查

B5.2 环保主管部门批复意见落实情况调查

B5.3 环保设施建设情况调查

B5.4 项目新增环保措施调查

B6 施工期环境影响回顾调查

B6.1 施工期水环境影响回顾调查

B6.2 施工期空气环境影响回顾调查

B6.3 施工期声环境影响回顾调查

B6.4 施工期生态环境影响回顾调查

B7 公众意见调查

B7.1 调查对象、调查方法与主要内容

B7.2 调查结果分析

B7.3 公众意见反馈情况

B8 水环境影响调查与分析

B8.1 水环境影响调查

B8.2 水环境保护措施效果分析

B8.3 存在问题及补救措施与建议

B9 大气环境影响调查与分析

B9.1 大气环境影响调查

B9.2 大气环境保护措施效果分析

B9.3 存在问题及补救措施与建议

B10 声环境影响调查与分析

B10.1 声环境影响调查

B10.2 声环境保护措施效果分析

B10.3 存在问题及补救措施与建议

B11 固体废物影响调查与分析

B11.1 固体废物环境影响调查

B11.2 固体废物处置措施合理性分析

B11.3 存在问题及补救措施与建议

B12 非污染生态影响要素环境影响调查与分析

B12.1 陆域生态影响调查与分析

B12.2 水生生态影响调查与分析

B12.3 生态保护与恢复措施效果分析

B12.4 存在问题及补救措施与建议

B13 社会类要素环境影响调查与分析

B13.1 移民安置与征地拆迁影响调查与分析

B13.2 文物保护情况调查

B13.3 项目建设对所在地社会经济影响调查分析

B13.4 存在问题及补救措施与建议

B14 清洁生产核查

B15 环境风险事故调查

B15.1 环境风险因素调查

B15.2 环境风险防范措施（应急预案）执行情况调查

B15.3 改进建议

B16 总量控制指标执行情况调查

B17 环境管理与环境监测计划执行情况调查

B17.1 环境管理工作调查

B17.2 环境监测计划落实情况调查

B17.3 环保投资落实情况调查

B18 调查结论与建议

B18.1 工程概况

B18.2 项目环境保护工作执行情况结论

B18.3 生态环境影响调查结论

B18.4 污染类要素环境影响调查结论

B18.5 社会类要素环境影响调查结论

B18.6 清洁生产核查结论

B18.7 总量控制指标执行情况结论

B18.8 环境管理与监测计划落实情况结论

B18.9 工程竣工环保验收调查结论

附图：①项目地理位置图

②项目平面布置图

③调查范围和环境保护敏感目标位置图

④环境监测站位图

⑤环保设施及污染源位置图等

附件：①竣工验收环境影响调查委托书

②建设项目立项批复文件

③建设项目设计批复文件

④建设项目环境影响报告书批复文件

⑤实施方案技术审核意见

⑥竣工验收环境影响监测报告

⑦竣工验收公示材料

⑧环境友好工程打分表

⑨"三同时"竣工验收登记表

■其他相关文件，如环境影响评价文件执行标准的批复等

【案例 3.9】　背景：某市一大型住宅项目位于四环路以内，一期工程建筑面积 30 万 m²，框架剪力墙结构箱形基础。施工现场设置混凝土集中搅拌站。由于工期紧迫，混凝土需要量大，施工单位实行"三班倒"连续进行混凝土的搅拌生产。附近居民对此意见极大，纷纷到有关管理单位反映此事，有关部门也做出了罚款等相应的处理决定。

问题：1）何谓噪声？影响人们正常生活和工作的环境噪声，按其来源分为哪几种？

2）噪声污染会产生哪些危害？

3）《中华人民共和国环境噪声污染防治法》中规定，新建、改建、扩建的建设项目可能产生环境噪声污染的，建设单位必须提出环境影响报告书，其内容包括哪些？

4）环境管理体系运行过程中对有关人员的培训应包括哪几方面的内容？

5）编制环境管理体系文件有什么重要意义？

【解析】

1）一切对人们生活、工作、学习和生产有妨碍的声音统称为噪声。

噪声按其来源主要分为四种：①工厂生产噪声；②交通噪声；③建筑施工噪声；④社会生活噪声。

2）噪声是影响面最广的一类环境污染，其危害包括：①损伤听力；②干扰睡眠；③影响人体内分泌而引发各种疾病；④影响人的心理，主要体现在使人烦恼激动、易怒，甚至失去理智，也易使人疲劳或分散注意力；⑤影响语言交流。

3）环境影响报告书包括：①建设项目概况；②建设项目周围环境状况；③建设项目对环境可能造成影响的分析和预测；④环境保护措施及其经济、技术论证；⑤环境影响经济损益分析；⑥对建设项目实施环境监测的建议；⑦环境影响评价结论。涉及水土保持的建设项目，还必须有经水行政主管部门审查同意的水土保持方案。

4）培训应包括以下最基本的内容：

①提高认识的内容：认识环境问题的重要性；国家或地方法律、法规、标准；本组织的环境方针政策；现行状况的差距；②提高环境技能的内容：了解岗位的环境因素及其影响；掌握减少环境影响的技能技术；紧急状况应采取的措施；③明确工作内容及程序的内容：明确工作内容及程序的内容；明确报告路径；违背工作程序的后果。

5）文件化是环境管理体系的特点之一，其重要意义在于：①可以对环境管理体系的所有程序和规定在文件中固定下来；②有助于组织活动的长期一致性和连贯性；③有助于员工对全部体系的了解并明确自己的职责和责任；④一份完整的管理文件可以作为体系审核评审和认证的基本证据；⑤可以展示本组织环境管理体系的全貌。

复 习 思 考 题

1. 简述施工现场环境因素的内容。
2. 施工环境管理的要求与标准有哪些？
3. 简述施工环境条件的管理及措施。
4. 施工现场管理的内容有哪些？
5. 如何进行施工现场环境污染的管理？
6. 简述建设项目竣工环境保护验收管理办法。
7. 简述建设项目竣工环境保护验收标准与验收程序。
8. 建设项目竣工环境保护验收内容有哪些？

附录 3-1：安徽省合徐高速公路北段工程竣工环境保护验收调查报告

1 前言（书略）

2 总论

安徽省合徐高速公路凤阳西泉街—朱围子段（以下简称"合徐公路北段"），全长165.221km，总投资38.1亿元，与合徐高速公路南段等一起，纵贯皖省南北，构成国家重点规划的我国南北方向的国道主干线——北京至福州公路的重要组成部分。它的建成对促进南北经济交流，改善安徽省路网结构，加快皖北地区的经济发展和两淮煤炭基地的建设等，具有重要意义。

限于篇幅，调查方法、对象等简略；采用的标准请见各章节。

3 工程建设概况

3.1 地理位置及走向

合徐北公路路线所经地区从南向北跨越蚌埠—淮南山地（K104～K170），淮北平原（K170～K219）和徐州山地（K219～K269）等三个地貌单元，总体走向为由南向西北方向，南起凤阳县的西泉街，接合徐高速公路南段工程，北至国道主干线连云港至霍尔果斯高速公路，在萧县朱围子与连霍高速公路对接。路线途经滁州市凤阳县、蚌埠市怀远县、宿州市土甬桥区、淮北市濉溪县、宿州市萧县，全长165.221km。

3.2 工程建设过程

合徐北公路建设项目严格按照国家公路建设的基本程序，先后向国家计委和交通部申报了项目建议书、可行性研究报告、初步设计等文件，并按照建设项目环境保护管理程序在可行性报告批复前，完成了环境影响报告书的编制与审批。2000年12月30日公路开工建设。2003年12月18日全线通车。

3.3 工程主要技术指标及建设规模核查

合徐北高速公路为平原微丘区高速公路，双向四车道，设计车速120km/h。淮北连接线设计车速 100km/h。主要工程数量见表 3-1-1。

合徐北公路主要工程数量表　　　　　　　　　　表 3-1-1

项　　目	单　　位	环　　评		实　　际	
		主　线	潍北连接线	主　线	淮北连接线
公路里程	km	167.080	9.600	165.221	4.150
征用土地	亩	11743.030	645.690	15034.590	390.546
拆迁建筑物	m²	56380.000	480.000	72121.775	1197.200
土石方数量	1000m³	19392.085	641.715	16310.200	127.102
防护工程	1000m³	319.181	163.720	279.235	70.775
特大、大桥	m/座	5306/9		7430.1/17	
互通立交	处	7		6	
分离立交	处	23	1	110	
涵洞	道	716	36	431	1
人机通道	处	353	4	384	3
人行天桥	座	14		8	
管理处/收费站	处	2/5		2/5	
服务区	处	2		2	

注：1 亩＝666.67m²。

3.4　环境保护设施投资

本项目投资为 38.1 亿元。初步估算的环保实际投资为 6292.7618 万元，占总投资的 1.65%（表 3-3-2）。

工程环境保护投资情况　　　　　　　　　　表 3-1-2

序　号	项　　　　目	资金/万元
1	水污染治理（污水处理设施、积水池、施工期污水处理等）	370.0
2	边坡防护	1848.98
3	绿化立交区、上跨桥、中分带、边坡	3396.54
4	植被恢复、青苗补偿费	144.42
5	噪声治理（包括拆迁、施工机械消声防振等）	241.0
6	固体废物处理（包括施工期泥浆池、生活垃圾处置等）	12.3
7	中央分隔带、边坡绿化补植	40.471
8	弃渣场绿化（14 个弃渣场中的 6 个）	20.85
9	敏感点降噪绿化	34.599
10	声屏障	180.18
11	其余临时用地恢复	费用计入工程费用中
合计	公路环保总投资 6292.7618 万元，占工程总投资的 1.65%	

3.5　交通量预测与核查

"工程可行性研究报告"预测近、中、远期交通量折合小汽分别为 7345 辆/日、14043 辆/日和 22122 辆/日。

4　环境影响报告书回顾

4.1　环境影响报告书的主要结论（书略）

4.2　主要环境保护措施（书略）

4.3 交通部预审意见（书从略）

要求工程建设按环评报告书提出的环保措施，落实服务区生活污水达标排放，注意公路边坡、分隔带、立交桥等绿化，保护和改善环境，落实环保投资。

4.4 国家环境保护总局审批意见

（1）工程占地11743亩。沿线大部分是农业平原区，为节约土地，应利用附近电厂的粉煤灰作为筑路材料，并尽可能压缩路基边坡。选择取土场应与当地土地利用规划相结合，取土后充分利用。对需复耕的土地，应事先将表土取出堆存，事后回填复耕。对于临时用地，施工后应及时恢复。施工中须采取水土保护措施。

（2）根据噪声预测，对噪声超标的涂山小学（距路中心50m，中期昼间超标6.2dB）段要建声屏障，对彭巷、刘家、孙家、庙前、庙西、殷家（中期夜间超标3.4～5.9dB）临路侧30m内拆迁住房，建围墙和绿化带；化家楼村（中期夜间超标3.4dB）临路侧建围墙，涂山制药厂宿舍（中期夜间超1.0dB）临路侧加高围墙，其他超标点可采取设置绿化带等降噪措施。

（3）搞好公路两侧用地和中央分隔带、互通互交和服务区的绿化设计。淮河特大桥施工要注意对水源的保护。

（4）公路运营后3处服务区的生活水须经处理后达标排放。洗车废水必须处理后循环使用。生活垃圾集中收集后运送指定垃圾场。

（5）为减少全封闭道路对两侧居民通行影响，应合理选择通道地点。

建设单位必须严格执行环境保护"三同时"制度，实施环境保护管理与监测计划，在与施工单位、工程建设监理单位签订的合同须有环境保护内容。请安徽省环境保护局加强对该项目施工期的日常监督检查。

5 社会环境影响调查与分析

5.1 公路沿线地区社会经济概况

本项目直接影响区为安徽省滁州市凤阳县、蚌埠市郊区及市辖怀远县、宿州市及市辖萧县、淮北市及市辖濉溪县。

项目直接影响区总面积33792km^2，占全省总面积的24.3%；总人口约为1634.5万人，占全省总人口的27.2%；GDP 659.6亿元，占全省GDP的20.0%。

5.2 拆迁情况调查

主线实际拆迁房屋72121.775m^2，比环评主线预测的56380m^{2}要多，约为预测量的128.09%，见表3-1-3。拆迁附着物统计见表（书略）。

实际拆迁房屋统计表（m^2） 表 3-1-3

类 型	楼 房	砖墙瓦顶房	砖墙草顶房	半砖半瓦房	土墙草顶房	简易平房
凤阳县	482.4	131.5				
怀远县	2432.4	8454.71	10578.11	48.47	89.08	917.06
蚌埠市郊区	1760.45	3741.86	160.74	194.13	73.52	457.18
宿州市	3210.94	20014.82	866.28	522.88	207.69	2232.45
淮北市	3155.55	10350.07	200.75	266	67.5	1505.235
总计	72121.775					
淮北连接线		981.79		15.39	78.75	121.27

5.3　征地情况调查

永久征地情况调查：合徐北公路主线和淮北连接线工程实际永久征地总面积15425.1355 亩（表 3-1-4）；环评中"工可"统计为 11743 亩，实际多出 31.36%。

征用土地一览表　　　　　　　　　　　　　　　　表 3-1-4

路　段	西泉街——仁和集	仁和集——涂山淮河大桥	涂山淮河大桥——朱圩子			淮北连接线
征地单位	凤阳县	蚌埠市	蚌埠市	宿州市	淮北市	淮北市
征地数量	1298.74	1108.6	3911.87	5113.458	3601.922	390.5455

临时征地情况调查：临时用地总计取土 302 处，14472.08 亩，弃渣 11 处，201.19亩；另外，施工营地、拌合站和料场等路基施工单位实际使用 14 处，262.92 亩。

5.4　征地、拆迁补偿落实及环境影响分析

公路建设部门对公路永久性征地采取了经济补偿措施；征地补偿费为 6000 元/亩，另加征地管理费 120 元/亩，共计 6120 元/亩。补偿费的内容包括土地补偿费、青苗补偿费、安置补偿费、小型农田排灌恢复费等以及各种农业税费补偿。此外，在当地政府的配合下，本公路工程对所有占用的土地均按相关法规进行了补偿，共补偿了 7508.57 万元。

临时用地每年每亩补偿 1000 元，在使用年内逐年补偿，该费用包含各类补偿费，临时用地免征耕地占用费。该类地由用地单位与当地政府签订协议，用后由施工单位负责恢复，占用时间为 3 年。

取土场（坑）用地每亩补偿 4000 元（含土地补偿费、青苗补偿费、安置补偿费、小型农田排灌恢复费等以及各种农业税费补偿），其中单独支付土地复垦费每亩 2000 元。

征地和拆迁补偿费最终需要具体落实到户和人，实施过程中，还存在个别遗留问题。从我们对征地/拆迁户进行的实地调查结果来看，在对补偿政策和标准的了解方面、重新安置的满意程度等方面，群众普遍比较满意。

合徐北路沿线地区经济基础较弱，农业收入占较大比例。公路建设永久征地、临时征地，建设单位进行经济补偿，由地方政府进行基本农田位置的调整和开垦新田地等，以保证基本农田和耕地的总量平衡。

工程拆迁的绝大部分建筑物是沿线村庄的民房。拆迁户按照村镇统一规划的地址修建新房。但部分新住房不符合环保要求，比如距离公路太近，声环境影响比较大等。

总之，合徐北路的征地、拆迁的居民普遍得到了安置、补偿，生活水平较以前有所提高，群众基本满意，遗留问题少。

5.5　通行便利性影响调查与分析

合徐北公路共有涵洞 431 道、人机通道 384 道，平均每公里有涵洞 2.61 道、人机通道 2.32 道，原则上每个村庄设一处通道，当村庄规模较大或村与村距离较远时，每个村庄设置两处通道，以间距在 500m 以内控制。

经汇总，全线共设专用通行设施 502 道，总平均每千米 3.04 道，比环评时多 112 道。通行设施比设计有所增加，且由于公路建设单位认真听取了地方群众的意见，调整了许多通道的位置，更符合实际需要，有利于群众通行。

合徐北路在考虑通行设施时，业主和设计单位多次听取和征询了沿线地方政府、村委

会、群众等各方意见，设计和施工时尽可能方便人们的生产和生活，使通道和人行天桥的位置和数量合理，通道和分离立交数量均比原有的设计数量多，天桥比原来少，符合实际情况，与已有的路网及村镇、学校的分布相适应，除少数几处通道雨季积水外，可满足沿线群众的通行需要。

6 生态环境影响调查与分析

6.1 公路沿线自然环境现状

合徐北公路所在地区以淮河为界，淮河以北属暖湿带半湿润季风气候，淮河以南属副热带湿润季风气候。主要气候特征是季风明显、四季分明、冬寒夏热、春秋和煦、夏雨集中、光照充足、无霜期长、严寒期短。年日照射时数在 2168～2500h；年降水量为 774～941.4cm；年蒸发量为 1633.4mm。

该区域农业历史悠久，人口较多，公路沿线原始植被早已无存，亦无集中的成片次生林。沿线无自然保护区等敏感地点。

沿线自然植被除了野生的草本植物和少量灌木外，无连片的野生乔木，沿线主要为人工树木。动物主要为农田动物群，水生生物有鲤鱼、鲫鱼、鲢鱼、黄鳝、泥鳅等野生鱼类和小龙虾等。这些动物都是能适应田野生活，受人类活动影响仍然能正常繁殖的次生动物种类。

沿线农业生态占主导地位，还种有经济作物，尤其是怀远的石榴、萧县的葡萄闻名全国。

水系和水利设施情况：沿线属淮河流域，自南向北跨越的主要河流有天河、淮河、怀洪新河、清沟河、浍河、新忾河、唐河、濉河和闸河等，工程范围内不涉及当地行洪区、滞洪区。

6.2 生态环境影响调查与分析

6.2.1 对野生动、植物的影响分析

沿线野生动物主要为农田动物群，都是能够适应于田野生活，或受人类活动影响仍然正常繁殖的动物群种类。影响区内没有大型珍稀野生动物，故道路作为屏障对其迁移等活动基本没有影响。

合徐北沿线区域开发历史较长，植物种类变化主要受经济发展和农业技术发展的综合影响。公路建设的影响主要是占地对野生植被的直接消灭引起数量的减少，没有使区域内植物种类减少，没有影响到区域生态环境。

公路全线共占用林地 344.3 亩，砍伐种类树木幼树（<5cm）78369 株，材树（5～20cm）24621 株，成材树（>20cm）7107 株，果树 1969 株，共计 112093 株。

建设中，实施了沿线全部可绿化路段的乔、灌、草立体生态绿化，其中包括：草地绿化坡面和地面共约 $341×10^4m^2$，种植各类乔、灌木 1650789 株。同时，沿线各地方政府也配合实施国家"绿色通道"工程，在路外两侧种植了 20～50m 宽的杨树林带。公路生态建设所种植的各种乔木、灌木大大超过对林木的砍伐量。该公路的修建对区域内植物生态产生的不利影响可以恢复并得到优化。

6.2.2 公路永久用地及其影响调查

环评报告中，公路主线工程占地 11743 亩，淮北连接线占地 390.546 亩。主线工程实际占地比设计值多出 3291.59 亩，连接线由于路线缩短，其比环评数量要少得多。占地量

变化的主要原因是：①原设计用地为水平投影面积，实际征用土地时部分地段为斜面积，面积略有增加，特别是横坡大的地段征地面积比水平投影增大较多；②宿州管理区与宿州监控所、收费站、养护工区合建，征地面积由 25 亩增加到 103 亩，随后又扩征 100 亩，符离服务区也扩征 40 亩；③因部分地段地质情况不好，开挖断面需扩大，亦需增加部分用地；④某些设计漏项，完善设计时增加了用地，特别是涵洞的进出水口处理。

该工程经国家计委批准的线路用地数量为 14947.1895 亩，主体工程和连接线实际征地 15425.1355 亩，两者相关不大。

从项目区的经济结构来看，农业处于主导地位。公路建设永久占地占沿线县市耕地总数的 0.144%。因此公路占用土地给当地农业带来轻微影响。

为方便当地群众灌溉、排水，一部分通道单侧或双侧设置排水边沟，基本满足了农田灌溉和农机具通过的需要，减少了公路建设对农业灌溉的不利影响。

6.2.3　公路临时用地及其影响调查

6.2.3.1　临时用地数量和面积

经调查临时用地取土 302 处，14472.08 亩，弃土 11 处，201.19 亩。另外施工营地、拌合站和料场等临时用地，实际使用 14 处，262.92 亩。取土用地和施工营地旱地居多，弃土用地主要是山坡地，还有塘地、菜地、山坡地、岗地、水沟、河边坡地、废地等。

临时用地每年每亩补偿 1000 元，该费用包含各类补偿费，临时用地免征耕地占用费。该类地由用地单位与当地政府签订协议，用后由施工单位负责恢复，占用时间为 3 年。

取土场用地每亩补偿 4000 元，其中单独支付土地复垦费每亩 2000 元。

6.2.3.2　取土临时用地影响分析

环评时设计取土场 6003 亩，但没有具体的取土场位置；实际全部取土场 302 处，总面积 14472.08 亩。实际取土场比环评多 8469.08 亩，由于环评中没有具体位置和每个取土场的面积，无法进行取土场位置对比分析。根据项目组调查，环评阶段取土设计只是估算，不十分准确。而且环评中要求使用粉煤灰作为路基，在实际施工时粉煤灰另有用途，且其售价高于路基填料价格，所以实际取土场的面积比环评统计面积大。

环评报告书中要求"公路取土应按设计进行，切忌乱取乱挖。在农田区取土时，应先将表土（0~3cm）集中堆放，以便取土结束后将表土复回退耕。有条件时应结合当地农田和水利规划，合理安排取土位置和取土深度，并作好取土坑的综合利用工作。"本公路在实际取土时按照环评要求，一方面本着少占良田、高产田的原则，另一方面结合当地缺水实际，与地方政府反复勘察、协商后确定取土坑的位置和面积，尽量控制取土深度，建设"当家塘"，今后作为农田水利设施利用；同时尊重当地要求对原水塘扩大、加深；并对河岸扩展加固提高防洪标准。

在全部取土占地的 14472.08 亩中，占用旱地面积 12701.65 亩，占河岸、沟塘面积 1084.57 亩，占山坡地、岗地面积 320.27 亩，荒地、废地占 325.09 亩。

根据现有资料和现场调查的统计，绝大多数取土场按环评中要求的原则选址，工程之后绿化、复垦、利用。采用的恢复措施主要有：①放缓坡，坡度 1:1.5；②四周植物绿化，主要种植柳树、杨树和槐树；③疏浚河道，扩大、加深池塘。其中取土面积的 58.24% 是将取土坑利用为"当家塘"，也是本公路对社会环境有利的贡献，实现了当地"把水留住"的长久愿望，为今后农业可持续发展打下了水利基础，为优化土地利用结构尽了力，得到当地政府、群众的认可。

本公路主要在平原微丘区建设，需要大量的土石方用于填高路基，全线平均填土高度 2.76m，所需土石方 $1.63102 \times 10^7 \mathrm{m}^3$，填方量远远大于挖方工程量，不可避免地需要一些取土场。环评中要求，取土场应避免乱取乱挖，取土时，应先将表土集中堆放，以便取土后将表土复回退耕。应结合当地农田或水利规划，合理安排取土位置和深度，并作好取土场的综合利用工作。

从现场调查情况来看，本公路取土场分布连续、分散，一般距公路较近；集中取土，取土量一般较大。

为减轻沿线取土场的生态不利影响，设计和施工中采取的措施包括。

（1）公路设计根据环评要求，首先在施工中将路堑挖方的土石方用于填筑，尽可能纵向调运、充分利用、以减少取、弃土场的数量。

（2）多数取土场按沿线农业规划和群众要求，取土坑汇水改造成水塘，从而部分解决了当地制约农业发展的瓶颈问题；占地以生产条件相对较差的耕地为主，以及拓广水塘、拓宽河道并尽可能选在山冈或荒地处。

（3）取土后的取土场，在路面施工时充当临时施工场地或料场，避免了另外多征地。

（4）取土后的取土坑应有规则的形状，其边坡靠路线一侧宜为 1：1.5，外侧为 1：1；周围绿化。

（5）有条件的取土场及时进行复垦，按期交还原承包农户继续农耕。

本公路的取土场（坑）防护和恢复措施比较完善，复垦农耕改善了当地水利条件。但也有不足之处。一些取土坑边坡坡面较陡或直立、土质裸露；个别取土坑取土不规则，高低杂乱。

6.2.3.3 弃土临时用地影响分析

环评时公路未设计弃土场。经调查，实际建设中在 K246 以后丘陵地段有 11 处废渣场，占地 201.19 亩。建设单位已根据实际情况采取了措施，其中 6 个已绿化，2 个复垦成旱地，1 个由乡政府用于道路建设，2 个自然恢复（表 3-1-5）。

合徐北公路废渣场恢复情况 表 3-1-5

序号	桩号	方位	面积/亩	占地类型	恢复情况
1	K246+900	路西	45.04	旱地	乡政府用于道路建设
2	K247+100	路东	30.03	山坡地	已绿化，栽种侧柏
3	K247+500	路西	18.01	山坡地	已绿化，栽种侧柏
4	K249+500	路东	15.02	山坡地	已绿化，栽种侧柏
5	K251+450	路东	3.75	坡边旱地	自然恢复
6	K251+500	路西	10	山地	自然恢复
7	K254+600	路东	20.16	山地	植有杨树，部分复垦为旱地
8	K254+600	路西	9.9	山地	已绿化，栽种侧柏
9	K255+780	路西	15	山坡地	已复垦成旱地
10	K259+500	路西	14.28	山坡地	已绿化植侧柏，边坡植银杏
11	K264+000	路东	20	旱地	种植侧柏绿化
合 计			201.19		

6.2.3.4　营地、料场等临时用地影响分析

公路建设期间营地、料场、拌合站等共 14 处，临时用地 262.92 亩，占用旱地 254.92 亩，山地 8 亩。连接线拌合站 11 亩。为方便使用硬化了场地。

复垦主要采取了清除硬化地面、固体废物和垃圾，净化周边农田环境，平整场地，绿化等措施。调查中发现有部分临时占地没有复垦，造成了土地资源的浪费，同时也影响了沿线的景观。原因是在临时征地合同中签订复垦费用交给土地所有者，并由土地所有者进行复垦。调查证明以上款项已经足额支付。但由于各种原因，部分农民收款后却没有复垦。建设单位一方面以工程预备费采取临时绿化措施控制水土流失，另一方面督促承包商或安排第三方施工队伍进一步清理场地，并协调地方县乡政府，对土地进行复垦，努力尽到本身的义务。

6.3　生态防护调查与分析

合徐北公路从南向北跨越蚌埠—淮南山地、淮北平原和徐州山地等三个地貌单元。公路经过地区的地形以平原为主，兼有残丘、河间洼地、河漫滩等。沿线所经区域属于水土流失轻微、土壤无明显侵蚀地区。

公路没有防护的边坡坡面的土壤受到侵蚀后，往往产生一定的无序流失，如果其去向是水系或河谷，坡面就成为真正的水土流失源。因此，公路潜在的水土流失源于施工期坡面和取弃土（渣）场；建成通车后的水土流失源可能来源于未完成生态恢复的取土（渣）场。

本次调查重点关注了排水系统、路基及路堑的坡面防护措施、取弃土场、临时施工场所等方面。通过调查认为，建设单位投入了大量人力、物力和财力，路侧和中央分隔带全部植草、种树绿化，服务区、互通立交等进行了立体绿化美化，生态防护工作及时、有效。

6.3.1　排水系统调查与分析

为防止路基被冲刷和水毁，控制水土流失，全线路基、路面排水进行了综合设计。结合地形、地质条件，以散排与集中排水相结合为原则，分段自成系统，配以排水沟、边沟、截水沟和急流槽等排水设施，将路基水引离路基，引入涵洞或天然河沟内。

公路设计时对防护形式和排水系统进行了整体论证，建设中按图施工，并优化调整，形成完整的排水系统，有效保证了路基稳定，防止路基被冲刷和水毁，将水土流失控制在最低限度。

6.3.2　边坡生态防护设计调查

本路段路基防护与水土保持、环境保护相结合，遵循"因地制宜、就地取材、以防为主、防治结合"的方针，并根据本段路线跨越淮河南北，因地制宜地选择了不同类型的防护措施。

6.3.2.1　填方路堤段

（1）一般路段路堤边坡：公路沿线采用菱形、拱形等护坡形式并植草。

（2）路堤穿塘、河流、沟渠段，下段以浸水式护坡防护，上部植草防护；或采用挡土墙形式防护。

（3）大、中、小桥及分离立交两端和路堤边坡以满铺防护，两端长度均为 10m，从而加强与桥台衔接处路堤边坡的稳定性。

（4）土路肩：涂山淮河大桥南段以 5cm 厚现浇混凝土板铺筑，涂山淮河大桥北段以 15cm 浆砌片石进行硬化处理，以防止路面水渗入路基，保证路基稳定，防止杂草丛生，同时美化公路。护坡道及土质碎落台均以植草皮防护。

（5）为了节约土地，在高填方路段均以路堤挡土墙收缩坡脚，上部植草防护。

6.3.2.2　挖土方堑段

挖土方堑段边坡的防护根据不同的土质及开挖深度，分别以菱形或拱形护坡、植草防护、浆砌片石护面、路堑挡土墙收缩坡口等方式进行防护。根据土质不同边坡坡度为 1：0.75～1：1.5；边坡高于 6m 时，每 6m 设一平台，平台宽 2.0m。

（1）土质挖方段。主要是采用菱形或拱形护坡，并植草皮进行防护。

（2）石质挖方段。主要集中在 K247 以北路段，采用挂网防护。

6.3.3　填方路基边坡的生态防护调查与有效性分析

合徐北公路路基以低填方为主，路堑边坡少，比较单纯，水土流失威胁较小。据公路部门提供的竣工资料和现场调查核实，填方路基符合施工环评和设计要求。

6.3.3.1　施工期

施工期及时采取生态防护措施。修建公路路基时，修建了临时性的排水沟；路基即将完工时即修建永久性的排水沟，将雨季淤积在排水沟的坡面流失土壤，通过养护工序，集中回覆于路侧绿地、坡面上，起到控制坡面水土流失去向和程度的良好效果。从现场调查情况看取得了比较明显的生态防护效果。

6.3.3.2　运营期

根据现场调查，本公路处于平原微丘区，低填方路堤边坡使水土流失的潜在风险较小。沿线填方边坡全部采用了草地护坡。通车时植被覆盖率在 60%～80%，1 年后的生长季节，95% 以上的路段植被覆盖率在 80% 以上；并在路基两侧种植乔、灌木，有效防止了水土流失。

6.3.4　挖方路堑边坡生态防护调查与有效性分析

土质挖方边坡 1：1.5，高度小于 3m 时采用植草皮防护；高度大于 3m 时采用拱形护坡，拱内植草皮；石质挖方边坡 1：1，采用干砌片石护面。由于沿线岗地、水塘较多，部分被挖，因而设置拦水坝代替原水塘，迎水面一侧设浆砌片石护坡。

合徐北公路路堑边坡的地质情况，除个别长大的石方边坡外，其余全部是土质夹风化碎石边坡。土质边坡坡度为 1～1.5，已经完成了植草进行生物防护；高于 6m、小于 10m 的土质边坡夹杂少量风化碎石，采用了骨架护砌加草地护坡形式，同时为追求自然的景观风格，建设者尝试采用土工格栅加植草防护的新技术，效果较好。较大路堑边坡的挡墙建有 2～3m 坡脚挡墙，之上坡面采取了不同的防护措施。高于 10m 的深挖长大边坡，质地为风化碎石，采用浆砌片石或混凝土预制块保证工程稳定，同时分级设置平台，宽 1m 以上，并设计了种植槽，以攀缘灌木、花灌木美化景观。为防止冲刷，设置了急流槽和截水沟。边沟用急流槽连接；坡顶以外 5m，按需要设置截水沟及急流槽排水。

从生态防护和景观影响敏感角度考虑，对沿线高度 10m 以上的边坡进行了重点调查，结果表明，合徐北公路路堑边坡主要特点是：①主线路段上，边坡的高度和长度较大，数量较多。全部路堑边坡的高度大于 10m 的基本都在连接线上；②质地为土质和碎石边坡；③防护形式可靠。长大的路堑边坡，质地为土质和风化碎石。根据沿线气候条件，采取浆砌片石护坡加植被防护形式，确保工程稳定，又消除了水土流失隐患，还美化了公路景观。

通过典型分析和资料统计可知，在路堑边坡主要重点采用的是浆砌片石护坡的防护形式；部分为拱形护坡或菱形护坡结合植被防护形式。风化碎石边坡采用了三维网植草等防护措施，生态防护形式效果较好，对风化碎石边坡的生态防护形式进行了有益的探索。因此可以认为，整体上看沿线路堑边坡工程和生态防护措施完善，水土流失隐患很小，防护效果和景观良好。

但 K254+600～K255+000 东、K256+000～K257+400 西、K258+000～700 东等几处的边坡单纯采用挂网防护，防护和景观效果不佳，存在水土流失的隐患。待边坡稳定后应补充进行生态防护。

6.4　景观影响分析

合徐北公路位于安徽省北部，始于江淮分水岭，蜿蜒向北。沿线地貌类型主要为蚌埠—淮南山地、淮北平原和徐州山地三个单元。

公路布设于乡村，环境中的景观组成基本为平原农田，兼有河流、河间洼地和河漫滩、水塘、小山残丘，还有道路和居民区等，总体以乡村自然景观为主。构成景观系统的各个因子具有如下特点：全线最小平曲线半径为 2450m，最大纵坡为 2.9%，线路线形较为顺畅，路线多处于平原区，两侧农田平展、植被郁郁葱葱，沿途较宁静，房屋被掩映在郁郁葱葱的树木中，春季油菜花如祥云，夏季麦浪荡漾，即使在冬季，大地也一片碧绿，孕育着勃勃的生机。与这种自然景观相协调，公路沿线立交造型美观，6 处互通，气势磅礴，犹如飞龙；边坡进草、灌混种，边沟外缘种植高大乔木，中央隔离带种植常绿松柏、灌木和花灌木，既达到保证交通安全的作用，又强化了高速公路舒展优美的线型，使人心情舒畅；两侧小区进行绿化美化，以地域性的中国第一名石——灵璧石装点环境，使南来北往的司乘人员感到很强的地域景观特色。加上高速公路上急弛的车辆，构成了一幅完美的图画。

公路沿线绝大多数取弃土场采取了恢复措施，通过回填平整，表层土恢复成旱地，或控制取土深度和面积，恢复成水塘，解决沿线缺水的现状；采取种植树和草等恢复措施的取弃土场，因种植期较短，且天气普遍干旱，其效果尚不明显，因而也影响了沿途的景观效果；个别路段存在弃土（渣）乱堆现象，影响周围景观。另外，立交区采用高密度小灌木做大色块，气势庞大，景观鲜明，但容易发生病虫害，生态效果不佳。

建议建设单位进一步加强取弃土场、边坡等的整治和绿化，将沿线的自然风光和公路景观融合在一起，使自然景观和人文景观相互协调统一，体现自然和谐的景观理念，提供快捷、舒适、宜人的通道。

6.5　存在的问题及建议

针对本次现场调查发现有 6 个主要问题：

（1）部分营地、拌合站、料场、取土场等拆除后，地方有关单位和个人没有尽到恢复责任。

（2）少数弃渣场生态恢复措施效果不好，影响公路景观。

（3）个别低丘区路段边坡防护效果不好。

（4）部分路段路侧林带缺株，中分带绿化美化效果单调。

（5）K247 以北路段，土夹石的上边坡仅用塑料土工网遮盖，没有水土保持和生态防护措施，裸露面积较大，坡面流失的土壤淤积在边沟中，景观也不佳。

（6）全线路基外隔离栅内侧，乔木绿化只采用毛白杨单一树种，容易产生和传播病虫害；且与路外"绿色通道"树种重合，景观单调；另外部分路段路内可绿化面积大，树木少；还有少量路段树木缺失。根据验收项目组的建议，建设单位在无乔木路段补植了长 24km 共 5600 株单干女贞、泡桐和迎春等。

目前建设单位结合发现的问题正在采取复垦、绿化等恢复措施。

7 声环境影响调查与分析

7.1 声环境敏感点调查

环评中调查的噪声敏感点共有 25 个，验收中调查的敏感点共有 91 个，其中有居民区 75 个，学校 16 个。公路建成后，敏感点增加较多，原因有：线位偏移新增敏感点；原报告书中遗漏；在公路两旁新建房屋形成新的敏感点。由于线位偏移，在验收调查中原环评中敏感点张巷、涂山制药厂宿舍、杨圩子、小李家、河西小学已不在路线 200m 范围内。

环评预测认为，公路运营近期噪声基本无影响，只有涂山小学、陈集中学因离线位较近分别超标 3.6dB 和 0.3dB；中期、远期有 4 个敏感点夜间超标，在 4.5～7.1dB 之间。从现场调查看，靠近路侧的房屋已不同程度受到噪声污染；靠公路侧多设置了隔离墙，但由于高度、长度、位置的关系，隔离墙降噪效果差别较大。

7.2 声环境质量现状监测

根据环评预测并结合现场踏勘的实际情况，在大徐小学、彭巷、涂山小学、孙庄、刘庄、胡巷小学、邵庄、王园（东）、小韩庄（西）、庙前庙西、小张家、殷家、小王家、小彭墩、化家楼设监测点；并将彭巷和小张家村外空旷地带作为衰减断面，反映了填方路段的典型情况，可以分析昼间和夜间路侧达标距离；24 小时连续监测点设在化家楼村内（表 3-1-6）。

声环境敏感点布设表   表 3-1-6

序号	桩号和村庄位置	地名	规模/户	布 点 位 置	布点数
1	K115＋300 东	大徐小学		教学楼第 2 层教室窗外	1
2	K116＋450 西	彭巷	23	临路第一排住户窗外 1.0m，距地面 1.2m； 村外衰减断面监测	1 5
3	K125＋500 西	涂山小学		教学楼第 2 层教室窗外	1
4	K126＋650 西	孙庄	38	临路第一排住户窗外 1.0m，距地面 1.2m	1
5	K126＋600 东	刘庄	62	临路第一排住户窗外 1.0m，距地面 1.2m	1
6	K141＋900 西	胡巷小学		教学楼第 2 层教室窗外	1
7	K147＋000 东	邵庄	50	临路第一排住户窗外 1.0m，距地面 1.2m	1
8	K162＋450 东	王园（东）	53	临路第一排住户窗外 1.0m，距地面 1.2m	1
9	K189＋200 西	小韩庄（西）	36	临路第一排住户窗外 1.0m，距地面 1.2m	1
10	K192＋550 东	庙前、庙西	140	临路第一排住户窗外 1.0m，距地面 1.2m	1
11	K195＋650 东	小张家	78	临路第一排住户窗外 1.0m，距地面 1.2m； 第二排住户窗外 1.0m，距地面 1.2m； 村外作衰减断面监测	1 1 5

续表

序号	桩号和村庄位置	地 名	规模/户	布 点 位 置	布点数
12	K211+000 西	殷家	82	临路第一排楼房 2 层；第二排住户窗外 1.0m，距地面 1.2m	1 1
13	K218+200 东	小王家	43	临路第一排住户窗外 1.0m，距地面 1.2m； 临路第一排住户窗外 1.0m，距地面 1.2m	1 1
14	K225+800 东	小彭墩	16	临路第一排住户窗外 1.0m，距地面 1.2m； 临路第一排住户窗外 1.0m，距地面 1.2m	1 1
15	K245+550 西	化家楼	34	临路第一排住户窗外 1.0m，距地面 1.2m； 村内距路肩 60m 另 1 点连续 24h 监测	1 1

按照《高速公路交通噪声监测技术规定（暂行）》中的有关规定，监测连续等效 A 声级，监测 2 天。

敏感点：彭巷、孙庄、刘庄、邵庄、王园（东）、小韩庄（西）、庙前庙西、小张家、殷家、小王家、小彭墩、化家楼。监测 2 天，白天 2 次，夜间 2 次。涂山小学、大徐小学、胡巷小学。监测 2 天，白天 2 次。

噪声衰减断面：在彭巷和小张家村外空旷地带各设 1 处，在距公路路肩 30m，60m，90m，120m，180m 处各设置 1 个点位，白天 2 次，夜间 2 次。

24h 监测点：在化家楼村距路肩 60m 处设置 24h 监测点，每天 24h 连续测量，每小时测量一次，连续测量 2 天，分别统计昼、夜声级。

7.3 声环境监测结果分析

现交通量已达到了环评中"近期预测交通量"水平。在现交通量条件下，根据本次实测和类比条件以及本次验收标准，有如下结果。

7.3.1 声衰减断面的监测结果分析

（1）昼间达标距离

彭巷衰减断面，距路肩 30m 处噪声值为 60.3～62.4dB，可以达到 4 类标准；60m 处噪声值为 58.3～59.8dB，可以达到 2 类标准；90m 处噪声值为 54.6～57.1dB；120m 处噪声值为 54.3～56.9dB；180m 处噪声值为 49.2～52.4dB。

小王家衰减断面，距路肩 30m 处噪声值为 57.9～61.2dB，可以达到 4 类标准；60m 处噪声值为 55.8～59.8dB，可以达到 2 类标准；90m 处噪声值为 55.7～57.8dB；120m 处噪声值为 53.7～56.7dB；180m 处噪声值为 52.2～55.1dB。

衰减断面没有遮挡，是交通噪声和自然环境声响的综合反映。总的来看，目前由于交通量产生的噪声昼间基本符合标准。

（2）夜间达标距离

彭巷衰减断面监测表明，距路肩 30m 处噪声值为 59.1～66.8dB，超标 4.1～11.8dB；60m 处噪声值为 61.2～64.7dB，超标 6.2～9.7dB，达不到 4 类标准；90m 处噪声值为 55.7～59.2dB，超 2 类标准 5.7～9.2dB；120m 处噪声值为 55.1～57.7dB，超 2 类标准 5.1～7.7dB；180m 处噪声值为 53.8～54.6dB，超 2 类标准 3.8～4.6dB。

小王家衰减断面监测表明，距路肩 30m 处噪声值为 53.6～63.8dB，超标 0～8.8dB；60m 处噪声值为 57.8～62.7dB，超标 2.8～7.7dB，达不到 4 类标准；90m 处噪声值为

57.0~62.1dB，超标 7~12.1dB；120m 处噪声值为 54.3~61.5dB，超标 4.3~11.5dB，180m 处噪声值为 53.4~55.0dB，超标 3.4~5dB，达不到 2 类标准。

总的看来，沿路第一排住房大部分在路肩 60m 内，此区内普遍超过 4 类标准，不能达标；至 180m 处噪声也达不到 2 类标准。

从断面监测数据可以看出，交通噪声在距路肩 30m 处为 53.6~66.8dB，经过衰减，至距路肩 120~180m 处为 53.4~61.5dB，噪声衰减量不大，仍不能达到 2 类标准。

7.3.2　村庄、学校实测结果分析

小学夜间都没有学生住宿，所以仅对白天进行分析。从监测结果可以看出，胡巷小学和大徐小学超标较小，胡巷小学最小超标量仅为 0.2dB，最大值达到了 4.4dB；大徐小学最小超标量为 2.9dB，最大值为 3.7dB，结果相关不大，采取措施完全可以解决噪声的问题；涂山小学超标最为严重，最小值就达到了 9.7dB，最大值高达 14.7dB，对学校进行了拆迁处理。

（1）昼间达标距离

第三点噪声监测表明，在距路中心线 100m 范围内的 11 处村庄第一排住户白天均可达到 4 类标准；4 处拟建声屏障村庄第二排监测结果显示，第二排住户可达到 4 类标准；在 100m 外的邵庄达到 2 类标准。监测结果表明，在距路中心线 100m 范围内的村庄白天均可达到 4 类标准；在 100m 外的村庄能达到 2 类标准。

（2）夜间达标距离

敏感点噪声监测表明，在距路中心线 100m 范围内的 11 处村庄第一排住户夜间达不到 4 类标准，超标在 2.2~9.7dB 之间。4 处拟建声屏障村庄第二排监测结果显示，夜间小张家噪声值为 56.1~59.8dB，超标 1.1~4.8dB；殷家为 56.6~60.0dB，超标 1.6~5.0dB；小王家为 57~62.1dB，超标 2~7.1dB；小彭墩为 55.3~59.8dB，超标 0.3~4.8dB。由 4 处拟建声屏障村庄第一排、第二排监测数据可看出，噪声值经过一排房屋的衰减量在 0.8~4.9dB。上述监测结果表明，公路沿线在 100m 范围内的村庄第一排、第二排住户夜间达不到 4 类标准，经过衰减，第三排住户基本可达到 4 类标准。在距路中心线 100m 范围外的邵庄第一排住户夜间达不到 2 类标准，超标 0.6~3.5dB，经衰减，第二排住户基本可达到 2 类标准。

夜间敏感点超标严重除公路影响外，最主要的影响因素还是夏天测量时的自然噪声，因蛙鸣、夜鸟噪声造成沿线地区背景值较高。

7.4　声环境保护措施分析及减噪措施

7.4.1　声环境保护措施分析

7.4.1.1　环评中要求的措施及实施情况

环评中要求在涂山小学修建声屏障，修缮临路门窗。但受技术条件限制，声屏障难以解决声污染问题。建设单位与当地政府协商，另建涂山小学教学楼，已经支付搬迁补偿费。

彭巷、刘家、孙家、庙前、庙西、殷家临路侧 30m 内拆迁住房，建围墙和绿化带；化家楼村临路侧建围墙和绿化。施工中已对路侧 30m 内部分住房进行拆迁并绿化，但未修建围墙。

陈郢小学营运中期采取修建围墙和绿化措施。目前是营运初期，未修建围墙，但已绿化。

7.4.1.2　已采取的噪声控制措施分析

（1）沿线的 3 个学校，涂山小学距路较近，建设单位已经支付搬迁费，但小学仅加高学校的围墙，并在路边新建了一座 3 层教学楼，没有搬迁。大徐小学白天超标 2.9～3.7dB，除公路噪声外，监测时有学生体育活动，因此又进行补充监测，昼间噪声为61.5～62.6dB，超标 1.5～2.6dB。根据实际情况，采取了密植常绿的女贞树来进行降噪。胡巷小学户外超标 0.2～4.4dB，该校的教学楼为新建的两层教学楼，在建造时已经安装有隔声窗。建设单位采取了在学校围墙内外密植常绿的丛生女贞进行降噪的措施。

（2）从小张家、小王家（隔离墙低于路面）监测数据看，隔离墙基本未起到降噪声的作用。

（3）在公路沿线采取了密植常绿绿化隔离带防护措施，以后随着树木成长，将具有一定的减噪效果。

（4）村庄夜间均受到噪声影响，其中彭巷、刘庄、王园、庙前庙西、小张家、殷家、小王家、化家楼超标较多，将结合实际情况采取不同降噪措施。

（5）根据衰减断面现状监测结果和车流量预测情况，建议临路 200m 内不再安排学校、医院和集中居民点等声环境敏感建筑物的建设，以免产生新的环境噪声超标现象。

7.4.2　声环境措施建议

主要敏感点减噪措施：除完成环评中的要求外，建设单位根据监测结果分别采取治理措施：对村庄规模大、居住集中的噪声超标敏感点采取建声屏障的措施（表 3-1-7），目前已经开始建设；在居民比较分散的化家楼等村庄拟分户安装隔声窗；对其余超标的敏感点密植绿化带降噪。

声屏障降噪措施　　　　　　　　　　　　　　　　　　　　表 3-1-7

桩号及位置	村庄	材　料	工程量（m²）	单价（元/m²）	总计（元）
K195＋650 东	小张家	钢筋混凝土中间加隔声棉的直立式屏障	长 360m，高 3.5m	432.84	545378.40
K211＋000 西	殷家		长 294m，高 3.5m		354495.96
K228＋200 东	小王家		长 292m，高 3.5m		396914.28
K225＋800 西	小彭墩	钢筋混凝土实心直立式屏障	长 334m，高 3.5m		505008.00
总　　计					1801796.64

安装隔声窗（摘录）　　　　　　　　　　　　　　　　　　表 3-1-8

序　号	起止桩号	名　称	距离（m）	长度（m）	隔声窗（户）	高差（m）	超标量（dB）白天	超标量（dB）夜间
1	K135＋160	大沟西	东 30	150	5	−2	—	6.0
5	K178＋250	余庄	东 40	300	2	−2	—	5.0
10	K192＋550	庙前、庙西	东 37	300	15	−3	—	7.3
15	K245＋550	化家楼村	西 25	370	15	−2	—	7.2
16	K261＋850	前卯山	东 22	300	4	−2	—	6.0
合　计					99 户			

8 水环境影响调查与分析

8.1 沿线地表水和水利设施情况

沿线自南北向跨越天河、潼河、淮河、淝河、清沟河、符怀新河、浍河、沱河、新汴河、唐河、新河、闸河、倒流河等河流。沿线跨越的河流均以修桥通过，多数水体的功能为农田灌溉用水和行洪。淮河、符怀新河、浍河、汴河常年通航。其中淮河水功能区划为Ⅲ类，浍河、新汴河、濉河为Ⅳ类，其余经过河流无水功能区划。

8.2 公路影响水利设施调查与分析

8.2.1 公路施工期对水利设施的影响调查

针对公路建设可能对水环境产生的不利影响，调查中在查阅资料的同时，走访咨询了水利、环保部门和居民。调查结果如下。

（1）相关部门没有提出有关水环境影响的问题，桥梁建设没有造成河道的堵塞，亦未发生水环境污染事件。

（2）施工人员一般租住民房，少量生活营地与拌合站等在一起，驻地面积不大，污水和生活垃圾分散排放，点源污染没有直接排入河流污染水体。

（3）路面施工期间，拌合站石料等堆放在露天，施工废水和雨季雨水中，污染物以悬浮物为主，未经处理排放到周围低地，造成过短时期的污染。现汇水低地已经回填，没有影响行洪和水利。

（4）路基建设时及时采取了水土保持措施。先后修建了临时性的排水沟和永久性边沟；路基基本完工后随即进行了绿化等护坡工程，对梅雨和暴雨所产生的坡面水土流失起到了明显的控制作用。但由于边沟汇水直接进入自然水系，之前没有设沉淀池，受纳水体暂时有浑浊、轻微淤积的情况。

（5）有少量居民反映路基施工中因为水沟、灌渠被切断，无法灌溉或雨水疏导不畅而淹没了农田。但通车后过水设施已正常发挥作用。

8.2.2 公路建设的过水设施调查

公路选线、设计非常重视农田水利设施与公路建设的协调问题，修建中进一步注意协调和调整，把对水利设施的影响降低到最小限度。公路全线共设置特大及大桥17座，长7430.1m；中小桥74座；涵洞431道，平均2.61道/km。涵洞孔径按满足规范要求，满足灌溉及排水需要确定。部分通道一侧或双侧修砌了排水沟，满足日常过水需要。

8.2.3 公路对水利设施的影响分析

公路沿线地区的经济支柱为农业产业，同时本地区旱灾频繁，所以水利设施十分重要。

针对公路建设可能带来的生态影响，设计单位根据沿线自然河流、塘坝、渠道等地表水系和地质情况，设计了数量众多的大、中、小桥、涵洞及倒虹吸，部分下穿通道两边也建设了过水沟，同时施工中建设的各相关单位认真听取群众意见，优化设计，予以合理调整。

为使构造物设置保证河渠水流通畅和农业灌溉用水，全线共设小桥55座，涵洞431道，比两阶段初步设计367道要多，且桥梁数量比环评阶段要多，符合当地实际情况，能满足灌溉的需要，并且顾及群众生产、生活方便。对于由于修路而失去作用的河沟、距离较近适当沟通就能恢复排灌功能的沟渠、断头沟，结合路线纵面设计进行了适当的改移，合并和连通处理。与此同时，公路建设对灌溉系统进行一定的改进，提高了局部农水设施的标准。

取土坑改做水塘的利用，一定程度上为农业的稳产和发展开辟了水源保证，受到沿线地方政府和群众的一致好评。

采取以上措施后，保证公路两侧水脉相通，较好地保持了原有水系的功能，满足了沿线农业灌溉条件，同时过水设施可作为两栖和水生生物的通道。

当然，由于公路建设的特点制约，水系保持工作也存在一些问题。在施工期部分路段存在暂时的阻水、汇水去向不当等不利影响；个别地段汇水后新建排水沟去向不合理，农田存在着泄水不畅或积水等问题。目前发现的问题在施工和试运行阶段都得到了重视，给予了补偿和解决。没有发现遗留问题。

8.3 公路污水排放对水质的影响调查与分析

8.3.1 路源汇水排放对水环境的影响分析

"公路路源汇水"由"路面径流汇水"和"边坡坡面汇水"组成。本公路不设超高的正常路段，路面径流从路中心向两侧流淌。全线在硬路肩外缘设置拦水缘石，采用集中排水方式，视路线纵坡不同一般 20～40m 留一开口，设路肩急流槽，再引至纵向排水沟。路面水和坡面水的混合水经过自然水体的稀释、沉淀、氧化等生物、物理、化学自然降解后可用于农灌。

坡面水基本上没有外源性污染物；路面水中的污染物可能有苯并芘、硫化物、石油类等，分别产生于沥青路面与轮胎的摩擦，汽油、柴油、机油等的不完全燃烧和遗漏等，数量极少。由于降水时间和水量不规则以及边沟两出口之间的段落长度不同，边坡汇水面积不同等因素，各排放点的污染物成分和浓度差别很大，也就是说边沟出水口的路源水的排放源强无规则。

路源汇水可能产生的影响主要有：路面集水直接排入饮用水源中，或排入养殖水域，造成水质污染；路面冲击边坡泥沙俱下，随处漫流，排入农田将造成农田淤积。

据调查，合徐北公路的排水系统完整，坡面生态防护有效充分，没有随处漫流和泥沙流失的现象。路源水汇水的去向主要是自然水系、农渠，没有排入饮用水源，对沿线水质没有明显影响。但如果在边沟进入自然水系之前设沉淀池，将有效地减少水土流失和路源污染物的威胁。

8.3.2 淮河水质影响调查与分析

本次调查引用安徽省环境监测中心站的淮河上游 500m 涡河入淮口的监测数据。环评中采用的是农田灌溉水质旱作标准，COD 执行《地面水环境质量标准》（GB 3838—88）中Ⅲ类水质标准，验收中采用同样标准进行比较。其测得数据和环评报告中的断面数据对比如表 3-1-9 所示。

淮河大桥桥位附近断面淮河水质对比表　　　　　　　　　　表 3-1-9

	pH 值	COD$_{Mn}$	BOD$_5$	NH$_3$—N	石油类	SS
环评阶段	7.88	11.7	—	—		13.9
运营期 2005 年 1 月	7.71	4.64	2.61	1.335	0.01	—
农田灌溉水质旱作标准	5.5～8.5	6	150	30	10	200

通过对比可以看出，在公路施工及运营期，淮河在该断面附近的水质已经好转，其中高锰酸盐指数从 11.7mg/L 降到 4.64mg/L，已经达到《地面水环境质量标准》中Ⅲ类水质标准，说明公路建设对淮河水质没有影响。

8.4 公路小区污水对水质影响调查与分析

8.4.1 公路小区污水情况调查

据调查，仁和集管理处和合徐南段同期建设，在合徐南验收时，已通过验收。仁和集管理处晚上大部分工作人员住在蚌埠市城区，污水排放量小，直接排入小区内水塘，用以接纳少量生活污水，用于绿化灌溉。预留并落实了污水处理资金，根据污水处理需要可及时安装污水处理设备。宿州管理处（含宿州收费站）、鲍集收费站、君王服务区、东坪集收费站、符离服务区均安装了地埋式污水处理设备。污水排入到小区内水塘，用于绿化或排入小区外的专用水沟。

8.4.2 公路小区污水水质分析

根据验收方案要求，污水排放应达到《污水综合排放标准》（GB 8978—1996）中的二级标准。考虑污水来源为餐饮、生活、冲厕等，根据可能的污染物情况，表中列出了相关指标和排放浓度标准（略）。

据调查，两个公司的污水处理工艺基本相同，以安徽省朗锐科技有限公司的地埋式污水处理设备处理工艺流程为例（图 3-1-1）。

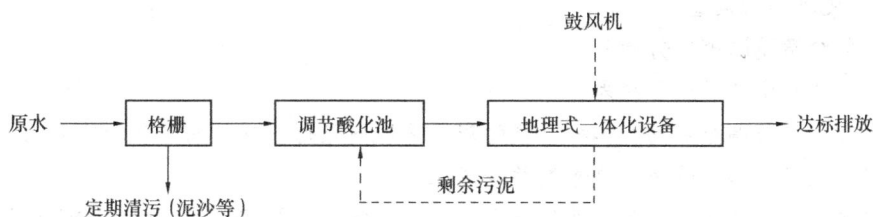

图 3-1-1 地理式污水处理设备处理工艺流程

该工艺成熟有效，符合服务区污水特征，去除效果稳定可靠，可以满足各公路小区污水处理的水质、水量要求，实现达标排放。

8.4.3 污水排放监测

在君王服务区两侧，符离服务区东侧等处，分别设监测点，并对服务区和收费站废水排放进行类比分析。监测项目有 pH 值、BOD、COD、石油类、动（植）物油、SS、氨氮、磷酸盐共 8 项。连续监测 2 天，上、下午各监测 1 次。监测结果及分析：根据安徽省环境监测中心站的监测结果，pH 值、SS、COD、BOD、氨氮、石油类、动（植）物油均达到二级排放标准。由此类比可知，已投入使用的其余管理处、收费站的污水采用相同的处理工艺后，也能实现达标排放（表 3-1-10）。

君王服务区污水处理监测结果   表 3-1-10

项 目	东 区		西 区		二类标准值 ≤
	24 日	25 日	24 日	25 日	
	日均值	日均值	日均值	日均值	
pH 值	7.75	7.59	7.70	7.69	6～9
SS/（mg/L）	<5	6	<5	5.5	150

续表

项　　目	东　　区		西　　区		二类标准值
	24 日	25 日	24 日	25 日	≤
	日均值	日均值	日均值	日均值	
COD/（mg/L）	22.5	23.5	17	18	150
BOD_5/（mg/L）	5.51	7.83	8.86	6.02	30
石油类/（mg/L）	<0.02	<0.02	<0.02	<0.02	10
动（植）物油/（mg/L）	<0.02	<0.02	<0.02	<0.02	15
氨氮/（mg/L）	2.30	2.56	1.95	2.04	25
磷酸盐/（mg/L）	0.191	0.219	0.396	0.197	1.0

8.4.4　存在问题及建议

在调查中曾经发现，符离服务区西区污水处理设施损坏，污水没有经过处理直接排入丁桥村前的沟渠。目前建设单位已经维修。针对本次调查发现的上述问题，建议各小区工作人员要对污水处理设施进行定期检查、保养。

9　其他环境影响调查与分析

9.1　环境空气影响调查与分析

9.2　固体废物环境影响调查分析

9.3　文物影响调查

10　公众意见调查与分析

10.1　公众意见调查和结果

本次公众参与调查主要在工程沿线的影响区域内进行，分别向工程沿线和两侧居住区的居民以及途经公路的司乘人员等发放调查表。

本次调查，对公路沿线公众共发放调查表 150 份，有效回收 150 份。被调查的 150 人中，有学生 8 人，教师 20 人，干部 15 人，其余为农民和工人，年龄在 20~60 岁之间的占 95%。

对司乘人员的调查表明，63%的被调查者认为该路无明显的环境优缺点；认为修建该公路对经济发展有利的占 100%；认为公路沿线的环境保护、整体景观非常好或好的占 61%，其余 39%认为一般；41%的人认为学校或居民区附近没有禁鸣标志；58%的人知道公路管理部门和其他部门对运输危险品有限制或要求。司乘人员对修建公路的满意度为 82%。

（1）沿线群众经济来源

公路沿线群众的经济来源主要是务农和打工。大部分农户主要收入来源是外出打工，种植农作物已不是主要经济来源。土地利用类型比较少，生产水平不高，每人平均只有 1.5 亩左右的耕地，以旱田为主。

（2）群众对公路建设与地区经济发展的认识

有 78%的被调查者认为有利，而 12.75%的群众认为"公路征地不利于农业，对当地经济发展无直接效益"。其主要来自两个方面：一是高速公路修建之前，沿线居民希望在路边发展服务业来增加收入，而本高速公路全封闭的形式使这一致富的希望落空；二是高速公路给地区发展带来的机遇需要在当地政府组织下得到利用，还有许多工作要做，难以短时间内产生明显效果。

（3）曾经和现在关注的不利环境影响

在施工期和营运期，噪声影响还是最大的环境问题。32％的居民证实夜间 22：00 至次日早晨 6：00 的时间段内偶尔有大型机械施工；76.25％的居民认为噪声在施工期最大。在运营期中，93％的受访者认为公路建成后影响较大的是噪声问题。其他存在的环境影响问题：67％的居民反映施工干扰了农业水利设施，临时应急措施不完善；32％的受访者反映施工期存在灰尘影响。

（4）希望采取的环境保护措施

针对运营期存在的噪声等较大的环境影响问题，群众对"声屏障"的认同率很高，达到 69％。对"绿化"的认同率为 57％。

（5）对本公路修建的总体态度

37％的公众表示满意；46.75％的公众表示基本满意；16.25％的公众表示不满意。不满意的主要原因是距路较近的居民受噪声影响较大，雨季通道有积水。

（6）公众对公路征地、拆迁意见的调查结果与分析

通过调查，征地和拆迁补偿标准是统一的，但当地居民反映有时给付时间拖得较长。

在沿线走访时，部分居民反映立交、小区等地农民耕地被集中占用，即使进行了土地调整，对那里的村、组、土地承包人影响也比较大。

在普遍调查的基础上，对征地、拆迁户进行了书面意见调查。有 62.25％的被调查户认为自己了解和基本了解补偿政策和标准，并有 67％的群众认为政策公道、合理，因此比较满意；对征地、拆迁和重新安置是否满意的调查来看，满意和基本满意的户数占到了 73.7％；而对现住房面积、生活水平满意的更占到了绝大多数，达到 86.4％。

10.2　公众意见调查反映的环境问题和落实情况

涂山学校反映公路噪声已经影响正常教学秩序，要求采取迁址重建或隔声墙等措施。

部分离路较近的居住户反映通车后噪声大，尤其是深夜难以入睡。

公路阻隔造成出行不便，有农户反映人机通道太低并且雨季积水，影响通行。

没有限速或禁鸣标志。

针对存在的公路阻隔、噪声等问题，建设单位应进一步采取有效措施。具体建议在各专题章节中反映。

11　环境保护管理情况调查

11.1　环境保护组织机构

合徐北高速公路的建设由安徽省高速公路总公司具体负责，并在环保局的监督下进行环保工作的管理。省高速公路总公司成立"合徐北高速公路建设指挥部"进行建设，其中技术质量部（环保办公室）协调有关工作。

竣工后，由"安徽省安联公司"作为经营法人，成立"合徐北高速公路管理处"进行管理。管理处下设计划科、养护科、收费科、办公室等机构，办公室兼设环保办公室。

11.2　环境保护管理执行情况

合徐北高速公路在建设的各阶段均有相适应的环保机构，工程监管得力，效果较好。

建设前期环保工作基本齐全，进行了环境影响评价，完成了绿化、防护等环境保护设计。

建设中环保工作受到重视，管理严格，措施得力。由技术部（环保办）、地方部、工程部等组成业主建设指挥部统一协调，对边坡防护、排水系统、取弃土等进行了统筹安排，加强对施工单位的管理，并发挥监理单位的作用，保证了环保工作和具体工程的质量；安排了专业专职绿化监理工程师，生态恢复效果良好。

运营期成立了合徐北公路管理处环保办公室，负责生态建设和水土保持、污水处理、声屏障等环保设施检查、绿化工程维护等环保工作，必要时协调有资质的单位，开展环境监测工作。

建设单位在施工期和营运期均未执行环评中提出的各项监测计划。

11.3　建议

（1）制定并落实生态恢复工作计划，对 6 个已绿化的弃渣场做好养护工作，协调好 6 处营地、拌合站的复垦工作；继续完成 6 处取土坑的恢复工作。

（2）针对本次调查提出的和批复的环境保护补救措施及建议，明确责任，予以落实。

（3）完善环境管理制度，充实环境管理和监测内容，提高全体职工的环境保护意识。

12　调查结论与建议（书略）

合徐北路工程在设计期、施工期和试运营期采取了许多行之有效的生态保护和污染防治措施。水、气及固体废物排放对周围环境的影响较小，大部分敏感点昼间基本满足相应功能区标准要求，但距公路较近的敏感点夜间超标较严重。公路建设期和营运期对沿线野生动植物基本无影响。对于本次调查发现的问题，建设单位应给予充分的重视，在采取了各项补救措施后，基本符合验收标准，建议通过环境保护竣工验收。

第4章 工程建设安全管理

内容提要：本章主要介绍国家安全生产方针、政策、法规、标准的基本内容和工程建设安全管理体系，重点介绍了工程安全管理体系的实施和运行的基本知识，安全管理的理论与方法，包括事故致因理论、故障树理论和 PDCA 管理方法。

4.1 国家安全生产方针、原则、法规、标准

4.1.1 国家安全生产方针

国家安全生产方针是国家安全生产工作的总要求，是指导全国安全生产工作的思想。2006 年 6 月 29 日我国颁布的《中华人民共和国安全生产法》明确规定：安全生产管理，坚持"安全第一，预防为主"的方针。

我国安全生产方针经历了一个从"安全生产"到"安全第一，预防为主"的产生和发展过程。1963 年 3 月 3 日颁布的《国务院关于加强企业生产中安全工作的几项规定》指出："进一步贯彻执行安全生产方针，加强企业生产中安全工作的领导和管理，以保证职工的安全与健康，促进生产"，也就是强调"生产必须安全，安全促进生产"思想的重要体现。1978 年 10 月，《中共中央关于认真做好劳动保护工作的通知》中指出："加强劳动保护，搞好安全生产，保护职工的安全健康，是我们党的一贯方针"。1981 年 3 月，国家经委、劳动总局等九个部门《关于开展安全活动的通知》中提出，"进一步贯彻安全生产方针，树立安全第一思想"，"以预防为主"的要求，比较明确地提出安全生产管理"安全第一，预防为主"的思想。在 1983 年 4 月 20 日，劳动人事部、国家经委，全国总工会在《关于加强安全生产和劳动安全监察工作的报告》中提出："必须树立安全第一的思想，坚决贯彻预防为主的方针"，明确提出安全生产管理方针的概念，为以后安全生产管理明确了方向。《安全生产法》则以法律形式规定，"安全第一，预防为主"是我国安全生产管理工作的方针，是用来指导和评价我国安全生产管理的基本要求。

"安全第一，预防为主"的安全生产方针是我国安全生产管理工作长期经验积累的总结，也是国家保护劳动者安全和健康的一项基本国策。"安全第一"是原则和目标，是从保护和发展生产力的角度，确立了生产和安全的关系，肯定了安全在建设工程生产活动中的重要地位。"安全第一"的方针，就是要求所有参与工程建设的单位和人员，包括管理者和操作人员以及对工程建设活动进行监督管理的人员都必须树立安全的观念，不能为经济的发展而牺牲安全。当安全与生产发生矛盾时，必须先解决安全问题，在保证安全的前提下从事生产活动，也只能这样才能使生产正常进行，促进经济发展，保持社会稳定。"预防为主"是手段和途径，是指在工程建设活动中，根据工程建设的特点，对不同的生产要素采取相应的管理措施，有效地控制不安全因素地发展和扩大，把可能发生地事故消灭在萌芽状态或当事故发生时尽可能地减少人员伤亡，以保证生产活动中人的安全与

健康。

安全与生产的关系是辨正统一的关系，是一个整体。生产必须安全，安全促进生产，不能将两者独立起来，更不能将两者对立起来。在工程建设活动中，必须尽一切可能为作业人员创造安全的生产环境和条件，积极消除生产中不安全因素，防止伤亡事故的发生，使作业人员在安全的条件下进行生产。同时，安全工作必须紧紧围绕着生产活动进行，不仅要保障作业人员的生命安全，还要促进生产的发展。离开生产，安全工作毫无实际意义。

4.1.2　安全生产原则

安全生产原则是依照国家安全生产方针、有关法律和法规等，用来指导安全生产，进行安全生产管理，要求各生产单位必须遵循的基本要求。安全生产原则主要有：

（1）管生产必须管安全的原则

管生产必须管安全的原则是指工程项目的各级领导和全体员工在生产过程中必须坚持抓生产的同时抓好安全工作。它体现了安全和生产的辨正统一的原则，即生产和安全是一个有机的整体，两者不能分割更不能对立起来，应将安全寓于生产之中。

（2）安全具有否决权的原则

安全具有否决权的原则是指安全生产工作是衡量工程项目管理的一项基本内容，它要求在对工程项目各项指标考核和评价时，首先必须考虑安全指标的完成情况。安全指标没有实现，尽管其他指标顺利完成，仍无法实现工程项目的最优化。安全具有否决权的原则，是安全生产方针的具体体现。

（3）职业安全卫生三同时原则

职业安全卫生"三同时"的原则是指一切生产性的基本建设和技术改造工程项目，必须符合国家的职业安全卫生方面的法规和标准。职业安全卫生技术措施及设施应与主体工程同时设计、同时施工、同时投产使用，以确保工程项目投产后符合职业安全卫生要求。

（4）事故处理"四不放过"的原则

国家法律法规要求，在处理事故时必须坚持四不放过的原则，即查不清事故原因和责任不放过；责任单位和责任人没有得到处理不放过；有关单位、有关人员和群众没有受到教育不放过；安全隐患没有整改和预防措施没落实不放过。

4.1.3　安全生产法律法规

（1）安全生产法律法规体系

安全生产法律法规，是指国家关于改善劳动条件、实现安全生产，为保护劳动者在生产过程中的安全与健康而制定的各种法律、法规、规章的总和，是生产实践中的经验总结和对自然规律的认识和运用，是以国家强制力保证其实施的一种行为规范。

近年来，按照"三级立法"原则和"安全第一、预防为主"的安全生产方针，本着安全管理法制化的思想，我国的建筑安全法律法规体系趋于系统性和严密性，形成较为完善的法律法规体系，表 4-1 列出了建设工程安全生产管理主要的法律法规。

我国的安全生产法律法规体系是一个包含多种法律形式和法律层次的综合性系统，按照法律地位及效力同等原则，安全生产法律体系分为以下七个门类。

①宪法；

②安全生产方面的法律、基础法，专门法律，相关法律；

③安全生产行政法规；

④地方性安全生产法规；

⑤部门安全生产规章、地方政府安全生产规章；

⑥法定安全生产标准；

⑦我国批准的国际劳工安全公约。

（2）安全生产法律法规的主要内容

1）《中华人民共和国安全生产法》

《中华人民共和国安全生产法》（以下简称《安全生产法》）是我国第一部安全生产综合性法律。《安全生产法》规范和明确了生产经营单位的安全生产法律责任，强化了安全生产监督执法，加强了事故预防，突出了安全生产基本法律制度建设，制定了安全生产法律规范，是各类生产经营单位及其从业人员实现安全生产所必须遵循的法律规范，是各级人民政府和各有关部门进行监督管理和行政执法的法律依据。《安全生产法》总计7章97条，包括：总则；生产经营单位的安全生产保障；从业人员的权利和义务；安全生产的监督管理；生产安全事故的应急救援与调查处理；法律责任和附则。

①适用范围：在中华人民共和国境内所有从事生产经营活动的单位的安全生产，适用本法。

建设工程安全生产主要法律法规　　　　　　　　表 4-1

法律法规和管理文件名称	文　号	实施日期（年月日）	所属门类
中华人民共和国建筑法	1997 年主席令第 91 号	1998.3.1	（2）
中华人民共和国安全生产法	2002 年主席令第 70 号	2002.11.1	（2）
中华人民共和国刑法	1997 年主席令第 83 号	1997.10.1	（2）
中华人民共和国消防法	1998 年主席令第 4 号	1998.9.1	（2）
中华人民共和国劳动法	1994 年主席令第 28 号	1995.1.1	（2）
中华人民共和国行政处罚法	1996 年主席令第 63 号	1996.10.1	（2）
中华人民共和国行政诉讼法	1989 年主席令第 16 号	1990.10.1	（2）
中华人民共和国刑事诉讼法	1996 年主席令第 64 号	1997.1.1	（2）
中华人民共和国标准化法	1998 年主席令第 11 号	1989.4.1	（2）
中华人民共和国产品质量法	2000 年主席令第 33 号	1993.9.1	（2）
中华人民共和国行政复议法	1999 年主席令第 16 号	1999.10.1	（2）
中华人民共和国职业病防治法	2001 年主席令第 16 号	2002.5.1	（2）
女职工劳动保护规定	1998 年国务院令第 9 号	1988.9.1	（3）
特别重大事故调查程序暂行规定	1989 年国务院令第 34 号	1989.3.29	（3）
中华人民共和国标准化法实施条例	1990 年国务院令第 53 号	1990.4.6	（3）
企业职工伤亡事故报告和处理规定	1991 年国务院令第 15 号	19915.1	（3）
国务院关于特大安全事故行政责任追究的规定	2001 年国务院令第 302 号	2001.4.21	（3）
工程建设重大事故报告和调查程序规定	1989 年建设部令第 3 号	1989.12.1	（5）
建设安全生产监督管理规定	1991 年建设部令第 13 号	1991.7.9	（5）
建设工程施工现场管理规定	1991 年建设部令第 11 号	1992.1.1	（5）

续表

法律法规和管理文件名称	文 号	实施日期（年月日）	所属门类
实施过程建设强制性标准监督规定	2000 年建设部令第 81 号	2000.8.25	(5)
建筑企业资质管理规定	2001 年建设部令第 87 号	2001.7.1	(5)
建筑工程施工许可管理办法	2001 年建设部令第 91 号	2001.7.4	(5)
1998 年建筑业安全卫生公约	国际劳动组织	1998.6.20	(7)
建设工程安全生产管理条例	2003 年国务院令 393 号	2004.2.1	(3)
建设工程质量管理条例	2000 年国务院令 279 号	2001.1.30	(3)
建设工程勘察设计管理条例	2000 年国务院令 293 号	2000.9.25	(3)
中华人民共和国民用爆炸物品管理条例	1984 年国务院令	1984.1.6	(3)
特种设备安全监察条例	2003 年国务院令 373 号	2003.6.1	(3)
建筑工程勘察设计企业资质管理规定	2001 年建设部令第 93 号	2001.7.25	(5)
工程监理企业资质管理规定	2001 年建设部令第 102 号	2001.8.29	(5)
安全生产许可条例	2004 年国务院令 397 号	2004.1.13	(5)
建筑施工企业安全生产许可证管理条例	2004 年建设部令第 128 号	2004.7.5	(5)
建设工程监理范围和规模标准规定	2001 年建设部令第 86 号	2001.1.17	(5)

②安全生产管理方针：坚持安全第一，预防为主的方针。

③规范的内容：生产经营单位主要负责人的安全生产责任、职工安全培训和资质认证、安全设施的设计、施工和竣工验收等。生产经营单位主要负责人对本单位安全生产全面负责，其安全生产责任包括：建立健全本单位安全生产责任制；组织制定本单位安全生产规章制度和操作规程；保证本单位安全生产投入的有效实施，督促检查安全生产工作，及时消除生产安全事故隐患；组织制定并实施本单位生产安全事故应急救援预案；及时如实报告生产安全事故等。

④安全管理内容：特种设备安全管理；交叉作业安全管理；承包租赁安全管理和重大危险源安全管理等。对重大危险源安全管理，《安全生产法》规定生产经营单位必须对重大危险源登记建档，进行定期检测、评估、监控，并制订应急预案，告知从业人员和相关人员在紧急情况下应当采取的应急措施。生产经营单位应当按照国家有关规定将本单位重大危险源及有关安全措施、应急措施报有关地方人民政府安全生产监督管理的部门和有关部门备案。

⑤安全事故应急救援与调查处理：《安全生产法》规定县级以上人民政府应当制定特大事故应急救援预案，建立应急救援体系。危险物品的生产、经营、储存单位以及矿山、建筑施工单位应当建立应急救援组织，应当配备必要的应急救援器材、设备，并经常进行维护、保养，以保证正常运转。

⑥安全生产监督管理和法律责任等。

2）《中华人民共和国建筑法》

《中华人民共和国建筑法》（以下简称《建筑法》）是建设行政主管部门及其建筑施工

企业依法加强安全管理，搞好安全生产工作的重要法律依据。《建筑法》规定了建设行政主管部门及其建筑施工企业必须贯彻"安全第一、预防为主"的方针；明确了建设单位、设计单位、施工企业应落实安全生产责任制、加强建筑施工安全管理、建立健全安全生产基本制度等。《建筑法》对施工单位安全生产管理做出的具体规定如下：

①建筑工程安全生产管理必须坚持"安全第一、预防为主"的方针，建立健全安全生产责任制度和群防群治制度。

②在编制施工组织设计时，应当根据建筑工程的特点制定相应的安全技术措施；对专业性较强的工程项目，应当编制专项安全施工组织设计，并采取安全技术措施。

③应当在施工现场采取维护安全、防范危险、预防火灾等措施；有条件的，应当对施工现场进行封闭式管理。施工现场对毗邻的建筑、构筑物和特殊作业环境可能造成损害的，应当采取安全防护措施。

④应当遵守有关环境保护和安全生产的法律、法规的规定，采取控制和处理施工现场的各种粉尘、废气、废水、固体废物以及噪声、振动对环境的污染和危害的措施。

⑤必须依法加强对建筑安全生产的管理，执行安全生产责任制度，采取有效措施，防止伤亡和其他安全生产事故的发生。建筑施工企业的法定代表人对本企业的安全生产负责。

⑥施工现场安全由建筑施工企业负责。实行施工总承包的，由总承包单位负责。分包单位向总承包单位负责，服从总承包单位对施工现场的安全生产管理。

⑦应当建立健全劳动安全生产教育培训制度，加强对职工安全生产的教育培训；未经安全生产教育培训的人员，不得上岗作业。

⑧建筑施工企业和作业人员在施工过程中，应当遵守有关安全生产的法律、法规和建筑行业安全规章、规程，不得违章指挥或者违章作业。作业人员有权对影响人身健康的作业程序和作业条件提出改进意见，有权获得安全生产所需的防护用品。作业人员对危及生命安全和人身健康的行为有权提出批评、检举和控告。

⑨施工企业必须为从事危险作业的职工办理意外伤害保险，支付保险费。

⑩房屋拆除应当由具备保证安全条件的建筑施工单位承担，由建筑施工单位对安全负责。

■施工中发生事故时，应当采取紧急措施，减少人员伤亡和事故损失，并按国家有关规定，及时向有关部门报告。

《建筑法》还规定了建设单位、设计单位和建筑施工企业等的法律责任。

3）《建设工程安全生产管理条例》

《建设工程安全生产管理条例》以建设工程安全责任主体为基线，规定了建设单位、勘察单位、设计单位、工程监理单位、施工单位以及其他工程建设参与单位的安全责任，明确了我国建设工程安全生产管理制度内容，建设单位、施工单位、工程监理单位、勘察设计单位及其他工程建设参与单位应建立的安全管理制度，以及生产安全事故的应急救援和调查处理制度、安全生产监督管理，并对各种违法违规行为的处罚作出了明确规定。《建设工程安全生产管理条例》包括：建设单位的安全责任；勘察、设计、监理及其他有关单位的安全责任；施工单位的安全责任；监督管理；生产安全事故的应急救援和调查处理；法律责任等。

①总则

《建设工程安全生产管理条例》总则部分规定了安全生产管理的目的、依据、范围、方针、对象和技术政策的具体内容，如表 4-2 所示。

《建设工程安全生产管理条例》总则具体内容　　　　　　　　　表 4-2

内容简称	具　体　内　容	
	安全生产管理条例	安全生产法
目的	加强建设工程安全生产监督管理，保障人民群众生命和财产安全	加强建设工程安全生产监督管理，防止和减少生产安全事故，保障人民群众生命和财产安全，促进经济发展
依据	《建筑法》	《安全生产法》
范围	在中华人民共和国境内从事建设工程的新建、扩建、改建和拆除等有关活动及实施建设工程安全生产的监督管理	在中华人民共和国领域内从事生产经营活动的单位的安全生产
方针	安全第一、预防为主	
对象	建设单位、勘察单位、设计单位、施工单位、监理单位及其他与建设工程安全生产有关的单位	生产经营单位
技术政策	国家鼓励建设工程安全生产的科学技术研究和先进技术的推广应用，推进建设工程安全生产的科学管理	国家鼓励和支持安全生产科学技术研究和先进技术的推广应用，提高安全生产水平

②安全责任

《建筑工程安全生产管理条例》分别明确规定了建设单位、勘察单位、设计单位、施工单位、工程监理单位及其他工程有关单位的安全责任，具体内容见表 4-3 至表 4-6 所示。

③监督管理

关于对建设工程安全生产的综合监督管理的规定；关于建设行政主管部门对建设工程安全生产的监督管理的规定；关于政府各个主管部门之间的配合的规定；对建设行政主管部门的审查安全施工措施的责任的规定；县级以上人民政府负有建设工程安全生产监督管理职责的部门在各自的范围内履行安全监督检查职责时，有权采取的措施；建设行政主管部门或其他有关部门可以将施工现场的监督检查委托给建设工程安全监督机构具体实施的规定；对严重危及施工安全的工艺、设备、材料实行淘汰制度的规定；关于建设工程安全生产的社会监督的规定。

④生产安全事故的应急救援和调查处理

建设行政主管部门制度特大生产安全事故应急救援预案的规定；施工单位制定本单位生产安全事故应急救援预案，建立应急救援组织或配备人员的规定；施工单位在施工现场落实应急救援预案责任的规定；关于施工单位发生伤亡事故及时报告的规定；关于发生安全事故后施工单位对施工现场保护的规定；对生产安全事故调查的规定。

建设单位的安全责任与法律责任　　　　　　　表 4-3

安　全　责　任	法律责任	备注
应当向施工单位提供施工现场及毗邻区域内供水、排水、供电、供气、供热、通信、广播电视等地下管线资料，气象和水文观测资料，相邻建筑物和构筑物、地下工程的有关资料，并保证资料的真实、准确、完整		
不得对勘察、设计、施工、工程监理等单位提出不符合建设工程安全生产法律/法规和强制性标准规定的要求，不得压缩合同约定的工期	a、b；e；f	
编制概预算时确定安全作业环境及安全施工措施所需费用	a；c	
不得明示或暗示施工单位购买、租赁、使用不符合安全施工要求的安全防护用具、机械设备、施工机具及配件、消防设施和器材		
建设单位在申请领取施工许可证时，应当提供建设工程有关安全施工措施的资料。依法批准开工报告的建设工程，建设单位应当自开工报告批准之日起15日内，将保证安全施工的措施报送建设工程所在地的县级以上地方人民政府建设行政主管部门或者其他有关部门备案	a；给予警告	
建设单位应当将拆除工程发包给具有相应资质等级的施工单位。建设单位应当在拆除工程施工15日前，将下列资料报送建设工程所在地的县级以上地方人民政府建设行政主管部门或者其他有关部门备案：①施工单位资质等级证明；②拟拆除建筑物、构筑物及可能危及毗邻建筑的说明；③拆除施工组织方案；④堆放、清除废弃物的措施	a、b；f	

勘察设计单位的安全责任与法律责任　　　　　　表 4-4

主体	安　全　责　任	法律责任	备注
勘察单位	按照法律、法规和工程强制性标准进行勘察，提供的勘察文件应当真实、准确、满足工程建设安全生产的需要。勘察单位在勘察作业时，应当严格执行操作规程，采取措施保证各类管线、设施周边建筑物、构筑物的安全	a、b；c、d；e；f	
设计单位	按照法律、法规和工程强制性标准进行设计，防止因设计不合理导致生产安全事故的发生。应当考虑施工安全操作和防护的需要，对涉及施工安全的重点部位和环节在设计文件中注明，并对防范生产安全事故提出指导意见。采用新结构、新材料、新工艺的建设工程和特殊结构的建设工程，应当在设计中提出保障施工作业人员安全和预防生产安全事故的措施建议	a、b；c、d；e；f	

安全生产主体的安全责任与法律责任　　　　　　表 4-5

主体	安　全　责　任	法律责任	备注
监理单位	应当审查施工组织设计中的安全技术措施或者专项施工方案是否符合工程强制性标准。在实施监理过程中，发现存在安全事故隐患的，应当要求施工单位整改；情况严重的，应当要求施工单位暂时停止施工，并及时报告建设单位。施工单位拒不整改或不停止施工的，应当及时向有关主管部门报告。应当按照法律、法规和工程建设强制性标准实施监理，并对建设工程安全生产承担监理责任	a；c、b；d；e；f	
机械设备提供单位	为建设工程提供机械设备和配件，应当按照安全施工的要求配备齐安全有效的保险、限位等安全设施和装置	c、b；f	

续表

主体	安全责任	法律责任	备注
机械设备出租单位	出租的机械设备和施工机具及配件，应当具有生产（制造）许可证、产品合格证。应当对出租的机械设备和施工机具及配件的安全性能进行检测，在签订租赁协议时，应当出具检测合格证明。禁止出租检测不合格的机械设备和施工机具及配件	c、b；f	
设施安装、拆卸单位	在施工现场安装、拆卸施工起重机械和整体提升脚手架、模板等自升式架设设施，必须由具有相应资质的单位承担。安装、拆卸施工起重机械和整体提升脚手架、模板等自升式架设设施：①应当编制拆装方案、制定安全施工措施；②并由专业技术人员现场监督；③施工起重机械和整体提升脚手架、模板等自升式架设设施安装完毕后，安装单位应当自检，出具自检合格证明；④并向施工单位进行安全使用说明；办理验收手续并签字	①③项a、b；c、d；e；f ②④项a、b；c、d；f	施工单位委托资质单位时a；c、b；d；e；f
检测单位	施工起重机械和整体提升脚手架、模板等自升式架设设施的使用达到国家规定的检验检测期限的，必须经具有专业资质的检验检测机构检测。经检测不合格的，不得继续使用		
	对检测合格的施工起重机械和整体提升脚手架、模板等自升式架设设施，应当出具安全合格证明文件，并对检测结果负责		

安全生产主体的安全责任与法律责任　　　　　　　　　　表 4-6

安全责任	法律责任	备注
从事建设工程的新建、扩建、改建和拆除等活动，应当具备国家规定的注册资本、专业技术人员、技术装备和安全生产等条件，依法取得相应等级的资质证书，并在其资质等级许可的范围内承揽工程		
单位主要负责人依法对本单位的安全生产工作全面负责。应当建立健全安全生产责任制度和安全生产教育培训制度，制定安全生产规章制度和操作规程，保证本单位安全生产条件所需资金的投入，对所承担的建设工程进行定期和专项安全检查，并做好安全检查记录	a；c；e	
对列入建设工程概算的安全作业环境及安全施工措施所需费用，应当用于施工安全防护用具及设施的采购和更新、安全施工措施的落实、安全生产条件的改善，不得挪作他用	a、b；f	
单位应当设立安全生产管理机构，配备专职安全生产管理人员。专职安全生产管理人员负责对安全生产进行现场监督检查。发现安全事故隐患，应当及时向项目负责人和安全生产管理机构报告；对违章指挥、违章操作的，应当立即制止	a；c、b；e；f	
建设工程实行施工总承包的，由总承包单位对施工现场的安全生产负总责。总承包单位应当自行完成建设工程主体结构的施工		
垂直运输机械作业人员、安装拆卸工、爆破作业人员、起重信号工、登高架设作业人员等特种作业人员，必须按照国家有关规定经过专门的安全作业培训，并取得特种作业操作资格证书后，方可上岗作业	a；c、b；e；f	

安 全 责 任	法律责任	备注
应当在施工组织设计中编制安全技术措施和施工现场临时用电方案，对下列达到一定规模的危险性较大的分部分项工程（基坑支护与降水、土方开挖、模板、起重吊装、脚手架、拆除、爆破工程和国务院建设行政主管部门或者其他有关部门规定的其他危险性较大的工程）编制专项施工方案，并附具安全验算结果，经施工单位技术负责人、总监理工程师签字后实施，由专职安全生产管理人员进行现场监督；涉及深基坑、地下暗挖工程、高大模板工程的专项施工方案，施工单位还应当组织专家进行论证、审查	a；c；b；d；e；f	
建设工程施工前，负责项目管理的技术人员应当对有关安全施工的技术要求向施工作业班组、作业人员作出详细说明，并由双方签字确认	a；c；b；e	
应当在施工现场入口处、施工起重机械、临时用电设施、脚手架、出入通道口、楼梯口、电梯井口、孔洞口、桥梁口、隧道口、基坑边沿、爆破物及有害危险气体和液体存放处等危险部位，设置明显的安全警示标志。安全警示标志必须符合国家标准	a；c；b；e；f	
应当将施工现场的办公、生活区与作业区分开设置，并保持安全距离；办公、生活区的选址应当符合安全性要求。职工的膳食、饮水、休息场所等应当符合卫生标准。不得在尚未竣工的建筑物内设置员工集体宿舍。施工现场临时搭建的建筑物应当符合安全使用要求。施工现场使用的装配式活动房屋应当具有产品合格证	a；c；b；e；f	
对因建设工程施工可能造成损害的毗邻建筑物、构筑物和地下管线等，应当采取专项防护措施	a；c；b；e；f	
应当在施工现场建立消防安全责任制度，确定消防安全责任人，制定用火、用电、使用易燃易爆材料等各项消防安全管理制度和操作规程，设置消防通道、消防水源，配备消防设施和灭火器材，并在施工现场入口处设置明显标志	a；c；b；e；f	
应当向作业人员提供安全防护用具和安全防护服装，并书面告知危险岗位的操作规程和违章操作的危害	a；c；b；e；f	
作业人员应当遵守安全施工的强制性标准、规章制度和操作规程，正确使用安全防护用具、机械设备等	e	
采购、租赁的安全防护用具、机械设备、施工机具及配件，应当具有生产（制造）许可证、产品合格证，并在进入施工现场前进行查验	a；c；b；d；e；f	
在使用施工起重机械和整体提升脚手架、模板等自升式架设施前，应当组织有关单位进行验收，也可以委托具有相应资质的检验检测机构进行验收；使用承租的机械设备和施工机具及配件的，由施工总承包单位、分包单位、出租单位和安装单位共同进行验收。验收合格的方可使用	a；c；b；d；e；f	特种设备安全监察条例规定
单位的主要负责人、项目负责人、专职安全生产管理人员应当经建设行政主管部门或者其他有关部门考核合格后方可任职	a；c；b；e；f	
作业人员进入新的岗位或者新的施工现场前，应当接受安全生产教育培训未经教育培训或者教育培训考核不合格的人员，不得上岗作业。施工单位应当为施工现场从事危险作业的人员办理意外伤害保险	a；c；b；e；f	

⑤法律责任

条例规定了建设单位、勘察单位、设计单位、施工单位、工程监理单位及其他参与工程建设有关单位的法律责任。根据违反条例的情况，可以对法律责任进行划分，主要包括：

a. 责令限期改正；

b. 处以罚款；

c. 责令停业整顿；

d. 降低资质等级直至吊销资质证书；

e. 造成重大安全事故，构成犯罪的，对直接责任人，依照刑法相关规定追究刑事责任；

f. 造成损失的，依法承担赔偿责任。

根据违法安全生产管理条例的不同条款，相应法律责任（用代号 a～f 表示）情况参见表 4-3 至表 4-6。

4）《安全生产许可证条例》

《安全生产许可证条例》主要规定了建筑施工企业从事工程建设生产必须取得安全生产许可及有关安全生产许可证的颁发、管理及法律责任的规定。《安全生产许可证条例》主要内容有：

①国家对矿山企业、建筑施工企业和危险化学品、烟花爆竹、民用爆破器材生产企业（以下统称企业）实行安全生产许可制度。企业未取得安全生产许可证的，不得从事生产活动。

②国务院建设主管部门负责中央管理的建筑施工企业安全生产许可证的颁发和管理。省、自治区、直辖市人民政府建设主管部门负责本行政区域内前款规定以外的建筑施工企业安全生产许可证的颁发和管理，并接受国家建设主管部门的指导监督。

③企业取得安全生产许可证，应当具备相应的安全生产条件。

④未取得安全生产许可证擅自进行生产的，责令停止生产，没收违法所得，并处 10 万元以上 50 万元以下的罚款；造成重大事故或者其他严重后果，构成犯罪的，依法追究刑事责任。

5）《企业职工伤亡事故报告和处理规定》

《企业职工伤亡事故报告和处理规定》的主要内容如下：

①事故报告：伤亡事故发生后，负伤者或者事故现场有关人员应当报告企业负责人。企业负责人接到重伤、死亡、重大死亡事故报告后，应当立即报告企业主管部门和企业所在地劳动部门、公安部门、人民检察院、工会。企业主管部门和劳动部门接到死亡、重大死亡事故报告后，应当立即按系统逐级上报；死亡事故报至省、自治区、直辖市企业主管部门和劳动部门；重大死亡事故报至国务院有关主管部门、劳动部门。

②事故调查：轻伤、重伤事故，由企业负责人或其指定人员组织有关人员与工会成员组成事故调查组，进行调查。死亡事故，由企业主管部门会同企业所在地设区的市（或者相当于设区的市一级）劳动部门、公安部门、工会组成事故调查组，进行调查。重大死亡事故，按照企业的隶属关系由省、自治区、直辖市企业主管部门或者国务院有关主管部门会同同级劳动部门、公安部门、监察部门、工会组成事故调查组，进行调查。前两款的事

故调查组应当邀请人民检察院派员参加，还可邀请其他部门的人员和有关专家参加。

③事故处理：事故调查组提出的事故处理意见和防范措施建议，由发生事故的企业及其主管部门负责处理。因忽视安全生产、违章指挥、违章作业、玩忽职守或者发现事故隐患、危害情况而不采取有效措施以致造成伤亡事故的，由企业主管部门或者企业按照国家有关规定，对企业负责人和直接责任人员给予行政处分；构成犯罪的，由司法机关依法追究刑事责任。

6)《特别重大事故调查程序暂行规定》

《特别重大事故调查程序暂行规定》的主要内容如下：

①特大事故的现场保护：特大事故发生后，事故发生的有关单位必须严格保护事故现场。因抢救人员、防止事故扩大以及疏通交通等原因，需要移动现场物件的应当做出标志、绘制现场简图并写出书面记录，妥善保存现场重要痕迹、物证。特大事故发生地公安部门得知发生特大事故后，应立即派人赶赴事故现场，负责事故现场的保护和收集证据工作。特大事故发生单位所在地地方人民政府负责组织由有关部门参加的特大事故现场勘查工作。

②特大事故的报告：特大事故发生单位在事故发生后必须做到：立即将所发生特大事故的情况，报告上级归口管理部门和所在地地方人民政府，并报告所在地的省、自治区、直辖市人民政府和国务院归口管理部门；在24小时内写出事故报告，报上述部门和政府，省、自治区、直辖市人民政府和国务院归口管理部门，接到特大事故报告后，应当立即向国务院作出报告。特大事故发生单位所在地地方人民政府接到特大事故报告后，应当立即通知公安部门、人民检察机关和工会。

③特大事故的调查：特大事故发生后，按照事故发生单位隶属关系，由省、自治区、直辖市人民政府或者国务院归口管理部门组织成立特大事故调查组，负责特大事故的调查工作：国务院认为应当由国务院调查的特大事故，由国务院或者国务院授权的部门组织成立特大事故调查组。特大事故调查组有权向事故发生单位、有关部门及有关人员了解事故的有关情况并索取有关资料，任何单位和个人不得拒绝。特大事故调查组写出事故调查报告后，应当报送组织调查部门。

7)《工程建设重大事故报告和调查程序规定》

《工程建设重大事故报告和调查程序规定》对工程建设重大事故的报告、现场保护和调查程序作出了相关规定。《工程建设重大事故报告和调查程序规定》的内容如下：

①工程建设重大事故的报告：重大事故发生后，事故发生单位必须以最快方式，将事故的简要情况向上级主管部门和事故发生地的市、县级建设行政主管部门及检察、劳动（如有人身伤亡）部门报告；事故发生单位属于国务院部委的，应同时向国务院有关主管部门报告。事故发生地的市、县级建设行政主管部门接到报告后，应当立即向人民政府和省、自治区、直辖市建设行政主管部门报告；省、自治区、直辖市建设行政主管部门接到报告后，应当立即向人民政府和建设部报告。重大事故发生后，事故发生单位应当在24小时内写出书面报告。

②工程建设重大事故的现场处理与保护：事故发生后，事故发生单位和事故发生地的建设行政主管部门，应当严格保护事故现场，采取有效措施抢救人员和财产，防止事故扩大。因抢救人员、疏导交通等原因，需要移动现场物件时，应当做出标志、绘制现场简图

并做出书面记录，妥善保存现场重要痕迹、物证，有条件的可以拍照或录像。

③工程建设重大事故的调查：重大事故的调查由事故发生地的市、县级以上建设行政主管部门或国务院有关主管部门组织成立调查组负责进行。调查组由建设行政主管部门、事故发生单位的主管部门和劳动等有关部门的人员组成，并应邀请人民检察机关和工会派员参加。必要时，调查组可以聘请有关方面的专家协助进行技术鉴定、事故分析和财产损失的评估工作。一、二级事故由省、自治区、直辖市建设行政主管部门提出调查组组成意见，报请人民政府批准；三、四级重大事故由事故发生地的市、县级建设行政主管部门提出调查组组成意见，报请人民政府批准。事故发生单位属于国务院部委的，由国务院有关主管部门或其授权部门会同当地建设行政主管部门提出调查组组成意见。

8）《建筑施工企业安全生产许可证管理规定》

《建筑施工企业安全生产许可证管理规定》的有关规定如下：

①国家对建筑施工企业实行安全生产许可制度。建筑施工企业未取得安全生产许可证的，不得从事建筑施工活动。

②国务院建设主管部门负责中央管理的建筑施工企业安全生产许可证的颁发和管理。省、自治区、直辖市人民政府建设主管部门负责本行政区域内前款规定以外的建筑施工企业安全生产许可证的颁发和管理，并接受国务院建设主管部门的指导和监督。

③建筑施工企业取得安全生产许可证，应当具备的安全生产条件：建立、健全安全生产责任制，制定完备的安全生产规章制度和操作规程；保证本单位安全生产条件所需资金的投入；设置安全生产管理机构，按照国家有关规定配备专职安全生产管理人员；主要负责人、项目负责人、专职安全生产管理人员经建设主管部门或者其他有关部门考核合格；特种作业人员经有关业务主管部门考核合格，取得特种作业操作资格证书；管理人员和作业人员每年至少进行一次安全生产教育培训并考核合格；依法参加工伤保险，依法为施工现场从事危险作业的人员办理意外伤害保险，为从业人员交纳保险费；施工现场的办公、生活区及作业场所和安全防护用具、机械设备、施工机具及配件符合有关安全生产法律、法规、标准和规程的要求；有职业危害防治措施，并为作业人员配备符合国家标准或者行业标准的安全防护用具和安全防护服装；有对危险性较大的分部分项工程及施工现场易发生重大事故的部位、环节的预防、监控措施和应急预案；有生产安全事故应急救援预案、应急救援组织或者应急救援人员，配备必要的应急救援器材、设备；法律、法规规定的其他条件。

④安全生产许可证的有效期为3年。安全生产许可证有效期满需要延期的，企业应当于期满前3个月向原安全生产许可证颁发管理机关申请办理延期手续。企业在安全生产许可证有效期内，严格遵守有关安全生产的法律法规，未发生死亡事故的，安全生产许可证有效期届满时，经原安全生产许可证颁发管理机关同意，不再审查，安全生产许可证有效期延期3年。

⑤对违反本规定的行为将追究行政责任；构成犯罪的，依法追究刑事责任。

9）《实施工程建设强制性标准监督规定》

《实施工程建设强制性标准监督规定》主要规定了负责实施工程建设强制性标准的监督管理工作的政府部门，对工程建设各阶段执行强制性标准的情况实施监督的机构以及强制性标准监督检查的内容，有关规定如下：

①国务院建设行政主管部门负责全国实施工程建设强制性标准的监督管理工作。国务院有关行政主管部门按照国务院的职能分工负责实施工程建设强制性标准的监督管理工作。县级以上地方人民政府建设行政主管部门负责本行政区域内实施工程建设强制性标准的监督管理工作。

②建设项目规划审查机关应当对工程建设规划阶段执行强制性标准的情况实施监督；施工图设计文件审查单位应当对工程建设勘察、设计阶段执行强制性标准的情况实施监督；建筑安全监督管理机构应当对工程建设施工阶段执行施工安全强制性标准的情况实施监督；工程质量监督机构应当对工程建设施工、监理、验收等阶段执行强制性标准的情况实施监督。

③强制性标准监督检查的内容包括：有关工程技术人员是否熟悉、掌握强制性标准；工程项目的规划、勘察、设计、施工、验收等是否符合强制性标准的规定；工程项目采用的材料、设备是否符合强制性标准的规定；工程项目的安全、质量是否符合强制性标准的规定；工程中采用的导则、指南、手册、计算机软件的内容是否符合强制性标准的规定。

该规定也明确规定了违反工程建设强制性标准的责任单位或责任人的法律责任。

10)《建筑施工企业主要负责人、项目负责人和专职安全生产管理人员安全生产考核管理暂行规定》

主要内容如下：

①建筑施工企业管理人员必须经建设行政主管部门或者其他有关部门安全生产考核，考核合格取得安全生产考核合格证书后，方可担任相应职务。

②本规定所称建筑施工企业主要负责人，是指对企业日常生产经营活动和安全生产工作全面负责、有生产经营决策权的人员，包括企业法定代表人、经理、企业分管安全生产工作的副经理等；建筑施工企业项目负责人，是指由企业法定代表人授权，负责建设工程项目管理的负责人等。建筑施工企业专职安全生产管理人员，是指在企业专职从事安全生产管理工作的人员，包括企业管理机构的负责人及其工作人员和施工现场专职安全生产管理人员。

③建筑施工企业管理人员安全生产考核内容包括安全生产知识和管理能力。

11)《建筑施工企业安全生产管理机构设置及专职安全生产管理人员配备办法》

《建筑施工企业安全生产管理机构设置及专职安全生产管理人员配备办法》进一步规范建筑施工企业和建设工程项目安全生产管理机构的设置及专职安全生产管理人员的配置管理，其主要内容如下：

①安全生产管理机构是指建筑施工企业及其在建设工程项目中设置的负责安全生产管理工作的独立职能部门。

②专职安全生产管理人员是指经建设主管部门或者其他有关部门安全生产考核合格，并取得安全生产考核合格证书在企业从事安全生产管理工作的专职人员，包括企业安全生产管理机构的负责人及其工作人员和施工现场专职安全生产管理人员。

③建筑施工总承包企业安全生产管理机构内的专职安全生产管理人员应当按企业资质类别和等级足额配备，根据企业生产能力或施工规模，专职安全生产管理人员人数至少为集团公司，1人/（$1\times10^6\,\mathrm{m}^2\cdot$年）（生产能力）或每十亿施工；总产值·年，且不少于4人；工程公司（分公司、区域公司），1人/（$1\times10^5\,\mathrm{m}^2\cdot$年）（生产能力）或每一亿施工

总产值·年，且不少于 3 人；专业公司，1 人/（1×10⁵ m²·年）（生产能力）或每一亿施工总产值·年，且不少于 3 人；劳务公司，1 人/50 名施工人员，且不少于 2 人。

④建设工程项目应当成立由项目经理负责的安全生产管理小组，小组成员应包括企业派驻到项目的专职安全生产管理人员，专职安全生产管理人员的配置为：建筑工程、装修工程按照建筑面积：1 万 m² 及以下的工程至少 1 人；1 万～5 万 m² 的工程至少 2 人；5 万 m² 以上的工程至少 3 人，应当设置安全主管，按土建、机电设备等专业设置专职安全生产管理人员。

土木工程、线路管道、设备按安装总造价：5000 万元以下的工程至少 1 人；5000 万～1 亿元的工程至少 2 人；1 亿以上的工程至少 3 人，应当设置安全主管，按土建、机电设备等专业设置专职安全生产管理人员。

⑤工程项目采用新技术、新工艺、新材料或致害因素多、施工作业难度大的工程项目，施工现场专职安全生产管理人员的数量应当根据施工实际情况，在第 6 条规定的配置标准上增配。

⑥劳务分包企业建设工程项目施工人员 50 人以下的，应当设置 1 名专职安全生产管理人员；50～200 人，应设 2 名专职安全生产管理人员；200 人以上的，应根据所承担的分部分项工程施工危险实际情况增配，并不少于企业总人数的 5‰。

⑦施工作业班组应设置兼职安全巡查员，对本班组的作业场所进行安全监督检查。

12)《危险性较大工程安全专项施工方案编制及专家论证审查办法》

2004 年 12 月，建设部制定并印发了《危险性较大工程安全专项施工方案编制及专家论证审查办法》（建质［2004］213 号），进一步加强建设工程项目的安全技术管理，防止建筑施工安全事故，保障人身和财产安全，其主要内容如下：

①危险性较大工程是指依据《建设工程安全生产管理条例》所指的七项分部分项工程，并应当在施工前单独编制安全专项施工方案。

a. 基坑支护与降水工程：基坑支护工程是指开挖深度超过 5m（含 5m）的基坑（槽）并采用支护结构施工的工程；或基坑虽未超过 5m，但地质条件和周围环境复杂、地下水位在坑底以上等工程；

b. 土方开挖工程：土方开挖工程是指开挖深度超过 5m（含 5m）的基坑、槽的土方开挖；

c. 模板工程：各类工具式模板工程，包括滑模、爬模、大模板等；水平混凝土构件模板支撑系统及特殊结构模板工程；

d. 起重吊装工程；

e. 脚手架工程：高度超过 24m 的落地式钢管脚手架；附着式升降脚手架，包括整体提升与分片式提升；悬挑式脚手架；门型脚手架；挂脚手架；吊篮脚手架；卸料平台；

f. 拆除、爆破工程：采用人工、机械拆除或爆破拆除的工程；

g. 其他危险性较大的工程：建筑幕墙的安装施工；预应力结构张拉施工；隧道工程施工；桥梁工程施工（含架桥）；特种设备施工；网架和索膜结构施工；6m 以上的边坡施工；大江、大河的导流、截流施工；港口工程、航道工程；采用新技术、新工艺、新材料，可能影响建设工程质量安全，已经行政许可，尚无技术标准的施工。

②安全专项施工方案编制审核

　　建筑施工企业专业工程技术人员编制的安全专项施工方案，由施工企业技术部门的专业技术人员及监理单位专业监理工程师进行审核，审核合格，由施工企业技术负责人、监理单位总监理工程师签字。

　　③建筑施工企业应当组织专家组进行论证审查的工程

　　a. 深基坑工程：开挖深度超过5m（含5m）或地下室3层以上（含3层），或深度虽未超过5m（含5m），但地质条件和周围环境及地下管线极其复杂的工程；

　　b. 地下暗挖工程：地下暗挖及遇有溶洞、暗河、瓦斯、岩爆、涌泥、断层等地质复杂的隧道工程；

　　c. 高大模板工程：水平混凝土构件模板支撑系统高度超过8m，或跨度超过18m，施工总荷载大于$10kN/m^2$，或集中线荷载大于15kN/m的模板支撑系统；

　　d. 30m及以上高空作业的工程；

　　e. 大江、大河中深水作业的工程；

　　f. 城市房屋拆除爆破和其他土石大爆破工程。

　　④专家论证审查

　　建筑施工企业应当组织不少于5人的专家组，对已编制的安全专项施工方案进行论证审查。安全专项施工方案专家组必须提出书面论证审查报告，施工企业应根据论证审查报告进行完善，施工企业技术负责人、总监理工程师签字后，方可实施。专家组书面论证审查报告应作为安全专项施工方案的附件，在实施过程中，施工企业应严格按照安全专项方案组织施工。

4.1.4　安全生产标准体系

　　安全生产标准体系的主要标准如表4-7所示。

主要建设工程安全生产标准

表4-7

名　　　称	代　　号	实施年月日
建筑施工安全检查标准	JGJ 59—99	1999
建筑拆除工程安全技术规范	JGJ 147—2004	2003.12.1
建筑施工现场用电安全技术规范	JGJ 46—2005	2005.7.1
建筑工程施工现场供电安全规范	GB 50194—93	1994.8.1
建筑施工高处作业安全技术规范	JGJ 80—91	1992.8.1
龙门架及井架物料提升机安全技术规范	JGJ 88—92	1992
建筑施工扣件式钢管脚手架安全技术规范	JGJ 130—2001	2002.6.1
起重机超载保护装置安全技术规范	GB 12602—90	1990
建筑施工门式钢管脚手架安全检查技术规范	JGJ 128—2000	2000.12.1
建筑机械使用安全技术规程	JGJ 33—2001	2001.11.1
工程建设标准强制性条文		2002

　　（1）《建筑施工安全检查标准》（JCJ 59—99）

　　《建筑施工安全检查标准》（JCJ 59—99）于1999年5月1日实施，适用于建筑施工企业及其主管部门对建筑施工安全工作的检查和评价。标准采用安全系统工程原理，依据国家有关法律法规和标准规程，结合建筑施工伤亡事故规律，增设了基坑支护、模板工程、外用电梯、起重吊装和文明施工五部分检查评分表，加强安全生产和文明施工的管理。

标准对老的检查评分表的检查项目和内容作了调整和增补，主要包括：制定总的安全目标包括伤亡事故控制目标、安全达标、文明施工，年、月制定安全达标计划等，进行目标分解到人，责任落实、考核到人。在安全生产责任制考核检查评分内容，强调了安全生产责任制和安全检查监督管理人员的落实。在施工组织设计检查项目中规定专业性较强的项目，如脚手架工程、施工用电、基坑支护、模板工程、起重吊装工程等要单独编制专项安全施工方案。在安全教育检查项目中规定了安全教育制度，施工管理人员应经考试合格方能上岗。在施工用电评分表中新增加内容：必须采用 TN—S 接零保护系统且使用五芯电缆；严格做到"三级配电，两级保护"；严格做到"一机、一闸、一漏、一箱"等。

（2）《施工企业安全生产评价标准》（JCJ/T 77—2003）

《施工企业安全生产评价标准》（JCJ/T 77—2003）于 2003 年 12 月 1 日实施，适用于施工企业及政府主管部门对企业安全生产条件、业绩的评价，以及在此基础上对施工企业安全生产能力的综合评价。施工企业安全生产评价的内容应包括安全生产条件单项评价、安全生产业绩单项评价及由以上两项评价组合而成的安全生产能力综合评价。

1）施工企业安全生产条件单项评价的内容应包括安全生产管理制度，资质、机构与人员管理，安全技术管理和设备与设施管理 4 个分项，具体如下：

①安全生产管理制度分项评分内容：安全生产责任制度；安全生产资金保障制度；安全教育培训制度；安全检查制度；生产安全事故报告处理制度；

②资质、机构与人员管理分项评分内容：企业、资质和从业人员资格；安全生产管理机构；分包单位资质和人员资格管理；供应单位管理；

③安全技术管理分项评分内容：危险源控制；施工组织设计（方案）；专项安全技术方案；安全技术交底；安全技术标准、规范和操作规程；安全设备和工艺的选用；

④设备与设施管理分项评分内容：设备安全管理；大型设备装拆安全控制；安全设施和防护管理；特种设备管理；安全检查测试工具管理。

2）施工企业安全生产业绩单项评价的内容

包括生产安全事故控制；安全生产奖罚；项目施工安全检查；安全生产管理体系推行。

（3）《工程建设标准强制性条文》

《工程建设标准强制性条文》于 2003 年 1 月 1 日实施，摘录了工程建设现行国家和行业标准中涉及人民生命财产安全、人身健康、环境保护和其他公众利益的必须严格执行的强制性规定。《工程建设标准强制性条文》是参与工程建设活动各方执行工程建设强制性标准和政府对执行情况实施监督的依据，建设活动各方对《工程建设标准强制性条文》的所有条文都必须严格执行。

4.2 工程建设安全管理体系

4.2.1 概述

（1）工程建设安全管理体系

20 世纪 80 年代后期，随着企业规模的扩大、生产集约化程度的提高和全球经济一体化进程的推动，国际上先后兴起一种现代安全管理模式，一些发达国家率先开展了实施职业健康安全管理体系的活动。如英国颁布的了 BS8800《职业安全健康管理体系指南》国家标准，美国制定的《职业安全健康管理体系》的指导性文件等。1999 年，英国标准协会、挪威船级社等 13 个组织联合提出职业健康安全评价系列标准，即：OHSAS18001《职业健康安全管理体系——规范》、OHSAS18002《职业健康安全管理体系——OH-SAS18001 实施指南》。2001 年 6 月，国际劳工组织在第 281 次理事会会议上，审议批准颁布了《职业安全健康管理体系导则 ILO－OSH2001》，使职业安全健康管理体系的实施成为安全生产管理工作的主要内容之一。

2001 年 11 月，国家标准化管理委员会和国家认证认可监督管理委员会宣布将《职业健康安全管理体系规范》作为国家标准 GB/T 28001—2001，并于 2002 年 1 月 1 日起实施。2001 年 12 月，原国家经贸委依据我国现行的职业安全健康法律法规，结合实施《职工安全卫生管理体系试行标准》所取得的经验，参照国际劳工组织《职业安全健康管理体系导则》，制定并发布《职业安全健康管理体系指导意见》和《职业安全健康管理体系审核规范》，进一步推动我国职业安全健康管理工作向科学化、规范化方向发展。

为加强工程建设企业职工安全健康管理体系工作，规范建设企业执业安全健康管理体系审核行为，确保建设企业职工安全健康体系审核的科学性、公正性和严肃性，2003 年 7 月，国家安全生产监督管理局印发了《建筑企业职业安全健康管理体系实施指南》的通知。《建筑企业职业安全健康管理体系实施指南》是针对建筑行业工程建设安全管理体系的建立与运行具有的施工特点及危害和风险，为建筑企业使用国际劳工组织《导则 ILO－OSH2001》和《指导意见》等提供的指导性技术文件，其目的是作为一种切实可行的工具，帮助和指导建筑企业建立并保持即反映《导则 ILO－OSH2001》的总体目标和包括《指导意见》的一般要素，又适合自身行业特点的职业安全健康体系，以便其采用适当的职业安全健康管理模式和方法，持续改进职业安全健康绩效，不断消除、降低和控制职业安全健康危害和风险，确保员工的安全和健康。《实施指南》能够帮助建筑企业在企业职工职业安全与健康管理方面取得确实的成效，并为建筑企业安全文化的发展提供有力的工具。《实施指南》可供建筑企业和所有从事职业安全健康管理的人员使用。

（2）职业健康安全管理要素

根据《职业健康安全管理体系规范》（GB/T 28001—2001）标准，职业安全健康管理体系的实施要素如图 4-1 所示。

4.2.2 安全管理体系的要求

安全管理体系的总要求，具体体现在对安全管理体系的方针、策划、实施与运行、检查和纠正措施、管理评审等实施要素上，主要有：

（1）安全管理体系方针的要求

组织应有一个经最高管理者批准的安全管理体系方针，该方针应清楚阐明安全总目标和改进安全绩效的承诺。

安全方针应适合组织的职业健康安全风险的性质和规模，包括持续改进的承诺，组织至少遵守现行安全法规和组织接受的其他要求的承诺，形成文件，实施并保持，使全体员工认识各自的安全义务，可为相关方所获取；定期评审情况，以确保其与组织保持相关和适宜。

```
                  ┌ 1. 总要求
                  │ 2. 职业安全健康方针
                  │              ┌ 3.1  对危险源辨识、风险评价和控制的策划
                  │              │ 3.2  法规和其他要求
                  │ 3. 策划     ┤ 3.3  目标
                  │              └ 3.4  职业安全健康管理方案
                  │              ┌ 4.1  机构和职能
                  │              │ 4.2  培训、意识和能力
                  │              │ 4.3  协商和沟通
        实施要素  ┤ 4. 实施与运行┤ 4.4  文件
                  │              │ 4.5  文件和资料控制
                  │              │ 4.6  运行控制
                  │              └ 4.7  应急准备与响应
                  │              ┌ 5.1  绩效测量和监测
                  │              │ 5.2  事故、事件、不合格纠正和预防措施
                  │ 5. 检查与纠正措施┤ 5.3  记录与记录管理
                  │              └ 5.4  审核
                  └ 6. 管理评审
```

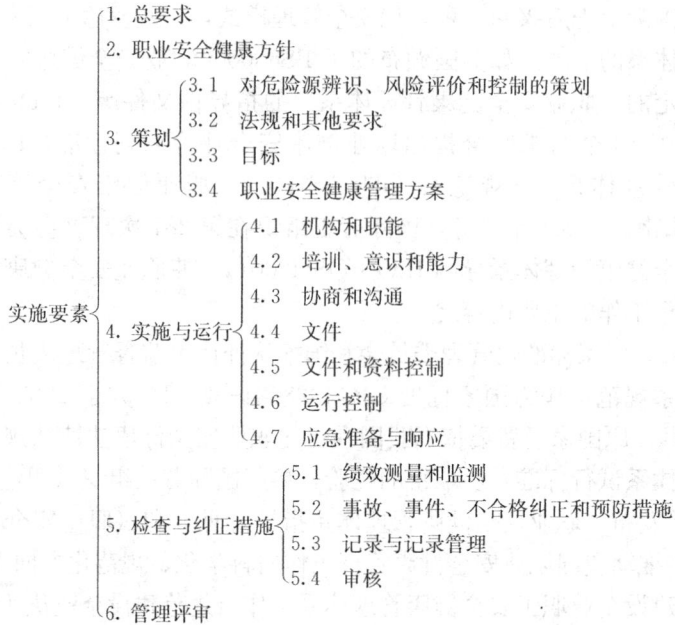

图 4-1　职业健康安全管理体系主要实施要素

（2）安全管理体系策划的要求

1）对危险源辨识、风险评价和风险控制的策划

组织应建立并保持程序，以持续进行危险源辨识、风险评价和实施必要的控制措施。这些程序应包括：常规和非常规活动；所有进入工作场所的人员（包括合同方人员和访问者）的活动；工作场所的设施（无论由本组织还是由外界所提供）。组织应确保在建立安全目标时，考虑这些风险评价的结果和控制的效果，将此信息形成文件并及时更新。

组织的危险源辨识和风险评价的方法应：

①依据风险的范围、性质和时限性进行确定，以确保该方法是主动性的而不是被动性的；

②规定风险分级，识别可通过目标和安全管理方案中所规定的措施来消除或控制的风险；

③与运行经验和所采取的风险控制措施的能力相适应；

④为确定设施要求、识别培训需求和（或）开展运行控制提供输入信息；

⑤规定对所要求的活动进行监视，以确保其及时有效的实施。

2）法规和其他要求

组织应建立并保持程序，以识别和获得适用法规和其他事业健康安全要求。组织应及时更新有关法规和其他要求的信息，并将这些信息传达给员工和其他有关的相关方。

3）安全目标

组织应针对其内部各有关职能和层次，建立并保持形成文件的安全目标。如有可能性，目标宜予以量化。组织在建立和评审安全目标时，应考虑法规和其他要求，安全危险源和风险，可选择的技术方案，财务、运行、经营要求和相关方的意见。

目标应符合职业健康安全方针，包括对持续改进的承诺。

4) 安全管理方案

组织应制定并保持安全管理方案，以实现其目标。方案应包含形成文件的：为实现目标所赋予组织有关职能和层次的职责和权限；实现目标的方法和时间表。

组织应定期并且在计划的时间间隔内对安全管理方案进行评审，必要时应针对组织的活动、产品、服务或运行条件的变化对安全管理方案进行修订。

（3）安全管理体系实施和运行的要求

1) 结构和职责

对于组织的活动、设施和过程的安全风险有影响的从事管理、执行和验证工作的人员，应确定其作用、职责和权限，形成文件，并予以沟通，以便于安全管理。

职业健康安全的最终责任由最高管理者承担。组织应在最高管理层指定一名成员作为管理者代表承担特定职责，以确保安全管理体系正确实施，并在组织内所有岗位和运行范围执行各项要求。管理者应为实施、控制和改进安全管理体系提供必要的资源（包括人力资源、专项技能、技术和财力资源）。组织的管理者代表应有明确的作用、职责和权限，以便确保按本标准建立、实施和保持安全管理体系要求；向最高管理者提交安全管理体系绩效报告，以供评审，并为改进安全管理体系提供依据。

所有承担管理职责的人员，都应表明其对安全绩效持续改进的承诺。

2) 培训、意识和能力

对于其工作可能影响工作场所内安全的人员，应有相应的工作能力。在教育、培训和（或）经历方面，组织应对其能力作出适当的规定。

组织应建立并保持程序，确保处于各有关职业和层次的员工都意识到：符合安全方针、程序和安全管理体系要求的重要性；在工作活动中实际的或潜在的安全后果，以及个人工作的改进所带来的安全效益；在执行安全方针和程序的过程中，实现安全管理体系要求，包括应急准备和响应要求方面的作用和职责；偏离规定的运行程序的潜在后果。

培训程序应考虑不同层次的职责、能力及文化程度。

3) 协商和沟通

组织应具有程序，确保与员工和其他相关方就相关安全信息进行相互沟通；应将员工参与和协商的安排形成文件，并通报相关方。

员工应做到：参与风险管理的方针和程序的制定和评审；参与商讨影响工作场所安全的任何变化；参与职业健康安全事务；了解谁是职业健康安全的员工代表和指定的管理者代表。

4) 文件

组织应以适当的媒介，如：纸或电子形式，建立并保持描述管理体系核心要素及其相互作用；提供查询相关文件的途径的信息。重要的是按有效性和效率要求使文件数量尽可能少。

5) 文件和资料控制

组织应建立并保持程序，控制本标准所要求的所有文件和资料，以确保文件和资料易于查找；对文件和资料进行定期评审，必要时予以修订并由授权人员确认其适宜性；凡对安全体系的有效运行具有关键作用的岗位，都可得到有关文件和资料的现行版本；及时将失效文件和资料从所有发放和使用场所撤回，或采取其他措施防止误用；对出于法规和

（或）保留信息的需要而留存的档案文件和资料予以适当标识。

6）运行控制的要求

组织应识别与所认定的风险有关的、需要采取控制措施的风险有关的运行和活动。组织应针对这些活动（包括维护工作）进行策划，通过以下方式确保它们在规定的条件下执行：

①对于因缺乏形成文件的程序而可能导致偏离安全方针、目标的运行情况，建立并保持形成文件的程序；

②在程序中规定运行准则；

③对于组织所购买和（或）使用的货物、设备和服务中已识别的安全风险，建立并保持程序，并将有关的程序和要求通报供方和合同方；

④建立并保持程序，用于工作场所、过程、装置、机械、运行程序和工作组织的设计，包括考虑与人的能力相适应，以便从根本上消除或降低职业健康安全风险。

7）应急准备和响应

组织应建立并保持计划和程序，以识别潜在的事件或紧急情况，并作出响应，以便预防和减少可能随之引发的疾病和伤害。组织应评审其应急准备和响应的计划和程序，尤其是在事件或紧急情况发生后。如果可能，组织还应定期测试这些程序。

（4）安全管理体系检查和纠正措施的要求

1）绩效测量和监视

组织应建立并保持程序，对安全绩效进行常规监视和测量。程序应规定：

①适合组织需要的定性和定量测量；

②对组织的安全目标的满足程度的监视；

③主动性绩效测量，即监视是否符合安全管理方案、运行准则和适用的法规要求；

④被动性绩效测量，即监视事故、疾病、事件和其他不良安全绩效的历史证据；

⑤记录充分的监视和测量的数据和结果，以便于后面的纠正和预防措施的分析。

如果绩效测量和监视需要设备，组织应建立并保持程序，对此类设备进行校准和维护，并保存校准和维护活动及其结果的记录。

2）事故、事件、不符合、纠正和预防措施

组织应建立并保持程序，确定有关的职责和权限，以便：

①处理和调查：事故；事件；不符合；

②采取措施减小因事故、事件或不符合而产生的影响；

③采取纠正和预防措施，并予以完成；

④确认所采取的纠正和预防措施的有效性。

这些程序应要求，对于所有拟定的纠正和预防措施，在其实施前应先通过风险评价过程进行评审。为消除实际和潜在不符合原因而采取的任何纠正或预防措施，应与问题的严重性和面临的安全风险相适应。

组织应实施记录因纠正和预防措施而引起的对形成文件的程序的任何更改。

3）记录和记录管理

组织应建立并保持程序，以标识、保存和处置安全记录以及审核和评审结果。安全记录应字迹清楚、标识明确，并可追溯相关的活动。安全记录的保存和管理应便于查阅，避免损坏、变质或遗失。应规定并记录保存期限。应按照适于体系和组织的方式保存记录，用于证实符合本标准的要求。

4）审核

组织应建立并保持审核方案和程序，定期开展安全管理体系审核，以便：

①确定安全管理体系是否符合安全管理的策划安排，包括满足本标准的要求；得到了正确实施和保持；有效地满足组织的方针和目标；

②评审以往审核的结果；

③向管理者提供审核结果的信息。

审核方案，包括日程安排，应基于组织活动的风险评价结果和以往审核的结果。审核程序应既包括审核的范围、频次、方法和能力，又包括实施审核和报告审核结果的职责和要求。如果可能，审核应由与所审核活动无直接责任的人员进行。

（5）安全管理体系管理评审的要求

组织的最高管理者应按规定的时间间隔对安全管理体系进行评审，以确保体系的持续适宜性、充分性和有效性。管理评审过程应确保收集到必要的信息以供管理者进行评价。管理评审应形成文件。

管理评审应根据安全管理体系审核的结果、环境的变化和持续改进的承诺，指出可能需要修改的安全管理方针、目标和其他要素。

4.2.3 工程建设安全管理体系的策划

工程建设安全管理体系的策划包括对危险源辨识、风险评价和控制的策划；法规和其他要求；目标；职业安全健康管理方案四个要素。通过对建设工程安全生产危险源辨识、风险评价和控制，按照法规和其他要求，明确工程项目安全生产管理目标，并为实现该目标建立职业安全健康管理方案。

（1）危害辨识、风险评价和风险控制的策划

1）目的

为组织在建立和保持工程建设安全管理体系中的各项决策提供基础，为持续改进工程建设安全管理绩效提供衡量基准。

2）考虑因素

①适用的工程建设安全法律、法规及其他要求；

②组织制定的工程建设安全方针；

③事故、事件和不符合记录；

④工程建设安全管理体系审核结果；

⑤员工及其代表、工程建设安全委员会参与作业场所工程建设安全协商、评审和改进活动的信息；

⑥与其他相关方的信息交流；

⑦组织所在行业的良好的作业实践、典型危害类型、已发生的事故和事件的信息；

⑧组织的设施、工艺过程和活动的信息，包括控制程序变更的详细资料、场地规划、工艺流程图、危险物料清单、毒理学和其他工程建设安全资料、监测数据、作业场所环境数据。

3）实施要求

①总则

危害辨识、风险评价和风险控制的策划过程的复杂程度主要取决于组织的规模和性质、作业场所的状况、风险的复杂性和大小等因素。组织在进行危害辨识、风险评价和风险控制的策划时要充分考虑其风险控制现状，以满足实际需要和适用的工程建设安全法律、法规要求。

危害辨识、风险评价和风险控制的策划过程应作为一项主动的而不是被动的措施执行，即应在引入新的活动或程序，或对其进行修改之前进行。在这些活动或程序改变之前，应对已识别出的风险采取必要的降低和控制措施。组织应及时更新有关危害辨识、风险评价和风险控制的文件、资料和记录，并在引入新项目、新活动或对原有活动进行变更之前，将这些文件、资料和记录予以扩充以涵盖这些活动。即使对某项特定危险任务已有书面控制程序，组织也应对该项任务进行危害辨识、风险评价和风险控制。

组织应辨识和评价各类影响员工安全的危害和风险，并按如下优先顺序确定预防和控制措施：

a. 消除危害；

b. 通过工程措施或组织措施从源头来控制危害；

c. 制定安全作业制度，包括制定管理性的控制措施来降低危害的影响；

d. 综合上述方法仍然不能完全控制危害或降低风险时，组织应按国家规定提供相应的个体防护用品或设施，并确保这些个体防护用品或设施得到正确的使用和维护。

②危害辨识、风险评价和风险控制的策划过程

a. 危害辨识、风险评价和风险控制的基本步骤。危害辨识、风险评价和风险控制的基本步骤包括：划分作业活动、辨识危害、确定风险、确定风险是否可承受、制定风险控制措施计划、评审措施计划的充分性。

b. 危害辨识、风险评价和风险控制的范围。组织应确定其开展危害辨识、风险评价和风险控制的范围，并尽可能做到危害辨识、风险评价和控制过程完整、合理和充分，并应满足如下要求：

ⓐ在任何情况下，均应考虑常规和非常规的活动，不仅针对正常的活动，而且还应针对周期性或临时性的活动（如装置清洗和维护、装置启动或关停期间等）；

ⓑ除考虑组织自身员工的活动所带来的危害和风险外，还应考虑承包方人员和访问者等相关方的活动，以及使用外部提供的产品或服务所带来的危害和风险；

ⓒ还应考虑作业场所内所有的物料、装置和设备造成的工程建设安全危害，包括过期老化以及库存的物料、装置和设备；

ⓓ进行危害辨识时，应考虑危害的不同表现形式。

此外，危害辨识、风险评价和风险控制过程还应至少确定以下方面：

ⓐ拟使用的危害辨识、风险评价和风险控制的时限、范围和方法；

ⓑ适用的法律、法规和其他要求；

ⓒ负责实施危害辨识、风险评价和风险控制过程的人员的作用和权限；

ⓓ确定参与危害辨识、风险评价人员的能力要求和培训需求，有的组织可能有必要借助外部的咨询或服务机构，这取决于其所采用方法的复杂程度；

ⓔ应与员工及其代表以及工程建设安全委员会进行协商并请他们参与此项工作，包括

评审和改进活动；

⑥应将人为失误作为危害辨识、风险评价和风险控制过程的一个考虑因素。

a. 后续工作。组织通过相应的监测来证明，所确定的纠正或预防措施已按时完成（必要时，有可能要求组织进一步实施危害辨识和风险评价，以调整风险控制措施，确定是否为可承受风险）；向管理者提供有关纠正或预防措施完成情况的信息，为管理评审和修改或制定新的工程建设安全目标提供依据；应确定从事危险作业人员的能力是否与所规定的要求相一致，为培训需求提供相应的信息；通过随后的运行经历，为危害辨识、风险评价和风险控制过程的修改提供信息反馈。

b. 危害辨识、风险评价和风险控制的评审。应按预定的或由管理者确定的时间或周期对危害辨识、风险评价和风险控制过程进行评审。评审期限取决于危害的性质、风险的大小、正常运行的变化以及原材料、中间产品和化学品等的改变。

如果由于组织的客观状况发生变化，使得对现有评价的有效性产生疑义，则应进行评审，并在发生变化前采取适当的预防性措施。这种变化可能包括新用工制度、新工艺、新操作程序、新组织机构或新采购合同等组织内部发生的变化和国家法律和法规的修订、机构的兼并和重组、职责的调整、工程建设安全知识和技术的新发展等外部因素引起的组织的变化。

应确保在各项变更实施之前，通知所有相关人员并对其进行相应的培训。

4）实施结果

①危害辨识、风险评价和风险控制策划的程序；

②辨识出的危害；

③辨识出的各项危害的风险程度；

④确定出每项危害的风险级别，是否为可承受风险；

⑤风险（尤其是不可承受的风险）监测和控制措施的描述或相关参考资料；

⑥为降低风险所需制定的目标和采取的措施，以及对该过程进行监测所采取的手段；

⑦为实施风险控制措施所需人员的能力要求和相应的培训需求；

⑧上述各个过程所产生的记录。

（2）法律、法规及其他要求

1）目的

使组织认识和了解影响其活动的相关适用的法律、法规和其他工程建设安全要求，并将这些信息传达给有关的人员，其目的是使组织提高法律意识。

2）考虑因素

①组织的生产或服务过程的详细情况；

②危害辨识、风险评价和风险控制的结果；

③良好的作业实践；

④法律及行政法规；

⑤国内、国外、地区性或国际性的标准；

⑥组织的内部要求；

⑦相关方的要求；

⑧法律、法规及其他要求的信息来源。

3）实施要求

组织应获取适用的法律、法规和其他要求，建立获取这类信息的有效渠道（如各级政府、行业协会或团体、商业数据库和工程建设安全服务机构等），包括提供此类信息的媒体（报纸、CD、磁盘、国际互联网等）。对于哪些要求是适用的、适用于何处、各部门应接受哪类信息，组织应进行准确的识别。

组织应认定和理解适用于其活动的有关法律、法规及其他要求。为了跟踪法律、法规和其他要求的变化，组织应建立和保持与其活动有关的所有法律、法规和其他要求的目录或法规库。

4）实施结果

①法律、法规及其他要求的识别和获取程序；

②法律、法规及其他要求中应遵守的有关内容及其适用范围（本项内容可采用登记表的形式）；

③组织各岗位应遵守的法律、法规及其他要求（可以是实际文本、摘要或相关说明等）。

（3）目标

1）目的

确定可测量的目标，实现工程建设安全方针，并为评价工程建设安全绩效提供依据。

2）考虑因素

①组织的整体经营方针和目标；

②工程建设安全方针，包括持续改进的承诺；

③危害辨识、风险评价和风险控制的结果；

④适用的法律、法规及其他要求；

⑤可供选择的技术方案；

⑥财务、经营及整体运行要求；

⑦员工及其代表、工程建设安全委员会参与作业场所的工程建设安全协商、评审和改进活动的信息；

⑧其他相关方的意见；

⑨对以前目标实现情况的分析；

⑩事故、事件、不符合的记录：

⑪管理评审的结果。

3）实施要求

组织应根据上述"考虑因素"的信息和资料，针对其相关职能部门和层次制定工程建设安全目标，并排定优先顺序。目标应具有可测量的特性，与工程建设安全方针相一致，并以初始评审和复评的结果为基础。在制定工程建设安全目标时，应重点考虑那些受其影响的人员的信息和资料，以确保目标合理并得到广泛接受；也应考虑组织外部的，如来自承包方或其他相关方的信息和资料。

目标还应满足以下条件：

①根据组织的特点制定，并适用于组织的规模和活动类型。工程建设安全目标既要针对组织内广泛共同的工程建设安全问题，又要针对个别职能和层次特定的工程建设安全

问题；

②与组织适用的相关工程建设安全法律、法规及其他要求相一致；

③应将重点放在员工的工程建设安全防护措施的持续改进上，以达到最好的工程建设安全绩效；

④目标应形成文件，并向组织所有相关职能部门和各级员工进行传达；

⑤定期评审，必要时予以更新；

⑥应为每个工程建设安全目标确定适当的指示参数，这些指示参数应有利于监测工程建设安全目标的实现情况；

⑦目标应合理、可行，并为实现每个工程建设安全目标确定适宜的时间表。

组织可根据其规模、工程建设安全目标的复杂性及时间表，将工程建设安全目标分解为不同的指标。指标和工程建设安全目标之间应有明确的联系。

工程建设安全目标类型的实例包括：

①风险水平的降低；

②向工程建设安全管理体系引入附加的功能；

③为改善现有状况所采取的措施，或保持应用这些措施；

④消除或降低特定意外事件的频次。

目标应传达到相关员工，并通过工程建设安全管理方案来实现。

4）实施结果

文件化和可测量的工程建设安全目标。

（4）工程建设安全管理方案

1）目的

通过制定工程建设安全管理方案，实现其工程建设安全方针和目标。管理方案应包括实现目标的相应对策和实施计划，形成文件，并就管理方案的有关内容进行交流。应对目标实现情况进行监测、评审和记录，必要时对这些对策和实施计划进行更新或修改。

2）考虑因素

①工程建设安全方针和目标；

②法律、法规及其他要求的评审结果；

③危害辨识、风险评价和风险控制的结果；

④组织生产或服务过程的详细资料；

⑤员工及其代表、安全健康委员会参与作业场所的工程建设安全协商、评审和改进活动的信息；

⑥对可供选择的各个技术方案的评审结果；

⑦持续改进的要求；

⑧为实现工程建设安全目标可利用的资源。

3）实施要求

为实现工程建设安全目标，工程建设安全管理方案应确定需要完成的各项任务，并确定负责完成每项任务的总负责人。为完成每项任务，应规定各相关层次的职责和权限，确定完成每项任务的时间表，保证总体时间进度，并为完成每项任务配置适当的资源（如财力、人力、设备和后勤保障等）。

如果工程建设安全管理方案涉及特定的培训计划，则该培训计划中应进一步规定相关的培训内容和相应的监督措施。如果工程建设安全管理方案涉及作业规程、工艺过程、设备或物料方面的重大变更或修改时，管理方案中应规定进行新的危害辨识和风险评价，并就相应的变化内容与有关人员进行协商。

4）实施结果

文件化的工程建设安全管理方案。

4.2.4　工程建设安全管理体系的实施与运行

工程建设安全管理目的是通过管理和控制影响施工现场工作人员、临时工作人员、合同方人员、访问者和其他人员的安全和健康的条件因素，保护施工现场工作人员和其他可能受工程影响的人的安全和健康。为此，建筑企业必须进行计划、组织、指挥、协调和控制本企业的活动，包括制定、实施、实现、评审和保持职业安全健康方针所需的组织机构、计划活动、职责、惯例、程序、过程和资源。不同建筑企业根据自身的情况制定方针并为之实施、实现、评审和保持及持续改进而建立组织机构、策划活动、明确职责、遵守有关法律法规和惯例，编制程序控制文件，实现过程控制并提供人员、设备、资金和信息资源，保证工程建设安全任务完成而形成的工程建设安全管理体系。

根据《建筑企业职业安全健康管理体系实施指南》规定，建筑企业职业安全健康管理体系的实施要素包括方针与承诺、组织、计划与实施、评价、改进措施五大部分，每一条款都与《建筑企业职业安全健康管理体系审核规范》中的要素相对应。因此，在具体要素实施过程中，一方面要参考《实施指南》的要素，另一方面要参考《审核规范》中的相应要素。

工程建设安全管理体系是参照工程建设安全管理体系的标准，结合建设工程安全管理的实际情况和特点，根据"安全第一、预防为主"的安全生产方针和有关安全生产的法律法规和规程标准，针对工程建设施工全过程的安全管理和安全控制，并体现持续改进的原则来进行编制。

（1）机构和职责

1）目的

为有效地实施工程建设安全管理，有必要对各相关层次的作用、职责和权限进行界定，并形成文件，予以传达；还应提供足够的资源（包括人力资源、专项技能、技术和财力资源等），以便顺利完成工程建设安全任务。

2）考虑因素

①组织机构及机构图；

②危害辨识、风险评价和风险控制结果；

③工程建设安全目标；

④适用的法律、法规及其他要求；

⑤作业指导书；

⑥有资格的人员名单。

3）实施要求

①总则。组织应确定所有执行工程建设安全任务的人员的职责和权限，包括明确界定不同职能之间和不同层次之间的职责衔接。组织需要对最高管理者、管理者代表、各部门

管理人员、操作工及其他员工、管理承包方工程建设安全事务的人员、工程建设安全培训工作的负责人、对工程建设安全有重要影响的设备的负责人、具有特定工程建设安全资格的员工或其他工程建设安全专业人员、工程建设安全员工代表的职责加以规定。

组织应采用各种方式传达和宣传其工程建设安全理念，使员工意识到工程建设安全工作是每个人的责任，而不仅仅是工程建设安全管理人员的责任。

②最高管理者职责的确定。最高管理者对员工的安全负最终责任，并在工程建设安全工作中起领导作用。其职责包括：

a. 批准工程建设安全方针，确保为工程建设安全管理体系的有效实施提供必要的资源；

b. 在最高管理层中任命一名对工程建设安全管理体系的实施负有明确职责和权限的管理者代表（在大型或复杂的组织内，可以有多名管理者代表）。

③管理者代表职责的确定。工程建设安全管理者代表应为最高管理层成员。在得到监督体系运行情况的人员支持的同时，管理者代表也应定期了解体系运行的绩效状况，并积极参与工程建设安全目标的制定和定期评审工作。组织应确保管理者代表的工程建设安全职责与其承担的其他职责不冲突。

④部门管理人员职责的确定。部门管理人员应有效管理其管辖范围内的工程建设安全工作。如果某区域内主要的工程建设安全管理责任由部门管理人员负责时，应将其承担的工程建设安全专业管理作用和职责予以界定，避免职责和权限不清，并通过提高管理水平处理好工程建设安全与生产的关系。

⑤作用和职责的文件化。应采用与组织相适应的形式，对工程建设安全职责和权限文件化，如工程建设安全管理体系手册、工作程序和任务描述、作业指导书、培训材料。

组织在向员工下达的书面作业指导书中应明确其承担的工程建设安全职责。

⑥作用和职责的交流。组织应将工程建设安全职责和权限向所有相关人员进行有效传达，确保使其了解不同职责的范围、接口关系和付诸实施的途径。

⑦资源。管理者应确保有足够的资源（包括设备、人力资源、专项技能和培训等）以保持作业场所的安全。如果提供的资源足以实施包括绩效测量和监测在内的工程建设安全计划和活动，则可认为资源是充分的。对于已建立工程建设安全管理体系的组织，在某种程度上，可以通过将工程建设安全目标的预期效果与实际结果比较来评价资源的充分性。

⑧管理者的承诺。管理者应提供直观证据，表明其已履行对工程建设安全的承诺。这些证据可包括现场访问和检查、参与事故调查、提供纠正和预防措施所需的资源、出席工程建设安全会议和表示支持工程建设安全工作等。

4）实施结果

①所有相关人员的工程建设安全职责和权限的确定；

②手册、程序文件、作业指导书或培训材料中文件化的职责和权限；

③与所有员工和其他相关方就作用和职责进行交流的过程；

④各级管理者对工程建设安全的积极参与和支持。

（2）培训、意识和能力

1）目的

建立并保持有效的程序，确保员工有能力胜任其承担的任务和职责。

2）考虑因素

①确定的作用和职责；

②作业指导书（包括所执行的危险作业任务的细节）；

③员工绩效评价；

④危害辨识、风险评价和风险控制的结果；

⑤程序和操作规程；

⑥工程建设安全方针和目标；

⑦工程建设安全工作计划。

3）实施要求

①应免费对员工进行培训，并尽可能在工作时间内进行。

②实施过程一般包括：系统地分析组织内各相关职能和层次所需的工程建设安全意识和能力；确定员工所需工程建设安全意识和能力与其个人现有水平之间的差距；及时并系统地提供必要的培训；对培训效果进行评价，以确保每个员工已获得并保持所要求的知识和能力；保持培训和个人能力的适当记录。

③应针对以下方面，建立和保持提高工程建设安全意识和开展培训的计划：

a. 使员工了解组织的工程建设安全工作安排及其个人在其中的作用和职责；

b. 员工上岗、换岗培训和继续教育的系统培训计划；

c. 在工作开始前就局部的工程建设安全工作安排、危害、风险、所采取的预防措施和所遵循的程序进行培训；

d. 对进行危害辨识、风险评价和风险控制的人员的培训；

e. 在工程建设安全体系中起特定作用员工（包括工程建设安全员工代表）所需专门的内部或外部培训；

f. 对负责管理员工、承包方人员和其他人员（如临时工）的所有人员进行工程建设安全职责培训，以确保他们和他们所管理的人员了解其所负责运行活动中的危害和风险。此外，还要确保员工按照工程建设安全程序的要求安全地从事作业活动；

g. 对最高管理者进行其作用和职责（包括法人的和个人的法律责任）的培训，以保证工程建设安全管理体系具有控制风险和减少疾病、伤害及其他损失的功能；

h. 根据承包方人员、临时工和访问者所暴露的风险水平制定培训计划。

应对培训的有效性和实际达到的能力水平进行评价，这种评价可以在培训过程中进行，也可以通过适当的现场检查或监测培训产生的长期效果来确定是否已获得相应的能力。

4）实施结果

①各岗位的能力需求；

②培训需求；

③培训方案或计划；

④组织内可利用的培训课程/资料；

⑤培训记录和培训效果的评价记录。

（3）协商与交流

1）目的

通过协商与交流机制，鼓励员工参与工程建设安全实践，为实现组织工程建设安全方针和目标提供支持。

2）考虑因素

①工程建设安全方针和目标；

②工程建设安全管理体系文件；

③危害辨识、风险评价和风险控制的程序及结果；

④确定的工程建设安全作用和职责；

⑤员工与管理者就工程建设安全进行正式协商的结果；

⑥员工对作业场所的工程建设安全进行协商、评审和改进的信息；

⑦详细的培训计划。

3）实施要求

组织应作出文件化的安排，促进其就有关工程建设安全信息与员工和其他相关方（如承包方人员、访问者）进行协商和交流，应安排员工参与以下活动：

①方针和目标的制定及评审、风险管理的决策（包括参与与其作业活动有关的危害辨识、风险评价和风险控制决策）；

②对作业场所内影响工程建设安全的有关变更（如引入新的设备、原材料、化学品、技术、过程、程序或工作模式或对它们进行改进）而进行的协商。员工在工程建设安全事务上享有代表性，并应了解谁是员工代表和谁是管理者代表。

4）实施结果

①管理者与员工通过工程建设安全委员会或类似机构的正式协商；

②员工参与危害辨识、风险评价和风险控制；

③鼓励员工参与作业场所工程建设安全问题的协商、评审和改进，并向管理者反馈有关信息；

④确定员工工程建设安全代表，并建立与管理者的交流机制，例如：参与事故、事件调查及现场工程建设安全检查等；

⑤员工和其他相关方（如承包方人员或访问者）的工程建设安全简报；

⑥包含工程建设安全绩效信息和其他有关工程建设安全信息的公告栏；

⑦工程建设安全通信；

⑧工程建设安全宣传标语等。

（4）文件化

1）目的

保持最新和足够的工程建设安全管理体系文件，确保建立的工程建设安全管理体系得到充分理解和有效运行。

2）考虑因素

①组织的文件和信息系统的详细资料，该类详细资料是为了支持其工程建设安全管理体系和工程建设安全活动，并符合工程建设安全管理体系审核规范要求；

②职责和权限；

③使用文件和信息的局部环境状况，以及文件的物理特性或者使用电子及其他媒介的限制条件。

3）实施要求

①根据组织的规模及活动的类型，建立并保持工程建设安全管理体系文件，其内容应包括：

a. 工程建设安全方针和目标；

b. 工程建设安全管理的关键岗位与职责；

c. 不可承受风险及其预防和控制措施；

d. 工程建设安全管理体系的管理方案、程序、作业指导书和其他内部文件。

②在制定必要的文件前，组织应对工程建设安全体系所需文件和信息进行评审。

工程建设安全管理体系审核规范没有对文件的格式提出特殊要求，同时，也不必替换现有状况下正在使用的适宜的文件，如手册、程序或作业指导书。如果组织已建立了一个文件化的工程建设安全管理体系，可制定一个描述其现有文件与工程建设安全管理体系审核规范要求之间相互关系的综述性文件或采用其他方式，使文件编制工作更为便捷和有效。

③文件化时应考虑以下方面：

a. 文件和信息使用者的职责和权限。在制定文件时应考虑可能因为安全性的需要而规定的使用权限，尤其是对电子形式的文件以及修改权限加以控制；

b. 拟采用文件的物理特性及其使用的环境。因为这可能要求对文件形式进行考虑，对信息系统电子设备的使用也应给予类似的考虑。

4）实施结果

①工程建设安全管理体系综述性文件或手册；

②文件登记册、总目录或索引；

③程序文件；

④作业指导书。

（5）文件和资料控制

1）目的

对组织的工程建设安全管理体系运行和工程建设安全活动绩效至关重要的所有文件和资料予以识别和控制。

2）考虑因素

①组织的文件和信息系统的详细资料，该类详细资料是为了支持其工程建设安全管理体系和工程建设安全活动，并符合工程建设安全管理体系审核规范要求；

②职责和权限。

3）实施要求

组织应制定书面程序，以便对工程建设安全文件的识别、批准、发布和撤消以及工程建设安全资料进行控制。

无论在正常还是异常情况（包括紧急情况），文件和资料都应便于使用和获取。例如，在紧急情况下，应确保工艺操作人员及其他有关人员能及时获得最新的工程图、危险物质数据卡、程序和作业指导书等。

工程建设安全管理体系文件应书写工整，便于使用者理解，并应定期评审，必要时予以修改，同时向组织内所有相关人员或受其影响的人员进行传达。

4）实施结果

①文件和资料控制程序（包括职责分工和权限的分配）；

②文件登记册、总目录或索引；

③受控文件及其发放清单；

④归档记录（其中有些记录的保存应与法律法规和其他要求相一致）。

（6）运行控制

1）目的

建立和保持计划安排，在所有作业场所实施必要且有效的控制和防范措施，以实现工程建设安全方针、目标，遵守法律、法规和其他要求。

2）考虑因素

①工程建设安全方针和目标；

②危害识别、风险评价和风险控制的结果；

③适用的法律、法规和其他要求。

3）实施要求

组织应对已识别的风险建立文件化的控制程序，定期评审控制程序的适用性和有效性，并在必要时进行修改。这类风险包括引起事故、事件或其他偏离工程建设安全方针和目标的情况。控制程序中应考虑风险可能会扩展到其他外部相关方的作业场所或控制区域的情况，例如，组织的员工在某客户的场地作业时，可能需要组织与外部相关方协商工程建设安全问题。组织应建立并保持程序以确保：

①在采购货物与接受服务前，明确相关的法律、法规要求和自身的工程建设安全要求；

②供方符合组织在采购和租赁合同中提出的工程建设安全方面的要求；

③做出安排，在使用前符合上述各项要求。

组织应当建立并保持程序，确保各项工程建设安全要求（或至少相类似的要求）适用于承包方及他们的员工。针对作业场所内承包方所制定的程序应包括：

①评价和选择承包方时的工程建设安全标准；

②承包方的人员在组织内作业时，如何报告作业场所内的工伤、疾病和事件的规定；

③定期监测作业现场承包方各项活动的安全健康绩效；

④确保作业开始前，组织与承包方之间在适当层次建立有效的交流与协调机制，包括有关危害情况交流、预防与控制措施的各项规定；

⑤确保在作业开始前和作业时，对承包方或其员工开展必要的安全知识教育和培训活动；

⑥确保承包方遵守作业现场安全管理程序和方案。

4）实施结果

①运行控制程序；

②作业指导书。

（7）应急预案与响应

1）目的

主动评价组织潜在的事故和应急响应需求，制定相应的应急计划、应急处理的程序和方式，检验预期的响应效果，并改善其响应的有效性。

2）考虑因素

①危害辨识、风险评价和风险控制的结果；

②现有局部应急设施和制定的应急响应或协商计划的详细内容；

③法律、法规及其他要求；

④以往事故、事件和紧急状况的经历；

⑤应急响应演练及改进措施效果的评审结果。

3）实施要求

组织应制定一份应急计划，确定并提供适当的应急设备，通过定期演练检验其响应能力。应急演练的目的在于检验应急计划的完整性和应急计划中关键部分的有效性。尽管桌面演练有可取之处，但组织应尽可能采用符合实际情况的应急演练方式，包括对事件进行全面的模拟，使应急计划有效。组织应对应急演练结果进行评审，特别是对紧急情况发生后应急计划实施的效果进行评审，必要时修改应急计划。

①应急计划。应急计划应说明特定紧急情况发生时需采取的措施，并包括下列内容：

a. 识别潜在的事故和紧急情况；

b. 确定紧急情况发生时的负责人；

c. 确定紧急情况发生时各类人员的行动计划，包括发生紧急情况的区域内所有外来人员的行动计划，例如要求承包方的人员和来访人员也撤离到指定的集合地点；

d. 确定紧急情况发生时具有特定作用的人员的职责、权限和义务；

e. 疏散程序；

f. 识别并确认危险物料的使用或存放地点，以及应急处理措施；

g. 明确与外部应急机构的接口；

h. 与执法部门的交流；

i. 与邻近单位和公众的交流；

j. 重要记录资料和重要设备的保护；紧急情况发生时可利用的必要资料。

组织在应急计划中应对外部机构的参与有明确的规定，应向这些机构说明他们需参与和可能遇到的情况，并提供相关信息，以便于他们能更有效参与应急响应活动。

②应急设备。应确定所需的应急设备，并保证充足提供。要定期对这些应急设备进行测试，以保证其能够有效使用。应急设备可包括报警系统、应急照明和动力、逃生手段、安全避难场所、紧急隔离栅、开关和切断阀、消防设施、急救设施、通讯设备。

③应急演练。应按预定计划进行应急演练。如可行，应鼓励外部应急机构参与演练。

4）实施结果

①文件化的应急计划和程序；

②应急设备清单；

③应急设备的测试记录；

④包括演练、对演练的评审、从评审中产生的建议措施、建议措施完成的进度情况记录。

4.3 安全管理的理论与方法

4.3.1 事故致因理论

根据事故理论的研究，事故具有三种基本性质，即因果性、随机性与偶然性、潜在性与必然性，每一起事故发生，尽管或多或少都存在偶然性，但都有着各种各样的必然性，因此，预防和避免事故的关键就在于找出事故发生的规律，识别、发现并且消除导致事故的必然原因，控制和减少偶然原因，使发生事故的可能性降低到最小。现代工业生产系统是人造系统，因此，任何事故从理论和客观上讲，都是可预防的。

防止事故，需要掌握事故发生和控制的原理，即事故预防原理。所谓事故预防原理，主要是阐明事故是怎样发生的，为什么会发生，以及如何采取措施防止事故的理论体系。它以伤亡事故为研究对象，探讨事故致因因素及其相互关系、事故致因因素控制等方面的问题。

导致事故发生的原因因素是事故的致因因素。在科学技术落后的古代，人们往往把事故的发生看做是人类无法违抗的"天意"，或是"命中注定"。随着社会的进步，特别是工业革命以后，人们在与各种工业伤害事故的斗争实践中不断积累经验，探索事故发生及预防规律，相继提出了许多阐明事故发生机理，以及如何防止事故发生的理论。事故致因理论是一定生产力发展水平的产物。在生产力发展的不同阶段，生产过程中存在的安全问题不同，特别是随着生产形式的变化，人在工业生产过程中所处地位的变化，引起人们安全观念的变化，使新的事故致因理论相继出现。概括地讲，事故致因理论的发展经历了三个阶段，即以事故频发倾向论和海因里希因果连锁论为代表的早期事故致因理论，以能量意外释放论为主要代表的二次世界大战后的事故致因理论和现代的系统安全理论。

（1）事故频发倾向论

1）事故频发倾向

事故频发倾向是指个别人容易发生事故的、稳定的、个人的内在倾向。1919 年英国格林伍德（M·Greenwood）和伍兹（H·H·Woods）对许多工厂里事故发生次数资料按如下三种统计分布进行了统计检验：泊松分布、偏倚分布和非均等分布。通过统计分析，结果发现工厂中存在着事故频发倾向者。1939 年，法默（Farmer）和查姆勃（Chamber）明确提出了事故频发倾向的概念，认为事故频发倾向者的存在是工业事故发生的主要原因。

2）事故遭遇倾向

事故遭遇倾向是指某些人员在某些生产作业条件下容易发生事故的倾向。许多研究结果表明，事故的发生不仅与个人因素有关，而且与生产条件有关；与工人的年龄有关；与工人的工作经验、熟练程度有关。明兹（A·Mintz）等学者建议用事故遭遇倾向取代事故频发倾向的概念。

3）事故频发倾向理论

自格林伍德的研究起，迄今有无数的研究者对事故频发倾向理论的科学性问题进行了专门的研究探讨，迄今关于事故频发倾向者存在与否的问题一直有争议。实际上，事故遭遇倾向就是事故频发倾向理论的修正。其实，工业生产中的许多操作对操作人员的素质都有一定的要求，或者说，人员有一定的职业适合性。当人员的素质不符合生产操作要求时，人在生产操作中就会发生失误或不安全行为，从而导致事故发生。危险性较高的、重要的操作，特别要求人的素质较高。例如，特种作业的场合，操作人员要经过专门的培训、严格的考核，获得特种作业资格后才能从事。因此，尽管事故频发倾向论把工业事故的原因归因于少数事故频发倾向者的观点是错误的，然而从职业适合性的角度来看，关于事故频发倾向的认识也有一定可取之处。

（2）事故因果连锁论

1）海因里希事故因果连锁论（多米诺骨牌事故论）

1931 年，美国工程师海因里希首先提出了著名的事故因果连锁论，用以阐述导致事故的各种原因因素之间及与事故之间的关系。他认为，事故的发生不是一个孤立的事件，尽管事故发生可能在某一瞬间，却是一系列互为因果的原因事件相继发生的结果。

海因里希最初提出的事故因果连锁过程包括如下 5 个因素：遗传和社会环境、人的缺点、人的不安全行为或物的不安全状态、事故、伤害，见图 4-2 所示。他认为，遗传和社会环境、人的失误、人的不安全行为和事件是导致事故的连锁原因，就像著名的多米诺骨牌一样，一旦第一张倒下，就会导致第二张、第三张直至第五张骨牌依次倒下，最终导致事故和相应的损失。同时，他还指出，控制事故发生的可能性及减少伤害和损失的关键环节在于消除人的不安全行为和物的不安全状态，即抽去第三张骨牌就有可能避免第四和第五张骨牌的倒下。他认为，只要消除了生产过程中的危险性，努力防止人的不安全行为或物的不安全状态，安全事故就不会发生，由此造成的人身伤害和经济损失也就无从谈起。这一理论从产生伊始就被广泛用于安全生产工作之中，被奉为安全生产的经典理论，也是搞好安全管理的重要原则，对后来的安全生产产生了巨大而深远的影响。建设工程施工现场施工前要求施工人员必须认真检查施工机具和安全防护设施，并且保证施工人员处于稳定的工作状态，正是这一理论在建设工程施工安全管理中的应用和体现。

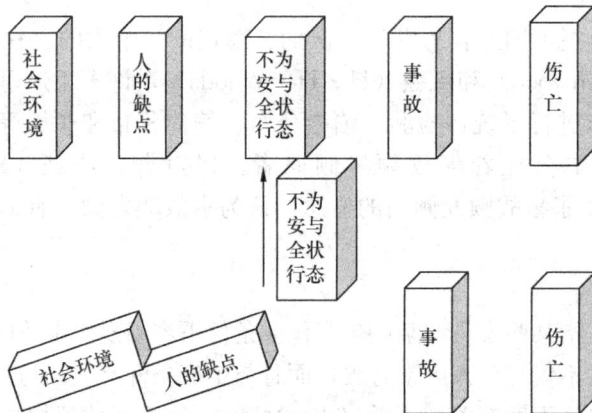

图 4-2　事故因果连锁反应图

海因里希事故因果连锁论提出了人的不安全行为和物的不安全状态是导致事故的直接原因这个工业安全中最重要、最基本的问题。但是，海因里希理论和事故频发倾向理论一样，把大多数工业事故的责任都归因于人的缺点等，表现出时代的局限性。

2）博德事故因果连锁论

在海因希里事故因果连锁的基础上，博德提出了反映现代安全观点的事故因果模型，如图 4-3 所示。

图 4-3　事故因果模型

博德事故因果模型的基本观点如下：

①控制不足——管理。事故因果连锁中一个最重要的因素是安全管理。大多数企业，由于各种原因，完全依靠工程技术上的改进来预防事故是不现实的，需要完善的安全管理工作，才能防止事故的发生。如果安全管理上出现缺陷，就会使得导致事故基本原因的出现。

②基本原因——起源论。为了从根本上预防事故，必须查明事故的基本原因，并针对查明的基本原因采取对策。基本原因包括个人原因及与工作有关的原因。所谓起源论，是在于找出问题的基本的、背后的原因，而不仅仅是停留在表面的现象上。

③直接原因——征兆。不安全行为或不安全状态是事故的直接原因，这是最重要的，也是必须加以追究的原因。但是，直接原因不是像基本原因那样的深层原因的征兆，是一种表面现象。

④事故——接触。从实用的目的出发，往往把事故定义为最终导致人员身体损伤、死亡、财物损失的，不希望的事件。但是，越来越多的专业安全人员从能量的观点把事故看做是人的身体或构筑物、设备与超过其阈值的能量的接触，或人体与妨碍正常生产活动的物质的接触。

⑤伤害——损坏——损失。博德模型中的伤害，包括了工伤、职业病，以及对人员精神方面、神经方面或全身性的不利影响。人员伤害及财物损坏统称为损失。

3）亚当斯事故因果连锁论

亚当斯提出了与博德事故因果连锁论类似的事故因果连锁模型，见表 4-8。该理论的核心在于对现场失误的背后原因进行了深入的研究，认为操作人员的不安全行为及生产作业活动中的不安全状态等现场失误，是由于企业领导者及事故预防工作人员的管理失误造成的。

亚当斯的事故因果连锁论模型　　　　　　　　　　　　　　　　　　　　表 4-8

管理体制	管理失误	现场失误	事故	伤害或损坏	对象
	领导者在下述方面决策错误或没做决策	安技人员在下述方面管理失误或疏忽		伤亡事故	
目标 组织 机能	政策 目标 权威 责任 职责 注意范围 权限授予	行为 责任 权威 规则 指导 主动性 积极性 业务活动	不安全 行为 不安全 状态	 损害事故 无伤害事故	对人 对物

4）北川彻三的事故因果连锁论

北川彻三的事故因果连锁模型，见表 4-9。该理论认为，事故因果连锁模型考察的范围不仅局限在企业内部，实际上，工业伤害事故发生的原因很复杂，企业是社会的一部分，一个国家、一个地区的政治、经济、文化、科技发展水平等诸多社会因素，对企业内部伤害事故的发生和预防有着重要的影响。

北川彻三的事故因果连锁模型

表 4-9

基本原因	间接原因	直接原因		
	技术的原因		事故	伤害
学校教育的原因	教育的原因			
社会的原因	身体的原因	不安全行为		
历史的原因	精神的原因	不安全状态		
	管理的原因			

5）事故统计分析因果连锁模型

在事故原因的统计分析中，目前世界各国普遍采用图 4-4 所示的因果连锁模型。该模型着重于伤亡事故的直接原因——人的不安全行为和物的不安全状态，以及其背后的深层原因——管理失误。现行国家标准《企业职工伤亡事故分类》（GB 6441—86）就是基于这种事故因果连锁模型制定的。

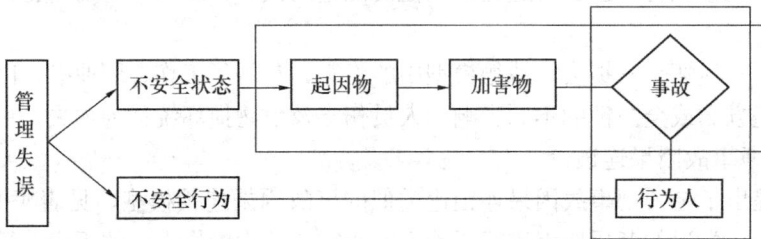

图 4-4　事故统计分析因果连锁模型

（3）能量意外释放论

1）能量在事故致因中的地位。能量在人类的生产、生活中是不可缺少的，人类利用各种形式的能量做功以实现预定的目的。人类在利用能量的时候必须采取措施控制能量，使能量按照人们的意图产生、转换和做功。从能量在系统中流动的角度，应该控制能量按照人们规定的能量流通渠道流动。如果某种原因失去了对能量的控制，就会发生能量违背人的意愿的意外释放或逸出，使进行中的活动中止而发生事故。如果意外释放的能量作用于人体，并且能量的作用超过人体的承受能力，则将造成人员伤害；如果意外释放的能量作用于设备、建筑物、物体等，并且能量的作用超过它们的抵抗能力，则将造成设备、建筑物、物体等的损坏。

人体受到超过其承受能力的各种形式的能量作用时，受伤害的情况见表 4-10 所示；人体与外界的能量交换受到干扰而发生的伤害的情况见表 4-11 所示。

能量类型与伤害   表 4-10

能量类型	产 生 的 伤 害	事 故 类 型
机械能	刺伤、割伤、撕裂、挤压皮肤和肌肉、骨折、内部器官损伤	物体打击、车辆伤害、机械伤害、起重伤害、高处坠落、坍塌、冒顶片帮、放炮、火药爆炸、瓦斯爆炸、锅炉爆炸、压力容器爆炸
热能	皮肤发炎、烧伤、烧焦、焚化、伤及全身	灼烫、火灾
电能	干扰神经、肌肉功能、电伤	触电
化学能	化学性皮炎、化学性烧伤、致癌、致遗传突变、致畸胎、急性中毒、窒息	中毒和窒息、火灾

干扰能量交换与伤害   表 4-11

影响能量交换类型	产 生 的 伤 害	事故类型
氧的利用	局部或全身生理损害	中毒和窒息
其他	局部或全身生理伤害（冻伤、冻死）、热痉挛、热衰竭、热昏厥	

2）能量观点的事故因果连锁。调查伤亡事故原因发现，大多数伤亡事故都是因为过量的能量，或干扰人体与外界正常能量交换的危险物质的意义释放引起的，并且这种过量能量或危险物质释放都是由于人的不安全行为或物的不安全状态造成。美国矿山局的札别塔基斯（Michael Zabetakis）依据能量意外释放理论，建立了新的事故因果连锁模型。

（4）人机工程学事故致因论

人机工程学是一门研究人、机、环境三者之间相互关系的学科，在海因里希事故致因原理的基础上，综合考虑了其他因素，提出了事故因果关系图，见图 4-5 所示。

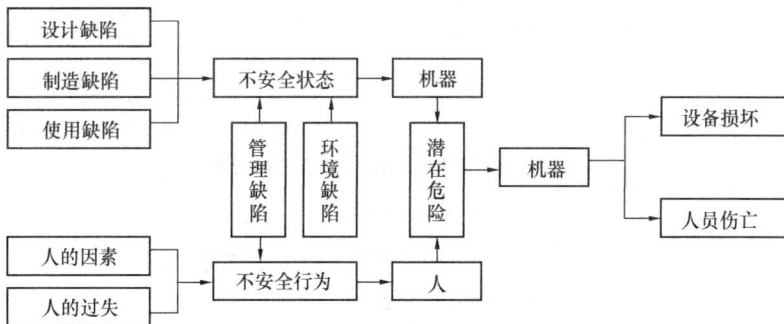

图 4-5 事故因果关系图

该理论指出，在人机协调作业的生产过程中，人与机器在一定的管理和环境条件下，为完成一定的任务，既各自发挥自己的作用，又必须相互联系，相互配合。这一系统的安全性和可靠性不仅取决于人的行为，还取决于物的状态，一般说来，大部分安全事故发生在人和机械的交互界面上，人的不安全行为和机械的不安全状态是导致意外伤害事故的直接原因。因此，生产过程中存在的风险不仅取决于物的可靠性，还取决于人的"可靠性"。

根据统计数据，由于人的不安全行为导致的事故大约占事故总数的88%～90%。预防和避免事故发生的关键是从生产开始，就应用人机工程学的原理和方法，通过正确的管理，努力消除各种不安全因素，建立一个"人——机——环境"协调工作及操作可靠的安全生产系统。

（5）事故链理论

有时事故被认为是一系列事件发生的后果。这些事件是一系列的，一件接一件发生的，因此，对事故的描述就是"一连串的事件"。这一系列或一连串事件的发生，最终导致了事故的发生。只要这一系列和一连串事件中有一件不发生，事故也就不会发生。制止这一连串事件中的任何一个事件（而不仅仅是最后一件导致事故的行为）的发生就能截断事故链，避免事件发生。这一连串事件中的任何事件都是事故原因的重要环节，都是事故预防工作潜在的目标。要改善安全工作，需要考虑事故链上的其他事件，而不仅仅是最后一件导致事故的行为。事故链理论是事故预防工作中应用最多的理论。

4.3.2　故障树理论

故障树分析法（FTA），它与事件树分析法相反，是从事故开始，按生产工艺流程及因果关系，逆时序地进行分析，最后找出事故的起因。这种方法也可进行定性或定量分析，能揭示事故起因和发生的各种潜在因素，便于对事故发生进行系统预测和控制。图4-6是物体打击死亡事故事件树分析。

图4-7为一位工人不慎从脚手架上坠落死亡事故的故障树分析示例，图中符号意义见表4-12。

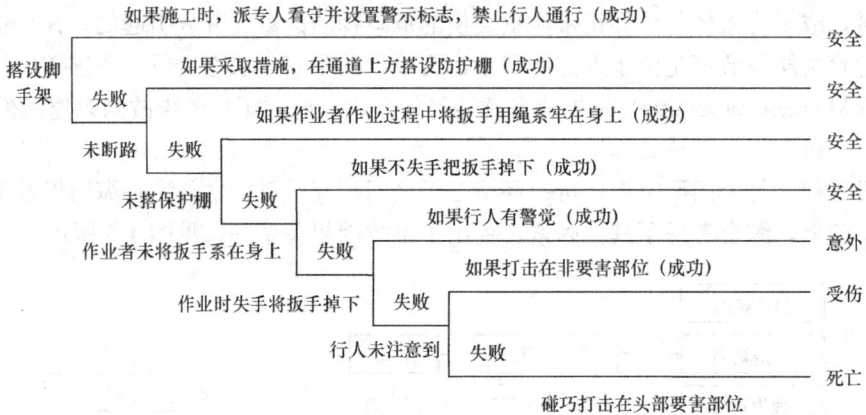

图 4-6　物体打击死亡事故事件树分析

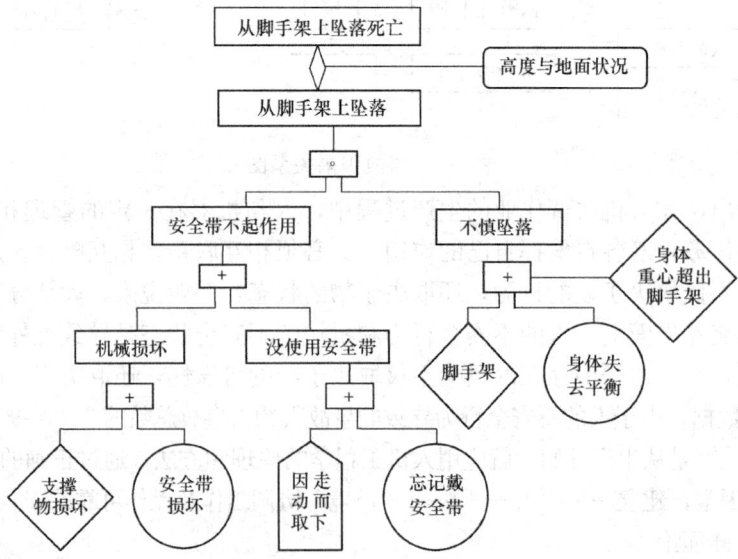

图 4-7　脚手架上坠落死亡故障树

故障树分析常用符号、意义　　　　　　　　　　　　　表 4-12

类型	名称	符号	说　　明	表达式
逻辑门	与门	A B_1 B_2	表示输入事件 B_1、B_2 同时发生时，输出事件 A 才就发生	$A = B_1 \cdot B_2$
	或门	A + B_1 B_2	表示输入事件 B_1 或 B_2 任何一个事件发生，A 就发生	$A = B_1 + B_2$
	条件与门	A B_1 B_2	表示 B_1、B_2 同时发生并满足该门条件时，A 才发生	
	条件或门	A + B_1 B_2	表示 B_1 或 B_2 任一事件发生并满足该门条件时，A 才会发生	
事件	矩形		表示顶上事件或中间事件	
	圆形		表示基本事件，即发生事故的基本原则	
	屋形		表示正常事件，即非常缺陷事件，是系统正常状态下存在的正常事件	
	菱形		表示信息不充分、不能进行分析或没有必要进行分析的省略事件	

4.3.3 PDCA 管理方法

PDCA 循环，是人们在管理实践中形成的基本理论方法，见图 4-8 所示。从实践论的角度，管理就是确定任务目标，并按照 PDCA 循环原理来实现预期目标，因此，PDCA 循环是目标管理的基本方法。

（1）计划 P（Plan）

在建设工程施工安全计划阶段，明确目标并制订实施目标的行动方案。在建设工程实施中，"计划"是指工程建设参与各方主体根据其任务目标和责任范围，确定安全控制的组织机构与制度、工作程序、技术方法、业务流程、资源配置、检验试验要求、安全记录方式、纠正措施与预防措施、管理措施等具体内容和做法的文件，"计划"还须对其实现预期安全目标的可行性、有效性、经

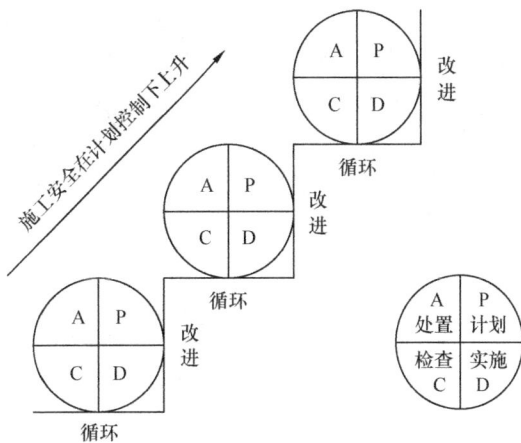

图 4-8　PDCA 循环示意图

济合理性进行分析论证，按照规定的程序与权限审批执行。

（2）实施 D（Do）

实施它包含两个环节，即计划行动方案的交底和按计划规定的方法与要求展开工程施工作业技术活动。计划交底的目的在于使具体的作业者和管理者，明确计划的意图和要求，掌握标准，从而规范行为，全面地执行计划的行动方案，步调一致地共同去努力实现预期的安全目标。

（3）检查 C（Check）

它指对计划实施过程进行各种检查，包括作业者的自检、互检和专职安全生产管理者的专检。各类检查都包含两大方画：一是检查是否严格执行了计划的行动方案；实际条件是否发生了变化；不执行计划的原因。二是检查计划执行的结果，即产出的结果是否达到标准的要求，对此进行确认和评价。

（4）处置 A（Action）

对于安全检查所发现的安全隐患等安全问题，及时进行原因分析，采取必要的措施，予以纠正，保持安全状况处于受控状态。处理分纠偏和预防两个步骤，前者是采取应急措施，解决当前的安全隐患等安全问题；后者是信息反馈管理部门，反思问题症结或计划的不足，为今后预防类似问题提供借鉴。

复 习 思 考 题

1. 国家安全生产方针、原则、法规、标准有哪些？
2. 简述安全管理体系的要求。
3. 工程建设安全管理体系的策划内容包括哪些方面？
4. 简述工程建设安全管理体系的实施与运行。
5. 简述事故致因理论的内容。
6. 简述故障树理论，并说明其在安全管理中的运用。
7. 简述 PDCA 管理方法。

第5章　工程建设安全生产管理

内容提要：本章主要介绍了工程建设安全生产管理目标，工程建设安全生产管理立法现状及法律责任，工程建设安全生产监督管理与职责，工程建设安全生产教育培训，工程建设安全生产及文明施工管理以及工程项目安全检查与验收标准。

5.1　工程建设安全生产管理目标

5.1.1　安全目标管理

施工项目安全管理目标是项目根据企业的整体目标，在分析外部环境和内部条件的基础上，确定安全生产要达到的目标，并采取一系列措施去努力实现的活动过程。施工项目安全管理目标有：

（1）控制目标

1）杜绝因工重伤、死亡事故的发生；

2）负轻伤频率控制在 6‰ 以内；

3）不发生火灾、中毒和重大机械事故；

4）无环境污染和严重扰民事件。

（2）管理目标

1）及时消除重大事故隐患，一般隐患整改率达到 95%；

2）扬尘、噪声、职业危害作业点合格率 100%；

3）保证施工现场达到当地省（市）级文明安全工地。

（3）工作目标

1）施工现场实施全员安全教育。特种作业人员持证上岗率达到 100%；操作人员三级安全教育率 100%；

2）按期开展安全检查活动，隐患整改做到"四定"，即：定整改责任人、定整改措施、定整改完成时间、定整改验收人；

3）认真把好安全生产的"七关"，即：教育关、措施关、交底关、防护关、文明关、验收关、检查关；

4）认真开展重大安全活动和施工项目的日常安全活动。

安全目标管理是施工项目重要的安全举措之一。它通过确定安全目标，明确责任，落实措施，实行严格的考核与奖惩，激励企业员工积极参与全员、全方位、全过程的安全生产管理，严格按照安全生产的奋斗目标和安全生产责任制的要求，落实安全措施，消除人的不安全行为和物的不安全状态，实现施工生产安全。施工项目推行安全生产目标管理不仅能进一步优化企业安全生产责任制，强化安全生产管理，体现"安全生产，人人有责"的原则，使安全生产工作实现全员管理，有利于提高企业全体员工的安全素质。

5.1.2　安全生产目标管理内容

安全生产目标管理的基本内容包括目标体系的确立、目标的实施及目标成果的检查与考核。

1）确定切实可行的目标值。采用科学的目标预测法，根据需要和可能，采取系统分析的方法，确定合适的目标值，并研究围绕达到目标应采取的措施和手段。

2）根据安全目标的要求，制定实施办法。做到有具体的保证措施，并力求量化，以便于实施和考核，包括组织技术措施，明确完成程序和时间、承担具体责任的负责人，并签订承诺书。

3）规定具体的考核标准和奖惩办法。要认真贯彻执行《安全生产目标管理考核标准》。考核标准不仅应规定目标值，而且要把目标值分解为若干具体要求来考核。

4）项目制定安全生产目标管理计划时，要经项目分管领导审查同意，由主管部门与实行安全生产目标管理的单位签订责任书，将安全生产目标管理纳入各单位的生产经营或资产经营目标管理计划，主要领导人应对安全生产目标管理计划的制定与实施负第一责任。

5）安全生产目标管理还要与安全生产责任制挂钩。层层分解，逐级负责，充分调动各级组织和全体员工的积极性，保证安全生产管理目标的实现。

5.2　工程建设安全生产监督管理与职责

5.2.1　工程建设安全生产监督管理

（1）建设工程施工安全管理的监管主体

建设工程施工安全管理的监管主体按实施主体不同，可分为内部监管主体和外部监管主体，如图 5-1 所示，内部监管主体是指直接从事建设工程施工安全生产职能的活动者，外部监管主体指对他人施工安全生产能力和效果的监管者，主要包括以下几方面：

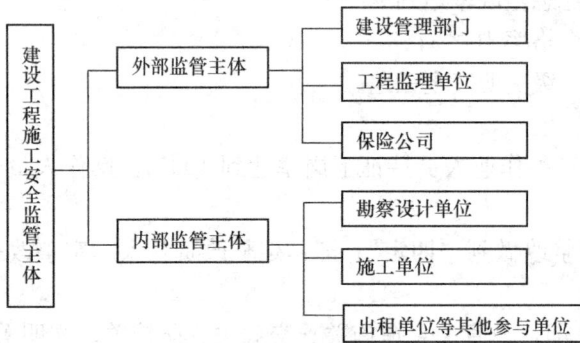

图 5-1　建设工程施工安全监管主体

1）政府的建设工程安全生产监督管理。政府属于外部监管主体，它主要是以国家的法律法规、标准规范为依据，通过建筑施工企业安全生产许可证、施工许可证、工程施工现场安全监督、材料机械和设备准用、安全事故处理、安全生产评价、从业人员资格等环节进行的。

2）工程监理单位的施工安全监理。工程监理单位属于外部监管主体，它主要是受建设单位的委托，根据监理合同及《建设工程安全生产管理条例》等法律法规规定，对工程施工全过程进行的安全生产监督和管理。

3）保险公司的施工安全管理。根据《中华人民共和国建筑法》（以下简称《建筑法》）、《建设工程安全生产管理条例》规定，施工单位应当为施工现场从事危险作业的人员办理意外伤害保险，因此，保险公司应当进行事故安全监管。保险公司属于外部监管主体，它是以保险合同、建设工程安全生产法律法规及标准规范为依据，对施工单位安全生产行为进行事前预控、事中控制及事后的事故评估和赔付。

4）勘察、设计单位的施工安全管理。勘察、设计单位属于内部监管主体，它是以国家法律法规、标准规范及合同为依据，对勘察、设计的整个过程进行安全管理，同时，设计中应当考虑施工安全操作和防护需要，保障施工作业人员人身安全等。

5）施工单位的施工安全管理。施工单位属于内部监管主体，它是以国家有关安全生产、建设工程安全生产等法律法规、安全技术标准与规范、工程设计图纸及合同等，对施工准备阶段、施工过程等全过程的施工生产进行的管理。

6）其他参与单位的施工安全管理。其他参与单位，包括提供机械设备和配件的单位、出租单位、安装拆装施工单位等，他们均属于内部监管主体，是以国家有关安全生产、建设单位工程安全生产等法律法规、安全技术标准与规范、合同等，对施工生产进行的管理。

（2）政府安全生产监督管理的责任

根据《建设工程安全生产管理条例》规定，政府的建设工程安全生产监督管理的责任为：

1）国务院负责安全生产监督管理的部门依照《中华人民共和国安全生产法》的规定，对全国建设工程安全生产工作实施综合监督管理。

县级以上地方人民政府负责安全生产监督管理的部门依照《中华人民共和国安全生产法》的规定，对本行政区域内建设工程安全生产工作实施综合监督管理。

2）国务院建设行政主管部门对全国的建设工程安全生产实施监督管理。国务院铁路、交通、水利等有关部门按照国务院规定的职责分工，负责有关专业建设工程安全生产的监督管理。

县级以上地方人民政府建设行政主管部门对本行政区域内的建设工程安全生产实施监督管理。县级以上地方人民政府交通、水利等有关部门在各自的职责范围内，负责本行政区域内的专业建设工程安全生产的监督管理。

3）建设行政主管部门在审核发放施工许可证时，应当对建设工程是否有安全施工措施进行审查，对没有安全施工措施的，不得颁发施工许可证。

建设行政主管部门或者其他有关部门对建设工程是否有安全施工措施进行审查时，不得收取费用。

4）县级以上人民政府负有建设工程安全生产监督管理职责的部门在各自的职责范围内履行安全监督检查职责时，有权采取下列措施：

①要求被检查单位提供有关建设工程安全生产的文件和资料；

②进入被检查单位施工现场进行检查；

③纠正施工中违反安全生产要求的行为；

④对检查中发现的安全事故隐患，责令立即排除；重大安全事故隐患排除前或者排除过程中无法保证安全的，责令从危险区域内撤出作业人员或者暂时停止施工。

建设行政主管部门或者其他有关部门可以将施工现场的监督检查委托给建设工程安全监督机构具体实施。

5）国家对严重危及施工安全的工艺、设备、材料实行淘汰制度。具体目录由国务院建设行政主管部门会同国务院其他有关部门制定并公布。

6）县级以上人民政府建设行政主管部门和其他有关部门应当及时受理对建设工程生产安全事故及安全事故隐患的检举、控告和投诉。

5.2.2 建设单位安全生产责任

建设单位在工程建设中居主导地位，对建设工程的安全生产负有重要责任。建设单位应在工程概算中确定并提供安全作业环境和安全施工措施费用；不得要求勘察、设计、监理、施工等单位违反国家法律法规和强制性标准规定，不得任意压缩合同约定工期；有义务向施工单位提供工程所需的有关资料，有责任将安全施工措施报送政府有关主管部门备案，应当将拆除工程发包给有建筑业企业资质的施工单位等。根据《建设工程安全生产管理条例》规定，建设单位的安全责任如下：

1）建设单位应当向施工单位提供施工现场及毗邻区域内给水、排水、供电、供气、供热、通信、广播电视等地下管线资料，气象和水文观测资料，相邻建筑物和构筑物、地下工程的有关资料，并保证资料的真实、准确、完整。

建设单位因建设工程需要，向有关部门或者单位查询前款规定的资料时，有关部门或者单位应当及时提供。

2）建设单位不得对勘察、设计、施工、工程监理等单位提出不符合建设工程安全生产法律、法规和强制性标准规定的要求，不得压缩合同约定的工期。

3）建设单位在编制工程概算时，应当确定建设工程安全作业环境及安全施工措施所需费用。

4）建设单位不得明示或者暗示施工单位购买、租赁、使用不符合安全施工要求的安全防护用具、机械设备、施工机具及配件、消防设施和器材。

5）建设单位在申请领取施工许可证时，应当提供建设工程有关安全施工措施的资料。

依法批准开工报告的建设工程，建设单位应当自开工报告批准之日起15日内，将保证安全施工的措施报送建设工程所在地的县级以上地方人民政府建设行政主管部门或者其他有关部门备案。

6）建设单位应当将拆除工程发包给具有相应资质等级的施工单位。

建设单位应当在拆除工程施工15日前，将下列资料报送建设工程所在地的县级以上地方人民政府建设行政主管部门或者其他有关部门备案：

①施工单位资质等级证明；

②拟拆除建筑物、构筑物及可能危及毗邻建筑的说明；

③拆除施工组织方案；

④堆放、清除废弃物的措施。

实施爆破作业的，应当遵守国家有关民用爆炸物品管理的规定。

5.2.3 勘察、设计、工程监理及其他有关单位的安全责任

根据《建设工程安全生产管理条例》规定，勘察、设计、工程监理及其他有关单位的安全责任如下：

1）勘察单位应当按照法律、法规和工程建设强制性标准进行勘察，提供的勘察文件应当真实、准确，满足建设工程安全生产的需要。

勘察单位在勘察作业时，应当严格执行操作规程，采取措施保证各类管线、设施和周边建筑物、构筑物的安全。

2）设计单位应当按照法律、法规和工程建设强制性标准进行设计，防止因设计不合理导致生产安全事故的发生。

设计单位应当考虑施工安全操作和防护的需要，对涉及施工安全的重点部位和环节在设计文件中注明，并对防范生产安全事故提出指导意见。

采用新结构、新材料、新工艺的建设工程和特殊结构的建设工程，设计单位应当在设计中提出保障施工作业人员安全和预防生产安全事故的措施建议。

设计单位和注册建筑师等注册执业人员应当对其设计负责。

3）工程监理单位应当审查施工组织设计中的安全技术措施或者专项施工方案是否符合工程建设强制性标准。

工程监理单位在实施监理过程中，发现存在安全事故隐患的，应当要求施工单位整改；情况严重的，应当要求施工单位暂时停止施工，并及时报告建设单位。施工单位拒不整改或者不停止施工的，工程监理单位应当及时向有关主管部门报告。

工程监理单位和监理工程师应当按照法律、法规和工程建设强制性标准实施监理，并对建设工程安全生产承担监理责任。

4）为建设工程提供机械设备和配件的单位，应当按照安全施工的要求配备齐全有效的保险、限位等安全设施和装置。

5）出租的机械设备和施工机具及配件，应当具有生产（制造）许可证、产品合格证。

出租单位应当对出租的机械设备和施工机具及配件的安全性能进行检测，在签订租赁协议时，应当出具检测合格证明。

禁止出租检测不合格的机械设备和施工机具及配件。

6）在施工现场安装、拆卸施工起重机械和整体提升脚手架、模板等自升式架设设施，必须由具有相应资质的单位承担。

安装、拆卸施工起重机械和整体提升脚手架、模板等自升式架设设施，应当编制拆装方案、制定安全施工措施，并由专业技术人员现场监督。

施工起重机械和整体提升脚手架、模板等自升式架设设施安装完毕后，安装单位应当自检，出具自检合格证明，并向施工单位进行安全使用说明，办理验收手续并签字。

7）施工起重机械和整体提升脚手架、模板等自升式架设设施的使用达到国家规定的检验检测期限的，必须经具有专业资质的检验检测机构检测。经检测不合格的，不得继续使用。

8）检验检测机构对检测合格的施工起重机械和整体提升脚手架、模板等自升式架设设施，应当出具安全合格证明文件，并对检测结果负责。

5.2.4 施工单位安全生产责任

根据《建设工程安全生产管理条例》规定，施工单位的安全责任如下：

1）施工单位从事建设工程的新建、扩建、改建和拆除等活动，应当具备国家规定的注册资本、专业技术人员、技术装备和安全生产等条件，依法取得相应等级的资质证书，并在其资质等级许可的范围内承揽工程。

2）施工单位主要负责人依法对本单位的安全生产工作全面负责。施工单位应当建立健全安全生产责任制度和安全生产教育培训制度，制定安全生产规章制度和操作规程，保证本单位安全生产条件所需资金的投入，对所承担的建设工程进行定期和专项安全检查，并做好安全检查记录。

施工单位的项目负责人应当由取得相应执业资格的人员担任，对建设工程项目的安全施工负责，落实安全生产责任制度、安全生产规章制度和操作规程，确保安全生产费用的有效使用，并根据工程的特点组织制定安全施工措施，消除安全事故隐患，及时、如实报告生产安全事故。

3）施工单位对列入建设工程概算的安全作业环境及安全施工措施所需费用，应当用于施工安全防护用具及设施的采购和更新、安全施工措施的落实、安全生产条件的改善，不得挪作他用。

4）施工单位应当设立安全生产管理机构，配备专职安全生产管理人员。

专职安全生产管理人员负责对安全生产进行现场监督检查。发现安全事故隐患，应当及时向项目负责人和安全生产管理机构报告；对违章指挥、违章操作的，应当立即制止。

专职安全生产管理人员的配备办法由国务院建设行政主管部门会同国务院其他有关部门制定。

5）建设工程实行施工总承包的，由总承包单位对施工现场的安全生产负总责。

总承包单位应当自行完成建设工程主体结构的施工。

总承包单位依法将建设工程分包给其他单位的，分包合同中应当明确各自的安全生产方面的权利、义务。总承包单位和分包单位对分包工程的安全生产承担连带责任。

分包单位应当服从总承包单位的安全生产管理，分包单位不服从管理导致生产安全事故的，由分包单位承担主要责任。

6）垂直运输机械作业人员、安装拆卸工、爆破作业人员、起重信号工、登高架设作业人员等特种作业人员，必须按照国家有关规定经过专门的安全作业培训，并取得特种作业操作资格证书后，方可上岗作业。

7）施工单位应当在施工组织设计中编制安全技术措施和施工现场临时用电方案，对下列达到一定规模的危险性较大的分部分项工程编制专项施工方案，并附具安全验算结果，经施工单位技术负责人、总监理工程师签字后实施，由专职安全生产管理人员进行现场监督：

①基坑支护与降水工程；

②土方开挖工程；

③模板工程；

④起重吊装工程；

⑤脚手架工程；

⑥拆除、爆破工程；

⑦国务院建设行政主管部门或者其他有关部门规定的其他危险性较大的工程。

对上述所列工程中涉及深基坑、地下暗挖工程、高大模板工程的专项施工方案，施工单位还应当组织专家进行论证、审查。

达到一定规模的危险性较大工程的标准，由国务院建设行政主管部门会同国务院其他有关部门制定。

8）建设工程施工前，施工单位负责项目管理的技术人员应当对有关安全施工的技术要求向施工作业班组、作业人员作出详细说明，并由双方签字确认。

9）施工单位应当在施工现场入口处、施工起重机械、临时用电设施、脚手架、出入通道口、楼梯口、电梯井口、孔洞口、桥梁口、隧道口、基坑边沿、爆破物及有害危险气体和液体存放处等危险部位，设置明显的安全警示标志。安全警示标志必须符合国家标准。

施工单位应当根据不同施工阶段和周围环境及季节、气候的变化，在施工现场采取相应的安全施工措施。施工现场暂时停止施工的，施工单位应当做好现场防护，所需费用由责任方承担，或者按照合同约定执行。

10）施工单位应当将施工现场的办公、生活区与作业区分开设置，并保持安全距离；办公、生活区的选址应当符合安全性要求。职工的膳食、饮水、休息场所等应当符合卫生标准。施工单位不得在尚未竣工的建筑物内设置员工集体宿舍。

施工现场临时搭建的建筑物应当符合安全使用要求。施工现场使用的装配式活动房屋应当具有产品合格证。

11）施工单位对因建设工程施工可能造成损害的毗邻建筑物、构筑物和地下管线等，应当采取专项防护措施。

施工单位应当遵守有关环境保护法律、法规的规定，在施工现场采取措施，防止或者减少粉尘、废气、废水、固体废物、噪声、振动和施工照明对人和环境的危害和污染。

在城市市区内的建设工程，施工单位应当对施工现场实行封闭围挡。

12）施工单位应当在施工现场建立消防安全责任制度，确定消防安全责任人，制定用火、用电、使用易燃易爆材料等各项消防安全管理制度和操作规程，设置消防通道、消防水源，配备消防设施和灭火器材，并在施工现场入口处设置明显标志。

13）施工单位应当向作业人员提供安全防护用具和安全防护服装，并书面告知危险岗位的操作规程和违章操作的危害。

作业人员有权对施工现场的作业条件、作业程序和作业方式中存在的安全问题提出批评、检举和控告，有权拒绝违章指挥和强令冒险作业。

在施工中发生危及人身安全的紧急情况时，作业人员有权立即停止作业或者在采取必要的应急措施后撤离危险区域。

14）作业人员应当遵守安全施工的强制性标准、规章制度和操作规程，正确使用安全防护用具、机械设备等。

15）施工单位采购、租赁的安全防护用具、机械设备、施工机具及配件，应当具有生产（制造）许可证、产品合格证，并在进入施工现场前进行查验。

施工现场的安全防护用具、机械设备、施工机具及配件必须由专人管理，定期进行检查、维修和保养，建立相应的资料档案，并按照国家有关规定及时报废。

16）施工单位在使用施工起重机械和整体提升脚手架、模板等自升式架设设施前，应当组织有关单位进行验收，也可以委托具有相应资质的检验检测机构进行验收；使用承租的机械设备和施工机具及配件的，由施工总承包单位、分包单位、出租单位和安装单位共同进行验收。验收合格的方可使用。

《特种设备安全监察条例》规定的施工起重机械，在验收前应当经有相应资质的检验检测机构监督检验合格。

施工单位应当自施工起重机械和整体提升脚手架、模板等自升式架设设施验收合格之日起 30 日内，向建设行政主管部门或者其他有关部门登记。登记标志应当置于或者附着于该设备的显著位置。

17）施工单位的主要负责人、项目负责人、专职安全生产管理人员应当经建设行政主管部门或者其他有关部门考核合格后方可任职。

施工单位应当对管理人员和作业人员每年至少进行一次安全生产教育培训，其教育培训情况记入个人工作档案。安全生产教育培训考核不合格的人员，不得上岗。

18）作业人员进入新的岗位或者新的施工现场前，应当接受安全生产教育培训。未经教育培训或者教育培训考核不合格的人员，不得上岗作业。

施工单位在采用新技术、新工艺、新设备、新材料时，应当对作业人员进行相应的安全生产教育培训。

19）施工单位应当为施工现场从事危险作业的人员办理意外伤害保险。

意外伤害保险费由施工单位支付。实行施工总承包的，由总承包单位支付意外伤害保险费。意外伤害保险期限自建设工程开工之日起至竣工验收合格止。

5.3　工程建设安全生产教育培训

我国建筑业近年来事故率呈逐年上升趋势。建筑行业生产施工多在露天进行，工作环境、工作条件差，生产施工环节多、周期长，生产工艺复杂，对安全措施要求高；建筑生产手工操作多，体力消耗多，劳动强度高，多工种立体交叉操作，安全隐患多；特别是近年来一线从业者中，相当一部分为没受过任何培训的农民工，他们的业务素质、技术水平与工作岗位要求差距大，而且他们的流动性大，所以安全管理难度很大，安全教育手段及措施很难到位；随着我国经济体制改革的不断深化，投资主体的多元化，建设规模越来越大，建设工程市场竞争越来越激烈；同时，建筑业的发展，对安全技术、劳动力技能、安全意识、安全生产科学管理方面都提出了新要求；尤其是新材料、新工艺、新技术、新设备在建设工程上的应用，使得工程建设速度大大加快，施工难度不断加大，引发了新的危险因素，使得事故起数和死亡人数逐年增加。

因此，安全工作在建筑工程中的影响重大。抓安全重在教育，这是因为事故是由人的不安全行为和物的不安全条件及环境因素造成的。抓好以人为本，以教育为基础，强化安全宣传教育，提倡安全文化，提高全员安全生产素质是抓好安全生产工作的重要环节，是实现安全生产的基本条件。

安全教育是指强化职工的安全意识、提高职工的安全技术水平的各种宣传、教育和培训活动。安全教育和培训是为了普及安全知识，提高从业人员安全意识，掌握安全操作规程和技能，从"要我安全"转向"我要安全"、"我懂安全"，这是安全意识的飞跃，这种飞跃来自于经常的反复的安全再教育。

企业职工通过安全教育和专业性安全技术知识的培训，要能提高执行党和国家有关安全生产方针、政策、法规的自觉性；要能深入了解生产特点、工艺流程、设备性能、安全技术规范及事故教训；要能提高安全素质、自我保护能力及判断事故、处理事故的能力，起到防止事故发生，减少职业危害，促进安全生产的作用。

5.3.1　工程建设安全教育的形式

工程建设安全教育的形式主要有：

（1）新工人"三级安全教育"

三级安全教育是企业必须坚持的安全生产基本教育制度。对新工人（包括新招收的合同工、临时工、学徒工、农民工及实习和代培人员）必须进行公司、项目、作业班组三级安全教育，时间不少于40小时。

三级安全教育由安全、教育和劳资等部门配合组织进行。经教育考试合格者才准许进入生产岗位；不合格者必须补课、补考。对新工人的三级安全教育情况，要建立档案。新工人工作后一个阶段还应进行重复性的安全再教育，加深安全感性、理性知识的意识。三级安全教育的主要内容是：

1）公司安全培训教育的主要内容是：国家和地方有关安全生产的方针、政策、法规、标准、规范、规程和企业的安全规章制度等，培训教育的时间不得少于15学时。

2）项目安全培训教育的主要内容是：工地安全制度、施工现场环境、工程施工特点及可能存在的不安全因素等，培训教育的时间不得少于15学时。

3）班组安全培训教育的主要内容是：本工种的安全操作规程、事故安全案例、劳动纪律和岗位讲评等，培训教育的时间不得少于20学时。

【案例5.1】　说明公司员工三级安全教育培训制度。

为了更好执行国家的安全方针、政策法规。必须对员工进行有组织的安全教育，包括三级教育（新工人入企教育、项目现场教育、岗位教育）、变换工种教育、特种作业人员的专门培训以及安全专项培训。

（1）企业级安全培训

1）对于新入企或调动工作的工人，在分配工作前要进行入企安全教育，内容包括：学习有关安全文件、介绍企业安全生产形势、介绍企业特殊危险地点、进行一般的电气和机械安全知识介绍和发生事故的应变办法。

2）特种作业人员必须到专门培训机构培训，特种作业人员必须持证上岗。

3）组织专项培训：如厂级、车间级干部安全培训；义务消防员消防知识培训；各单位安全员培训。

（2）项目现场教育

新入企工人或调动工作的工人，进入项目现场必须进行安全培训，内容包括：项目现场概况、生产性质、生产任务、工艺流程、设备特点、安全管理形式、安全生产规程、项目现场危险作业区情况、有毒有害作业点情况及必须遵守的安全事项。

（3）岗位教育

1）新入企的工人或调动工作的工人要进行岗位教育，内容有班组生产性质、任务、岗位安全操作规程。劳护用品的正确使用和保管、预防事故的措施及事故发生后应采取的应变措施等。

2）当工人工种变换时，所在班组应进行变换工种教育、介绍设备特点、安全操作规程及事故应变措施等。

（2）转场安全教育

新转入施工现场的工人必须进行转场安全教育，教育时间不得少于 8 小时，教育内容包括：

1）本工程项目安全生产状况及施工条件；

2）施工现场中威胁部位的防护措施及典型事故案例；

3）本工程项目的安全管理体系、规定及制度。

（3）变换工种安全教育

凡变换工种或调换工作岗位的工人必须进行变换工种安全教育，变换工种安全教育时间不少于 4 小时，教育考核合格后方准上岗。

（4）特种作业安全教育

从事特种作业的人员必须经过专门的安全技术培训，经考试合格取得操作证后方准独立作业。特种作业的类别主要有：电工作业，金属焊接作业，起重机械作业，登高架设作业，厂内机动车辆驾驶。

（5）班前安全活动交底（班前讲话）

班前安全讲话作为施工队伍经常性安全教育活动之一，各作业班组长于每班工作开始前（包括夜班工作前）必须对本班组全体人员进行不少于 15 分钟的班前安全活动交底。班组长要将安全活动交底内容记录在专用的记录本上，各成员在记录本上签名。

（6）周一安全活动

周一安全活动作为施工项目经常性安全活动之一，每周一开始工作前应对全体在岗工人开展至少 1 小时的安全生产及法制教育活动。活动形式可采取看录像、听报告、分析事故案例、图片展览、急救示范、智力竞赛、热点辩论等形式进行。工程项目主要负责人要进行安全讲话。

（7）季节性施工安全教育

进入雨期及冬期施工前，在现场经理的部署下，由各区域责任工程师负责组织本区域内施工的分包队伍管理人员及操作工人进行专门的季节性施工安全技术教育，时间不少于 2 小时。

（8）节假日安全教育

节假日前后应特别注意各级管理人员及操作者的思想动态，有意识有目的地进行教育、稳定他们的思想情绪，预防事故发生。

5.3.2　工程建设安全教育的方法

要使工人们关注安全、让安全意识深入人心，让安全教育达到效果，根本措施就是注重教育方法和形式。通过灵活多变的安全教育方法和形式，引导受教育者从被动学习到主动认知，使受教育者产生思想共鸣，从思想上高度重视起来。以下是几种安全教育的方法。

（1）理性法

主要由授课人，将教育内容以讲课的方式向受教育人讲解。这是我们用得最多的一种方法。这是从理性的角度引导人们理解国家的方针、法律、法规、政策，企业的安全生产规章制度及安全目标；掌握预防改善和控制危险的手段、方法。通过理性灌输来强化安全生产意识，使职工不仅仅知道怎样去做，还知道为什么这样做。这种教育方法的缺点是理论性较强，会让人感到枯燥乏味。因此采用这种教育方法应注意语言的生动性，并尽量将理论与实际案例相结合，在形式上采用幻灯、录像、多媒体等视听相结合的手段。

（2）换位法

改变一下教育方式，在新工人入场前安全教育时，不把重点放在如果不讲安全、违反操作规程就怎样、罚多少款。而是让他们换位思考，把"以人为本"换成"以别人为本"，让职工们更好的理解企业所做的安全工作，处处都是为了他们，他们所做的一切是为了别人，同时也是为了自己。因为建筑行业是多工种协同作业、穿插作业，每个人的所作所为都与现场工作人员密不可分的。有这样一个例子：工人甲在作业中发现了一块木板上有朝天钉，没有把它拿走或把它砸倒，而是视而不见，工人乙走过来没注意，一脚踩在上面，把脚扎了。换过来，工人乙看见一块探头板，本是举手之劳把它加固好的事情，但是他没有动，工人甲走过来，一脚踩上发生了事故。如果你这样对待别人，别人也可能这样对待你。所以这种教育方法要让工人们换位思考，无论做什么事都要想一想，你这样做对别人会有伤害吗？

（3）情感法

在安全教育中必须注重情，管理者要以实际行动关心、爱护职工，要让职工感觉到你是发自内心的，诚心诚意的关心，尤其是对违章作业者、事故责任者和受伤害者的安全教育，要以情感人，既要达到教育人的目的，又不伤其自尊心。情感法的目的要让受教育者从内心受到教育，真正能让其内心感受到。其方式是可以个别谈心、交心，工作中善意提醒，以充分的依据来证实他的所作所为之不妥。以及采用父母、夫妻、子女情等，用情理论，你给他面子，他就会讲道理，安全教育才能收到好的效果。

（4）情景法

通过设置情景，让受教育者接受身临其境的感受，是这一方法的主要目的。其形式可采用事故预想、事故预案演练以及救护演习，让受教育者进入环境或在模拟操作中获得经验和感受。

（5）氛围法

安全教育还应体现在企业的整个管理过程中，文明、整洁、有序的作业环境，醒目的警示标志，和谐的安全宣传标语，严格的规章制度和雷厉风行的管理作风，在向职工传递一种和谐向上的企业文化，一种责任感、使命感的同时，也起到了暗示和约束作用。作业者受到良好的环境和氛围的感染，会自愿的使自己与周围环境保持一致，不文明作业、违章作业的行为便受到约束。反之，管理作风拖拖拉拉，工作场地杂乱无章，会向职工传递一种管理不严、无序的信息，受到这种环境和氛围的影响，职工会获得没有约束的暗示，并认为可以我行我素，工作也没有积极性和热情。因此应尽量营造良好的工作环境和工作氛围，使职工自愿的随环境、氛围的改变而改变自己。

（6）活动法

集知识性、趣味性、教育性为一体的丰富多彩的教育类型。如：组织安全在我心中演讲、悬挂安全生产漫画宣传、安全生产文艺汇演、开展安全知识竞赛、查安全隐患竞赛、组织各类参观学习活动。

安全教育的方式多种多样，安全教育形势千变万化，现实中，应根据人的年龄、文化、性格、身体素质的不同，而使用不同的教育方式、方法。总之，无论采用何种方式，关键在于激发受教育者的内在需求，引起思想共鸣，才能真正收到安全教育的效果。

5.3.3 安全教育的内容

安全是生产赖以正常进行的前提，安全教育又是安全管理工作的重要环节，是提高全员安全素质、安全管理水平和防止事故，从而实现安全生产的重要手段。安全教育的内容一般包括安全生产思想教育、安全生产知识教育、安全技能和法制教育四个方面的内容。建筑业企业应根据不同的教育对象，侧重于不同的教育内容，提出不同的教育要求。

（1）安全生产思想教育

安全生产思想教育的目的是为安全生产而奠定思想基础，一般从加强思想认识和方针政策以及劳动纪律教育等方面来进行。

1）思想认识和方针政策的教育主要包括两个方面：一是提高各级管理人员和广大职工群众对安全生产重要意义的认识，从思想上、理论上认识社会主义制度下搞好安全生产的重要意义，以增强关心人、保护人的责任感，树立牢固的群众观点；二是通过安全生产方针、政策教育，提高各级技术、管理人员和广大职工的政策水平，严肃认真地执行安全生产方针、政策和法规。

2）劳动纪律教育主要是使广大职工懂得严格执行劳动纪律对实现安全生产的重要性。企业的劳动纪律是劳动者进行共同劳动时必须遵守的法则和秩序，反对违章指挥，反对违章作业，严格执行安全操作规程。遵守劳动纪律是贯彻安全生产方针，减少伤害事故，实现安全生产的重要保证。

（2）安全生产知识教育

企业所有职工必须具备安全基本知识，全体职工都必须接受安全知识教育和每年按规定学时进行安全培训。安全基本知识教育的主要内容包括一般生产技术知识教育、一般安全技术知识教育和专业安全技术知识教育。就是说，通过教育，提高生产技能，防止误操作，掌握一般职工必须具备的、最起码的安全技术知识，以适应对工厂通常危险因素的识别、预防和处理。对于特殊工种的工人，则是进一步掌握专门的安全技术知识，防止受特殊危险因素的危害。

（3）安全技能教育

安全技能教育就是结合本工种专业特点，实现安全操作、安全防护所必须具备的基本技术知识要求。安全技能知识是比较专门、细致和深入的知识，它包括安全技术、劳动卫生和安全操作规程。国家规定建筑登高架设、起重、焊接、电气、爆破、压力容器、锅炉等特种作业人员必须进行专门的安全技术培训。安全技能教育可以通过宣传先进经验和事故教育等手段进行。宣传先进经验，既是教育职工找差距的过程，又是学、赶先进的过程；事故教育可以从事故中吸取有益的东西，防止今后类似事故的重复发生。在进行相似施工作业或生产工艺过程前、在节假日前、在施工任务紧迫的时候，对本企业或同行业发生的类似事故对员工进行教育，具有现实感和贴近感，可以使大家认识到隐患的危害性和事故的可怕性，认识到遵章守法的重要性，在实际工作中引以为戒。

例如：某企业为了防止事故发生，改变过去传统的安全教育方式，把过去发生事故的伤者请来现场现身说法进行安全教育，收到了较好的效果。如在烟道施工中，由于脚手架作业层跳板上的杂物没有及时清理，下方上料班小王头戴安全帽推车上料吊运，从上方 20 多米高空掉下一块约 2kg 重的长方形铁块，正好砸在小王的安全帽上，安全帽沿打掉一块，帽子打出一条裂缝，小王被打在地上眼冒金星，却没伤着，小王在现身说法安全教育课堂上拿着安全帽说:如果我那次不戴安全帽,就没有今天了。请千万戴好保命的安全帽。

(4)法制教育

法制教育就是要采取各种有效形式,对全体职工进行安全生产法规和法制教育,从而提高职工遵法、守法的自觉性,以达到安全生产的目的。

安全教育培训的内容要注重针对性,并随实际需要进行确定。比如:

1)对学徒工、实习工的入场三级安全教育重点是:一般安全知识、生产组织原则、生产环境、生产纪律等。强调操作的非独立性,对季节工、农民工的三级安全教育以生产组织原则、环境、纪律、操作标准为主。

2)把安全知识、安全技能、设备性能、操作规程、安全法规、强制性标准等作为安全教育的主要内容。按照使职工具备安全知识、安全技能和安全意识三阶段进行。

3)结合施工生产的变化,适时进行安全知识教育。包括季节性安全教育、节假日加班加点职工的安全教育、突击赶任务情况的安全教育。

4)对各级领导干部和安全管理干部,主要是提高政策水平,熟悉安全技术、劳动卫生业务知识,尤其是在安全生产方面的职能、任务以及如何管理;地区事故概况、特点以及应吸取的教训等。

5)采用新技术,使用新设备、新材料,推行新工艺前,应对有关人员进行安全知识、技能、意识的全面安全教育,激励操作者实行安全技能的自觉性。

5.3.4 工程建设安全教育的对象

工程建设安全教育的目的,就是为了贯彻执行国家的安全生产方针,避免或减少伤亡事故,顺利完成生产(施工)任务。因此,对施工企业专业管理人员和技术工人,特别是新工人、新专业管理人员进行岗位培训安全教育是十分必要的。

建设部建教〔1997〕83号《建筑业企业职工安全培训教育暂行规定》要求,建筑业企业职工每年必须接受一次专门的安全培训。

1)企业法定代表人、项目经理每年接受安全培训的时间,不得少于30学时;

2)企业专职安全管理人员除按照建教(1991)522号文《建设企事业单位关键岗位持证上岗管理规定》的要求,取得岗位合格证书并持证上岗外,每年还必须接受安全专业技术业务培训,时间不得少于40学时;

3)企业其他管理人员和技术人员每年接受安全培训的时间,不得少于20学时;

4)企业特殊工种(包括电工、焊工、架子工、司炉工、爆破工、机械操作工、起重工、塔吊司机及指挥人员、人货两用电梯司机等)在通过专业技术培训并取得岗位操作证后,每年仍须接受有针对性的安全培训,时间不得少于20学时;

5)企业其他职工每年接受安全培训的时间,不得少于15学时;

6)企业待岗、转岗、换岗的职工,在重新上岗前,必须接受一次安全培训,时间不得少于20学时。

7)建筑业企业新进场的工人,必须接受公司、项目(或工区、工程处、施工队)、班组的三级安全培训教育,经考核合格后,方能上岗。

企业的主要负责人、项目负责人、专职安全生产管理人员应当经建设行政主管部门或者其他有关部门考核合格后方可任职。企业还应当对管理人员和作业人员的培训教育情况记入个人工作档案,未经安全教育培训或者安全教育培训考核不合格的人员,不得上岗作业。

【案例 5.2】　背景：某高校决定对每幢建筑物进行外表清洁。在对教学楼外墙面砖进行擦洗作业时，在东立面消防楼梯门口两侧部位，工人甲在 9 层消防楼梯平台北侧靠近护身栏杆处，擦洗距平台地面约 2.5m 高的墙面砖时高度不够，工人甲将右脚站在 1.2m 高φ18 螺纹钢焊成的护身栏杆横栏处，左脚站在 90cm 高的马凳上，在探身擦外侧面砖时，由于未系安全带身体失稳，坠于首层门口行车坡道顶部，坠落高度 24m，送往附近医院抢救无效死亡。

问题：（1）简要分析事故发生的原因。

（2）建筑工程施工现场常见的职工伤亡事故类型有哪些？

（3）三级安全教育的内容是什么？请简要说明。

【解析】　（1）事故发生的原因是：工人甲违反安全操作规程中有关"高度及危险部位作业，应注意周围环境和必须挂好安全带"的规定；安全教育不够，工人自我保护意识差；安全检查不到位；安全交底工作欠佳，安全措施不到位；项目经理部对该项作业的施工方案没有进行认真研究、也没有针对作业现场的情况制定切实可行的安全措施。

（2）建筑工程施工现场常见的职工伤亡事故类型有：高处坠落、物体打击、触电、机械伤害、坍塌事故等。

（3）三级安全教育是指：公司教育、项目经理部教育和施工班组教育。教育的内容、时间及考核结果要有记录。按照建设部《建筑业企业职工安全培训教育暂行规定》：

公司教育内容是：国家和地方有关安全生产的方针、政策、法规、标准、规范、规程和企业的安全规章制度等。项目经理部教育内容是：工地安全制度、施工现场环境、工程施工特点及可能存在的不安全因素等。施工班组教育内容是：本工种的安全操作规程、事故案例剖析、劳动纪律和岗位讲评等。

【案例 5.3】　背景：工人甲在某工程上剔凿保护层上的裂缝，由于没有将剔凿所用的工具带到工作面，便回去取工具，行走途中，不小心踏上了通风口盖板上（通风口为1.3m×1.3m，盖板为 1.4m×1.4m、厚 1mm 的镀锌钢板），铁皮在甲的踩踏作用下，迅速变形塌落。甲随塌落的钢板掉到首层地面（落差 12.35m），经抢救无效于当日死亡。

问题：（1）这是一起由于"四口"防护不到位所引起的伤亡事故。那么，何谓"三宝"、"四口"？"临边"指哪些部位？

（2）施工现场对安全工作应制定工作目标。安全管理目标主要包括哪些？

（3）建立安全管理体系有哪些要求？

【解析】　（1）"三宝"指安全帽、安全带、安全网的正确使用；"四口"指楼梯口、电梯井口、预留洞口、通道口。"临边"通常指尚未安装栏杆或栏板的阳台周边、无外脚手架防护的楼面与屋面周边、分层施工的楼梯与楼梯段边、井架、施工电梯或外脚手架等通向建筑物的通道的两侧边、框架结构建筑的楼层周边、斜道两侧边、卸料平台外侧边、雨篷与挑檐边、水箱与水塔周边等处。

（2）安全管理目标主要包括：

①伤亡事故控制目标：杜绝死亡、避免重伤，一般事故应有控制指标；

②安全达标目标：根据工程特点，按部位制定安全达标的具体目标；

③文明施工实现目标：根据作业条件的要求，制定文明施工的具体方案和实现文明工

地的目标。

（3）建立安全管理体系的要求有：管理职责；安全管理体系；采购控制；分包单位控制；施工过程控制；安全检查、检验和标识；事故隐患控制；纠正和预防措施；安全教育和培训；内部审核；安全记录。

5.4 工程建设安全生产及文明施工管理

5.4.1 工程建设安全生产及文明施工概念

安全生产可以被理解为：采取行政的、法律的、经济的、科学技术的等多方面措施，预知并控制乃至消除生产、经营、科研过程中的危险减少和预防事故的发生，实现生产经营科研过程的正常运转，避免经济损失和人员伤亡。安全生产是人们生产经营科研活动中的理想状态，是经济组织获得最佳经济效益、最佳经营成就，科研组织获得预想科研成果，操作人员和作业者保护自身生命安全的必备条件。安全生产是一个整体所谓生产是指生产经营科研活动和经济活动。

文明施工是保持施工现场良好的作业环境、卫生环境和工作秩序。主要包括以下几个方面的工作：

①规范施工现场的场容，保持作业环境的整洁卫生；

②科学组织施工，使生产有序进行；

③减少施工对周围居民和环境的影响；

④遵守施工现场文明施工的规定和要求，保证职工的安全和身体健康。

5.4.2 工程建设安全生产及文明施工要求

（1）施工现场场容管理

为了加强建设工程施工现场管理，促进施工现场安全生产和文明施工，施工现场场容应符合表 5-1 的要求。

施工现场场容管理要求与措施 表 5-1

内容	要 求 与 措 施
现场场容	①施工现场应实行封闭式管理，围墙坚固、严密，高度不得低于 1.8m。围墙材质应使用专用金属定型材料或砌块砌筑，严禁在墙面上乱涂、乱画、乱张贴；②施工现场的大门和门柱应牢固美观，高度不得低于 2m，大门上应标有企业标识；③施工现场在大门明显处设置工程概况及管理人员名单和监督电话标牌。标牌内容应写明工程名称、面积、层数，建设单位，设计单位，施工单位，监理单位，项目经理及联系电话，开、竣工日期。标牌面积不得小于 0.7m×0.5m（长×高），字体为仿宋体，标牌底边距地面不得低于 1.2m；④施工现场大门内应有施工现场总平面图，安全生产、消防保卫、环境保护、文明施工制度板。施工现场的各种标识牌字体正确规范、工整美观，并保持整洁完好；⑤现场必须采取排水措施，主要道路必须进行硬化处理；⑥建设单位、施工单位必须在施工现场设置群众来访接待室，有专人值班，耐心细致接待来访人员并做好记录；⑦施工区域、办公区域和生活区域应有明确划分，设标志牌，明确负责人。施工现场办公区域和生活区域应根据实际条件进行绿化。办公室、宿舍和更衣室要保持清洁有序。施工区域内不得晾晒衣物被褥；⑧建筑物内外的零散碎料和垃圾渣土要及时清理。楼梯踏步、休息平台、阳台等处不得堆放料具和杂物。使用中的安全网必须干净整洁，破损的要及时修补或更换；⑨施工现场暂设用房整齐、美观。宜采用整体盒子房、复合材料板房类轻体结构活动房，暂设用房外立面必须要美观整洁；⑩水泥库内外散落灰必须及时清理，搅拌机四周、搅拌处及现场内无废砂浆和混凝土；▉建筑工程红线外占用地须经有关部门批准，应按规定办理手续，并按施工现场的标准进行管理

续表

内容	要　求　与　措　施
现场材料	①现场内各种材料应按照施工平面图统一布置，分类码放整齐，材料标识要清晰准确。材料的存放场地应平整夯实，有排水措施；②施工现场的材料保管应根据材料特点采取相应的保护措施；③施工现场杜绝长流水和长明灯；④施工垃圾应集中分拣、回收利用并及时清运
内业资料	①施工组织设计（或方案）内容应科学齐全合理，施工安全、保卫消防、环境保护和文明施工管理措施要有针对性，要有施工各阶段的平面布置图和季节性施工方案，并且切实可行；②施工组织设计（或方案）应有编制人、审批人签字及签署意见，补充或变更施工组织设计应经原编制人和审批人签字；③施工现场应建立文明施工管理组织机构，明确责任划分；④现场应有施工日志和施工现场管理制度；⑤现场有接待、解决居民来访的记录；⑥施工现场各责任区划分及负责人；材料存放布置图；⑦施工现场应建立贵重材料和危险品管理制度；⑧施工现场各责任区划分及负责人；材料存放布置图；⑨现场卫生管理制度及月卫生检查记录；⑩现场急救措施及器材配置。慢性职业中毒应急控制措施；⑪现场食堂及炊事人员的"三证"复印件

（2）施工现场防火要求与措施

1）要求

施工现场防火要求做到：

①施工现场平面布置图、施工方法和施工技术均应符合消防安全要求；

②开工前按施工组织设计防火措施要求，配置相应种类数量的消防器材设备设施；

③焊割作业点与氧气瓶、电石桶和乙炔发生器，存放、使用等危险品距离，应符合规定的安全距离；

④施工现场的焊割作业，必须符合防火要求，严格"十不烧"的规定；

⑤施工现场的动火作业，必须执行审批制度；

⑥施工现场用电，应严格按照施工现场临时用电安全技术规范，加强电源管理，以防发生电气火灾；

⑦发现火警的时候，应当迅速准确地报警，并积极参加补救；

⑧负责定期向职工进行防火安全教育和普及消防知识，提高职工防火警惕性；

⑨定期实行防火安全检查制度，发现火险隐患必须立即消除，对于难于消除的隐患要限期整改；

⑩对违反规定造成火灾的有关人员进行处罚，情节严重的应追究刑事责任。

2）施工防火技术措施

施工现场有个共同特点是可燃、易燃物品多。因此，一要加强对明火管理，保证明火与可燃易燃物堆场和仓库的防火间距在20m以上，以防飞火。二要严格用火制度，使用明火作业的部位，要逐级审批，在领取动火证之后，组织专人看守现场，作业完毕后，应清理现场，对残余火种应及时熄灭。模板堆场防火、仓库治安、防火安全管理措施、禁火区域划分及审批规定、焊、割作业"十不烧"规定如表5-2～表5-5所示。

模板堆场防火要求　　　　　　　　　　　　　　　　　　表5-2

序号	要　求
1	木料堆场严禁吸烟
2	木料堆场严禁动用明火

序号	要　　　求
3	木料堆场、制作场不准堆放易燃易爆物品及危险物品
4	夜间作业不得使用碘钨灯照明
5	下班前必须将木屑、零星木块等清除干净
6	下班时必须切断电源
7	必须配备消防灭火器材

仓库治安、防火安全管理措施　　　　　　　　　　　　　　表 5-3

序号	措　施　与　要　求
1	库房包括门窗设置必须牢固，大型和要害物件必须按规定设置报警器和避雷针
2	认真执行值班、巡逻制度。易燃易爆物品单独设置仓库存放，配备足够的消防器材
3	各种材料应分类分规格存放整齐
4	仓库管理人员离库时，应随时关窗、断电、锁门
5	管理员应认真执行各类物资器具的收、发、领、退、核制度，做到账、卡、物相符
6	提货单、凭证、印章有专人保管，已发货的单据应当场盖注销章
7	仓库内严禁用碘钨灯取暖，不准私烧火炉、电炉，严禁火种进入
8	仓库通道禁止堆放障碍物，保持消防道路畅通
9	按标准配备足够的消防器材，经常进行防火安全检查，及时发现消除大险隐患
10	仓库内严禁吸烟和带有火种的人进入。仓库附近动火须经审批
11	下班前应作巡视检查、关窗、断电、锁门，根据需要安排值班人员

禁火区域划分及审批规定　　　　　　　　　　　　　　　　表 5-4

动火等级	禁　火　区　域　划　分	审　批　规　定
一级动火	(1) 禁火区域内； (2) 油罐、油箱、油槽车和储存过可燃气体、易燃液体的容器以及连接在一起的辅助设备； (3) 各种受压设备； (4) 危险性较大的登高焊、割作业； (5) 比较密封的室内、容器内、地下室等场所； (6) 现场堆有大量可燃和易燃物质的场所	由所在单位行政负责人填写动火申请表，编制安全技术措施方案，报公司保卫部门及消防部门审查批准后，方可动火
二级动火	(1) 在具有一定危险因素的非禁火区域进行临时焊、割等用火作业； (2) 小型油箱等容器； (3) 登高焊、割等用火作业	由所在工地，车间的负责人填写动火申请表，编制安全技术措施方案，报本单位主管部门审查批准后，方可动火
三级动火	在非固定的、无明显危险因素的场所进行用火作业	由所在班组填写动火申请表，经工地、车间负责人及主管人员审查批准后，方可动火

焊、割作业"十不烧"规定　　　　　　表 5-5

序号	规 定 和 要 求
1	焊工必须持证上岗，无特种作业安全操作证的人员，不准进行焊、割作业
2	凡属一、二、三级动火范围的焊、割作业，未经办理动火审批手续不准进行焊、割作业
3	焊工不了解焊、割现场周围情况，不得进行焊、割作业
4	焊工不了解焊件内部是否安全时，不得进行焊、割作业
5	各种装过可燃气体、易燃液体和有毒物质的容器，未经彻底清洗，或未排除危险之前，不准进行焊、割作业
6	用可燃材料作保温层、冷却层、隔声、隔热设备的部位，或火星能飞溅的地方，在未采取切实可靠的安全措施之前，不准焊、割作业
7	有压力或密闭的管道、容器，不准焊、割作业
8	焊、割部位附近有易燃易爆物品，在未作清理或未采取有效的安全措施前，不准焊、割作业
9	附近有与明火作业相抵触的工种在作业时，不准焊、割作业
10	与外单位相连的部位，在没有弄清有无险情，或明知存在危险而未采取有效的措施之前，不准焊、割作业

3) 施工现场防火措施

①各单位在编制施工组织设计时，施工总平面图、施工方法和施工技术均要符合消防安全要求；

②施工现场应明确划分用火作业、易燃材料堆场、仓库、易燃废品集中站和生活区等区域；

③施工现场夜间应有照明设备，保持消防车通道畅通无阻，加强值班巡逻；

④施工作业期间需搭设临时性建筑物，必须经施工企业技术负责人批准，施工结束应及时拆除。但不得在高压架空线下面搭设临时性建筑物或堆放可燃物品；

⑤施工现场应配备足够的消防器材，指定专人维护、管理、定期更新，保证完整好用；

⑥在土建施工时，应先将消防器材和设施配备好，有条件的，应敷设好室外消防水管和消火栓；

⑦焊、割作业点与氧气瓶、电石桶和乙炔发生器等危险物品的距离不得少于 10m，与易燃易爆物品的距离不得小于 30m；如达不到上述要求的，应执行动火审批制度，并采取有效的安全隔离措施；

⑧乙炔发生器和氧气瓶的存放距离不得少于 2m；使用时两者的距离不得少于 5m；

⑨施工现场用电，应严格加强电源管理，防止发生电气火灾；

⑩严禁在屋顶用明火熔化柏油。

4) 灭火器材配备措施

①临时搭设的建筑物区域内应按规定配备消防器材。一般临时设施区，每 100m² 配备 2 只 10L 灭火机；大型临时设施总面积超过 1200m² 的，应备有专供消防用的太平桶、积水桶（池）、黄砂池等器材设施；上述设施周围不得堆放物品；

②临时木工间、油漆间、木、机具间等，每 25m² 应配置一只种类合适的灭火器；油库、危险品仓库应配备足够数量、种类合适的灭火器。

(3) 施工现场卫生和卫生防疫

关于施工现场卫生和卫生防疫如表 5-6 所示。

要求	措　　　施
施工现场卫生区域设置	①施工现场办公区、生活区卫生工作应由专人负责，明确责任；②办公区、生活区应保持整洁卫生，垃圾应存放在密闭式容器，定期灭蝇，及时清运；③生活垃圾与施工垃圾不得混放；④生活区宿舍内夏季应采取消暑和灭蚊蝇措施，冬季应有采暖和防煤气中毒措施，并建立验收制度。宿舍内应有必要的生活设施及保证必要的生活空间，室内高度不得低于2.5m，通道的宽度不得小于1m，应有高于地面30cm的床铺，每人床铺占有面积不小于2m²，床铺被褥干净整洁，生活用品摆放整齐，室内保持通风；⑤生活区内必须设有清洗设施和洗浴间；⑥施工现场应设水冲式厕所，厕所墙壁屋顶严密，门窗齐全，要有灭蝇措施，设专人负责定期保洁；⑦严禁随地大小便
施工现场医疗卫生	①施工现场应制定卫生急救措施，配备保健药箱、一般常用药品及急救器材。为有毒有害作业人员配备有效的防护用品；②施工现场发生法定传染病和食物中毒、慢性职业中毒应立即向上级主管部门及有关部门报告，同时要积极配合卫生防疫部门进行调查处理；③现场工人患有法定传染病或是病源携带者，应予以及时必要的隔离治疗，直至卫生防疫部门证明不具有传染性时方可恢复工作；④对从事有毒有害作业人员应按照《职业病防治法》的规定做职业健康检查
施工现场饮食卫生	①施工现场设置的临时食堂必须具备食堂卫生许可证、炊事人员身体健康证、卫生知识培训证。建立食品卫生管理制度，严格执行食品卫生法和有关管理规定。施工现场的食堂和操作间相对固定、封闭，并又具备清洗消毒的条件和杜绝传染疾病的措施；②食堂和操作间内墙应抹灰，屋顶不得吸附灰尘，应有水泥抹面锅台、地面，必须设排风设施。操作间必须有生熟分开的刀、盆、案板等炊具及存放柜橱。库房内应有存放各种佐料和副食的密闭器皿，有距墙距地面大于20cm的粮食存放台。不得使用石棉制品的建筑材料装修食堂；③食堂内外整洁卫生，炊具干净，无腐烂变质食品，生熟食品分开加工保管，食品有遮盖，应有灭蝇灭鼠灭蟑措施；④食堂操作间和仓库不得兼作宿舍使用；⑤食堂炊事员上岗必须穿戴洁净的工作服帽，并保持个人卫生；⑥严禁购买无证、无照商贩食品，严禁食用变质食物；⑦施工现场应保证供应卫生饮水，有固定的盛水容器并有专人管理，定期清洗消毒

施工现场卫生和卫生防疫要求与措施　　　　　　　　　　　　　　　　　表 5-6

5.5　工程建设安全生产及文明施工检查

5.5.1　安全生产检查

我国各级政府、行业主管部门，企业单位每年都要花费大量的人力、财力和时间，开展不同层次、不同方式、不同重点的安全生产检查。这些检查无疑都会对安全生产工作有一定程度的促进，也会使一批潜在的不安全危险源得到整改，有效地减少了事故的发生。开展安全生产检查，对提高生产经营单位的安全意识，加大安全生产的投入，坚持以人为本，落实科学发展观，构建和谐社会的作用和效果是不容置疑的。当前，各级政府和行业主管部门层层开展的安全生产检查，已成为具有中国特色的安全生产管理工作的一个重要措施。

安全检查是指施工企业安全生产管理部门、监察部门或项目经理部对企业贯彻国家安全生产法律法规的情况、安全生产情况、劳动条件、事故隐患等所进行的检查。安全检查的目的是验证建设工程施工安全计划的实施效果。

（1）安全检查的基本要求

施工单位项目经理部应组织定期对安全控制计划的执行情况进行检查考核和评价。对施工中存在的不安全行为和隐患，项目经理部应分析原因并制定相应的整改防范措施。

（2）安全检查的内容

施工单位项目经理部应根据施工过程的特点和安全目标的要求，确定安全检查内容，其内容应包括：安全生产责任制；安全生产保证计划；安全组织机构；安全保证措施；安全技术交底；安全教育；安全持证上岗；安全设施；安全标识；操作行为；违规管理；安全记录等。

（3）安全检查的方法

施工单位项目经理部安全检查的方法应采取随机抽样、现场观察、实地检测相结合的方式，并记录检测结果。

为了保证安全检查的效果，必须成立一个适应完全检查工作需要的检查组，配备适当的力量。安全检查的规模、范围较大时，由企业领导负责组织安技、工会及有关科室的科长和专业人员参加，在企业领导或总工程师带领下，深入现场，发动群众进行检查。属于专业性检查，可由企业领导人指定有关部门领导带队，组成由专业技术人员、安技、工会和有经验的老工人参加的安全检查组。每一次检查，事前必须有准备、有目的、有计划，事后有整改、有总结。

（4）安全检查的形式

安全检查可分为日常性检查、专业性检查、季节性检查、节假日前后的检查和不定期检查。

1）日常性检查

日常性检查即经常的、普遍的检查。企业一般每年进行 1～4 次；工程项目组、车间、科室每月至少进行一次；班组每周、每班次都应进行检查。专职的安全技术人员的日常检查应该有计划，针对重点部位周期性地检查。

2）专业性检查

专业性检查是针对特种作业、特种设备、特殊场所进行的检查，如电焊、气焊、起重设备、运输车辆、锅炉压力容器、易燃易爆场所等。

3）突击检查

突击检查是一种无固定时间间隔的检查，检查对象一般是一个特殊部门、一种特殊设备或一个小的区域。

4）特殊检查

特殊检查是指对新设备的安装、新工艺的采用、新建或改建厂房的使用可能会带来新的危险因素的检查。此外，还包括对有特殊安全要求的手持电动工具、照明设备、通风设备等进行的检查。这种检查在通常情况下仅靠人的直感是不够的，还需应用一定的仪器设备来检测。

5）季节性检查

季节性检查是根据季节特点，为保障安全生产的特殊要求所进行的检查。如春季风大，要着重防火、防暴；夏季高温多雨雷电，要着重防暑、降温、防汛、防雷击、防触电；冬季着重防寒、防冻等。

6）节假日前后的检查

节假日前后的检查是针对节假日期间容易产生麻痹思想的特点而进行的安全检查，包括节日前进行安全生产综合检查，节日后要进行遵章守纪的检查等。

7）不定期检查

不定期检查是指在工程或设备开工和停工前，检修中，工程或设备竣工及试运转时进行的安全检查。

5.5.2 安全检查制度

建筑业企业施工现场项目经理部必须建立完善安全检查制度。安全检查制度是安全生产管理的基本制度之一。通过安全检查有效地促进被检查单位提高安全生产意识，落实安全生产责任，加强安全生产管理，加大安全生产投入，落实安全生产措施，消除事故隐患，防止事故发生，使安全生产处于有效的受控状态。

安全检查制度应对检查形式、方法、时间、内容、组织的管理要求、职责权限，以及对检查中发现的隐患整改、处置和复查的工作程序及要求作出具体规定，形成文件并组织实施。施工单位项目经理部安全检查应配备必要的设备或器具，确定检查负责人和检查人员，并明确检查内容及要求。安全检查人员应对检查结果进行分析，找出安全隐患部位，确定危险程度。施工单位项目经理部应编写安全检查报告。

公司应建立与完善安全检查制度，明确规定安全检查制度对各管理层次日常、定期、专项和季节性安全检查的时间和实施要求。

施工项目经理应根据施工生产的特点，法律法规、标准规范和企业规章制度的要求，以及安全检查的目的，确定安全检查的内容，其内容包括安全意识、安全制度、机械设备、安全设施、安全教育培训、操作行为、劳防用品、安全事故处理等项目。

施工项目经理应根据安全检查的形式和内容，明确检查的牵头和参与部门及专业人员，并进行分工；根据安全检查的内容，明确具体的检查项目及标准和检查评分方法，同时可编制相应的安全检查评分表；按检查评分表的规定逐项对照评分，并做好具体的记录，特别是不安全的因素和扣分原因。

公司应明确规定对检查发现隐患的整改、处置和复查的要求，制定对安全检查和隐患处理、复查的记录的规定，以及隐患整改应按期完成的规定。对检查中发现的违章指挥、违章作业行为，检查人员应立即制止，并报告有关人员予以纠正；对检查中发现的生产安全事故隐患，应签发隐患整改通知单，并规定整改的要求和期限，必要时应责令停工，立即整改；对生产安全事故隐患进行登记，对纠正和整改措施实施情况和有效性进行跟踪复查，复查合格后销案，并作记录。

【案例5.4】 某建筑企业安全生产检查制度的内容。

安全检查工作是保证安全生产的手段，为确保安全生产指标的完成，本着防患于未然，安全第一，预防为主的原则，结合公司现状制定以下制度。

1）公司每年组织不少于4次的安全大检查，检查时间与内容如下：

①1月份检查供暖、电气设备运行保养情况；

②4月份对施工现场、变电室等重点部位及防火情况进行检查；

③7月份重点检查防暑降温、防汛、防雷电等安全防护措施；

④11月份重点检查防寒、防冻、防煤气中毒，并结合全年任务指标进行验收评比。

2）公司各项目应根据自己的施工现场、驻地及不同季节的工作任务进行检查，及早发现隐患，采取措施。

3）各生产班组应根据不同情况进行每日巡检制度，发现隐患及时整改。对难于治理的应及时上报。

4）各项目在设备换季时应加强检查力度，以保证设备正常运行。

5）公司根据季节和上级要求将采取不定期检查制度，检查小组由工程部、人力资源部、总务部组成。

6）公司将按检查出的隐患大小签发隐患通知书，各项目部接到通知后应立即进行整改，一时难于整改的要采取安全防护措施，制定方案上报公司进行审批。

7）公司将检查情况纳入年终考核，对成绩突出的予以表彰，对发生问题的单位和个人将按有关规定进行处理。

5.5.3　安全检查重点

（1）安全检查的内容

安全检查的内容主要包括查思想、查制度、查机械设备、查安全设施、查安全教育培训、查操作行为、查劳保用品使用、查伤亡事故处理等。

1）查现场、查隐患

安全生产检查的内容，主要以查现场、查隐患为主，深入生产现场工地，检查企业的劳动条件、生产设备以及相应的安全卫生设施是否符合安全要求。例如，有否安全出口，且是否通畅；机器防护装置情况，电气安全设施，如安全接地，避雷设备、防爆性能；车间或坑内通风照明情况；防止灰尘危害的综合措施情况；预防有毒有害气体或蒸汽的危害的防护措施情况；锅炉、受压容器和气瓶的安全运转情况；变电所、火药库、易燃易爆物质及剧毒物质的贮存、运输和使用情况；个体防护用品的使用及标准是否符合有关安全卫生的规定。

2）查思想

在查隐患和努力发现不安全因素的同时，应注意检查企业领导的思想认识，检查他们对安全生产认识是否正确，是否把职工的安全健康放在第一位，特别对各项劳动保护法规以及安全生产方针的贯彻执行情况，更应严格检查。查思想主要是对照党和国家有关劳动保护的方针、政策及有关文件，检查企业领导和职工群众对安全工作的认识。如干部是否真正做到了关心职工的安全健康；现场领导人员有无违章指挥；职工群众是否人人关心安全生产，在生产中是否有不安全行为和不安全操作；国家的安全生产方针和有关政策、法令是否真正得到贯彻执行。

3）查管理、查制度

安全生产检查也是对企业安全管理上的大检查。主要检查企业领导是否把安全生产工作摆上议事日程；企业主要负责人及生产负责人是否负责安全生产工作；在计划、布置、检查、总结、评比生产的同时，是否都有安全的内容，即"五同时"的要求是否得到落实；企业各职能部门在各自业务范围内是否对安全生产负责；安全专职机构是否健全；工人群众是否参与安全生产的管理活动；改善劳动条件的安全技术措施计划是否按年度编制和执行；安全技术措施经费是否按规定提取和使用；新建、改建、扩建工程项目是否与安全卫生设施同时设计、同时施工、同时投产，即"三同时"的要求是否得到落实。此外，还要检查企业的安全教育制度、新工人入场的"三级教育"制度、特种作业人员和调换工种工人的培训教育制度、各工种的安全操作规程和岗位。

4）查事故处理

检查企业对工伤事故是否及时报告、认真调查、严肃处理；在检查中，如发现未按"三不放过"的要求草率处理的事故，要重新严肃处理，从中找出原因，采取有效措施，防止类似事故重复发生。在开展安全检查工作中，各企业可根据各自的情况和季节特点，做到每次检查的内容有所侧重，突出重点，真正收到较好的效果。

（2）各施工阶段检查重点

按建设工程项目的施工阶段划分，包括施工准备阶段、基础施工阶段、主体结构施工阶段、装修施工阶段、竣工验收阶段等，其检查重点为：

1）施工准备阶段

①对施工现场及毗邻区域地下管线、地下工程等，要组织专人进行专项监控与检查；

②施工现场毗邻有建筑物、构筑物及高压架空线时，要在施工组织设计中采取相应的安全技术措施，采取专项保护措施，确保施工安全；

③在现场内设金属加工、搅拌站时，要尽量远离居民区及交通要道，防止施工中噪声扰民；

④施工现场的周围，如临近居民住宅或交通要道，要充分考虑施工扰民、妨碍交通、发生安全事故的各种可能因素，应针对可能发生的危险、安全事故隐患有相应的防护措施，如搭设过街防护棚，施工中作业层的全封闭措施等，以确保周边人员安全。

2）基础施工阶段

①土方施工前，应有针对性的安全技术并进行安全技术交底；

②在雨期或地下水位较高的区域施工时，是否有排水、降水措施；

③土方开挖时，其放坡比例是否合理，是否采取支护措施防止边坡坍塌；

④挖土机械的作业是否安全；

⑤深基础施工，特别是人工孔桩施工，作业人员工作环境和通风是否良好；

⑥工作位置距基础 2m 以下是否有基础周边防护措施；

⑦防水措施时是否有防火、防毒措施。

3）主体结构施工阶段

①对外脚手架的安全检查与验收，预防高处坠落和物体打击。安全检查与验收重点内容：搭设材料和安全网检测；出入口的护头棚；脚手架搭设基础、间距、拉结点、扣件连接；结构施工层和距地 2m 以上操作部位的外防护；卸荷措施等；

②"三宝"、"四口"及临边等安全检查与验收。安全检查与验收重点内容：安全帽、安全带、安全网、绝缘手套、防护鞋等；楼梯口、预留洞口、电梯井口、管道井、首层出入口等；阳台边、屋面周边、结构楼层周边、雨篷与挑檐边、水箱与水塔周边、斜道两侧边、卸料平台外侧边、楼梯边等；

③临时用电的安全检查与验收；

④施工机械、设备的安全检查与验收；

⑤对材料、大模板和现场堆料存放的安全检查；

⑥对一些特殊结构工程，如钢结构吊装、大型预制构件以及特殊危险作业要对专项施工方案和安全技术措施、安全技术交底进行安全检查与验收；

⑦施工人员上下通道的安全检查。

4）装修施工阶段

①对外装修脚手架、吊篮的保险装置、防护措施在投入使用前进行检查与验收，使用中要进行安全检查；

②室内洞口防护设施；

③内装修使用的架子搭设和防护；

④内装修作业所使用的各种染料等是否挥发有毒气体；

⑤临时用电、照明、电动工具使用的安全检查；

⑥多工种的交叉作业。

5）竣工收尾阶段

①外装修脚手架的拆除；

②起重机械设备的拆除；

③现场清理工作。

【案例5.5】　背景：某公司负责承建一座大型公建建筑，结构形式为框剪结构。结构施工完毕进入设备安装阶段，在进行地下一层冷水机组吊装时，发生了设备坠落事件。设备机组重4t，采用人字桅杆吊运，施工人员将设备运至吊装孔滚杆上，再将设备起升离开滚杆20cm，将滚杆撤掉。施工人员缓慢向下启动捯链时，捯链的销钉突然断开，致使设备坠落，造成损坏，直接经济损失30万元。经过调查，事故发生的原因是施工人员在吊装前没有对吊装索具设备进行详细检查，没有发现捯链的销钉已被修理过，并不是原装销钉；施工人员没有在滚杆撤掉前进行动态试吊，就进行了正式吊装。

问题：1）本次事故主要是由于安全检查不到位引起的。安全检查的方法主要有哪些？如何应用？

2）安全检查的主要内容有哪些？

3）施工现场安全检查有哪些主要形式？

【解析】　1）安全检查的方法主要有：

"看"：主要查看管理记录、持证上岗、现场标识、交接验收资料、"三宝"使用情况、"洞口"、"临边"堕护情况、设备防护装置等。

"量"：主要是用尺实测实量。

"测"：用仪器、仪表实地进行测量。

"现场操作"：由司机对各种限位装置进行实际动作，检验其灵敏程度。

2）安全检查的内容主要是查思想、查制度、查机械设备、查安全设施、查安全教育培训、查操作行为、查劳保用品使用、查伤亡事故的处理等。

3）安全检查的主要形式有：

①项目每周或每旬由主要负责人带队组织定期的安全大检查；

②施工班组每天上班前由班组长和安全值日人员组织的班前安全检查；

③季节更换前由安全生产管理人员和安全专职人员、安全值日人员等组织的季节劳动保护安全检查；

④由安全管理小组、职能部门人员、专职安全员和专业技术人员组成对电气、机械设

备、脚手架、登高设施等专项设施设备、高处作业、用电安全、消防保卫等进行专项安全检查；

⑤由安全管理小组成员、安全专兼职人员和安全值日人员进行日常的安全检查；

⑥对塔式起重机等起重设备、井架、龙门架、脚手架、电气设备、吊篮，现浇混凝土模板及支撑等设施设备在安装搭设完成后进行安全验收、检查。

5.5.4 安全技术方案验收

为保证安全技术方案和安全技术措施的实施和落实，建设工程项目应建立安全验收制度。施工现场的各项安全技术措施和新搭设的脚手架、模板、临时用电、起重机械、施工电梯、井字架、施工机具与设备等，使用前必须经过安全检查，确认合格后进行签字验收，并进行使用安全交底，方可使用。

（1）专项安全技术方案编制

专项安全技术方案编制范围：施工用电工程、基坑支护工程、降水工程、土方开挖工程、模板工程、起重吊装工程、脚手架工程、垂直运输设备装拆、悬挑钢料台制作安装等。

专项安全技术方案编制内容主要有：

1）施工用电

方案中应有负荷计算，变压器选择，导线和电气件选择，施工用电线路平面走向布置图，系统立面图、电箱接线图，施工用电搭设、使用、维护及防火安全技术措施等要求；

2）基坑支护

方案中应有地质勘察资料，固壁支撑负荷计算，支撑材料选择，支撑固定示意图，深基坑分层次固壁措施及检查维护安全技术要求等内容；

3）土方开挖

方案中应有地下物体勘察资料，附近构筑物资料，深基坑分层次开挖要求，土方运输和堆放要求，机械开挖安全操作要求，应急安全防护措施等内容；

4）降水工程

方案中应有相关地质勘察资料和附近构筑物地基资料、对周围构筑物影响的评估以及采取相应的安全防范措施等内容；

5）模板工程

方案中应有模板支撑强度设计计算书、细部构造放样图、支撑材料选择要求和立杆、横连杆、剪刀撑、基础的设置要求、支撑架平面示意图和立面示意图、模板支撑搭设和验收及拆除安全技术措施（要求）等内容；

6）起重吊装工程

方案中应有施工作业场地（周围环境）资料、起重机械的选择、作业区周围外电线路的防护措施、桅杆式吊架风绳和地锚的设置要求、起重机械的进场检查验收要求（包括各种吊索、吊具）、吊装作业人员（持证）安全操作要求、吊装指挥人员确定、高空作业人员的安全防护措施、起重物就位固定措施等内容；

7）脚手架工程

方案中应有设计计算书（包括基础、悬挑架、立杆、连墙件强度验算）、材料选择要求、构造细部放大图（连墙件、基础、分层卸荷示意图）、脚手架立面图和平面图、脚手架防护要求（地笆、挑板、安全网、四步一隔离、防雷击、防腐、排水等）、脚手架搭设和检查验收以及拆除安全技术措施（要求）等内容；

8）垂直运输设备装拆

方案中应有现场作业场地资料、所选择机械的名称和规格及型号、基础设置要求（按厂方提供的资料）、附墙架设置（按厂方提供的资料，如有变动必须经厂方提供正式图样）要求、进场机械的检查验收要求、机械的安装和拆除安全技术要求（按使用说明书）、外电线路的安全防护措施、安装拆除作业人员（持证）的确定（包括现场指挥、安全监督、禁区看护人员）、作业人员的安全操作要求、各种作业工具的配备和检查要求、安装检查验收要求等内容；

9）悬挑钢料台制作安装

方案中应有设计计算书（包括挑架抗弯、吊索和拉环强度验算）、结构示意图、安装位置要求、跑道板铺设、临边围护要求、安装安全操作要求、检查要求、使用安全要求等内容；

（2）专项安全技术方案审批

1）单体建筑面积 5 万 m² 以上的专项安全技术方案审批由公司施工科负责，公司技术负责人签字，加盖公司公章；单体建筑面积 5 万 m² 以下的专项安全技术方案审批，由项目部负责，公司技术负责人签字，加盖公司公章；

2）审批栏中应有明确的审批意见；

3）公司施工科应建立审批登记台账。

（3）专项安全技术方案实施

1）专项安全技术方案实施前应由施工技术负责人（项目部）向负责具体施工的人员进行书面技术交底，并由施工负责人向作业人员进行安全技术交底；

2）专项安全技术方案实施后应由施工技术负责人、施工负责人、安全管理人员进行检查验收；

3）危险性比较大的专项安全技术方案实施中，应明确安全监管人员，实施监控，建立监控记录。

（4）安全技术方案实施情况的验收：

1）工程项目的安全技术方案由项目经理部总工程师牵头组织验收；

2）交叉作业施工的安全技术措施由区域责任工程师组织验收；

3）分部分项工程安全技术措施由专业责任工程师组织验收；

4）一次验收严重不合格的安全技术措施应重新组织验收；

5）工程项目专职安全生产管理人员参与以上验收活动，并提出自己的具体意见或见解，对需要重新组织验收的项目要督促有关人员尽快整改。

【案例 5.6】 某工程脚手架搭设专项安全施工方案。

（1）工程概况

本工程位于王介门村，为天山水泥有限公司投资建设的粉磨站工程，由水泥粉磨、水泥库、包装房、配电房及控制室、粉煤灰库、配料库、破碎房、熟料库八个单体组成。

根据实际情况，以熟料库为编制对象总高度为 25m 的外脚手架，密目网围护。

（2）搭设材料

1) 搭设脚手架全部采用 $\phi 48mm$，壁厚 3.5mm 的钢管，悬挑型钢采用 16 号工字钢，其质量符合现行国家标准规定。

2) 脚手架钢管的尺寸、横向水平杆最大长度 2.2m，其他杆最大长度为 6.5m，每根钢管的最大质量不小于 25kg。

3) 钢管表面平直光滑，无裂缝、结疤、分层、错位、硬弯、毛刺、压痕和深的划痕。

4) 钢管上严禁打孔，钢管在使用前先涂刷防锈漆。

5) 扣件材质必须符合《钢管脚手架扣件》（GB 15831—2006）规定。

①新扣件具有生产许可证，法定检测单位的测试报告和产品质量合格证。对扣件质量有怀疑时，按现行国家规定标准《钢管脚手架扣件》（GB 15831—2006）规定抽样检测。对不合格品禁止使用。

②旧扣件使用前，先进行质量检查，有裂缝、变形的严禁使用，出现滑丝的螺栓进行更换处理。

③新、旧扣件均进行防锈处理。

6) 脚手片用毛竹脚手片，无发霉、腐蚀。

7) 密目式安全网必须有建设主管部门认证的产品。

（3）地基与基础

1) 脚手架地基与基础的施工，原土或回填土必须事先进行夯实（地基能承受 0.8kg/ cm^2 的压力），用 C20 混凝土浇筑厚度大于 10cm 宽度大于 2m 的立杆基础。（基础能承受上部结构荷载）。

2) 脚手架底面标高高于自然地坪 50mm。

3) 立杆基础外侧设置截面 20cm×20cm 的排水沟。

（4）脚手架设计尺寸

1) 脚手架底步距为 2m，其余每步为 1.8m。

2) 立杆纵距为 1.5m，横距为 1.2m。

3) 踢脚杆、防护杆从第二步起设置分别为 0.3m 和 2m，顶排防护栏不少于两道，高度分别为 0.9m、1.3m。

4) 剪刀撑设置为间距为 9m（6 跨）一排剪刀撑。

5) 连墙杆件设置为竖向每层、水平向为四跨。

（5）纵向、横向水平杆、脚手板、防护栏杆、踢脚杆

1) 纵向水平杆设置在立杆内侧，其长度不小于 3 跨。纵向水平杆接长采用对接扣件连接，交错布置，两根相邻纵向水平接头设置相互错开不小于 500mm，各接头中心至最近主节点的距离不大于纵距的 1/3。

2) 纵向搭接长度不小于 1m，并等间距设置 3 个旋转扣件固定，端部扣件盖板边缘至搭接纵向水平杆杆端的距离不小于 100mm。

3) 纵向水平杆的各节点处采用直角扣件固定在横向水平杆上。

4) 横向水平杆的各个节点处必须设置并采用直角扣件扣接且严禁拆除。

5) 脚手片必须垂直于墙面横向铺设，满铺到位，不留空位。四角用 18 号镀锌钢丝双股并联绑扎，固定在纵向水平杆上，要求绑扎牢固，交接处平整，无空头板。

6) 脚手片底层满铺，中间每隔三层，操作层的上下层顶层都必须满铺。

7）脚手片外侧自第二步起必须设 1.2m 高同材质的防护栏和 30cm 高处的踢脚杆。

（6）立杆

1）每根立杆垂直稳放在垫板上。

2）脚手架里立杆距离墙体净距为 20cm，大于 20cm 处的须铺设站人脚手片，并设置平稳牢固。

3）脚手架须设置纵、横向扫地杆。纵向扫地杆采用直角扣件固定在距离底座上不大于 200mm 处的立杆上。横向扫地杆亦采用直角扣件固定在紧靠纵向扫地杆下方的立杆上。当立杆基础不在同一高度上时，必须将高处的纵向扫地杆向低处延伸两跨与立杆固定，高低差不小于 1m。靠边坡上方的立杆轴线到边坡的距离不小于 500mm。

4）立杆必须用连墙件与建筑物可靠连接。

5）立杆接长除顶层步可采用搭接外，其余各层各步接头必须用对接扣件连接。

①对接扣件连接。对接、搭接均须符合下列规定。

立杆上的对接扣件交错布置，两根相邻立杆的接头相互错开，不设置在同步内，同步内隔一根立杆的两个相隔接头在高度方向错开的距离不小于 500mm，各接头中心至主节点的距离不大于步距的 1/3。

②搭接长度不应小于 1m，应采用不小于 2 个旋转扣件固定，端部扣件盖板的边缘至杆端距离不应小于 100mm。

（7）连墙件

1）连墙件数量的设置，竖向间距为每层，横向间距为 4 跨。

2）连墙件的布置：

①宜靠近主节点设置，偏离主节点的距离不应大于 300mm。

②应从底层第一步纵向水平杆处开始设置。

③宜优先采用菱形布置，也可采用方形，矩形布置。

④一字形、开口型脚手架的两端必须设连墙杆，连墙件的垂直距不应大于建筑物的层高，并不应大于 4m（2 步）。

⑤采用刚性连墙件与建筑物可靠连接，可采用 $\phi 12$ 钢筋预埋混凝土中，钢筋与钢管焊接配合使用的附墙连接方式。

（8）门洞

脚手架门洞宜采用上升斜杆，平行弦杆桁结构形式，斜杆与地面的倾角 α 应在 $45°\sim 60°$ 之间。门洞桁架的形式宜按下列要求确定：

1）当步距（h）小于纵距（La）时，应采用 A 型。

2）当步距（h）大于纵距（La）时，应采用 B 型，并应符合下列规定。

①$h=1.8m$ 时，纵距不应大于 1.5m；

②$h=2m$ 时，纵距不应大于 1.2m。

（9）剪刀撑、安全网

1）每道剪刀撑跨越立杆的根数 6 根（小于 9m）。

2）与地面的倾角宜在 $45°\sim 60°$ 之间。

3）应在外侧立面整个长度和高差上连接设置剪刀撑。

4）剪刀撑斜杆的接长宜采用搭接，搭接长度不应小于 1m；两根撑杆须交错布置，同立杆的交错相同。

5) 剪刀斜杆应用旋转扣件固定在与相交的横向水平杆的伸出端或立杆上,旋转扣件中心线至主节点的距离不宜大于 150mm。

6) 一字形、开口型双排脚手架的两端均必须设置横向斜撑,中间宜每隔 6 跨设置一道。

7) 脚手架外侧必须用建设主管部门认证的合格的密目式安全网封闭,且应将安全网固定在脚手架外立杆里侧,应用 18 号镀锌钢丝张持严密。

(10) 斜道

1) 采用之字形斜道,宜附着外脚手架或建筑物设置。

2) 人行斜道宽度不宜小于 1m,坡度宜采用 1:3。

3) 拐弯处应设置平台,其宽度不大于斜道宽度。

4) 斜道两侧及平台外围均应设置栏杆及踢脚杆,栏杆高度应为 1.2m,踢脚杆高度仅为 0.3m,内侧应挂密目网封闭。

5) 脚手板横铺时,应在横向水平杆下增设纵向支托杆,纵向支托杆间距不应大于 500mm。

6) 脚手板上应每隔 250～300mm 设置一根防滑木条,木条厚度宜为 20～30mm。

(11) 避雷装置

1) 脚手架顶部高于 2m,四角设置(长度大于 35m,应中间设几根)避雷针。

2) 用 16mm² 黄绿双色铜芯线作引下线,途中用瓷瓶,导线绑扎。

3) 接地装置的接地线应采用 3 根导体,在不同点与接地体作电气连接,垂直接地体应采用 5×50 角钢、ϕ48 钢管或 ϕ22 圆钢,长度 2.2m,不得采用螺纹钢,接地电阻不大于 4Ω。

(12) 脚手架搭设质量和安全要求

脚手架的搭设应将质量要求和安全要求有机地统一起来,确保搭设过程以及以后的使用和拆除过程的安全与适用。

1) 搭设前的准备工作

①搭设前,单位工程负责人应按脚手架搭拆方案的要求,对架子工进行安全技术交底,交底双方履行签字手续;

②熟悉图纸和施工现场看,掌握建筑平面和立面的构造特点,环境条件,按照《建筑施工扣件式钢管脚手架安全技术规范》(JGJ 130—2001)中构造要求,决定脚手架步距等,具体施搭设步骤;

③材料准备。对进场的钢管、扣件、脚手架、安全网等进行检查验收;

④搭设场地准备。根据脚手架搭设高度、搭设场地土质情况与现行国家标准《地基与基础工程施工及验收规范》(GBJ 202—83)做好脚手架地基与基础的施工要求,坚实平整,不积水,混凝土硬化。经验收合格后,按方案的要求放线定位;

⑤架子工应持有效的特种作业人员操作证上岗作业。必须戴好安全帽、佩安全带、必须穿鞋,严禁穿塑料底鞋、皮鞋等硬底易滑的鞋子登高作业。操作工具及小零件要放在工具袋内,扎紧衣袖口,领口以及裤腿口,以防钩挂发生危险。

2) 搭设过程中的质量和安全要求

①扣件式双排钢管脚手架搭设一般顺序是:里立杆→外立杆→小横杆→大横杆→扫地

杆→脚手片→防护栏杆和踢脚杆→连墙杆→安全网；

②脚手架必须配合施工进度搭设，一次搭设高度不应超过相邻连墙件以上 2 步，保证搭设过程中的稳定性；

③脚手架搭设中累计误差超过允许偏差，难经纠正，每搭完一步脚手架后，按规定校步距、纵距、横距、立杆的垂直度；

④竖立杆时应由两人配合操作。大、小横杆与立杆连接时，也必须两人配合；

⑤当有六级及六级以上大风和雾、雨或雪雨、雪天气时，应停止脚手架搭设作业。雨、雪后上架作业应注意防滑，并采取防滑措施；

⑥非操作层脚手架上严禁堆放材料，且必须保持清洁，操作层脚手架上材料堆放不能集中，不能超高，堆放要稳固，每平方米的堆放不得超过 300kg，工作完成后及时清除干净；

⑦脚手架搭设后由施工企业组织分段验收（一般不超过 3 步架），办理验收手续。验收表中应写明验收的部位，内容量化，验收人员履行验收签字手续。验收不合格的，应在整改完毕后重新填写验收表。脚手架验收合格并挂合格牌后方可使用。

（13）拆除方案

①外架拆除前应由单位工程负责人召集有关人员对架子工程进行全面检查与签证确认，建筑物施工完毕，且不需要使用时，脚手架方可拆除；

②拆除脚手架应设置警戒，张挂醒目的警戒标志，禁止非操作人员通行和地面施工人员通行，并有专人负责警戒；

③长立杆、斜杆的拆除应由两人配合进行，不宜单独作业，下班时应检查是否牢固，必要时应加设临时固定支撑，防止意外；

④拆除外架前应将通道口上的存留材料杂物清除，按自上而下先装后拆，后装先拆的顺序；

⑤拆除顺序为：安全网→踢脚杆→防护栏杆→剪刀撑→脚手片→搁栅杆→连墙杆→大横杆→小横杆→立杆，自上而下拆除，一步一清，不得采用踏步式拆除，不准上、下同时作业；

⑥如遇强风、雨、雪等气候，不能进行外架拆除；

⑦拆卸的钢管与扣件应分类堆放，严禁高空抛掷；

⑧吊下的钢管与扣件运到地面时应及时按品种规格堆放整齐。

5.5.5　安全设施与设备验收

一般防护设施和中小型施工机械及设备由施工单位项目经理部专业责任工程师会同分包单位有关责任人共同进行验收；整体防护设施以及重点防护设施由施工单位项目经理部总工程师组织区域责任工程师、专业责任工程师及有关人员进行验收；区域内的单位工程防护设施及重点防护设施由区域工程师组织专业责任工程师，分包单位技术负责人、工长进行验收；项目经理部安全生产管理人员及相关分包安全生产管理人员参加验收，其验收资料分专业归档；高大模板等防护设施、临时设施、大型设备在施工单位项目经理部的自检自验基础上报请公司安全管理部门进行验收。

施工单位起重机械和整体提升脚手架、模板等自升式架设设施安装完成后，施工单位应当组织有关单位进行验收，也可以委托具有相应资质的检验检测机构进行验收。此外，《特种设备安全监察条例》（国务院令第 373 号）规定的施工起重机械，在验收前应当经过有相应资质的检验检测单位监督检查合格。

【案例 5.7】 上海某建筑公司安全设施、设备验收制度。

为了确保各项安全设施、设备的组装搭设，严格做到规范齐全，提高安全设施、设备的完好率，为此制定如下验收制度，必须认真执行。

1) 大型机械设备，必须持有建设行政主管部门核发的有效许可证，严禁无证单位承接任务，安装完毕须经公司安全监督部，施工现场的安全员、机管员、电气负责人共同组织验收。由公司安全监督部签发验收记录，并经机械检测中心检测合格后方能使用。

2) 施工现场上所有的临边、洞口、通道等安全防护设施。搭设前，必须按专项技术方案由技术员、施工员对架子工进行安全技术交底。搭设完毕后，由技术员、施工员和安全员共同参与验收，不合格的安全整改施工必须整改符合要求后，方可投入使用，每验收一次须做好验收记录。

3) 井架搭设前，由施工员、技术员按专项施工技术方案作井架搭设安全技术交底，接受人审阅签字后，方可搭设。井架搭设完毕后，经企业与项目部安全员、项目技术负责人共同参加验收，做好验收记录，挂上验收合格牌后，方可使用。

4) 临时用电设施、装置，通电前必须由电气负责人、安全员验收合格后，方可通电使用，并做好验收记录。

5) 中小型机械使用前，由机管员、安全员、施工员负责检查，填写书面验收记录，合格挂牌后方可使用。

6) 凡特种作业人员必须经有关部门培训考核合格，审定发证，并持证上岗。

5.5.6 建筑施工安全及文明施工检查标准

(1) 建筑施工安全及文明施工检查表

建筑施工安全及文明施工检查表如表 5-7 至表 5-9 所示。

建筑施工安全及文明施工检查评分汇总表　　　　　　表 5-7

企业名称：　　　　　　　　　经济类型：　　　　　　　　　资质等级：

单位工程(施工现场)名称	建筑面积(m²)	结构类型	总计得分(满分分值100分)	项目名称及分组									
				安全管理(满分分值为10分)	文明施工(满分分值为20分)	脚手架(满分分值为10分)	基坑支护与模板工程(满分分值为10分)	"三宝"、"四口"防护(满分分值为10分)	施工用电(满分分值为10分)	物料提升机与外用电梯(满分分值为10分)	塔吊(满分分值为10分)	起重机具(满分分值为5分)	施工机具(满分分值为5分)
评语：													
检查单位		负责人		受检项目				项目经理					

安全管理检查评分表　　　　　　　　　　　表 5-8

序号	检查项目		扣分标准	应得分数	扣减分数	实得分数
1	保证项目	安全生产责任制	未建立安全责任制的扣10分；各级各部门未执行责任制的扣4~6分；经济承包中无安全生产指标的扣10分；未制定各工种安全技术操作规程的扣10分；未按规定配备专（兼）职安全员的扣10分；管理人员责任制考核不合格的扣5分	10		
2		目标管理	未制定安全管理目标（伤亡控制指标和安全达标、文明施工目标）的扣10分；未进行安全责任目标分解的扣10分；无责任目标考核规定的扣8分；考核办法未落实或落实不好的扣5分	10		
3		施工组织设计	施工组织设计中无安全措施，扣10分；施工组织设计未经审批，扣10分；专业性较强的项目，未单独编制专项安全施工组织设计，扣8分；安全措施不全面，扣2~4分；安全措施无针对性，扣6~8分；安全措施未落实，扣8分	10		
4		分部（分项）工程安全技术交底	无书面安全技术交底的扣10分；交底针对性不强的扣4~6分；交底不全面的扣4分；交底未履行签字手续的扣2~4分	10		
5		安全检查	无定期安全检查制度扣5分；安全检查无记录扣5分；检查出事故隐患整改做不到定人、定时间、定措施扣2~6分；对重大事故隐患整改通知书所列项目未如期完成扣5分	10		
6		安全教育	无安全教育扣10分；新入场工人未进行三级安全教育扣10分；无具体安全教育内容扣6~8分；交换工种时未进行安全教育扣10分；每有一人不懂本工种安全技术操作规程的扣2分；施工管理人员未按规定进行年度培训考核或考核不合格的扣5分	10		
		小计		60		
7	一般项目	班前安全活动	未建立班前安全活动制度，扣10分；班前安全活动无记录，扣2分	10		
8		特种作业持证上岗	一人未经培训从事特种作业的扣4分；一人未持操作证上岗的扣2分	10		
9		工伤事故处理	工伤事故未按规定报告，扣3~5分；工伤事故未按事故调查分析规定处理的扣10分；未建立工伤事故档案的扣4分	10		
10		安全标志	无现场安全标志布置平面图的扣5分；现场未按安全标志总平面图设置安全标志的扣5分	10		
		小计		40		
		检查项目合计		100		

文明施工检查评分表 表 5-9

序号	检查项目		扣分标准	应得分数	扣减分数	实得分数
1	保证项目	现场围挡	在市区主要路段的工地周围未设置高于 2.5m 的围挡的扣 10 分；一般路段的工地周围未设置高于 1.8m 的围挡的扣 10 分；围挡材料不坚固、不稳定、不整洁、不美观的扣 5~7 分；围挡没有沿工地四周连续设置的扣 3~5 分	10		
2		封闭管理	施工现场进出无人大门的扣 3 分；无门卫和无门卫制度的扣 3 分；进入施工现场未佩戴工作卡的扣 3 分；门卫未设置企业标志的扣 3 分	10		
3		施工场地	工地地面未硬化处理的扣 5 分；道路不畅通的扣 5 分；无排水设施、排水设施不畅通的扣 4 分；无防止泥浆、污水、废水外流或堵塞下水道和排水河道措施的扣 3 分；工地有积水的扣 2 分；工地未设置吸烟处、随意吸烟的扣 2 分；温暖季节无绿化布置的扣 4 分	10		
4		材料堆放	建筑材料、构件、料具不按总平面布局堆放的扣 4 分；料堆未挂名称、品种、规格等标牌的扣 2 分；堆放不整齐的扣 3 分；未做到工完场地清的扣 3 分；建筑垃圾堆放不整齐，未标出名称、品种的扣 3 分；易燃易爆物品未分类存放的扣 4 分	10		
5		现场住宿	在建工程兼做住宿的扣 8 分；施工作业区与办公、生活区不能明显划分的扣 6 分；宿舍无保暖和防煤气中毒措施的扣 5 分；宿舍无消毒和防蚊虫叮咬措施的扣 3 分；无床铺、生活用品放置不整齐的扣 2 分；宿舍周边环境不卫生、不安全的扣 3 分	10		
6		现场防火	无消防措施、制度或无灭火器材的扣 10 分；灭火器材配置不合理的扣 5 分；无消防水源（高层建筑）或不能满足消防要求的扣 8 分；无动火审批手续和动火监护的扣 5 分	10		
		小计		60		
7	一般项目	治安综合治理	生活区未给工人设置学习和娱乐场所的扣 4 分；未建立治安保卫制度的、责任未分解到人的扣 3~5 分；治安防范措施不利、常发生失盗事件的扣 3~5 分	8		
8		施工现场标牌	大门口处挂的五牌一图不全、缺一项的扣 4 分；标牌不规范、不整齐的扣 3 分；无安全标语，扣 5 分；无宣传栏、读报栏、黑板报等，扣 5 分	8		
9		生活设施	厕所不符合卫生要求，扣 4 分；无厕所，随地大小便，扣 8 分；食堂不符合卫生要求，扣 8 分；无卫生责任制，扣 5 分；不能保证供应卫生饮水的，扣 8 分；无淋浴室或淋浴室不符合要求，扣 5 分；生活垃圾未及时处理，未装容器，无人管理的，扣 3~5 分	8		
10		保健急救	无保健医药箱的扣 5 分；无急救措施和急救器材的扣 8 分；无经培训的急救人员，扣 4 分；未开展卫生防病宣传教育的，扣 4 分	8		
11		社区服务	无防粉尘、防噪声措施的扣 5 分；夜间未经许可施工的扣 8 分；现场焚烧有毒、有害物质的扣 5 分；未建立施工不扰民措施的扣 5 分	8		
		小计		40		
		检查项目合计		100		

注：1. 每项最多扣减分数不大于该项应得分数；
    2. 保证项目有一项不得分或保证项目小计得分不足 40 分的，检查评分表计零分；
    3. 该表换算到表 5-7 后得分＝20×该表检查项目实得分数合计/100。

（2）安全检查评价

开展安全检查评价是检验安全检查组织的组织者，提升安全检查效率，优化安全检查构架，落实安全检查职责，发挥参与检查的专家资源的效能，提高安全检查投入的效益，开展安全检查目标管理，推进信息化技术应用，优化安全检查循环的重要形式，有利于安全检查体制、机制的创新。但是，对安全检查评价工作目前还未引起各有关方面足够的重视，成熟的、能借鉴的经验也不多，在此提出以下设定方向。

1）安全检查评价体系建立原则

安全检查评价的基本原则是：通过建立科学的安全检查评价体系，建立定量和定性相结合的评价标准，对安全检查全过程实行责任目标管理，整合安全监管的资源，发挥安全检查投入的效益，实现安全检查的预期目标。

2）安全检查评价的目的

通过对单次安全检查评价，系统分析和科学总结安全检查的初期目标、计划安排、方式方法、检查标准、取得的效果，同时循环优化安全检查模式，创新安全检查机制，提高安全检查效率，科学分析安全检查存在的问题，发挥各级政府、行业主管部门、生产经营单位开展安全检查工作所投入的人力、物力、财力和时间资源的效益。

3）安全检查评价的分类

安全检查评价一般可分为：安全检查前期评价；安全检查过程评价；安全检查总结评价。也可根据不同行业、不同时期的检查重点、检查方式、检查目标采用其他分等级的评价。

4）安全检查评价的分级

要采用安全系统工程的原理，通过定量或定性分析法，对安全检查的前期、过程和效果进行科学评价。定性评价可分为合格，基本合格，不合格；定量评价可划分为80分及上为合格，79～60为基本合格，59分及以下为不合格。

5）安全检查评价的内容

安全生产检查评价的主要内容：①安全检查的目的是否达到；②安全检查完毕，评价做出检查的必要性、紧迫性是否定位正确；③检查设定的各项程序是否进行完毕；④检查设定的时间是否达到；⑤安全检查分组组合是否合理，参与检查的专业人员是否坚持到底；⑥对被查单位安全生产的促进，对被检查对象的督促及影响程度是否到位；⑦检查是否消除了安全隐患，纠正了不安全的程序、设计文件和执行效果；⑧是否促进了建立长效安全机制，增进了管理人员和岗位操作人员对执行安全规范标准的责任和信心；⑨对发现的危险源是否采取了正确的处置措施；⑩对查处的有关违规责任单位和责任人是否提出了依法处理决定的建议，是否做出了改进下次安全检查的方向和建议。

【案例5.8】 背景：某工程的建筑安装工程检查评分汇总表如表5-10，表中已填有部分数据。

问题：1）该工程《安全管理检查评分表》、《文明施工检查评分表》、《"三宝"、".四口"防护检查评分表》、《施工机具检查评分表》、《起重吊装安全检查评分表》等分表的实得分分别为78分、80分、84分、82分和84分。换算成汇总表中相应分项后的实得分各为多少。

2）该工程使用了多种脚手架，落地式脚手架实得分为88分，悬挑式脚手架实得分为82分，计算汇总表中《脚手架》分项实得分值是多少？

检查评分汇总表

表5-10

企业名称：××建筑公司　　　　　　　经济类型：　　　　　　　　　　资质等级：

单位工程（施工现场）名称	建筑面积（m）	结构类型	总计得分（满分分值100分）	项目名称及分值									
				安全管理（满分分值为10分）	文明施工（满分分值为20分）	脚手架（满粉分值为10分）	基坑支护与模版工程（满分分值为10分）	"三宝""四口"防护（满分分值为10分）	施工用电（满分分值为10分）	物料提升机与外用电梯（满分分值为10分）	塔吊（满分分值为10分）	起重吊装（满分分值为5分）	施工器具（满分分值为5分）
××住宅	1600.8	砖混结构					8.0			8.5	8.4		
评语：													
检查单位			负责人			受检项目			项目经理				

3）《施工用电检查评分表》中"外电防护"这一保证项目缺项（该项应得分值为20分，保证项目总分为60分），其他各项检查实得分为68分。计算该分表实得多少分？换算到汇总表中应为多少分？另外，在"外电防护"缺项的情况下，如果其他"保证项目"检查实得分合计为20分（应得分值为40分），该分项检查表是否能得分？

4）本工程总计得分为多少？

【解析】　1）汇总表中各项实得分数计算方法：

分项实得分＝（该分项在汇总表中应得分×该分项在检查评分表中实得分）/100

则《安全管理》分项实得分＝10×78/100＝7分

《文明施工》分项实得分＝20×80/100＝16.0分

《"三宝"、"四口"防护》分项实得分＝10×84/100＝8.4分

《施工机具》分项实得分＝5×82/100＝4.1分

《起重吊装》分项实得分＝5×84/100＝4.2分

2）在汇总表的各分项中，如有多个检查评分表分值时，则该分项得分应为各单项实得分数的算术平均值。

脚手架实得分＝（88＋82）/2＝85分

换算到汇总表中的分值＝10×85/100＝8.5分

3）分项表中有缺项时，分表总分计算方法：

缺项的分表分＝（实查项目实得分值之和/实查项目应得分值之和）×100。

保证项目缺项时，保证项目小计得分不足40分，评分表得0分。

缺项的分表分＝[68÷（100—20）]×100＝85 分。

汇总表中施工用电分项实得分＝10×85÷100＝8.5 分。

如果其他"保证项目"检查实得分合计为 20 分，20÷40＝50％＜40÷60＝66.7％，则该分项检查表不能得分，即计 0 分。

4）本工程总计得分为 82.4 分。

复 习 思 考 题

1. 何为安全生产目标管理？安全生产目标管理内容有哪些？
2. 简述工程建设安全生产监督管理的内容。
3. 建设单位有哪些安全生产责任？
4. 请说出勘察、设计、工程监理及其他有关单位的安全责任。
5. 简述施工单位安全生产责任。
6. 简述工程建设安全教育的形式、方法和内容。
7. 工程建设安全教育的对象有哪些？
8. 何为工程建设安全生产及文明施工管理？安全生产及文明施工有哪些要求？
9. 安全生产检查的内容有哪些？
10. 简述安全检查制度。
11. 安全检查重点有哪些？
12. 如何进行安全技术方案验收？
13. 如何进行安全设施与设备验收？
14. 掌握建筑施工安全及文明施工检查标准。

第6章 施工安全技术与管理

内容提要：本章介绍施工技术安全管理方面的内容。包括施工安全要求，土石方工程，高处作业，脚手架，模板，建筑拆除工程安全技术；临时用电，临时用电管理，用电环境，接地与防雷，配电室和自备电源，配电线路，配电箱和开关箱，电动建筑机械和手持电动工具，照明；建筑机械使用等方面的安全技术与管理，并示例说明相应的运用。

6.1 土石方工程施工

基坑与土石方工程的设计和施工必须遵守相关规范，结合当地成熟经验，因地制宜地进行，严格贯彻先设计后施工；先支撑后开挖；边施工边监测；边施工边治理的原则。

6.1.1 土石方开挖

（1）施工准备

土石方作业和基坑支护的设计、施工应根据现场的环境、地质与水文情况，针对基坑开挖深度、范围大小，综合考虑支护方案、土方开挖、降排水方法以及对周边环境采取的相应措施。

在进行土方工程前，应该做好必要的地质、水文和地下设备（如瓦斯管道、电缆、自来水管等各种管线）的调查和勘察工作，查明它们的分布状况。勘察范围应根据开挖深度及场地条件确定，应大于开挖边界，且按开挖深度1倍以上范围布置勘探点，同时还应查明作业范围周边环境及荷载情况，包括道路距离及车辆载重情况，影响范围内的建筑类型以及地表水排泄情况等。

（2）土方挖掘

1）基坑（槽）土方开挖前的准备工作

土方开挖的顺序、方法必须与设计工况相一致，并遵循"开槽支撑，先撑后挖，分层开挖，严禁超挖"的原则。下述工作完成后，方可开始土方开挖。

①根据基槽宽窄、强度、地基条件、周围环境、工期要求制定开挖方案，选择支护结构形式和施工方法；

②如有地下水，进行降水、排水措施设计；

③进行支护（撑）结构施工，并验收合格。

2）基坑（槽）土方开挖的顺序

①在长度上从一端分段开挖；

②在深度上分层开挖；

③对特大型基坑分区分块开挖。开挖是一种卸荷过程，如一次开挖过深卸荷过快，易引起土体失稳，降低土体抗剪性能，所以要分层开挖。分层的厚度应根据土质情况和周围环境而定。

3）土方开挖质量安全要点

①基坑边堆土不应超过设计荷载以防边坡塌方；

②挖方时不要碰撞或损伤支护结构、降水设施；

③开挖到设计标高后，应对坑底进行保护，验槽合格后，尽快施工垫层；

④严禁超挖；

⑤开挖过程中，对支护结构、周围环境进行观察、监测，发现异常及时处理。

4）基坑变形监测

基坑（槽）、管沟土方工程验收必须以确保支护结构安全和周围环境安全为前提。当设计有指标时，以设计要求为依据，如无设计指标时应按表6-1的规定进变形监测控制。表6-1中的基坑类别划分，见表6-2。

基坑变形的监控值（cm）　　　　　　　　　　　　　　表6-1

基坑类别	围护结构墙顶位移	围护结构墙体最大位移	地面最大沉降
一级基坑	3	5	5
二级基坑	6	8	6
三级基坑	8	10	10

基坑类别划分　　　　　　　　　　　　　　表6-2

基坑类别	划分标准	备　注
一级基坑	符合下列情况之一： ①重要工程或支护结构做主体结构的一部分； ②开挖深度大于10m； ③与临近建筑物、重要设施的距离在开挖深度以内的基坑； ④基坑范围内历史文物、近代优秀建筑、重要管线等需严加保护的基坑	当周围已有的设施有特殊要求时，尚应符合这些特殊要求
二级基坑	除一级和三级外的基坑	
三级基坑	开挖深度小于7m，且周围环境无特别要求时的基坑	

5）施工生产安全要求

在深基坑施工中，应合理布局机位、人员、运输通道等，形成有序的立体交叉作业。挖掘时应自上而下进行，严禁掏洞、先挖空底脚和挖"神仙土"。并且应该做好排水措施。土方挖掘方法、挖掘顺序应根据支护方案和降排水要求进行。

当软土基坑无可靠措施时应分层均衡开挖，土方每次开挖深度和挖掘顺序必须按设计要求。挖出泥土的堆放处和在坑边堆放的材料，至少要距离坑边1m以上，高度不能超过1.5m，且坑边不得停放机械。严禁相邻基坑施工不防范、相互干扰等做法，并加强基坑工程的监测和预报工作。

挖土机作业的边坡应验算其稳定性，当不能满足时，应采取加固措施；在停机作业面以下挖土应选用反铲或拉铲作业，当使用正铲挖掘机作业时，挖掘深度应严格按其说明书规定进行，以防挖掘机倾翻造成事故。

使用机械挖土前，要先发出信号；挖土的时候，在挖土机作业范围内，不许进行其他工作；配合挖土机工作的作业人员，应在其作业半径以外工作，当挖土机停止回转并制动后，方可进入作业半径内；装土的时候，任何人不能停留在装土车上。

开挖至坑底标高后，应及时进行下道工序基础工程的施工，尽量减少暴露时间。如不能立即进行下道工序施工，应预留 300mm 厚的覆盖层。在深坑、深井内操作的时候，应该保持坑、井内通风良好，并且注意对有毒气体的检查工作。

（3）爆破土石方

爆破土石方的工序主要包括打眼、装药、放炮，要由经过训练并考试合格的人员负责进行，并且应该有严密的组织和检查制度。

同一工地必须由专人统一掌握放炮时间，放炮前，必须使危险区内的全体人员退至安全地带，并且在危险区四周设立岗哨和危险标志，禁止通行。

使用电雷管的时候，应该指定专人掌控电爆机，并且必须等待电线完全接妥，员工全部避入安全地带后，才可以通电点炮，电爆机距炮眼电线的长度应该视现场情况决定，连接的雷管和引线要用特制的钳铗挟紧，严禁用牙齿咬紧和用力敲压。

放炮后要经过 20min 才可以前往检查。遇有瞎炮，严禁掏挖或者在原炮眼内重装炸药，应该在距离原炮眼 60cm 以外的地方另行打眼放炮。在雷电时候，禁止装置炸药、雷管和连接电线。捣填炮药，严禁使用铁器。

使用炸胶爆炸石方的时候，应该以挤压办法使炸胶结实，严禁捣击。禁止使用冻结、半冻结或者半溶化的炸胶。已冻炸胶的解冻处理工作，必须指定有经验的人谨慎进行。取用炸胶应该戴手套。炸胶溶化时避免和皮肤接触。

在城镇房屋较多的场所爆炸石方的时候，最好放闷炮（药量较少的炮），并且要在施放前在石上架设掩护物。

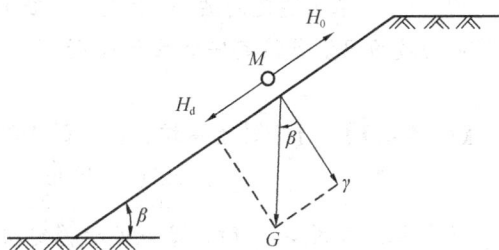

图 6-1　无粒性图坡稳定性计算简图

【方法原理的应用 6-1】　无黏性土坡稳定性分析与计算

如图 6-1 所示，一坡角为 β 的无黏性均质土坡，坡高为 H，土颗粒之间没有黏聚力（$c=0$），设斜坡上有一土颗粒 M、重力为 G，土的内摩擦角为 φ，则土颗粒的下滑力 $H_d = G \cdot \sin\beta$，土的抗滑力 $H_0 = G\cos\beta\tan\varphi$。

设无黏性土坡的稳定系数（抗滑力和滑动力的比值）为 K，K 值应符合下式要求：

$$K = \frac{H_0}{H_d} = \frac{G\cos\beta\tan\varphi}{G\sin\beta} = \frac{\tan\varphi}{\tan\beta} \geqslant 1.1 \sim 1.15 \tag{6-1}$$

由式（6-1）知：

①当坡角 β 等于 φ 时，$K=1$，此时的抗滑力等于滑动力，土坡处于极限平衡状态（土坡稳定的极限坡角等于砂土的内摩擦角时，坡角 β 通称为自然休止角或天然坡度角）。

②当 $K>1$（即 $\beta<\varphi$ 时），土坡处于稳定状态，而且与坡高 H 无关。

③当 $K<1$（即 $\beta>\varphi$ 时），土坡处于不稳定状态。

【方法原理的应用 6-2】　黏性土坡稳定性分析与计算

黏性土坡的稳定性常用稳定系数法进行计算。它是根据理论计算绘制的，如图 6-2 所示，应用该图便可简便地分析简单土坡的稳定性。图中纵坐标表示稳定系数 φ，它由下式确定：

$$\varphi_s = \frac{\gamma H}{c} \quad (6\text{-}2)$$

横坐标表示的坡度角 β。假定土黏聚力不随深度变化，对于一个给定的内摩擦角 φ 值，边坡的临界高度及稳定安全高度，可由下式计算：

$$H_c = \varphi_s \frac{c}{\gamma} \quad (6\text{-}3)$$

$$H = \varphi_s \frac{c}{K \cdot \gamma} \quad (6\text{-}4)$$

式中　H_c——边坡的临界高度（m），即边坡的稳定高度；

　　　　H——边坡的稳定安全高度（m）；

　　　　φ_s——稳定系数，由图 6-2 查出；

　　　　K——稳定安全系数，一般取 1.1~1.5；

　　　　c——土的黏聚力（kN/m²）；

　　　　γ——土的重度（kN/m²）。

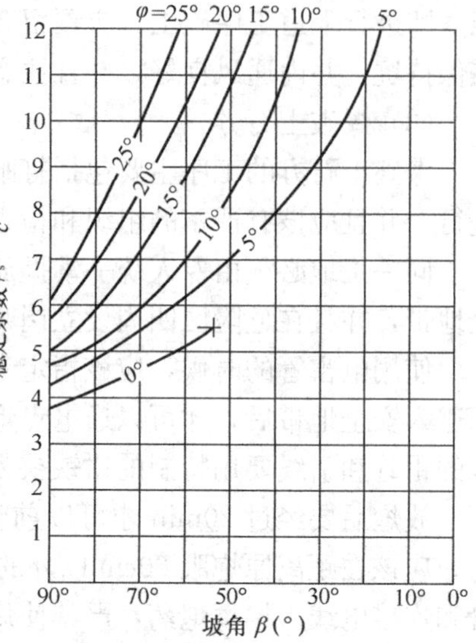

图 6-2　不同内摩擦角 $\varphi_s - \beta$ 曲线

式 (6-2)、式 (6-4) 中，已知 β 及土的 c、φ、γ 值，可以求出稳定的坡高 H 值；已知 H 或 H、β 值及土的 c、φ、γ 值，可以分别求出稳定的坡角 β 值或稳定安全系数 K 值。

【案例 6.1】　开挖砂土基坑，已知砂土的内摩擦角 $\varphi=36°$，$\beta=30°$，由式 (6-1) 得：

$$K = \frac{\tan\varphi}{\tan\beta} = \frac{\tan 36°}{\tan 30°} = \frac{0.7265}{0.5774} \approx 1.26 > 1$$

因为土坡的 $K>1$，所以基坑处于稳定状态。

【案例 6.2】　基坑开挖，已知土的黏聚力 $c=22\text{kN/m}^2$，重度 $\gamma=18.5\text{kN/m}^3$，内摩擦角 $\varphi=20°$，如果挖方的坡角 $\beta=70°$，边坡高度的安全系数取 1.3，求该基坑挖方允许的最大高度。

【解析】　当 $\varphi=20°$、$\varphi=20°$，由图 6-2 查得 $\varphi_s=8.25$，由式 (6-3) 得：

$$H_c = 8.25 \times \frac{22}{18.5} \approx 9.81\text{m}$$

由于安全系数为 1.3，所以允许最大高度为：

$$H = \frac{9.81}{1.3} \approx 7.55\text{m}$$

【案例 6.3】　已知土的内摩擦角为 15°，黏聚力为 10kN/m²，重度为 18kN/m³，求：

①保持坡角为 50°的土坡稳定时的临界高度；

②坡高为 8m 时的稳定坡角；

③坡高为 4.8m，坡角为 50°时的稳定安全系数。

【解析】　①由图 6-2 曲线上可查得相应的 $\beta=50°$ 时的 φ_s 值为 10.25，按纵坐标上指示式 $\varphi_s = \gamma \cdot H/c$，可得：

$$H_c = \frac{\varphi_s \cdot c}{\gamma} = \frac{10.25 \times 10}{18} \approx 5.69 \text{m}$$

②先求出 φ_s：

$$\varphi_s = \frac{\gamma \cdot H}{c} \frac{18 \times 5}{10} = 9$$

在图 6-2 中 $\varphi = 15°$ 的曲线上查得 $\varphi_s = 9$ 时的稳定坡角为 $58°$。

③已知 $H = 4.8 \text{m}$、$\beta = 50°$，由图 6-2 查得 $\varphi_s = 10.25$，由式（6-4）得：

$$K = \frac{\varphi_s \cdot c}{H \cdot \gamma} = \frac{10.25 \times 10}{4.8 \times 18} \approx 1.2$$

黏性土坡稳定分析亦可由曲线图 6-3 来进行，其横坐标以坡角 β 表示，纵坐标用稳定系数的倒数 $N = \frac{c}{\gamma H}$ 来表示，符号意义同上，利用它亦可求解两类问题：①已知 β、φ、c、γ，可求边坡的最大高度 H，即根据 β、φ 由曲线图 6-3 查得系数 $N = \frac{c}{\gamma H}$，然后再从中接触 H；②已知 c、φ、γ 和 H 求土坡稳定时的最大坡角 β。

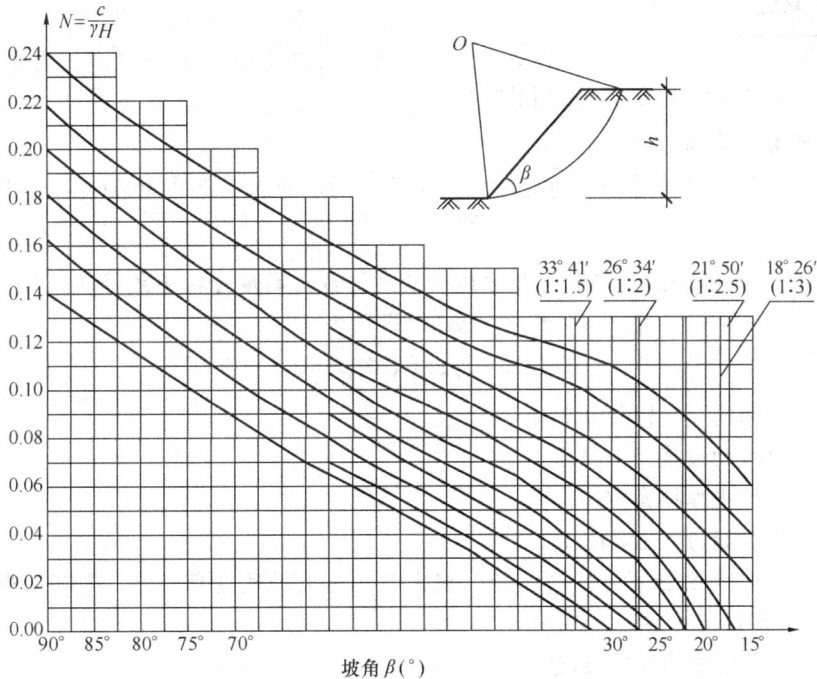

图 6-3 黏性土简单土坡计算简图

【案例 6.4】 已知粉土的重度 $\gamma = 19.5 \text{kN/m}^3$，内摩擦角 $\varphi = 25°$，黏聚力 $c = 7 \text{kN/m}^2$，试求保持坡角为 $70°$ 时土坡稳定时的最大高度。

【解析】 由图 6-3 曲线上查得相应 $\beta = 70°$ 时的 N 值为 0.103，按纵坐标上指示 $N = \frac{c}{\gamma H}$，可得：

$$H = \frac{c}{\gamma N} = \frac{7}{19.5 \times 0.103} \approx 3.5 \text{m}$$

故知土坡稳定时的最大高度为 3.5m。

【案例 6.5】 基坑开挖深 6.5m，开挖范围内土的重度 $\gamma = 18kN/m^3$，内摩擦角 $\varphi = 20°$，黏聚力 $c = 15kN/m^2$，求基坑开挖达到稳定的最大坡角。

【解析】 由已知条件计算 $N = \dfrac{c}{\gamma H} = \dfrac{15}{18 \times 6.5} = 0.128$，查图 6-3 曲线，当 $N = 0.128$ 和 $\varphi = 20°$ 时，$\beta = 72°$。

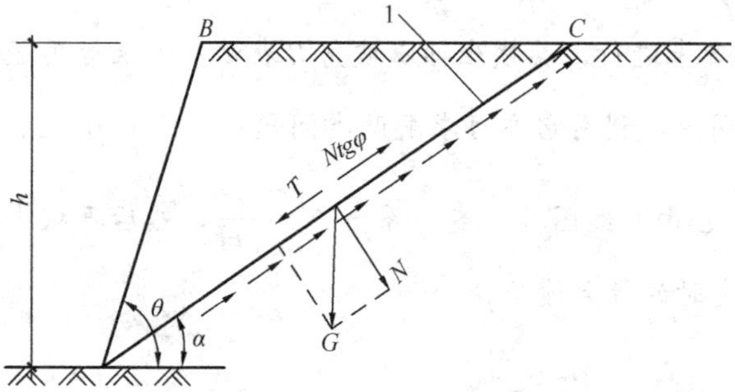

图 6-4　挖方边坡计算简图

【方法原理的应用 6-3】 挖方安全边坡的计算

土方开挖，一般应根据土的类别按施工及验收范围规定放坡，以保证边坡稳定和施工操作安全。但规范只作原则规定，不够具体。以下简介通过计算确定边坡的方法，只要知道土的重度、内摩擦角和黏聚力值（无地质材料时，可查有关手册），便可由计算确定安全边坡。

如图 6-4，假定边坡滑动面通过坡角一平面，滑动面上部土体为 ABC，其重力为：

$$G = \frac{\gamma h^2}{2} \cdot \frac{\sin(\theta - \alpha)}{\sin\theta \cdot \sin\alpha} \tag{6-5}$$

当土体处于极限平衡状态时，挖方边坡的允许最大高度可按下式计算：

$$h = \frac{2c\sin\theta\cos\varphi}{\gamma \sin^2\left(\dfrac{\theta - \varphi}{2}\right)} \tag{6-6}$$

式中　γ——土的重度（kN/m^3）；

θ——边坡的坡度角（°）；

φ——土的内摩擦角（°）；

C——土黏聚力（kN/m^2）。

由式（6-6），如知土的 γ、φ、c 值，假定开挖边坡的坡度角 θ 值，即可求得挖方边坡的允许最大高度 h 值。

由式（6-6）还可知以下情况：

①当 $\theta = \varphi$ 时，$h = \infty$，即边坡的极限高度不受限制，突破处于平衡状态，此时土的黏聚力未被利用。

②当 $\theta > \varphi$ 时，为陡坡，此时 c 值最大，允许的边坡高度 h 可越高。

③当 $\theta > \varphi$ 时，若 $c = 0$，则 $h = 0$，此时挖方边坡的任何高度将是不稳定的。

④当 $\theta < \varphi$ 时，为缓坡，此时 θ 越小，允许坡高越大。

【案例 6.6】 已知土的重度 $\gamma = 18kN/m^3$，内摩擦角 $\varphi = 20°$，黏聚力 $c = 10kN/m^2$。当开挖坡度角 $\theta = 60°$ 时，①土坡稳定时的允许最大高度；②挖土坡度为 6.5m 时的稳定坡度 θ。

【解析】 ①由式（6-6）得：

$$h = \frac{2 \times 10\sin 60°\cos 20°}{18\sin^2\left(\frac{60° - 20°}{2}\right)} = 7.72\text{m}$$

故土坡允许最大高度为 7.72m。

②将已知挖土坡高 $h = 6.5$m 及 γ、φ、c 值代入式 (6-6) 得:

$$6.5 = \frac{2 \times 10\sin\theta\cos 20°}{18\sin\left(\frac{\theta - 20°}{2}\right)}$$

解之得 $\sin\theta = 0.906$，$\theta = 65°$，故土坡的稳定坡度为 65°。

【方法原理的应用 6-4】 土方直立壁开挖高度计算

土方开挖时，当土质均匀，且地下水位低于基坑（槽、沟）底面标高时，挖方边坡可以做成直立壁不加支撑。对黏性土垂直壁允许最大高度 h_{max} 可以按以下步骤计算（图 6-5）:

令作用在坑壁上土压力 $E_a = 0$，即

$$E_a = \frac{\gamma h^2}{2}\tan^2\left(45° - \frac{\varphi}{2}\right) - 2\arctan\left(45° - \frac{\varphi}{2}\right) + \frac{2c^2}{\gamma} = 0$$

解之得: $h = \dfrac{2c}{\gamma\tan\left(45° - \dfrac{\varphi}{2}\right)}$

取安全系数为 K（一般用 1.25），则

$$h_{max} = \frac{2c}{K\gamma\tan\left(45° - \dfrac{\varphi}{2}\right)} \tag{6-7}$$

当坑顶护道上有均布荷载 q（kN/m²）作用时，则

$$h_{max} = \frac{2c}{K\gamma\tan\left(45° - \dfrac{\varphi}{2}\right)} - \frac{q}{\gamma} \tag{6-8}$$

式中 γ——坑壁土的重度（kN/m³）;

φ——坑壁土的内摩擦角（°）;

c——坑壁土的黏聚力（kN/m²）;

h——基坑开挖高度（m）。

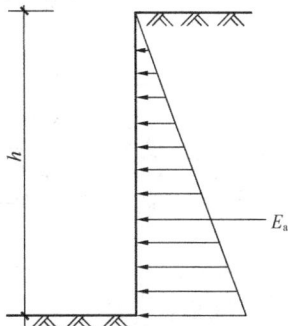

图 6-5 直立壁开挖高度计算简图

【案例 6.7】 基坑开挖，土质为粉质黏土，土的重度为 **18.2kN/m³**，内摩擦角为 **20°**，黏聚力为 **14.5kN/m²**，坑顶护道上均布荷载为 **4.5kN/m²**，试计算坑壁垂直开挖最大允许高度。

【解析】 取 $K = 1.25$，由式 (6-8) 得

$$h_{max} = \frac{2 \times 14.5}{1.25 \times 18.2\tan\left(45° - \dfrac{20°}{2}\right)} = \frac{4.5}{18.2} = 1.58\text{m}$$

故直立壁开挖允许最大高度为 1.58m。

【方法原理的应用 6-5】　基坑开挖最小深度的验算

基坑开挖后，应进行验槽，除了检验基坑尺寸、标高、土质是否符合设计要求外，还应检验或核算基坑开挖的深度能否满足承载力要求，下面简介一种简单验算方法。

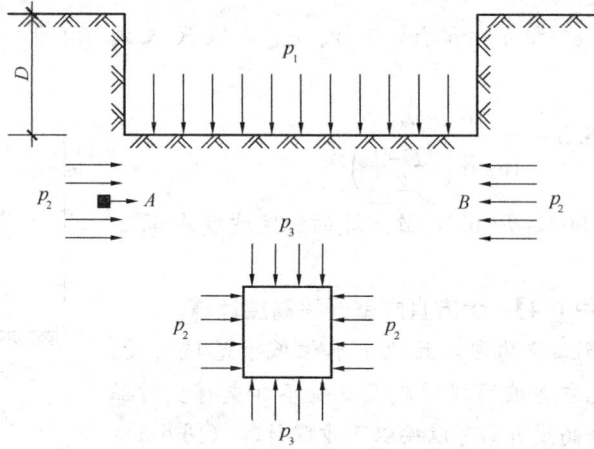

图 6-6　基础坑的最小深度

如图 6-6 所示，假定基础底 AB 上。因上部结构物重量，受到单位压力 p_1 来支持，按朗金理论，两者的关系为：

$$p_2 = p_1 \tan^2 \left(45° - \frac{\varphi}{2}\right) \tag{6-9}$$

式中　φ——土壤的内摩擦角。压力 p_3 等于基底以上土重，其深度为 D，设土壤单位重度为 γ，则 $p_3 = \gamma D$，或 $p_3 = p_2 \tan^2 \left(45° - \frac{\varphi}{2}\right)$

$$D = \frac{p_1}{\gamma} \tan^4 \left(45° - \frac{\varphi}{2}\right) \tag{6-10}$$

上式为无黏性土壤基础的理论最小深度，如果为黏性土，分析方法同上，根据土压力计算公式课得到相关于式（6-10）的最小深度公式为：

$$D = \frac{p_1}{\gamma} \tan^4 \left(45° - \frac{\varphi}{2}\right) - \frac{2c}{\gamma} \cdot \frac{\tan \left(45° - \frac{\varphi}{2}\right)}{\cos^2 \left(45° - \frac{\varphi}{2}\right)} \tag{6-11}$$

式中　c——黏聚力。

【案例 6.8】 厂房柱基础，对地基压力为 **210kN/m²**，地基上为砂土，单位重度 $\gamma =$ **17.8kN/m³**，内摩擦角为 $\varphi = 34°$，要求安全系数 $K = 2$，试求该基础最小埋置深度。

【解析】 由式（6-10）得

$$D = \frac{p_1}{\gamma} \tan^4 \left(45° - \frac{\varphi}{2}\right) = 2 \times \frac{210}{17.8} \times \tan^4 \left(45° - \frac{34°}{2}\right) = 1.9$$

6.1.2　基坑支护与桩基施工

（1）基坑支护

当地质条件较好，土质均匀，且地下水位低于基底时，可做成直壁，而不加支护，但不宜超过表 6-3 规定的容许深度。当挖方较深、土质较差、地下水渗流时，可能造成基坑边坡失稳或坍塌事故，为避免安全事故发生，必须对基坑坑壁进行支护（撑）。

基坑垂直开挖不加支护的容许深度（m）　　　　表 6-3

土 种 类	容许深度	土 种 类	容许深度
密实、中密、砂土	1.0	硬塑、可塑黏土	1.5
硬塑、可塑粉质黏土	1.25	坚硬黏土	2.0

1）对基坑支护的要求

①支护结构有足够的安全度（强度、刚度和稳定性）；

②对周围环境安全可靠；

③支护安装及时。

2）基坑支护的方法

①排桩墙支护（灌注桩、预制桩、板桩等构成的支护结构）；

②水泥土桩墙支护（水泥土搅拌桩、高压喷射注浆桩）；

③锚杆及土钉墙支护；

④钢或混凝土支撑系统。

3）基坑开挖与支护设计的内容

①支护体系的选型；

②支护结构的强度、稳定和变形计算；

③基坑内外土体的稳定性计算；

④基坑降水或止水帷幕设计；

⑤基坑开挖与地下水变化比引起的基坑内外土体变形及对邻近建筑物周边环境的影响；

⑥基坑开挖施工方法；

⑦施工过程中的监测要求。

4）周围环境安全措施

①当基坑（槽）靠近、邻近建筑物或埋深低于邻近建筑物时，对邻近建筑物要设护桩，以防建筑物基础受扰沉陷；

②当在邻近建筑物进行降水排水时，大量降水会造成土颗粒流失，使坑外土体沉降，危及坑外周围建筑物，应采取措施如护坡板桩墙等。

5）施工安全生产要求

支护结构的选择应考虑结构的空间效应和基坑特点，选择有利支护的结构形式或采用几种形式相结合。

挖掘基坑、井坑的时候，应该视土的性质、湿度和挖掘深度，设置安全边坡或者固壁支护；对于土质疏松或者较宽、较深的沟坑，如果不能使用一般的支撑方法，必须按照特定的设计进行支护。

支撑的安装和拆除顺序必须与设计工况相符合，并与土方开挖和主体工程的施工顺序相配合。分层开挖时，应先支撑后开挖；同层开挖时，应边开挖边支撑。在基坑支护和拆除中还要注意：

①当基坑施工深度超过 2m 时，坑边应按照高处作业的要求设置临边防护，作业人员上下应有专用梯道。当采用悬臂式结构支护时，基坑深度不宜大于 6m。基坑深度超过 6m 时，可选用单支点和多支点的支护结构；

②当基坑开挖深度大于相邻建筑的基础深度时，应保持一定距离或采取边坡支护加固措施，并进行沉降和移位观测；

③在有支撑的沟坑中，使用机械挖土，必须注意不准机械碰坏支撑。在沟坑边使用机械工作的时候，应该详细检查计算坑内支撑强度，必要的时候另行加强支撑；

④支撑安装必须按设计位置进行，施工过程严禁随意变更，并应切实使围檩与挡土桩墙结合紧密；

⑤钢筋混凝土支撑中，混凝土强度必须达到设计要求（或达 75%）后，方可开挖支撑面以下土方；钢结构支撑必须严格材料检验和保证节点的施工质量，严禁在负荷状态下进行焊接。锚杆的实际抗拔力除经计算外，锚杆上下间距、水平间距、最上一道锚杆覆土厚还应按规定方法进行现场试验后确定；

⑥采用逆作法施工时，要求其外围结构必须有自防水功能。应合理的解决支撑上部结构的单柱单桩与工程结构的梁柱交叉及节点构造并在方案中预先设计，基坑上部机械挖土的深度，应按地下墙悬臂结构的应力值确定；基坑下部封闭施工，应采取通风措施，当采用坑内排水时必须保证封井质量；

⑦支撑拆除前，应采取换撑措施，防止边坡卸载过快。拆除固壁支架和支撑的时候，应该按照回填顺序，自下而上逐步拆除。更换支撑时，应该先装上新的，再拆下旧的，拆除固壁支架和支撑的时候，必须由工程技术人员在场指导。

（2）桩基施工

桩基工程施工应该按照施工方案要求进行。打桩作业区应有明显标志或围栏，作业区上方应无架空线路。

沉桩机作业时，严禁吊装、吊锤、回转、行走动作同时进行；桩机移动时，必须将桩锤落至最低位置；施打过程中，操作人员必须距桩锤 5m 以外监视。灌注桩的施工，在未灌注混凝土以前，应将预钻的孔口盖严。

人工挖孔桩施工，应遵守以下规定：

1）应由熟悉人工挖孔桩施工工艺、遵守操作规定和具有应急监测自防护能力的专业施工队伍施工。

2）开挖桩孔应从上至下逐层进行，挖一层土及时浇筑一节混凝土护壁。第一节护壁应高出地面 300mm。

距孔口顶周边 1m 搭设围栏，围栏范围内不得有堆土和其他堆积物；孔口应设安全盖板，当盛土吊桶自孔内提出地面时，必须将盖板关闭孔口后，再进行卸土；提升吊桶的机构其传动部分及地面扒杆必须牢靠，制作、安装应符合施工设计要求。

3）施工人员不得乘盛土吊桶上下，必须另设钢丝绳及滑轮并有断绳保护装置，或使用安全爬梯上下。

应避免落物伤人，孔内应设半圆形防护板，随挖掘深度逐层下移。吊运物料时，作业人员应在防护板下面工作；正在浇筑混凝土的桩孔周围 10m 半径内，其他桩孔内不得有人作业；井下人员应轮换作业，连续工作时间不应超过 2h。

4）挖孔桩完成后，应当天验收，及时将桩身钢筋笼就位并浇筑混凝土。

（3）地下水控制

基坑工程的设计施工必须充分考虑对地下水进行治理，采取排水、降水措施，防止地下水渗入基坑。基坑施工除降低地下水位外，基坑内尚应设置明沟和集水井，以排除暴雨和其他突然而来的明水倒灌，基坑边坡视需要可覆盖塑料布，以防止大雨对土坡的侵蚀。

膨胀土场地应在基坑边缘采取抹水泥地面等防水措施，封闭坡顶及坡面，防止各种水流（渗）入坑壁。不得向基坑边缘倾倒各种废水并应防止水管泄漏冲走桩间土。软土基坑、高水位地区应做截水帷幕，应防止单纯降水造成基土流失。截水结构必须满足隔渗质量，且支护结构必须满足变形要求。

在降水井点与重要建筑物之间宜设置回灌井（或回灌沟），在基坑降水的同时，应沿建筑物地下回灌，保持原地下水位，或采取减缓降水速度，控制地面沉降。

【方法原理的应用 6-6】　基坑（槽）和管沟支撑的计算

（1）连续水平板式支撑的计算

连续水平板式支撑的构造为：挡土板水平连续防止，不留间隙，然后两侧同时对称立竖楞木（立柱），上、下各顶一根横撑木，端头家木楔顶紧。这种支撑适于较松散的干土或天然湿度的黏土类土、地下水很少，深度为 $3\sim5m$ 的基坑（槽）和管沟支撑。

计算简图如图 6-7（a）所示，水平挡土板与梁的作用相同，承受土的水平压力的作

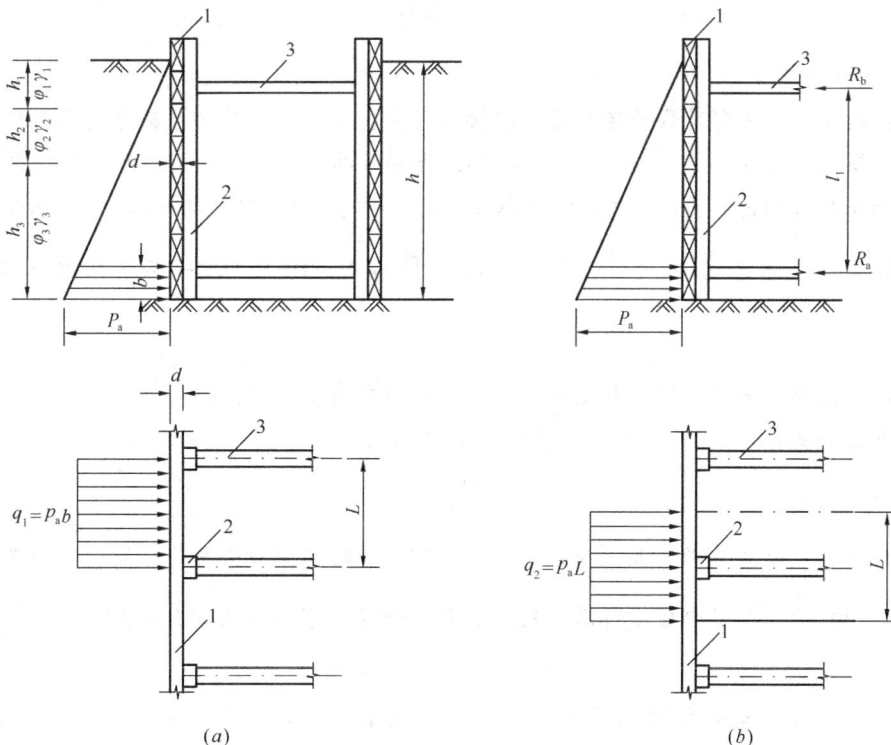

图 6-7　连续水平板式支撑
(a) 水平挡土板受力情况；(b) 双层横撑立柱受力情况
1—水平挡土板；2—立柱；3—横撑木

用，设土与挡土板间的摩擦力不计，则深度 h 处的主动土压力强度 p_a（kN/m^2）为：

$$p_a = \gamma h \tan^2 \left(45° - \frac{\varphi}{2} \right) \tag{6-12}$$

式中　γ——坑壁土的平均重度$\left(\gamma = \dfrac{\gamma_1 h_1 + \gamma_2 h_2 + \gamma_3 h_3}{h_1 + h_2 + h_3} \right)$（$kN/m^3$）;

h——基坑（槽）深度（m）;

φ——坑壁土的平均内摩擦角$\left(\varphi = \dfrac{\varphi_1 h_1 + \varphi_2 h_2 + \varphi_3 h_3}{h_1 + h_2 + h_3} \right)$（°）。

1) 挡土板计算

挡土板厚度按受力最大的下面一块板计算。设深度 h 处的挡土板宽度为 b，则主动土压力作用在该挡土板上的荷载 $q_2 = p_a b$。

当挡土板视作简支梁，如立柱间距为 L 时，则挡土板承受的最大弯矩为：

$$M_{max} = \frac{q_1 L^2}{8} = \frac{p_a b L^2}{8} \tag{6-13}$$

所需木挡板的截面矩 W 为：

$$W = \frac{M_{max}}{f_m} \tag{6-14}$$

式中　f_m——木材的抗弯强度设计值（N/mm）。

需用木挡板的厚度 d 为：

$$d = \sqrt{\frac{6W}{b}} \tag{6-15}$$

2) 立柱计算

立柱为承受三角形荷载的连续梁，亦按多跨简支梁计算，并按控制跨设计其尺寸。当坑（槽）壁设 2 道横撑木 [图 6-8（b）]，其上下横撑间为 l_1，立柱间距为 L 时，则下端支点处主动土压力的荷载为：$q_2 = p_a L$（kN/m^2），式中 p_a 为立柱下端的土压力（kN/m^2）。

立柱承受三角形荷载作用，下端支点反压力为：$R_a = \dfrac{q_2 l_1}{3}$；上端支点反力为 $R_b = \dfrac{q_2 l_1}{6}$。

由此可求得最大弯矩所在截面与上端支点的距离为：$x = 0.578 l_1$。

最大弯矩为：
$$M_{max} = 0.064 q_2 l_1^2 \tag{6-16}$$

最大应力为：
$$\sigma = \frac{M_{max}}{W} \leqslant f_m \tag{6-17}$$

当坑（槽）壁多层横撑木 [图 6-8（a）]，可将各跨间梯形分布荷载简化为均布荷载 q_i（等于其平均值），如图中虚线所示，然后取其控制跨度求其最大弯矩：$M_{max} = \dfrac{q_3 l_3^2}{8}$，可同上法决定立柱尺寸。

支点反力可按承受相邻两跨度上各半跨的荷载计算，如图 6-8（b）中间支点的反力为：

$$R = \frac{q_3 l_3 + q_2 l_2}{2} \tag{6-18}$$

A、D 两点的外侧无支点，故计算的立柱两端的悬臂部分的荷载亦可分别由上下两个

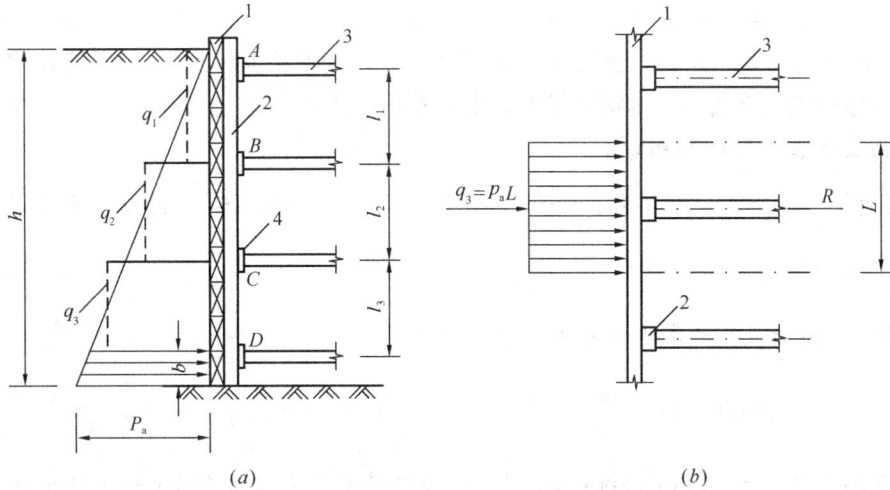

图 6-8 多层横撑的立柱计算简图

(a) 多层横撑支撑情况；(b) 立柱承受荷载情况

1—水平挡土板；2—立柱；3—横撑木；4—木楔

支点承受。

3) 横撑计算

横撑木为承受支点反力的中心受压杆件，可按下式计算需用截面积：

$$A_0 = \frac{R}{\varphi f_c} \tag{6-19}$$

式中　A_0——横撑木的截面积（mm^2）；

　　　R——横撑木承受的支点最大反力（N）；

　　　f_c——木材顺纹抗压及承压强度设计值（N/mm）

　　　φ——横撑木的轴心受压稳定系数。

φ 值可按下式计算：

树种强度等级为 TC17、TC15 及 TB20：

当 $\lambda \leqslant 75$ 时

$$\varphi = \frac{1}{1+\left(\frac{\lambda^2}{80}\right)^2} \tag{6.20a}$$

$\lambda > 75$

$$\varphi = \frac{3000}{\lambda^2} \tag{6-20b}$$

树种强度等级为 TC13、TC11 及 TB15：

当 $\lambda \leqslant 91$ 时

$$\varphi = \frac{1}{1+\left(\frac{\lambda}{65}\right)^2} \tag{6-21a}$$

$\lambda > 91$

$$\varphi = \frac{2800}{\lambda^2} \tag{6-21b}$$

式（6-20）、式（6-21）中，λ 为横撑木的细长比。

【案例 6.9】 管道沟槽深 2m，上层 1m 为填土，重度 $\gamma_1=17kN/m^3$，内摩擦角 $\varphi_1=12°$，1m 以下为褐黄色黏土，重度 $\gamma_2=18.5kN/m^3$，内摩擦角 $\varphi=23°$。用连续水平板式支撑，试选择木支撑截面。木材为杉木，木材抗弯强度设计值 $f_m=10N/mm^2$，木材顺纹抗压强调设计值 $f_c=10N/mm^2$。

【解析】 土的重度平均值 $\gamma=\dfrac{17\times1+18.4\times1}{2}=17.7kN/m^3$，内摩擦角平均值 $\varphi=\dfrac{22°\times1+23°\times1}{2}=22.5°$。

在沟底 2m 深处土的水平压力 p_a：

$$p_a=\gamma h\tan^2\left(45°-\frac{\varphi}{2}\right)=17.7\times2\tan^2\left(45°-\frac{22.5}{2}\right)=15.8kN/m^2$$

水平挡土板选用 75mm×200mm，在 2m 深处的土压力作用于该木板上的荷载 q_1：

$$q_1=p_a\cdot b=15.8\times0.2=3.16kN/m$$

木板的截面矩为：$W=\dfrac{20\times7.5^2}{6}=187.5cm^3$，抗弯强度值 $f_m=10N/mm^2$，所能承受的最大弯矩为：

$$M_{max}=187.5\times10^3\times10^{-3}=1875N\cdot m$$

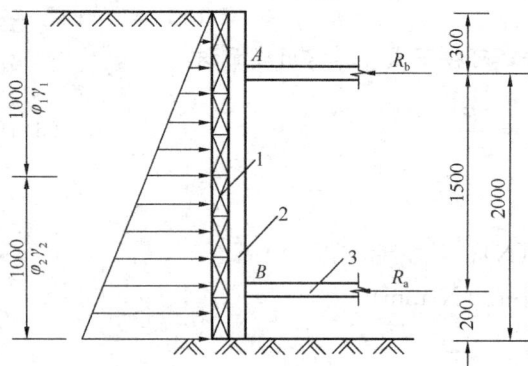

图 6-9 管道沟槽连续水平板式支撑

1—水平挡土板；2—立柱；3—横撑木

立柱间距 L 按公式（6-13）求出：

$$L=\sqrt{\frac{8M_{max}}{q_1}}=\sqrt{\frac{8\times1875}{3.16\times10^3}}=2.18m，取 2m$$

立柱下支点处主动土压力荷载 q_2：

$$q_2=p_a\cdot L=15.8\times2=31.6kN/m$$

立柱选用截面为 15cm×15cm 的方木，截面矩 $W=\dfrac{15^3}{6}=562.5cm^3$，立木 $f_m=10N/mm^2$，则立柱所能承受的弯矩，$M_{max}=562.5\times10^3\times10^{-3}=5625N\cdot m$。

由式（6-16）可得横撑木间距 $l_1=\sqrt{\dfrac{M_{max}}{0.0642q_2}}=\sqrt{\dfrac{5625}{0.0642\times31.6\times10^3}}=1.67m$。为便于支撑，取 1.5m，上端悬臂 0.3m，下端悬臂 0.2m，如图 6-8 所示。

立木在三角形荷载作用下，下端支点反力：$R_a=\dfrac{q_2l_1}{3}=\dfrac{31.6\times1.5}{3}=15.8kN$，上端支点反力：$R_b=\dfrac{q_2l_1}{6}=\dfrac{31.6\times1.5}{6}=7.9kN$。

横撑木按中心受压构件计算。横撑木 $f_c=10N/mm^2$，横撑木实际长度 $l=l_0=2.5m$，初步选定截面为 10cm×10cm 方木，所以长细比 $\lambda=\dfrac{l_0}{i}=\dfrac{2.5}{2.9\times0.1}=86.2<91$

由式（6-21）得：$\varphi = \dfrac{1}{1+\left(\dfrac{\lambda}{65}\right)^2} = \dfrac{1}{1+\left(\dfrac{86.2}{65}\right)^2} = 0.36$

横撑木轴心受压力 N：

$$N = \varphi A_0 f_c = 0.36 \times 100 \times 100 \times 10 = 36000\text{kN} = 36\text{kN} > R_a \ (15.8\text{kN})$$

（2）连续垂直板式支撑计算

连续垂直板式支撑的构造为：挡土板垂直放置，连续或留适当空隙，然后每侧上、下各水平顶一根木方（横垫木），再用横撑木顶紧。这种支撑适用于土质较松散或湿度很高的土，地下水比较少，深度可不限的基坑（槽）和管沟支撑。

基坑（槽）和管沟开挖，采用连续垂直板式支撑挡土时，其横垫木和横撑木的布置和计算有等距和不等距（等弯矩）两种方式。

1）横撑等距布置计算

如图 6-10 所示，横撑木的间距均相等，垂直挡土板与梁的作用相同，承受土的水平压力，可取最下一跨受力最大的板进行计算，计算方法与连续水平板支撑的立柱相同。承受梯形分布荷载的作用，可简化为均布荷载（等于其平均值），求最大弯矩：$M = \dfrac{q_4 h_1^2}{8}$，即可决定垂直挡土板尺寸。

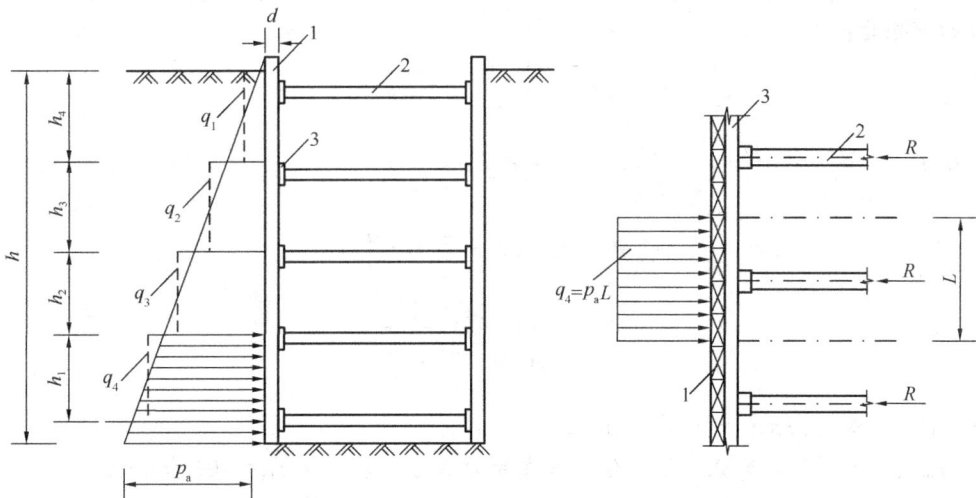

图 6-10　连续垂直板式等距横支撑计算简图

1—垂直挡土板；2—横撑木；3—横垫木

横垫木的计算及荷载与连续水平板式支撑的水平挡土板相同。

横撑木的作用力为横垫木的支点反力，其截面计算亦与连续水平板式支撑的横撑木计算相同。

这种布置挡土板的厚度按最下面受土压最大的板跨进行计算，需要厚度较大，不够经济，但偏于安全。

2）横撑不等距（等弯矩）布置计算

计算简图如图 6-11 所示，横垫木和横撑木的间距为不等距支设，随基坑（槽、管沟）深度而变化，土压力增大而加密，使各跨间承受弯矩相等。

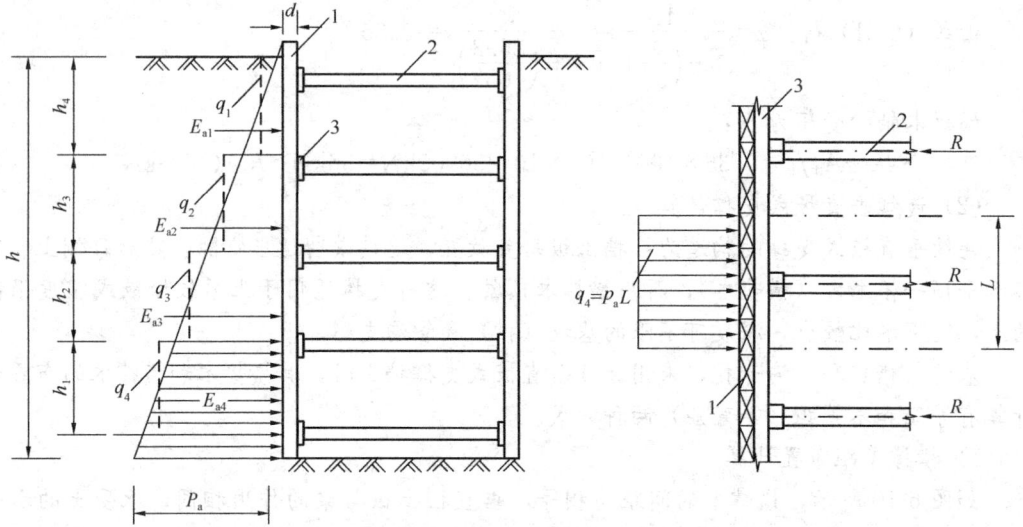

图 6-11　连续垂直板式不等距横支撑计算简图

1—垂直挡土板；2—横撑木；3—横垫木

设土压力 E_{a1} 平均分布在高度 h_1 上，并假定垂直挡土板各跨均为简支，则 h_1 跨单位长度的弯矩为：

$$M_1 = \frac{E_{a1}h_1}{8} = \frac{d^2}{6}f_m$$

将 $E_{a1} = \frac{1}{2}\gamma h_1 \tan^2\left(45° - \frac{\varphi}{2}\right)$ 代入上式得：

$$\frac{1}{16}\gamma h_1^3 \tan^2\left(45° - \frac{\varphi}{2}\right) = \frac{d^2}{6}f_m$$

$$h_1^3 = \frac{2.67d^2 f_m}{\gamma \tan^2\left(45° - \frac{\varphi}{2}\right)} \tag{6-22}$$

式中　d——垂直挡土板的厚度（cm）；

f_m——木材的抗弯强度设计值，考虑受力不匀因素，取 $f_m = 10\text{N/mm}^2$；

γ——土的平均重度，取 18kN/m^3；

φ——土的内摩擦角（°）。

将 f_m、γ 值代入（6-22）式得：

$$h_1 = 0.53 \cdot \sqrt[3]{\frac{d^2}{\tan^2\left(45° - \frac{\varphi}{2}\right)}} \text{（m）} \tag{6-23}$$

其余横垫木（横撑木）间距，可按等弯矩条件进行计算：

$$\frac{E_{a1}h_1}{8} = \frac{E_{a2}h_2}{8} = \frac{E_{a3}h_3}{8} = L = \frac{E_{an}h_n}{8}$$

将 E_{a1}、E_{a2}、E_{a3}……E_{an} 代入得：

$$h_1 \cdot h_1^2 = h_2 \left[(h_1 + h_2)^2 - h_1^2 \right]$$
$$= h_2 \left[(h_1 + h_2 + h_3)^2 - (h_1 + h_2)^2 \right]$$
$$\cdots\cdots$$
$$= h_n \left[\left(\sum_1^n h \right)^2 - \left(\sum_1^{n-1} h \right)^2 \right]$$

解之得
$$h_2 = 0.62 h_1 \tag{6-24}$$
$$h_3 = 0.52 h_1 \tag{6-25}$$
$$h_4 = 0.46 h_1 \tag{6-26}$$
$$h_5 = 0.42 h_1 \tag{6-27}$$
$$h_6 = 0.39 h_1 \tag{6-28}$$

如已知垂直挡土板厚度,即可由式(6-23)～(6-28)式求得横木(横撑木)的间距。一般垂直挡土板厚度为 50～80mm,横撑木视土压力的大小和基坑(槽、管沟)的宽、深采用 100mm×100mm～160mm×160mm 方木或直径 80～150mm 圆木。

以上布置挡土板的厚度按等弯矩受力计算较为合理,也是实际常用布置方式。

【案例 6.10】 已知基坑槽深为 5m,土的重度为 18kN/m³,内摩擦角 $\varphi = 30°$,采用 50mm 厚木垂直挡土板,试求横垫木(横撑木)的间距。

【解析】 基坑槽深 5.0m,考虑试用 4 层横垫木及横撑木。由式(6-23)得最上层横垫木及横撑木间距为:

$$h_1 = 0.53 \cdot \sqrt[3]{\frac{5.0^2}{\tan^2 \left(45° - \frac{30}{2} \right)}} = 2.24\text{m}$$

由式(6-24)、式(6-25)可算得下两层横垫木及横撑木的间距为:

$$h_2 = 0.62 h_1 = 0.62 \times 2.24 = 1.39\text{m}$$
$$h_3 = 0.52 h_1 = 0.52 \times 2.24 = 1.16\text{m}$$

【方法原理的应用 6-7】 挡土板桩支护计算

板桩是在深基坑开挖时用打桩机沉入土中,构成一排联系紧密的薄墙,作为基坑的支护,用来土和水产生的水平压力,并依靠它打入土内的水平阻力,以及设在板桩上部的拉锚或支撑来保护支撑的稳定。板桩支护使用的材料有型钢、木板材、钢筋混凝土等,其中钢板桩由于强度高,连接紧密可靠,打设方便,应用最为广泛。

挡土钢板桩根据基坑挖土深度、土质情况、地质条件和相邻近建筑、管道情况等,可采用悬臂板桩、单拉锚(支撑)板桩和多锚(支撑)板桩等形式,对坑壁支护,以便于基坑开挖。

作用在板桩上的土侧压力,与土的内摩擦角 φ、黏聚力 c 和重度 γ 有关,其值应由地质勘察报告提供,如经坑内打桩、降水后,土质有挤密、固结或扰动情况,φ、c、γ 值应作调整,应再进行二次勘察测定。如土质不同时,应分层计算土压力,对于不降水的一侧,应分别计算地下水位以下的土和水对板桩的侧压力。

地面荷载包括静载(堆土、堆物等)和活载(施工活载、汽车、吊车等),按实际情况折算成均布荷载计算。

（1）悬臂式板桩计算

悬臂式板桩指顶端不设支撑或锚杆，完全依靠打入足够的入土深度保证其稳定性。

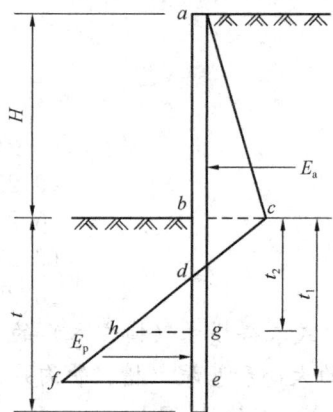

图 6-12 悬臂式板桩计算简图

H—板桩悬臂高度；E_a—主动土压力；

E_p—被动土压力

悬臂式板桩的入土深度和最大弯矩的计算，一般按以下步骤进行（图6-12）：

1）试算确定埋入深度 t_1 先假定埋入深度 t_1，然后将净主动土压力 acd 和净被动土压力 def 对 e 点取力矩，要求由 def 产生的抵抗力矩大于由 acd 所产生的倾覆力矩的2倍，即防倾覆的安全系数不小于2；

2）确定实际所需深度 t。将通过试算求得的 t_1 增加15%，以确保板桩的稳定；

3）求入土深度 t_2 处剪力为零的点 g。通过试算求出 g 点，该点净主动土压力 acd 应等于被动土压力 dgh；

4）计算最大弯矩。此值应等于 acd 和 dgh 绕 g 点的力矩之差值；

5）选择板桩截面。根据求得的最大弯矩和板桩材料的容许应力（钢板桩取钢材屈服应力的1/2），即可选择板桩的截面、型号。

对于中小型工程，长4m内的悬臂板桩，如土层均匀，已知土的重度 γ、内摩擦角 φ 和悬臂高度 h，亦可参考表来确定最小入土深度 t_{min} 和最大弯矩 M_{max}。

（2）单锚（支撑）式板桩计算

单锚板桩按入土的深度。分为以下两种计算方法：

1）单锚浅埋板桩的计算

假定上端为简支，下端为自由支撑。这种板桩相当于单跨简支梁，作用在桩后为主动土压力，作用在桩前为被动土压力（图6-13）。

主动土压力 $$E_a = \frac{1}{2}e_a(H+t) = \frac{1}{2}\gamma(H+t)^2 K_a \tag{6-29}$$

被动土压力 $$E_p = \frac{1}{2}e_p t = \frac{1}{2}\gamma t^2 K_p \tag{6-30}$$

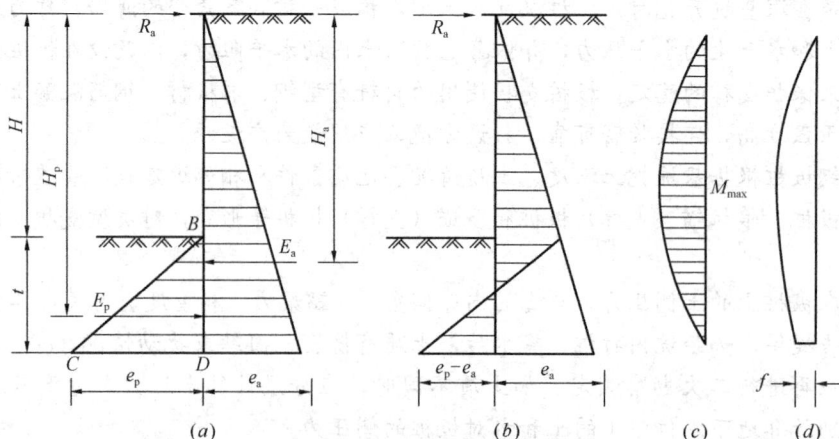

图 6-13 单锚浅埋板桩计算图

（a）土压力分布图；（b）叠加后的土压力分布图；（c）弯矩图；（d）板状变形图

式中　e_a——主动土压力最大压强，$e_a = \gamma(H+t)K_a$；

　　e_p——被动土压力最大压强，$e_p = \gamma t K_p$；

　　K_a——主动土压力系数；

　　K_p——被动土压力系数；

　　γ——土的重度。

为使板桩保持稳定，在 A 点的力矩应等于零，即使 $\Sigma M_A = 0$，亦即：

$$E_a H_a - E_p H_p = E_a \cdot \frac{2}{3}(H+t) - E_p\left(H + \frac{2}{3}t\right) = 0$$

整理后即可求得所需的最小入土深度 t：

$$t = \frac{(3E_p - 2E_a)H}{2(E_a - E_p)} \tag{6-31}$$

再根据 $\Sigma X = 0$，即可求得作用在 A 点的锚杆拉力 R_a 为：

$$R_a - E_a + E_p = 0$$
$$R_a = E_a - E_p \tag{6-32}$$

根据求得之入土深度 t 和锚杆拉力 R_a，可画出作用在板桩上的所有的力，并依此可求得剪力为零的点，在该点截面处可求出最大弯矩 M_{max}，根据此最大弯矩来选用板桩截面。

由于 E_a 和 E_p 均为 t 的函数，通常先假定 t 值，然后进行验算，如不合适，再重新假定 t 值，直至合适为止。

板桩的入土深度 t 主要取决于被动土压力，计算时，被动土压力（三角形 BCD）一般只取其中一部分，即安全系数取 2。

2）单锚深埋板桩计算

单锚深埋板桩上端为简支，下端为固定支承，其计算常用等值梁法，较为简便。其基本原理如图 6-14 所示。ab 为一梁，其一端为简支，另一点固定，正负弯矩在 c 点转折。如在 c 点切断 ab 梁，并于 c 点置一自由支承形成 ac 梁，则 ac 梁上的弯矩值不变，此 ac 梁即为 ab 梁上 ac 段的等值梁。

用等值梁法计算板桩，为简化计算，常用土压力等于零的位置来代替正负弯矩转折点

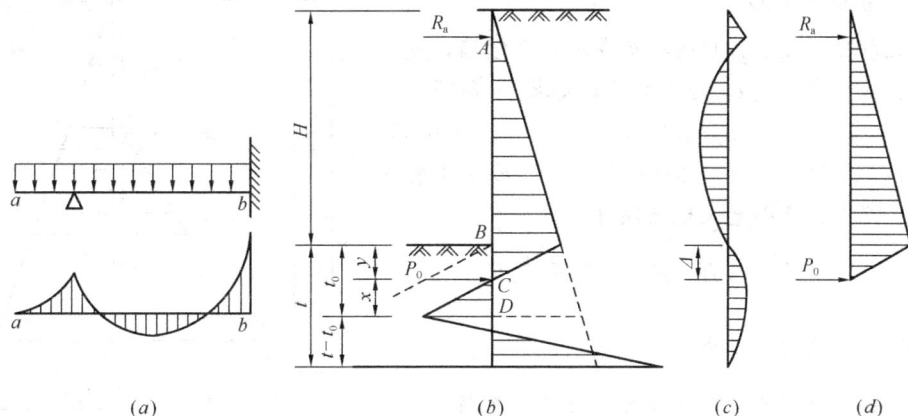

图 6-14　用等值梁法计算单锚板桩简图

(a) 等值梁法；(b) 板桩上土压力分布；(c) 板桩弯矩图；(d) 等值梁

的位置，其计算步骤和方法如下：

①计算作用于板桩上的土压力强度，并绘出土压力分布图。计算土压力强度时，应考虑板桩墙与土的摩擦作用，将板桩墙前和墙后的被动土压力分别乘以修正系数（为安全起见，对主动土压力则不予扣减），钢板桩的被动土压力修正系数参见相应书籍。t_0 深度以下的土压力分布可暂不绘出；

②计算板桩墙上土压力强度等于零的点离挖土面的距离 y。在 y 处板桩墙前的被动土压力等于板桩墙后的主动土压力，即

$$\gamma K \cdot K_p \cdot y = \gamma K_a(H+y) = P_b + \gamma K_a y$$

$$y = \frac{P_b}{\gamma(K \cdot K_p - K_a)} \tag{6-33}$$

式中 P_b——挖土面处板桩墙后的主动土压力强度值；

其余符号意义同前。

③按简支梁计算等值的最大弯矩 M_{max} 和两个支点的反力（即 R_a 和 P_0）；

④计算板桩墙的最小入土深度 t_0，$t_0 = y + x$；

x 可根据 P_0 和墙前被动土压力对板桩底端的力矩相等求得，即

$$P_0 = \frac{\gamma(K \cdot K_p - K_a)}{6}x^2 \tag{6-34}$$

所以

$$x = \sqrt{\frac{6P_0}{\gamma(K \cdot K_p - K_a)}} \tag{6-35}$$

板桩实际埋深应位于 x 之下，当板桩后面为填土时取 1.2。

用等值梁法计算板桩是偏于安全的。

【方法原理的应用 6-8】 排桩、地下连续墙抗倾覆（或跷起）验算

排桩与地下连续墙，除本身的强度，刚度和力的平衡满足稳定性要求之外，一般还需进行以下各种施工验算。

为了保证深基坑周围土体的稳定，排桩与地下连续墙支护必须有一定的插入坑底深度。

（1）旋臂式支护

对无拉锚（无支撑）的排桩或地下连续墙，支护的实际插入坑底深度 t，应满足下式要求(图 6-15)。

$$t \geq 1.2t' \tag{6-36}$$

式中 t'——按力的平衡条件，即 $E_a - E_p = 0$ 求得的最小插入坑底深度；

E_a——主动土压力，$E_a = \frac{(h+t')}{2}\gamma K_a$；

E_p——被动土压力，$E_p = \frac{t'^2}{2}\gamma \cdot K_p$；

K_a、K_p——分别为主动土和被动土压力系数；

h——基坑深度；

γ——土体重度（kN/m^3），为简化计算，亦

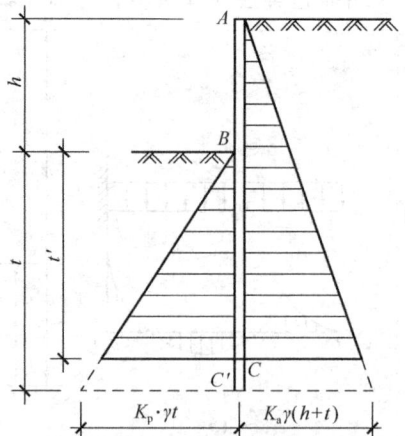

图 6-15 悬臂支护插入坑底深度计算简图

可近似取土体重度 $\gamma=20\text{kN/m}^3$。

（2）单锚（单支撑）支护

对于仅设单锚点或单支撑的排桩或地下连续墙的最小插入坑底深度，由静力平衡条件按下式求得（图 6-16）：

$$\Sigma N=0 \quad E_a-E_a+E_p=0 \tag{6-37}$$
$$\Sigma N=0 \quad E_p l_2-E_a L_1=0 \tag{6-38}$$

式中　R_a——锚杆（或支撑）承载力（kN）；

　　　L_2——被动土压力合力 E_p 至支撑的距离（m），即 $L_2=H_1+\dfrac{2}{3}t$；

　　　L_1——主动土压力合力 E 至支撑的距离（m）；

同样，为了安全，实际插入深度 t 要求满足 $t\geqslant 1.2t'$。

（3）多锚点（多支撑）支护

对于设有多锚点（或多支撑）的排桩或地下连续墙，其最小插入坑底深度可近似地按下式计算（图 6-17）：

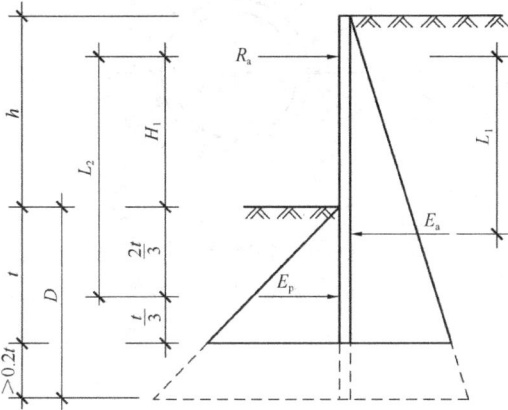

图 6-16　单支点支护最小插入　　　　　　图 6-17　多支点支护最小插入
　　　　坑底深度计算简图　　　　　　　　　　　　坑底深度计算简图

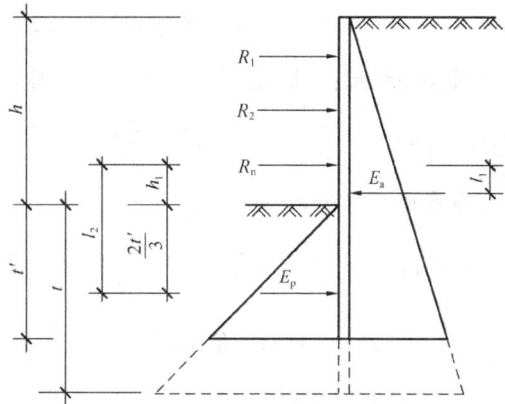

$$E_p l_2-E_a l_1=0$$

则
$$l_2=\frac{E_a \cdot l_1}{E_p} \tag{6-39}$$

$$l_2=\frac{2t'}{3}+h_1=l_1\frac{E_a}{E_p}$$

$$t'=1.5\left(l_1\frac{E_a}{E_p}-h_1\right) \tag{6-40}$$

同样，为了安全，实际插入深度 t 亦要求满足 $t\geqslant 1.2t'$。

【方法原理的应用 6-9】　工地挖孔桩护壁厚度计算

为了防止塌方，保证操作安全，大直径工人挖孔桩大多采取分段挖土，分段护壁的方法施工。护壁材料多采用混凝土或砖砌。

（1）混凝土护壁厚度计算

分段现浇混凝土护壁厚度，一般取受力最大处，即地下最深段护壁所承受的土压力及地下水的侧压力由计算而定，设混凝土护壁厚度为 t，则可按下式计算（图 6-18）：

$$t \geqslant \frac{KN}{f_c} \qquad (6-41)$$

或 $$t \geqslant \frac{K_p D}{2f_c} \qquad (6-42)$$

式中 N——作用在护壁截面上的压力（N/m²），

$$N = p \times \frac{D}{2};$$

p——土和地下水对护壁的最大侧压力（N/m²）；

对无黏性土：当挖孔为地下水时，$p = \gamma H \tan^2 \left(45° - \frac{\varphi}{2}\right)$

当有地下水时，$p = \gamma H \tan^2 \left(45° - \frac{\varphi}{2}\right) + (\gamma - \gamma_w)(H-h) \tan^2 \left(45° - \frac{\varphi}{2}\right) + (H-h)\gamma_w$

对黏性土：当挖孔无地下水时，$p = \gamma H \tan^2 \left(45° - \frac{\varphi}{2}\right) - 2\cot \left(45° - \frac{\varphi}{2}\right)$

当有地下水时，

$$p = \gamma H \tan^2 \left(45° - \frac{\varphi}{2}\right) - 4\cot \left(45° - \frac{\varphi}{2}\right)$$
$$+ (\gamma - \gamma_w)(H-h) \tan^2 \left(45° - \frac{\varphi}{2}\right)$$
$$+ (H-h)\gamma_w$$

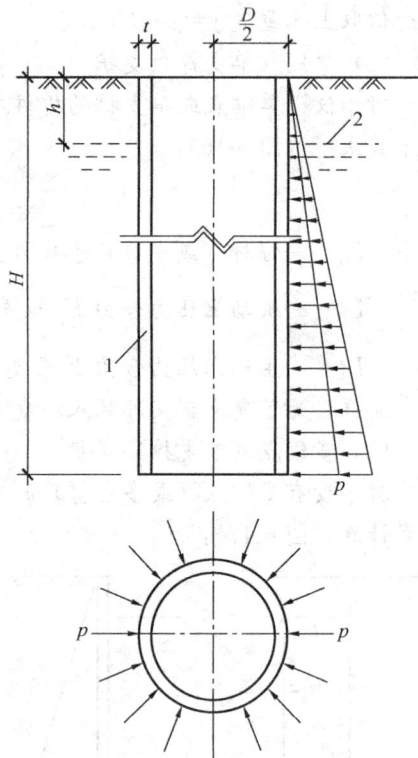

图 6-18 护壁受力计算简图
1—护壁；2—地下水位

γ——土的重度（kN/m³）；

γ_w——水的重度（kN/m³）；

H——挖孔桩护壁深度（m）；

h——地面至地下水位深度（m）；

D——挖孔桩或圆形建筑物外直径（m）；

f_c——混凝土的轴心抗压强度预计值（N/mm²）；

φ——土的内摩擦角（°）；

c——土的黏聚力（kN/m²）；

K——安全系数，取 1.65。

【案例 6.11】 1.8 直径混凝土灌注桩，深 30m，用工人挖孔，采用 C20 混凝土护壁，每节高 1.0m，地基土为粉质黏性土，土天然重度 $\gamma = 19.5$kN/m³，内摩擦角 $\varphi = 20°$，地面以下 6m 有地下水，不考虑黏聚力（$c=0$）试计算混凝土护壁所需厚度。

【解析】 最深段的总压力为：$p = \gamma H \tan^2 \left(45° - \frac{\varphi}{2}\right) + (\gamma - \gamma_w)(H-h)$

$$\tan^2\left(45°-\frac{\varphi}{2}\right)+(H-h)\gamma_w=19.5\times6\times\tan^2\left(45°-\frac{20°}{2}\right)+(19.5-10)$$

$$\times(30-6)\tan^2\left(45°-\frac{20°}{2}\right)+(30-6)\times10$$

$$=409.05\text{N/mm}^2$$

用 C20 混凝土，$f_c=10\text{N/mm}^2$，$D=1.8\text{m}$，则

$$t=KpD/2f_c$$
$$=1.65\times409.05\times180/2\times10\times10^3$$
$$=6.1\text{cm}$$

一般护壁最小厚度为 8cm，故采用 8cm。为安全计，再加适量的 $\phi6\text{mm}$ 钢筋，间距 200～300mm。

（2）砖砌护壁厚度计算

砖砌护壁系每挖 1.0～1.5m 深，用 M10 砂浆砌半砖（或一砖）厚护壁，用 30mm 厚的 M10 水泥砂浆填实于砖与土壁之间的空隙，每挖一段护砌一段，挖（砌）下段时，孔径比上段缩小 60mm，如此逐段进行，直至要求深度。砖砌护壁施工较简单，快速，费用低（仅混凝土护壁的 3/1），适用于老填土，粉质黏土、黏土中地下水较少的圆形结构或直径 1.5～2.0m、深 30m 以内的人工挖土桩护壁。

砖砌护壁厚度计算时，护壁所承受外侧的土压力同"（1）混凝土护壁厚度计算"（图 6-19）。

砖砌护壁所承受的环向应力 σ_n 按下式计算：

$$\sigma_n=\frac{pD}{2t} \tag{6-43}$$

砖砌护壁所承受的径向应力 σ_a 在圆壁外侧等于 p，而内侧等于 σ，壁厚方向的分布呈抛物线，可取平均值按下式计算：

$$\sigma_a=\frac{p}{2} \tag{6-44}$$

在砖砌护壁上产生的 σ_n 和 σ_a 应小于砖砌体的抗压强度设计值 f（N/mm²）和水泥砂浆缝的抗剪强度设计值 f_v（N/mm²）；

$$\sigma_n<f \tag{6-45}$$
$$f_v<\sigma_a \tag{6-46}$$

式中 t——砖砌护壁的厚度；

D——圆形构筑物或挖孔桩的外直径；

p——土和地下水对砖砌护壁的最大侧压力。

【案例 6.12】 条件同案例 6-9，砖砌护壁采用 M10 水泥砂浆、MU10 红砖砌筑，厚 120mm，用 30mm 厚的 M10 水泥砂浆与填实砖与土壁间空隙。地基土为粉质黏土，无地下水，不考虑黏聚力，试

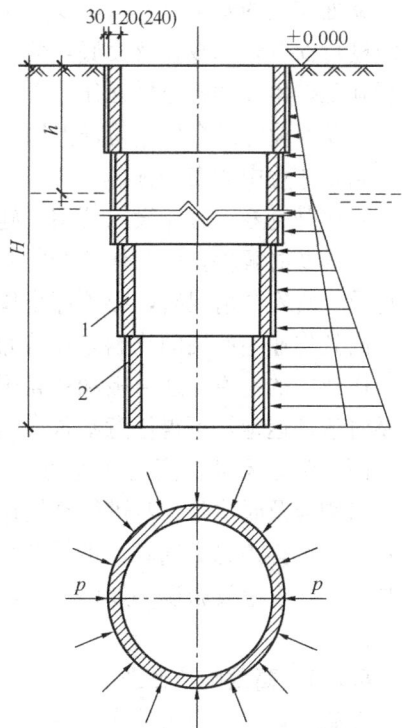

图 6-19 砖砌护壁构造及受力计算简图
1—半砖（或一砖）厚护壁（M10 水泥砂浆砌筑）；2—30mm 厚 M10 水泥砂浆填实

验算砖砌护壁是否满足要求。

【解析】 由题意知 $\gamma = 19.5\text{kN/m}^3$，$\varphi = 20°$，$c = 0$，$D = 1800\text{mm}$，$t = 120 + 30 = 150\text{mm}$，又 $f = 1.99\text{N/m}^3$，$f_v = 0.18\text{N/m}^3$。

$$p = \gamma H \tan^2\left(45° - \frac{\varphi}{2}\right)$$
$$= 19.5 \times 30 \times \tan^2\left(45° - \frac{20°}{2}\right)$$
$$= 286.7\text{kN/m}^3 = 0.287\text{N/m}^3$$

砖砌护壁承受的环向应力由式（6-43）得：

$$\sigma_n = \frac{pD}{2t} = \frac{0.287 \times 1800}{2 \times 1500} = 1.72\text{N/mm}^2 < f = 1.99\text{N/mm}^2$$

砖砌护壁承受的径向应力由式（6-44）得：

$$\sigma_a = \frac{p}{2} = \frac{0.287}{2} = 0.143\text{N/mm}^2 < f_v = 0.18\text{N/mm}^2$$

由验算知 σ_n 和 σ_a 分别小于 f 和 f_v，故砖砌护壁满足要求。

6.2 高处作业的安全

凡是在基准面 2m 以上（含 2m）有可能坠落的高处进行的作业称为高处作业。

高处作业的安全技术措施及其所需料具，必须列入工程的施工组织设计。施工前，应逐级进行安全技术教育及交底，落实所有安全技术措施和人身防护用品，未经落实时不得进行施工。攀登和悬空高处作业人员以及搭设高处作业安全设施的人员，必须经过专业技术培训及专业考试合格，持证上岗，并必须定期进行体格检查。

高处作业中的安全标志、工具、仪表、电气设施和各种设备，必须在施工前加以检查，确认其完好，方能投入使用。施工中对高处作业的安全技术设施，发现有缺陷和隐患时，必须及时解决；施工作业场所有可能坠落的物件，应一律先行撤除或加以固定；当出现危及人身安全情况时，必须停止作业。

高处作业中所用的物料，均应堆放平稳，不妨碍通行和装卸。工具应随手放入工具袋；作业中的走道、通道板和登高用具，应随时清扫干净；拆卸下的物件及余料和废料均应及时清理运走，不得任意乱置或向下丢弃。传递物件禁止抛掷。

雨天和雪天进行高处作业时，必须采取可靠的防滑、防寒和防冻措施。凡水、冰、霜、雪均应及时清除。对进行高处作业的高耸建筑物，应事先设置避雷设施。遇有六级以上强风、浓雾等恶劣气候，不得进行露天攀登与悬空高处作业。暴风雪及台风暴雨后，应对高处作业安全设施逐一加以检查，发现有松动、变形、损坏或脱落等现象，应立即修理完善。

6.2.1 高处临边作业

在施工现场，当高处作业中工作面的边沿没有围护设施或虽有围护设施，但其高度低于 800mm 时，这一类作业称为临边作业。

处于这类临边状态下的场合施工，例如沟、坑、槽边，深基础周边，楼层周边，梯段侧边，平台或阳台边，屋面边等，都属于临边作业。一般施工现场的场地上，还常有挖坑、挖沟槽等地面工程，在它们边沿施工也称为临边作业。

（1）对临边高处作业，必须设置防护措施

例如头层墙高度超过 3.2m 的二层楼面周边，以及屋外脚手架的高度超过 3.2m 的楼层周边，必须在外围架设安全平网一道；分层施工的楼梯口和梯段边，必须安装临时护栏。顶层楼梯口应随工程结构进度安装正式防护栏杆；井架与施工用电梯和脚手架等与建筑物通道的两侧边，必须设防护栏杆。地面通道上部应装设安全防护棚。双笼井架通道中间，应予分隔封闭；各种垂直运输接料平台，除两侧设防护栏杆外，平台口还应设置安全门或活动防护栏杆。

（2）临边防护栏杆杆件的规格及连接要求

毛竹横杆小头有效直径不应小于 70mm，栏杆柱小头直径不应小于 80mm，并须用不小于 16 号的镀锌钢丝绑扎，不应少于 3 圈，并无泻滑。原木横杆上杆梢径不应小于 70mm，下杆梢径不应小于 60mm，栏杆柱梢径不应小于 75mm。并须用相应长度的圆钉钉紧，或用不小于 12 号的镀锌钢丝绑扎，要求表面平顺和稳固无动摇。

钢筋横杆上杆直径不应小于 16mm，下杆直径不应小于 14mm，栏杆柱直径不应小于 18mm，采用电焊或镀锌钢丝绑扎固定。钢管横杆及栏杆柱均采用 $\phi48\times$（2.75～3.5）mm 的管材，以扣件或电焊固定。以其他钢材如角钢等作防护栏杆杆件时，应选强度相当的规格，以电焊固定。

（3）搭设临边防护栏杆应该要注意

防护栏杆应由上、下两道横杆及栏杆柱组成，上杆离地高度为 1.0～1.2m，下杆离地高度为 0.5～0.6m。坡度大于 1：22 的屋面，防护栏杆应高 1.5m，并加挂安全立网。除经设计计算外，横杆长度大于 2m 时，必须加设栏杆柱。

栏杆柱的固定应符合下列要求：当在基坑四周固定时，可采用钢管并打入地面 50～70cm 深。钢管离边口的距离，不应小于 50cm。当基坑周边采用板桩时，钢管可打在板桩外侧。

当在混凝土楼面、屋面或墙面固定时，可用预埋件与钢管或钢筋焊牢。采用竹、木栏杆时，可在预埋件上焊接 30cm 长的 L50×5 角钢，其上下各钻一孔，然后用 1mm 螺栓与竹、木杆件拴牢。

当在砖或砌块等砌体上固定时，可预先砌入规格相适应的 80×6 弯转扁钢作预埋件的混凝土块，然后用上述方法固定。

栏杆柱的固定及其与横杆的连接，其整体构造应使防护栏杆在上杆任何处，能经受任何方向的 1000N 外力。当栏杆所处位置有发生人群拥挤、车辆冲击或物件碰撞等可能时，应加大横杆截面或加密柱距。

防护栏杆必须自上而下用安全立网封闭，或在栏杆下边设置严密固定的高度不低于 18cm 的挡脚板或 40cm 的挡脚笆。挡脚板与挡脚笆上如有孔眼，不应大于 25mm。板与笆下边距离底面的空隙不应大于 10mm。卸料平台两侧的栏杆，必须自上而下加挂安全立网或满扎竹笆。

当临边的外侧面临街道时，除防护栏杆外，敞口立面必须采取满挂安全网或其他可靠措施作全封闭处理。

6.2.2 洞口作业

在楼板、屋面、平台等水平向的面上，短边尺寸等于或大于25cm的，在墙等垂直的面上，高度等于或大于75cm，宽度大于45cm的，均称为洞。此外，凡深度在2m及2m以上的高处作业，亦称为洞口作业。

除上述洞口外，常会有因特殊工程和工序需要而产生使人与物有坠落危险或危及人身安全的各种洞口，这些也都应该按洞口作业加以防护。

（1）设置防护设施

进行洞口作业以及在因工程和工序需要而产生的，使人与物有坠落危险或危及人身安全的其他洞口进行高处作业时，必须按表6-4所示规定设置防护设施：

洞口防护设施设置　　　　　　　　　　　　　　　　　　　表6-4

洞口形式	主要安全防护设施规定
板与墙的洞口	必须设置牢固的盖板、防护栏杆、安全网或其他防坠落的防护设施
电梯井口	必须设防护栏杆或固定栅门、电梯井内应每隔两层并最多隔10m设一道安全网
钢管桩、钻孔桩等桩孔上口	均应按洞口防护设置稳固的盖件
施工现场通道附近的各类洞口	除设置防护设施与安全标志外，夜间还应设红灯示警

（2）洞口安全措施

根据具体情况采取设防护栏杆、加盖件、张挂安全网与装栅门等措施时，必须符合下列要求：

1）楼板、屋面和平台等面上短边尺寸小于25cm但大于2.5cm的孔口，必须用坚实的盖板盖设，盖板应能防止挪动移位。

楼板面等处边长为25～50cm的洞口、安装预制构件时的洞口以及缺件临时形成的洞口，可用竹、木等作盖板，盖住洞口。盖板须能保持四周搁置均衡，并有固定其位置的措施。

边长为50～150cm的洞口，必须设置以扣件扣接钢管而成的网格，并在其上满铺竹笆或脚手板。也可采用贯穿于混凝土板内的钢筋构成防护网，钢筋网格间距不得大于20cm。

边长在150cm以上的洞口，四周设防护栏杆，洞口下张设安全平网。

2）垃圾井道和烟道，应随楼层的砌筑或安装而消除洞口，或参照预留洞口作防护。管道井施工时，还应加设明显的标志。

3）墙面等处的竖向洞口，凡落地的洞口应加装开关式、工具式或固定式的防护门，门栅网格的间距不应大于15cm，也可采用防护栏杆，下设挡脚板（笆）。下边沿至楼板或底面低于80cm的窗台等竖向洞口，如侧边落差大于2m时，应加设1.2m高的临时护栏。

4）位于车辆行驶道旁的洞口、深沟与管道坑、槽，所加盖板应能承受不小于当地额定卡车后轮有效承载力2倍的荷载。

对邻近的人与物有坠落危险性的其他竖向的孔、洞口，均应予以盖没或加以防护，并有固定其位置的措施。

6.2.3 攀登作业

在施工现场，常常借助于登高用具或登高设施，在攀登条件下进行的高处作业，这类作业称攀登作业，亦称登高作业。

攀登作业主要是利用梯子攀登和结构安装中的登高作业。这类作业较易发生危险，因此，在施工组织设计中必须确定用于现场施工的登高和攀登设施。构件吊装所需的直爬梯及其他登高用拉攀件，应在构件施工图或说明内作出规定。

攀登的用具，结构构造上必须牢固可靠。供人上下的踏板其使用荷载不应大于1100N。移动式梯子，均应按现行的国家标准验收其质量。梯脚底部应坚实，不得垫高使用。梯子的上端应有固定措施。立梯工作角度以 75°±5° 为宜，踏板上下间距以 30cm 为宜，不得有缺档。梯子如需接长使用，必须有可靠的连接措施，且接头不得超过 1 处。连接后梯梁的强度，不应低于单梯梁的强度。折梯使用时上部夹角以 35°～45° 为宜，铰链必须牢固，并应有可靠的拉撑措施。

固定式直爬梯应用金属材料制成。梯宽不应大于 50cm，支撑应采用不小于∟70×6 的角钢，埋设与焊接均必须牢固。梯子顶端的踏棍应与攀登的顶面齐平，并加设 1～1.5m 高的扶手。使用直爬梯进行攀登作业时，攀登高度以 5m 为宜。超过 2m 时，宜加设护笼，超过 8m 时，必须设置梯间平台。

作业人员应从规定的通道上下，不得在阳台之间等非规定通道进行攀登，也不得任意利用吊车臂架等施工设备进行攀登。上下梯子时，必须面向梯子，且不得手持器物。

6.2.4 悬空作业

施工现场，在周边临空的状态下进行作业时，高度在 2m 及 2m 以上，属于悬空高处作业，或者说在无立足点或无牢靠立足点的条件下，进行的高处作业统称为悬空高处作业。

悬空作业处应有牢靠的立足处，并必须视具体情况，配置防护栏网、栏杆或其他安全设施。悬空作业所用的索具、脚手板、吊篮、吊笼、平台等设备，均需经过技术鉴定或验证方可使用。

（1）构件吊装和管道安装时的悬空作业

构件应尽可能在地面组装，并应搭设进行临时固定、电焊、高强螺栓连接等工序的高空安全设施，随构件同时上吊就位。拆卸时的安全措施，亦应同时考虑和落实。

悬空安装、吊装第一块预制构件、吊装单独的大中型预制构件时，必须站在操作平台上操作。

吊装中的大模板和预制构件以及石棉水泥板等屋面板上，严禁站人和行走。

安装管道时必须有已完结构或操作平台为立足点，严禁在安装中的管道上站立和行走。

（2）模板支设时的悬空作业

在支设悬挑形式的模板时，应有稳固的立足点；支设临空构筑物模板时，应搭设支架或脚手架。拆模高处作业，应配置登高用具或搭设支架。

（3）钢筋绑扎时的悬空作业

绑扎钢筋和安装钢筋骨架时，必须搭设脚手架和马道。绑扎圈梁、挑梁、挑檐、外墙和边柱等钢筋时，应搭设操作台架和张挂安全网。悬空大梁钢筋的绑扎，必须在满铺脚手板的支架或操作平台上操作。绑扎立柱和墙体钢筋时，不得站在钢筋骨架上或攀登骨架上下。3m 以内的柱钢筋，可在地面或楼面上绑扎，整体竖立。绑扎 3m 以上的柱钢筋，必须搭设操作平台。

（4）混凝土浇筑时的悬空作业

浇筑离地 2m 以上框架、过梁、雨篷和小平台时，应设操作平台，不得直接站在模板或支撑件上操作。浇筑拱形结构，应自两边拱脚对称地相向进行。浇筑储仓，下口应先行封闭，并搭设脚手架以防人员坠落。特殊情况下如无可靠的安全设施，必须系好安全带并扣好保险钩，或架设安全网。

（5）进行预应力张拉的悬空作业时

进行预应力张拉时，应搭设站立操作人员和设置张拉设备用的牢固可靠的脚手架或操作平台。雨天张拉时，还应架设防雨棚。

预应力张拉区域应标示明显的安全标志，禁止非操作人员进入。张拉钢筋的两端必须设置挡板。挡板应距所张拉钢筋的端部 1.5～2m，且应高出最上一组张拉钢筋 0.5m，其宽度应距张拉钢筋两外侧各不小于 1m。

（6）悬空进行门窗作业时

安装门、窗，油漆及安装玻璃时，严禁操作人员站在樘子、阳台栏板上操作。门、窗临时固定，封填材料未达到强度，以及电焊时，严禁手拉门、窗进行攀登。进行各项窗口作业时，操作人员的重心应位于室内，不得在窗台上站立，必要时应系好安全带进行操作。

在高处外墙安装门、窗，无外脚手时，应张挂安全网。无安全网时，操作人员应系好安全带，其保险钩应挂在操作人员上方的可靠物件上。

6.2.5　操作平台与交叉作业的安全防护

（1）移动式操作平台

操作平台应由专业技术人员按现行的相应规范进行设计，计算书及图纸应编入施工组织设计。

操作平台的面积不应超过 10m²，高度不应超过 5m。还应进行稳定验算，并采取措施减少立柱的长细比；操作平台可采用 Φ（48～51）×3.5mm 钢管以扣件连接，亦可采用门架式或承插式钢管脚手架部件，按产品使用要求进行组装。平台的次梁，间距不应大于 40cm；台面应满铺 3cm 厚的木板或竹笆。

装设轮子的移动式操作平台，轮子与平台的接合处应牢固可靠，立柱底端离地面不得超过 80mm。

操作平台四周必须按临边作业要求设置防护栏杆，并应布置登高扶梯。

（2）悬挑式钢平台

悬挑式钢平台应按现行的相应规范进行设计，其结构构造应能防止左右晃动，计算书及图纸应编入施工组织设计。

悬挑式钢平台的搁支点与上部拉结点，必须位于建筑物上，不得设置在脚手架等施工设备上。斜拉杆或钢丝绳，构造上宜两边各设前后两道，两道中的每一道均应作单道受力计算；钢丝绳应采用专用的挂钩挂牢，采取其他方式时卡头的卡子不得少于 3 个；建筑物锐角利口围系钢丝绳处应加衬软垫物，钢平台外口应略高于内口。还应设置 4 个经过验算、用甲类 3 号沸腾钢制作的吊环；吊运平台时不得使吊钩直接钩挂吊环，而应使用卡环。

钢平台吊装，需待横梁支撑点电焊固定，接好钢丝绳，调整完毕，经过检查验收，方可松卸起重吊钩。钢平台左右两侧必须装置固定的防护栏杆。操作平台上应显著地标明容许荷载值。

（3）支模、粉刷、砌墙等各工种进行上下立体交叉作业时，不得在同一垂直方向上操作。

下层作业的位置，必须处于依上层高度确定的可能坠落范围半径之外。不符合以上条件时，应设置安全防护层。

（4）结构施工自2层起，凡人员进出的通道口（包括井架、施工用电梯的进出通道口），均应搭设安全防护棚。

层高超过24m的层次上的交叉作业，应设双层防护。由于上方施工可能坠落物件或处于起重机把杆回转范围之内的通道，在其受影响的范围内，必须搭设顶部能防止穿透的双层防护廊。

6.3 脚手架工程

6.3.1 基本规定

各种脚手架应根据建筑施工的要求选择合理的构架形式，并制定搭设、拆除作业的程序和安全措施。

（1）脚手架材料

同一脚手架中，不得混用两种材质，也不得将两种规格钢管用于同一脚手架中。

木脚手架立杆、纵向水平杆、斜撑、剪刀撑、连墙件应选用剥皮杉、落叶松木杆，横向水平杆应以杉木、落叶松、柞木、水曲柳等硬木为标准。杨木、柳木、桦木、椴木、油松和其他腐朽、折裂、枯节等易折木杆，一律禁止使用。且不得使用折裂、扭裂、虫蛀、纵向严重裂缝以及腐朽等易折木杆。

木脚手架立杆有效部分的小头直径不得小于70mm，纵向水平杆（大横杆、小横杆）有效部分的小头直径不得小于80mm。

竹脚手架的竹杆应选用生长期3年以上的毛竹或楠竹，不得使用弯曲、青嫩、枯脆、腐烂的。

立杆、顶撑、斜杆有效部分的小头直径不得小于75mm，横向水平杆有效部分的小头直径不得小于90mm，搁栅、栏杆的有效部分小头直径不得小于60mm。对于小头直径在60mm以上，不足90mm的竹杆可采用双杆合并使用的办法。

钢管材质应符合Q235—A级标准，禁止使用弯曲、压扁或者有裂缝和严重锈蚀的管子，各个管子的连接部分要完整无损，以防倾倒或者移动。钢管规格宜采用$\phi48\times3.5$，亦可采用$\phi51\times3.0$钢管，长度以4.5～6.0m和2.1～2.3m为宜，每根钢管最大质量不应大于25kg。

（2）脚手架绑扎材料

木脚手架的绑扎材料镀锌钢丝或回火钢丝严禁有锈蚀和损伤，主节点绑扎应采用8号钢丝，其余可采用10号钢丝，且严禁重复使用。

竹脚手架可根据各地经验采用坚韧的麻绳、棕绳、草绳、钢丝或者篾条（厚度为0.8～1.0mm，宽度为20.0mm左右）切实扎绑，并且要经常检查，竹篾严禁发霉、虫蛀、断腰、有大节疤和折痕，使用其他绑扎材料时，应符合其他规定。

217

扣件应与钢管管径相配合，并符合国家现行标准的规定。

（3）脚手架上脚手板

作业层脚手板必须按脚手架宽度铺满、铺稳，脚手板与墙面的间隙不应大于 200mm，作业层脚手板的下方必须设置防护层。

脚手架上脚手板有木脚手板、竹串片脚手板和金属脚手板。

木脚手板必须使用 50mm 厚的坚固木板，凡是腐朽、扭纹、破裂的木板都不能使用，板宽宜为 200～300mm，两端应用镀锌钢丝扎紧。材质不得低于国家Ⅱ等材标准的杉木和松木，且不得使用腐朽、劈裂的木板。

竹串片脚手板的厚度不能小于 50mm，使用宽度不小于 50mm 的竹片，拼接螺栓使用直径 8～10mm，间距不得大于 600mm，螺栓孔（孔径不能大于 10mm）与螺栓应紧密配合。

各种形式金属脚手板应采用厚度 2～3mm 的 Q195 钢材，其规格一般为：长度 1.5～3.6m，宽度 230～250mm，肋高 50mm，单块重量不宜超过 0.3kN，性能应符合设计使用要求，表面应有防滑构造。

（4）脚手架构造要求

架子的铺设宽度不能小于 1.2m，大横杆间隔不能大于 1.2m，小横杆的间隔不能大于 1m。竹脚手架必须搭设双排架子，立杆的间隔不能大于 1.3m，小横杆的间隔不能大于 0.75m。

架子必须设斜拉杆和支杆，高度在 7m 以上的工程无法顶支杆的时候，架子要同建筑物连接牢固，立杆和支杆的底端要埋入地下，深度应该视土的性质决定；在埋入杆子的时候，要先将土坑夯实，如果是竹竿，必须在基坑内垫以砖石，以防下沉，遇松土或者无法挖坑的时候，必须绑扫地杆子。

斜道的铺设宽度不能小于 1.5m；斜道的坡度不能大于 1∶3，斜道防滑木条的间距不能大于 300mm，拐弯平台不能小于 6m²。脚手板和斜道板要满铺于架子的横杆上，在斜道两边，斜道拐弯处和高在 3m 以上的脚手架的工作面外侧，应该设 180mm 高的挡脚板，并且要加设 1m 高的防护栏杆。

脚手架外侧，应按规定设置防护栏杆和挡脚板。脚手架应按规定采用密目式安全立网封闭。脚手架的负荷量，每平方米不能超过 270kg，如果负荷量必须加大，架子应该适当地加固。

跳板要用 50mm 厚的坚固木板，单行跳板宽度不能小于 0.6m，双行跳板宽度不能小于 1.2m，跳板的坡度不能大于 1∶3，并且板面应该设防滑木条；凡是超过 3m 长的跳板，必须设支撑。

梯子必须坚实，不得缺层，梯阶的间距不能大于 40cm。两梯连接使用的时候，在连接处要用金属卡子卡牢，或者用钢丝绑牢，必要的时候可设支撑加固。梯子要搭在坚固的支持物上，如果底端放在平滑的地面，应该采取防滑措施，立梯的坡度以 60°为适宜。

里脚手架的铺设宽度不能小于 1.2m，高度要保持低于外墙的 200mm。与墙面间距不得大于 1.5m，支架底脚要有垫木块，并支在能承受荷重的结构上。满堂脚手架的纵、横距不应大于 2m，立柱底部应设置木垫板及底座，禁止使用砖及脆性材料铺垫。砌墙高达 4m 的时候，要在墙外安设能承受 160kg 荷重的防护挡板或者安全网，墙身每砌高 4m，防护挡板或者安全网应该随墙身提高。

（5）脚手架搭设高度

木脚手架中单排架不宜超过 20m，双排架不宜超过 30m；竹脚手架中不得搭设单排架，双排架不宜超过 25m；钢管脚手架中扣件式单排架不宜超过 24m，扣件式双排架不宜超过 50m，门式架不宜超过 60m。当搭设高度超过仅有构造要求的搭设高度时，必须按规定进行设计计算。

6.3.2 落地式脚手架

落地式脚手架的基础应坚实、平整，并应定期检查。立杆不埋设时，每根立杆底部应设置垫板或底座，并应设置纵、横向扫地杆。

金属脚手架的立杆，必须垂直地稳放在垫木上，在安置垫木前要将地面夯实、整平。安装金属脚手架的地点，如果有电气配线的设备，在安装和使用金属脚手架期间，应该将它断电或者拆除。

（1）连墙件

我们应按规定的间隔采用连墙件（或连墙杆）与建筑结构进行连接，在脚手架使用期间不得拆除。架高超过 40m 且有风涡流作用时，应设置抗风涡流上翻作用的连墙措施。落地式脚手架连墙件应符合下列规定：

木脚手架按垂直不大于双排 3 倍立杆步距、单排 2 倍立杆步距，水平不大于 3 倍立杆纵距设置。竹脚手架按垂直不大于 4m，水平不大于 4 倍立杆纵距设置。

扣件式钢管脚手架双排架高在 50m 以下或单排架在 24m 以下，按不大于 $40m^2$ 设置一处；双排架高在 50m 以上，按不大于 $27m^2$ 设置一处。

门式钢管脚手架架高在 45m 以下，基本风压≤$0.55kN/m^2$，按不大于 $48m^2$ 设置一处；架高在 45m 以下，基本风压＞$0.55kN/m^2$，或架高在 45m 以上，按不大于 $24m^2$ 设置一处。

（2）剪刀撑及横向斜撑

沿脚手架外侧应设置剪刀撑，并随脚手架同步搭设和拆除。

双排扣件式钢管脚手架应沿全高设置剪刀撑。架高在 24m 以下时，可沿脚手架长度间隔不大于 15m 设置；架高在 24m 以上时应沿脚手架全长连续设置剪刀撑，并应设置横向斜撑，横向斜撑由架底至架顶呈之字形连续布置，沿脚手架长度间隔 6 跨设置一道。满堂扣件式钢管脚手架除沿脚手架外侧四周和中间设置竖向剪刀撑外，当脚手架高于 4m 时，还应沿脚手架每两步高度设置一道水平剪刀撑。

如果是碗扣式钢管脚手架，架高在 24m 以下时，于外侧框格总数的 1/5 设置斜杆；架高在 24m 以上时，按框格总数的 1/3 设置斜杆。

门式钢管脚手架的内外两个侧面除应满设交叉支撑杆外，当架高超过 20m 时，还应在脚手架外侧沿长度和高度连续设置剪刀撑，剪刀撑钢管规格应与门架钢管规格一致。当剪刀撑钢管直径与门架钢管直径不一致时，应采用异型扣件连接。

（3）横向水平杆

扣件式钢管脚手架的主节点处必须设置横向水平杆，在脚手架使用期间严禁拆除。单排脚手架横向水平杆插入墙内长度不应小于 180mm。扣件式钢管脚手架除顶层外立杆杆件接长时应采用对接，相临杆件的对接接头不应设在同步内。

还要注意相临纵向水平杆对接接头不宜设置在同步或同跨内。

6.3.3 悬挑式脚手架

悬挑式脚手架连墙体的设置，剪力撑的设置，纵横向扫地杆的设置，架体薄弱位置的加强，卸料平台的搭设等与《建筑施工扣件或钢管脚手架安全技术规范》（JGJ 130—2001）的要求基本一样。此外，悬挑式脚手架还有一些具体要求：

（1）悬挑一层的脚手架

悬挑架斜立杆的底部必须搁置在楼板、梁或墙体等建筑结构部位，并有固定措施。立杆与墙面的夹角不得大于 30°，挑出墙外宽度不得大于 1.2m。

斜立杆必须与建筑结构进行连接固定。不得与模板支架进行连接；斜立杆纵距不得大于 1.5m，底部应设置扫地杆并按不大于 1.5m 的步距设置纵向水平杆。

作业层除应按规定满铺脚手板和设置临边防护外，还应在脚手板下部挂一层平网，在斜立杆里侧用密目网封严。

（2）悬挑多层的脚手架

悬挑支承结构必须专门设计计算，应保证有足够的强度、稳定性和刚度，并将脚手架的荷载传递给建筑结构。悬挑式脚手架的高度不得超过 24m。

悬挑支承结构可采用悬挑梁或悬挑架等不同结构形式。悬挑梁应采用型钢制作，悬挑架应采用型钢或钢管制作成三角形桁架，其节点必须是螺栓或焊接的刚性节点，不得采用扣件（或碗扣）连接。

支撑结构以上的脚手架应符合落地式脚手架搭设规定，并按要求设置连墙件。脚手架立杆纵距不得大于 1.5m，底部与悬挑结构必须进行可靠连接。

6.3.4 吊篮式脚手架

由于吊篮的使用，使工程得以顺利完成；相比搭设脚手架施工，既缩短了工期，又降低了成本。但是由于吊篮使用要载人悬空作业，施工危险性大。

（1）吊篮式脚手架的吊篮平台

吊篮平台应经设计计算并应采用型钢、钢管制作，其节点应采用焊接或螺栓连接，不得使用钢管和扣件（或碗扣）组装。吊篮平台宽度宜为 0.8~1.0m，长度不宜超过 8m，高度不超过 2 层。当底板采用木板时，厚度不得小于 50mm；采用钢板时应有防滑构造。

吊篮平台四周应设防护栏杆，除靠建筑物一侧的栏杆高度不应低于 0.8m 外，其余侧面栏杆高度均不得低于 1.5m。栏杆底部应设 180mm 高挡脚板，上部应用钢板网封严，外侧与两端用密目网封严。

吊篮应设固定吊环，其位置距底部不应小于 800mm。吊篮平台应在明显处标明最大使用荷载（人数）及注意事项。

（2）悬挂结构外伸长度应保证悬挂平台的钢丝绳与地面呈垂直。挑梁与挑梁之间应采用纵向水平杆连成稳定的结构整体。

（3）吊篮式脚手架提升机构

提升机可采用手动捯链或电动捯链，应采用钢芯钢丝绳。手动捯链可用于单跨（两个吊点）的升降，当吊篮平台多跨同时升降时，必须使用电动捯链且应有同步控制装置。

（4）吊篮式脚手架安全装置

使用手动捯链应装设防止吊篮平台发生自动下滑的闭锁装置。

吊篮平台必须装设安全锁，并应在各吊篮平台悬挂处增设一根与提升钢丝绳相同型号的安全绳，安全钢丝绳在外侧，提升钢丝绳在里侧，两绳相距 150mm，安全钢丝绳直径不得小于 13mm，每根安全绳上应安装安全锁。

当使用电动提升机时，应在吊篮平台上、下两个方向装设对其上、下运行位置、距离进行限定的行程限位器，电动提升机构宜配两套独立的制动器。

当吊篮式脚手架吊篮总装完毕，应以 2 倍的均布额定荷载进行检验平台和悬挂结构的强度及稳定性的试压试验。新购吊篮式脚手架吊篮总装完毕，应先进行空载运行 6～8h，待一切正常后，方可进行负荷运行。

6.3.5 附着升降脚手架

附着式升降脚手架（也称为整体提升架或爬架）以其成本低、安装快、使用方便和适应性强等优点成为高层、超高层建筑施工脚手架的主要方式之一。但附着式升降脚手架属定型整体施工设备，一旦出现坠落等安全事故，后果非常严重。

（1）架体结构

水平梁架应满足承载和架体整体作用的要求，采用焊接或螺栓连接的定型桁架梁式结构，不得采用钢管扣件、碗扣等脚手架连接方式。

架体高度不应大于 15m；宽度不应大于 1.2m；架体构架的全高与支撑跨度的乘积不应大于 110m²。升降和使用情况下，架体悬臂高度均不应大于 6.0m 和 2/5 架体高度。

架体必须在附着支撑部位沿全高设置定型的竖向主框架，且应采用焊接或螺栓连接结构，并应能与水平梁架和架体构架整体作用，且不得使用钢管扣件或碗扣等脚手架杆件组装；架体外立面必须沿全高设置剪刀撑；悬挑端应与主框架设置对称斜拉杆；架体遇塔吊、施工电梯、物料平台等设施而需断开处应采取加强构造措施。

（2）附着支撑结构

附着升降脚手架的附着支撑结构必须满足附着升降脚手架在各种情况下的支撑、防倾和防坠落的承载力要求。在升降和使用工况下，确保每一竖向主框架的附着支撑不得少于两套，且每一套均应能独立承受该跨全部设计荷载和倾覆作用。

（3）防倾装置与防坠装置

附着升降脚手架必须设置防倾装置、防坠落装置及整体（或多跨）同时升降作业的同步控制装置等，它们应该符合下列规定：

防倾装置必须与建筑结构、附着支撑或竖向主框架可靠连接，应采用螺栓连接，不得采用钢管扣件或碗扣方式连接；升降和使用工况下在同一竖向平面的防倾装置不得少于两处，两处的最小间距不得小于架体全高的 1/3。

防坠装置应设置在竖向主框架部位，且每一竖向主框架提升设备处必须设置一个；防坠装置与提升设备必须分别设置在两套互不影响的附着支撑结构上，当有一套失效时另一套必须能独立承担全部坠落荷载；防坠装置应有专门的以确保其工作可靠、有效的检查方法和管理措施。

升降脚手架的吊点超过两点时，不得使用手动捯链，且必须装设同步装置。同步装置应能同时控制各提升设备间的升降差和荷载值。同步装置应具备超载报警、欠载报警和自动显示功能，在升降过程中，应显示各机位实际荷载、平均高度、同步差，并自动调整使相临机位同步差控制在限定值内。

（4）安全网设置

附着升降脚手架必须按要求用密目式安全立网封闭严密，脚手板底部应用平网及密目网双层网兜底，脚手板与建筑物的间隙不得大于 200mm。单跨或多跨提升的脚手架，其两端断开处必须加设栏杆并用密目网封严。

附着升降脚手架组装完毕后应经检查、验收确认合格后方可进行升降作业。且每次升降到位架体固定后，必须进行交接验收，确认符合要求时，方可继续作业。

【方法原理的应用 6-10】 扣件式钢管脚手架立杆允许承载力及搭建高度计算

扣件式钢管脚手架主要杆件为立柱，其他杆件为小横杆、大横杆及其承受荷载能力均为已知，控制施工荷载不超过其允许承载能力即可，为简化计算，一般只需计算立柱的允许承载力即可求得其允许搭建高度，一般可采用以下简单方法计算。

（1）设计荷载计算

立杆的设计荷载可按下式计算：

$$KN = A_n \left[\frac{f_y + (\eta + 1)\sigma}{2} - \sqrt{\left(\frac{f_y + (\eta + 1\sigma)}{2} \right) - f_y \sigma} \right] \tag{6-47}$$

式中 N——立杆的设计荷载；

K——考虑钢管平直度锈蚀程度等因素影响的附加系数，一般取 $K=2$；

f_y——立杆的强度设计值；

σ——欧拉临界应力；

η—— $0.3 \left(\frac{1}{100i} \right)^2$；

l_0——底层立杆的有效长度，$l_0 = \mu l$；

i——立杆截面的回转半径；

l_0/i——底层立杆长细比；

A_n——立杆的净截面积。

按操作规程要求，安装钢管外脚手架，要在脚手架的两端、转角处以及 6～7 根立杆设剪刀撑和支杆，剪刀撑和支杆与地面角度应大于 60°。同时，每隔 2～3 步距和间距，脚手架必须和建筑物牢固联系，故可将扣件式脚手架视作"无侧移多层刚性架"，按《建筑结构计算手册》，无侧移多层刚性柱的计算长度系数，μ 可取 0.77。

（2）允许搭设高度与安全系数计算

按式（6-47）求得设计荷载后，根据操作层荷载（一般取 3 层）及安装层（即非操作层）荷载，即可按下式求得允许安装层度和高度：

$$[3W_1 + nW_2]S = N \tag{6-48}$$

$$n = \frac{N - 3W_1 \cdot S}{W_2 S} \tag{6-49}$$

$$h = n \times b \tag{6-50}$$

式中 n——安装层层数；

N——立杆设计荷载；

W_1、W_2——分别为操作层和安装层荷载；

S——每根立杆受荷面积；

h——计算安装高度；

b——脚手架步距。

扣件式脚手架在安装时，由于安装偏差，立杆产生初始偏心；在施工时，由于局部超载，以及错误的拆除局部拉杆及支撑，常使立杆的设计荷载降低，且这些因素，随安装高度增高，出现的概率越大。因此在确定安全系数时，必须考虑安装高度的影响。

安全系数 K 一般可按下式计算：

$$K = 1 + \frac{h}{a}$$

式中　h——根据立杆设计荷载求出脚手架最大安装高度；

　　　a——常数，取值为 200。

【案例 6.13】 砌墙中单管双排扣件式钢管脚手架，其步距和间距均为 **1.8m**，架宽为 **1.2m**，试计算确定其允许搭设高度。

【解析】 1）荷载计算

①操作层荷载计算　脚手架上操作层附加荷载不得大于 $2700\mathrm{N/m^2}$。考虑动力系数 1.2，超载系数 2，脚手架自身重力为 300N/m。操作层附加荷载 W_1 为：

$$W_1 = 2 \times 1.2 \times (2700 + 300) = 7200\mathrm{N/m^2}$$

②非操作层荷载计算　钢管理论重力为 38.4N/m，扣件重力按 10N/个，剪刀撑长度近似按对角支撑的长度计算：

$$l = \sqrt{1.8^2 + 1.8^2} = 2.55\mathrm{m}$$

每跨脚手架面积　　$S = 1.8 \times 1.2 = 2.16\mathrm{m^2}$

非操作层荷载 W_2 为：

$$W_2 = \frac{(1.8 \times 2 + 1.8 \times 2 + 1.2 + 2.54 \times 2) \times 38.4 \times 1.3 + 10 \times 4}{2.16} = 330\mathrm{N/m^2}$$

式中 1.3 为考虑钢管实际长度的系数。

2）立杆设计荷载计算

计算钢管的截面特征：$A_n = 4.893 \times 10^2 \mathrm{mm^2}$，$i = 15.78\mathrm{mm}$，$l_0 = \mu l = 0.77 \times 1800 = 1386\mathrm{mm}$，$\lambda = l_0/i = 1386/15.78 = 87.83$

欧拉临界压力：

$$\sigma = \frac{\pi^2 E}{\lambda^2} = \frac{\pi^2 \times 210000}{87.83} = 269\mathrm{N/m^2}$$

$$\eta = 0.3 \times \frac{1}{(100i)^2} = 0.3 \frac{1}{(100 \times 0.01578)^2} = 0.12$$

设计荷载 N 为：

$$N = \frac{4.89 \times 10^2}{2} \left[\frac{170 + (1 + 0.12) \times 269}{2} - \sqrt{\left(\frac{170 + (1 + 0.12) \times 269}{2} \right)^2 + 170 \times 269} \right]$$

$$= 33300\mathrm{N} = 33.3\mathrm{kN}$$

3）安装高度计算

假设操作层为三层，安装层数按下式计算：

$$S \times [3W_1 + nW_2] = 33.3 \text{kN}$$

式中 S 为每根立杆受荷面积，$S = \dfrac{1.2 \times 1.8}{2} = 1.08 \text{m}^2$

$$n = \frac{33300 - 3 \times 7200 \times 1.8}{330 \times 1.08} = 27.9 \text{ 层}$$

计算安装高度　　　　$h = 1.8 \times 27.9 = 50.2 \text{m}$

允许安装高度　　　　$H = \dfrac{50.2}{1.25} = 40.2 \text{m}$

故扣件式钢管脚手架的允许搭设高度为 40.2m。

【方法原理的应用 6-11】　脚手架立杆底座和地基承载力验算

脚手架计算除进行大小横杆的强度、挠度，立杆的稳定性和脚手架的整体稳定性验算外，还应对立杆底座和其他地基承载力按下列公式进行验算：

立杆底座验算：

$$N \leqslant R_d \tag{6-51}$$

立杆地基承载力验算：

$$\frac{N}{A_d} \leqslant K \cdot f_x \tag{6-52}$$

式中　N——脚手杆立杆传至基础顶面的轴心力设计值；

R_d——底座承载力（抗压）设计值，一般取 40kN；

A_d——立杆基础的计算底面积，可按以下情况确定：①仅有立杆支座（直座直接放于地面上）时，A_d 取支座板的底面积；②在支座下设有厚度为 50～60mm 的木垫板（或木脚手板），则 $A_d = a \times b$（a 和 b 为垫板的两个边长，且不小于 200mm），当 A_d 的计算值大于 0.25m^2 时，则取 0.25m^2 计算；③在支座下采用枕木作垫木时，A_d 按枕木的底面积计算；④当一块垫板或垫木上支承两根以上立杆时，$A_d = \dfrac{1}{n} a \times b$（$n$ 为立杆数），且用木垫板应符合②的取值规定；

f_K——地基承载力标准值；

K——调整系数，碎石土、砂土、回填土取 0.4；黏土取 0.5；岩石、混凝土取 1.0。

6.4　模　板　工　程

模板施工前，应根据建筑物结构特点和混凝土施工工艺进行模板设计，并编制安全技术措施。

6.4.1　模板设计

模板及其支架应根据工程结构形式、荷载大小、地基土类别、施工设备和林料供应等条件进行设计。模板及其支架应具足够的承载能力、刚度和稳定性，能可靠地承受浇筑混凝土的重量、侧压力以及施工荷载。

（1）模板安全事故主要原因

1) 模板及其支撑系统强度不足，引起模板变形过大、下沉、失稳；

2) 拆模时间过早，引起结构裂缝和过大变形，甚至断裂；

3) 拆模顺序不合理，没有安全措施，引起塌坠安全事故，并致使楼面超载冲击破坏楼板；

4) 拆模后未考虑结构受力体系的变化，未加设临时支撑，引起结构裂缝、变形。

（2）模板及其支架设计应考虑的荷载

模板及其支架设计的内容包括：选型、选材、结构计算、施工图及说明。模板及其支架设计应考虑的荷载有：

1) 模板及其支架自重；

2) 新浇筑混凝土自重；

3) 钢筋自重；

4) 施工人员及施工设备荷载；

5) 振捣混凝土产生的荷载；

6) 新浇筑混凝土时模板侧面的压力；

7) 倾倒混凝土时产生的冲击荷载；

8) 风、雪等气候因素产生的荷载。

因此，工程施工前应进行技术交底，所选用的材料质量合格并符合设计要求，模板及其支架安装中必须设置防倾覆的临时固定设施。

6.4.2 模板安全施工的要求

各种材料模板的制作，应符合相关技术标准的规定。模板支架材质应符合相关技术标准的规定，宜采用钢管、门型架、型钢、塔身标准节、木杆等。模板及支架应具有足够的强度、刚度和稳定性，能可靠地承受新浇混凝土自重、侧压力和施工中产生的荷载及风荷载。

模板未固定前不得进行下道工序。模板支架的安装应按照设计图纸进行，安装完毕浇筑混凝土前，施工负责人必须组织有关人员对模板系统进行验收确认，符合要求后方可进入下一道工序。

各种模板的支架应自成体系，严禁与脚手架进行连接。模板的支撑系统不得与外脚手架或门、窗框等连接。

严禁站在柱模及模板支撑系统的水平杆件上作业。上下作业层和在作业层上行走及搬运材料时应走安全通道，不得在支撑系统的水平杆及梁底模上行走，禁止攀登模板支撑系统架体和水平拉杆上下。

不得在模板支撑系统构架和模板安装作业层上集中堆放模板及支撑材料等，模板及支撑材料应分散堆放并码放平稳，且不得堆放过高，不得堆放在通道、楼层及作业层临边和临近预留洞口处，临时搭设的操作平台上不宜堆放模板及支撑材料，应随用随拿。应严格控制模板上堆料及设备荷载，当采用小推车运输时，应搭设小车运输通道，将荷载传给建筑结构。

（1）模板支设

支设高度在3m以上的柱模板，四周应设斜撑，并应设立操作平台。低于3m的可使用马凳操作。

搭设模板支撑立杆应当垂直，模板支撑系统的场地必须平整坚实，回填土地面必须分层回填、逐层夯实，并做好排水。模板支架立杆底端应平整坚实，底部应设置符合设计要求的垫板，不得使用砖及脆性材料铺垫。并应在支架的两端和中间部分与建筑结构进行连接。当模板支撑系统搭设在结构的楼面、挑台上时，应对楼面或挑台等结构进行承载力验算。

如支撑立杆需接长使用时，接长部位不得设在立杆下部，每根立杆接头不得超过一处，每个接头搭接木不得少于 2 根，搭接处必须平整、严密。模板支撑立杆在安装的同时，应加设水平支撑，立杆高度大于 2m 时，应设两道水平支撑，每增高 1.5～2m 时，再增设一道水平支撑。

满堂模板立杆除必须在四周及中间设置纵、横双向水平支撑外，当立杆高度超过 4m 以上时，应每隔 2 步设置一道水平剪刀撑。

模板安装应按工序自下而上进行，模板就位后应及时连接固定，同一道墙（梁）两侧模板应同时组合，以确保模板安装时的稳定。当采用多层支模时，上下各层立杆应保持在同一垂直线上。需进行二次支撑的模板，当安装二次支撑时，模板上不得有施工荷载。

（2）模板拆除

模板支架拆除必须有工程负责人的批准手续及混凝土的强度报告。模板及其支架拆除的顺序及安全措施应按施工技术方案执行。当无规定时，应按照先安装的后拆，后安装的先拆；先拆侧模，后拆底模；先拆非承重部分，后拆承重部分；梁下支架由跨中向两端依次拆除；后张法预应力构件，按技术方案执行。拆除多层楼板支柱时，应确认上部施工荷载不需要传递的情况下方可拆除下部支柱。拆除 3m 以上模板时，必须搭设符合要求的脚手架或操作平台，并设防护栏杆。当水平支撑超过 2 道以上时，应先拆除 2 道以上的水平支撑，最下一道大横杆与立杆应同时拆除。模板拆除的主要安全措施如下：

1）拆模时间：现浇混凝土结构侧模拆模时应保证表面及棱角不受损伤，底模拆模时同条件养护试件强度值应符合表 6-5 的要求；后张法预应力混凝土结构侧模在预应力张拉前拆除，底模在结构件建立预应力后拆除；预制构件侧模拆模时应保证构件不变形，棱角完整，芯模或预留孔内模拆模时应保证构件和孔洞表面不坍陷和裂缝，底模拆模时，跨度≤4m 的构件混凝土强度≥设计强度的 50%，跨度＞4m 的构件混凝土强度≥设计强度的 75%。

2）模板拆除时不应对楼层形成冲击荷载：

底模拆除时的混凝土强度要求　　　　　　　　　　　　　　　表 6-5

构件类型	构件跨度（m）	达到设计的混凝土立方体抗压强度标准值的百分率（%）
板	≤2	≥50
	＞2，≤8	≥75
	＞8	≥100
梁、拱、壳	≤8	≥75
	＞8	≥100
悬臂构件		≥100

①严禁向下扔模板，或使模板由高处自行坠落；

②拆除现浇楼板底模时，下面要支垫模板，不可直接冲砸混凝土楼面。

3）楼层上模板和支架应分散堆放，并及时清运。

4）拆模避免上下交叉作业，确保操作安全。

5）已拆除模板的结构，特殊情况时，应加设临时支撑。

6）后浇带混凝土模板拆除方案应考虑结构受力状态，保证结构的安全和质量。

模板拆除应按规定顺序分段逐次进行，严禁猛撬、硬砸或大面积撬落和拉倒。钢模板拆除时，"U"形卡和"L"形插销应逐个拆卸，模板则应单块拆除。拆除的模板、支撑、连接件应用槽滑下或用绳系下，不得留有悬空模板。拆下的模板应及时传递至地面，并运送到指定地点集中堆放，木模板应拔除钉子，防止钉子扎脚。

严禁上下同时进行模板拆除作业。严禁站在悬臂结构上敲拆底模，拆除临边处的柱、梁、墙板时，使用撬杠严禁向外用力。

【方法原理的应用 6-12】 混凝土对模板的侧压力计算

在进行混凝土结构模板设计时，常需要知道新浇混凝土对模板侧面的最大压力值，以便据此计算确定模板厚度和支撑的间距等。

混凝土作用于模板的侧压力，根据测定，随混凝土的浇筑高度而增加，当浇筑高度达到某一临界值时，侧压力就不再增加，此时的侧压力即为新浇筑混凝土的最大侧压力。则压力达到最大值的浇筑高度成为混凝土的有效压头。通过理论推导和试验，国内外提出过很多混凝土最大侧压力的计算公式，现选取我国《混凝土结构工程及验收规范》（GB 50204—92）中提出的新浇筑混凝土作用在模板上的最大侧压力计算公式如下：

采用内部振捣器时，新浇筑的混凝土作用于模板的最大侧压力，可按下列两式计算，并取两式中的较小值：

$$F = 0.22\gamma_c t_0 \beta_1 \beta_2 V^{\frac{1}{2}} \tag{6-53}$$

$$F = \gamma_c H \tag{6-54}$$

式中 F——新浇筑混凝土对模板的最大侧压力（kN/m^2）；

γ_c——混凝土的重力密度（kN/m^3）；

t_0——新浇筑混凝土的初凝时间（h），可按实测确定。当缺乏试验资料时，可采用 $t_0 = \dfrac{200}{T+15}$ 计算；

T——混凝土的温度（℃）；

V——混凝土的浇筑速度（m/h）；

H——混凝土侧压力计算位置处至新浇筑混凝土顶面的总高度（m）；

β_1——外加剂影响修正系数，不掺外加剂时取0.1；掺具有缓凝作用的外加剂时取1.2；

β_2——混凝土坍落度影响修正系数，当坍落度小于30mm时，取0.85；50～90mm时，取1.0；110～150mm时，取1.15。

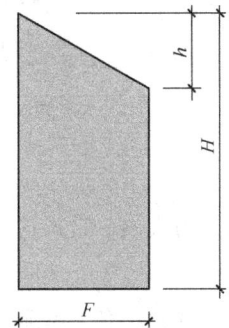

图 6-20 混凝土侧压力计算分布图形
h—有效压头高度（m）；
H—混凝土浇筑高度（m）

混凝土侧压力的计算分布图形如图6-20所示，有效压头高度 h（m）按下式计算：

$$h = \frac{F}{\gamma_c} \quad\quad (6\text{-}55)$$

根据上述公式算出的混凝土最大侧压力标准值列于表 6-6 中。

新浇筑混凝土对模板侧面的最大压力

表 6-6

| 浇筑速度
(m/h) | 混凝土的最大侧压力标准值（kN/m²） | | | | | | |
| | 在下列温度条件下 | | | | | | |
	5℃	10℃	15℃	20℃	25℃	30℃	35℃
0.3	28.92	23.14	19.28	16.52	14.46	12.86	11.57
0.6	40.90	32.72	27.27	23.37	20.45	18.18	16.36
0.9	50.09	7	33.39	28.62	25.05	22.67	20.40
1.2	57.84	46.27	38.56	33.05	28.92	25.71	23.14
1.5	64.67	51.73	43.11	36.95	32.33	28.75	25.87
1.8	70.84	56.67	47.23	40.48	35.42	31.49	28.34
2.1	76.51	61.21	51.01	43.72	38.26	34.01	30.61
2.4	81.80	65.44	54.53	46.74	40.90	36.36	32.72
2.7	86.76	69.41	57.84	49.57	43.38	38.57	34.70
3.0	*91.45	73.16	60.97	52.56	45.73	40.65	36.58
4.0	*105.60	84.48	70.40	60.34	52.80	46.94	42.24
5.0	*118.06	*94.45	78.71	67.46	59.03	52.48	47.23
6.0	*129.33	*103.47	86.22	73.90	64.67	57.49	51.73

注：1. 根据（6.54）式计算，普通混凝土坍落度为 5～9cm，未掺外加剂；

2. 带 * 的数值实际应按 90kN/m² 的限值采用。

【案例 6.14】 混凝土墙高 $H = 4.0m$，采用坍落度为 30mm 的普通混凝土，混凝土的重力密度 $\gamma_c = 25kN/m^3$，浇筑速度 $V = 2.5m/h$，浇筑入模时 $T = 20℃$，试求作用于模板的最大侧压力和有效压头高度。

【解析】 由题意取 $\beta_1 = 1.0$，$\beta_2 = 0.85$

由式（6-53）得：

$$F = 0.22\gamma_c t_0 \beta_1 \beta_2 V^{\frac{1}{2}} = 0.22\gamma_c \left(\frac{200}{T+15}\right)\beta_1\beta_2 V^{\frac{1}{2}}$$

$$= 0.22 \times 25 \times \left(\frac{200}{10+15}\right) \times 1.0 \times 0.8 \times \sqrt{2.5}$$

$$= 42.2(kN/m^2)$$

由式（6-54）得：

$$F = \gamma_c H = 24 \times 4.0 = 100kN/m^2$$

取最小值，故取最大侧压力为 42.2kN/m²。

有效压头高度由式（6-55）得：

$$h = \frac{F}{\gamma_c} = \frac{42.2}{25} \approx 1.7m$$

故有效压头高度为 1.7m。

【方法原理的应用6-13】 作用在水平模板上的冲击荷载计算

浇灌混凝土时，作用在水平模板上的冲击荷载有：混凝土机动翻斗车刹车时的水平力、混凝土吊斗卸料时的冲击力和泵送混凝土出料时的冲击力等。

(1) 混凝土机动翻斗车刹车时的水平力计算

混凝土机动翻斗车急刹车时产生的水平力 F (kN)，可按下式计算：

$$F = M \cdot a = \frac{W \cdot a}{g} \tag{6-56}$$

式中 M——负载翻斗车的质量，$M = \dfrac{W}{g}$；

W——负载翻斗车的重力 (kN)；

g——重力加速度 (m/s²)，取 $g = 9.8$m/s²；

a——斗车平均加速度或减速度 (m/s²)。

当用机动翻斗车浇筑楼板混凝土，模板及其支撑系统应能承受作用在模板上的水平力。如有多辆翻斗车同时刹车，应考虑总推力的作用。

一般防止模板因为水平力作用失稳的措施是：

1) 缩短支撑的自由长度，在纵横向均设水平支撑；

2) 从支撑顶部从另一支撑底部安装双向剪刀撑；

3) 当翻斗车的重量和冲击力，有可能同时作用在某一跨模板上时，将支撑的顶部与其上的纵梁模板连接牢固，以防止将相邻跨模板抬起。

(2) 混凝土吊斗卸料的冲击力计算

混凝土浇灌采用吊斗卸料时，混凝土碰到模板或其上的混凝土料堆而突然降低速度所产生的附加压力，有时是相当大的。

如图6-21所示，设有一吊斗悬挂在模板上空，混凝土从吊斗倾倒在模板上或新浇的混凝土的顶面上，假定混凝土的速度在点3处为0。当某一部分混凝土在点3和点3之间发生速度变化时，由此而产生的冲击力 F (kN)，可按下式计算：

$$F = \frac{\sqrt{W2gh}}{Tg} \tag{6-57}$$

式中 W——吊斗中原有混凝土自重 (kN)；

h——点1到点2的卸料高度 (m)；

g——重力加速度 (m/s²)，取 $g = 9.8$m/s²；

T——混凝土均速卸料时卸空吊斗所需的时间 (s)。

由上式知，F 取决于吊斗内混凝土的原有重量、吊斗内混凝土上表面到模板的垂直距离及卸空吊斗所需时间。该力与卸空吊斗的时间成正比，并与卸料高度的平方根成正比。由此可知，如需见效冲击力，减慢卸料速度比减小卸料高度更为有效。

(3) 泵送混凝土出料口的冲击力计算

泵送混凝土是用混凝土泵通过输送管道将拌合物的混

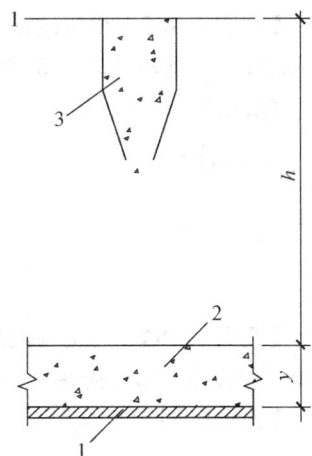

图6-21 混凝土从料斗卸到水平模板上产生的冲击力

1—模板；2—混凝土；3—混凝土吊斗；
y—点2到点3之间的距离 (m)

凝土压送到浇筑部位，因混凝土在输送管道出口处具有初速度，故泵送混凝土在浇灌过程中对水平模板的冲击荷载比传统浇筑法为大。其对水平模板的最大冲击力 F_{tmax}（kN）一般可按下式计算：

$$F_{tmax} = \frac{\gamma}{g} b \overline{Q} \left(\frac{2\overline{Q}}{A} + \sqrt{2gh} \right) \tag{6-58}$$

将 $\gamma = 24\text{kN/m}^3$，$g = 9.8\text{m/s}^2$，$A = \frac{\pi}{4}D^2$ 代入，整理后得：

$$F_{tmax} \approx \overline{Q} \left(\frac{\overline{Q}}{D^2} + 2\sqrt{h} \right) \times 10 \tag{6-59}$$

式中　$\overline{Q}$——单位时间内平均泵送混凝土量（m^3/h）；

γ——新拌混凝土的自重力（kN/m^3）；

b——比例系数，与混凝土泵的构造与工作效率有关，对柱塞式隔膜或泵，$b = 1.25 \sim 2.0$；对软管挤压式泵，$b = 1.20 \sim 1.5$；

A——泵车输送管的横截面面积（mm^2）；

D——泵车输送管的内径（mm）；

h——混凝土输送管出料口距模板面的垂直高度（mm）；

g——重力加速度（m/s^2）。

由上式分析，可以得出以下几点：

1) 当 $\overline{Q} > 40\text{m}^3/\text{h}$，$h < 2\text{m}$ 时，无论何种形式模板，均可考虑不计冲击力作用；

2) 当 $\overline{Q} < 40\text{m}^3/\text{h}$，$h > 2\text{m}$ 时，冲击力为可能大于振捣力，但泵送混凝土对模板的冲击荷载有时随模板面上混凝土增加而分散减小的特性，当混凝土板浇筑厚度大于 30cm 时，亦可不计冲击力；

3) 当 $\overline{Q}$、h 均较大，而混凝土板厚又小于 30cm 时，则在进行模板设计时应适当考虑混凝土对水平模板的冲击荷载。

【案例 6.15】　用机动混凝土翻斗车浇筑混凝土，负载斗车的重力为 22kN，最大速度为 6.5m/s，已知斗车在 5s 和 3s 内刹车，试求其水平冲击力。

【解析】　由式（6-56），其水平冲击力分别为：

5s 内刹车　　　　　$F = \frac{W \cdot a}{g} = \frac{22}{9.8} \times \frac{6.5}{5} = 2.91\text{kN}$

3s 内刹车　　　　　$F = \frac{22}{9.8} \times \frac{6.5}{3} = 4.86\text{kN}$

【案例 6.16】　用吊斗浇筑混凝土，内装有 24kN 的混凝土，在 5s 内卸空，最大卸料高度为 1.5m，如作用在 0.5m^2 的模板上，试计算产生的冲击力和增加的压力。

【解析】　由式（6-57），其产生的冲击力为：

$$F = \frac{\sqrt{W2gh}}{Tg} = \frac{24\sqrt{2 \times 9.8 \times 1.5}}{5 \times 9.8} = 2.656\text{kN}$$

该力作用在 0.5m^2 的模板上，由此增加的压力为：

$$F_0 = \frac{2.656}{0.5} = 5.31\text{kN/m}^2$$

【案例 6.17】　用泵车浇灌楼板混凝土，已知施工时平均泵送量为 **55m³/h**，输送管径 **12.5cm**，混凝土出料口处自由倾落高度为 **1.5m**，试求对模板的最大冲击荷载。

【解析】　已知 $\overline{Q}=55\text{m}^3/\text{h}=0.015\text{m}^3/\text{s}$

由式（6-59）其对模板产生的冲击荷载为

$$F_{\text{tmax}} \approx \overline{Q}\left(\frac{\overline{Q}}{D^2}+2\sqrt{h}\right)\times 10 = 0.015\times\left(\frac{0.015}{0.125^2}+2\sqrt{1.5}\right)\times 10^4 = 511\text{N}$$

【方法原理的应用 6-14】　模板荷载计算及有关规定

（1）模板及其支架时的荷载标准值

作用在模板上的荷载标准值有：

1）模板及其支架自重标准值

模板及其支架的自重标准值应根据模板设计图确定。对肋形楼板及无梁楼板的自重标准值，可按表 6-7 采用。

楼板模板自重标准值（kN/m²）　　　　　　　　　　表 6-7

模板构件名称	木模板	定型组合钢模板
平板的模板及小楞	0.3	0.5
楼板模板（其中包括梁的模板）	0.5	0.75
楼板模板及其支架（楼层高度为 4m 以下）	0.75	1.1

2）新浇筑混凝土自重标准值

对普通混凝土可采用 24kN/m³，对其他混凝土可根据实际重力密度确定。

3）钢筋自重标准值

钢筋自重标准值应根据设计图纸确定。对一般梁板结构每立方米钢筋混凝土的钢筋自重标准值可采用的数值：楼板：1.1kN，梁：1.5kN。

4）施工人员及设备荷载标准值

①计算模板及直接支撑模板的小楞时，对均布荷载取 2.5kN/m²，另应以集中荷载 2.5kN 再行验算；比较两者所得的弯矩值，按其中较大者采用；

②计算直接支承小楞结构构件时，均布活荷载取 1.5kN/m³；

③计算支架立柱及其他支承结构构件时，均布活荷载取 1.0kN/m²。

注：a. 对大型浇筑设备如上料平台、混凝土输送泵等按实际情况计算；

　　b. 混凝土堆集料高度超过 100mm 以上者按实际高度计算；

　　c. 模板单块宽度小于 150mm 时，集中荷载可分布在相邻的两块板上。

5）振捣混凝土时产生的荷载标准值

①对水平模板可采用 2.0kN/m²；

②对垂直面模板可采用 4.0kN/m²（作用范围在新浇混凝土侧压力的有效压头高度之内）。

6）新浇混凝土对模板侧面的压力标准值

详见"混凝土对模板的侧压力计算"。

7）倾倒混凝土时产生的荷载标准值

倾倒混凝土时对垂直面模板产生的水平荷载标准值可按表 6-8 采用。

倾倒混凝土时产生的水平荷载标准值（kN/m²） 表 6-8

项 次	向模板内供料方法	水平荷载（kN/m²）
1	溜槽、串筒或导管	2
2	容量小于 0.2m³ 的运输器具	2
3	容量为 0.2～0.8m³ 的运输器具	4
4	容量大于 0.8m³ 的运输器具	6

注：作用范围在有效压头高度以内。

（2）计算模板及其支架时的荷载分项系数

计算模板及其支架时的荷载设计值，应采用荷载标准值乘以相应的荷载分项系数求得，荷载分项系数可按表 6-9 采用。

荷载分项系数 表 6-9

项 次	荷载类别	γ_i
1	模板及支架自重	1.2
2	新浇筑混凝土自重	1.2
3	钢筋自重	1.2
4	施工人员及施工设备荷载	1.4
5	振捣混凝土时产生的荷载	1.4
6	新浇筑混凝土对模板侧面的压力	1.2
7	倾倒混凝土时产生的荷载	1.4

（3）模板及其支架设计计算时荷载的组合

计算模板及其支架时，参与模板及其支架荷载效应组合的各项荷载可按表 6-10 采用。

参与模板及其支架荷载效应组合的各项荷载 表 6-10

模板类别	参与组合的荷载项	
	计算承载能力	验算刚度
平板和薄壳的模板及支架	1，2，3，4	1，2，3
梁和拱板的底板及支架	1，2，3，5	1，2，3
梁、拱、柱（边长≤300mm）、墙（厚≤100mm）的侧面模板	5，6	6
大体积结构、柱（边长＞300mm）、墙（厚＞100mm）的侧面	6，7	6

（4）模板及其支架计算有关技术规定

1）模板材料及材料的容许应力

模板及其支架所用的材料，钢材应符合《普通素碳钢钢号和一般技术条件》中的 Q235 钢标准，木材应符合《木结构工程施工质量验收规范》（GB 50206—2002）中的承重结构选材标准，其树种可按各地区实际情况选用，材质不宜底于Ⅲ等材。

钢模板及其支架的设计应符合现行国家标准《钢结构设计规范》（GB 50017—2003）的规定，其截面塑性发展系数取 1.0；其荷载设计可乘以系数 0.85 予以折减；采用冷弯薄壁型钢应符合现行国家标准《冷弯薄壁型钢结构技术规范》（GB 50018—2002）的规定，其荷载设计值不应折减。

木模板及其支架的设计应符合现行国家标准《木结构设计规范》（GB 50005—2005）的规定；当木材含水率小于25％时，其荷载设计值可乘以系数0.90予以折减。

2）模板变形值的规定

为了保证结构构件表面的平整度，模板必须有足够的刚度，验算时其变形值不得超过下列规定：

①结构表面外露的模板，为模板构件计算跨度的1/400；

②结构表面隐藏的模板，为模板构件计算跨度的1/250；

③支架的压缩变形值或弹性挠度，为相应的结构计算跨度的1/1000。

3）模板设计中有关稳定性的规定支架的立柱或桁架应保持稳定，并用撑拉杆件固定。

为防止模板及其支架在风荷载作用下倾倒，应从构造上采取有效措施，如在相互垂直的两个方向加水平及斜拉杆、缆风绳、地锚等。当验算模板及其支架在自重和风荷载作用下的抗倾倒稳定性时，风荷载按《建筑结构荷载规范》（GB 50009—2001）的规定采用，模板及其支架的抗倾倒系数不应小于1.15。

6.5 建筑工程拆除安全技术

6.5.1 安全技术管理

在拆除工程开工前，应根据工程特点、构造情况、工程量等编制施工组织设计或安全专项施工方案，应经技术负责人和总监理工程师签字批准后实施。施工过程中，如需变更，应经原审批人批准，方可实施。建设单位应在拆除工程开工前15日，将相关资料报送建设工程所在地的县级以上地方人民政府建设行政主管部门备案。

拆除工程的建设单位与施工单位在签订施工合同时，应签订安全生产管理协议，明确双方的安全管理责任。建设单位应将拆除工程发包给具有相应资质等级的施工单位。

项目经理必须对拆除工程的安全生产负全面领导责任，项目经理部应按有关规定设专职安全员，检查落实各项安全技术措施。

拆除工程施工必须建立安全技术档案。拆除工程施工过程中，当发生重大险情或生产安全事故时，应及时启动应急预案排除险情、组织抢救、保护事故现场，并向有关部门报告。施工中必须由专人负责监测被拆除建筑的结构状态，做好记录。

从业人员应办理相关手续，签订劳动合同，进行安全培训，考试合格后方可上岗作业。拆除工程施工前，必须对施工作业人员进行书面安全技术交底。

6.5.2 施工现场规定

拆除工程施工区域应设置硬质封闭围挡及醒目警示标志，围挡高度不应低于1.8m，非施工人员不得进入施工区。当临街的被拆除建筑与交通道路的安全跨度不能满足要求时，必须采取相应的安全隔离措施。拆除施工严禁立体交叉作业。

施工现场应建立健全动火管理制度。施工作业动火时，必须履行动火审批手续，领取动火证后，方可在指定时间、地点作业。作业时应配备专人监护，作业后必须确认无火源危险后方可离开作业地点。

根据拆除工程施工现场作业环境，应制定相应的消防安全措施。施工现场应设置消防车通道，保证充足的消防水源，配备足够的灭火器材。

拆除施工采用的脚手架、安全网、必须由专业人员按设计方案搭设，验收合格后方可使用。安全防护设施验收时，应按类别逐项查验，并有验收记录。

拆除施工作业人员必须配备相应的劳动保护用品，并正确使用。水平作业时，拆除操作人员应保持安全距离。

6.5.3 人工拆除

人工拆除建筑墙体时，严禁采用掏掘或推倒的方法。进行人工拆除作业时，楼板上严禁人员聚集或堆放材料，作业人员应站在稳定的结构或脚手架上操作，被拆除的构件应有安全的放置场所。楼层内拆除的建筑垃圾，应采用封闭的垃圾道或垃圾袋运下，不得向下抛掷。

人工拆除施工应从上至下、逐层拆除、分段进行，不得垂直交叉作业。作业面的孔洞应封闭。

建筑的承重梁、柱，应在其所承载的全部构件拆除后，再进行拆除。拆除梁或悬挑构件时，应采取有效的下落控制措施，方可切断两端的支撑。拆除柱子时，应沿柱子底部剔凿出钢筋，使用手动捯链定向牵引，再采用气焊切割柱子三面钢筋，保留牵引方向正面的钢筋。

拆除建筑的栏杆、楼梯、楼板等构件，应与建筑结构整体拆除进度相配合，不得先行拆除。拆除管道及容器时，必须在查清残留物的性质，并采取相应措施确保安全后，方可进行拆除施工。

6.5.4 机械拆除

当采用机械拆除建筑时，应从上至下，逐层分段进行；应先拆除非承重结构，再拆除承重结构。

拆除框架结构建筑，必须按楼板、次梁、主梁、柱子的顺序进行施工。拆除钢屋架时，必须采用绳索将其拴牢，待起重机吊稳后，方可进行气焊切割作业。吊运过程中，应采用辅助措施使被吊物处于稳定状态。

采用双机抬吊作业时，每台起重机载荷不得超过允许载荷的 80%，且应对第一吊进行试吊作业，施工中必须保持两台起重机同步作业。

6.5.5 爆破拆除

从事爆破拆除工程的施工单位，必须持有工程所在地法定部门核发的《爆炸物品使用许可证》，承担相应等级的爆破拆除工程。

爆破拆除工程的实施必须按照现行国家标准的规定执行。爆破拆除工程的实施应在工程所在地有关部门领导下成立爆破指挥部，应按照施工组织设计确定的安全距离设置警戒。

爆破拆除设计人员应具有承担爆破拆除作业范围和相应级别的爆破工程技术人员作业证。

爆破器材必须向工程所在地法定部门申请《爆炸物品购买许可证》，到指定的供应点购买。爆破器材严禁赠送、转让、转卖、转借。运输爆破器材时，必须向工程所在地法定部门申请领取《爆炸物品运输许可证》，派专职押运员押送，按照规定路线运输。爆破器材临时保管地点，必须经当地法定部门批准。严禁同室保管与爆破器材无关的物品。装药前，应对爆破器材进行性能检测。试验爆破和起爆网路模拟试验应在安全场所进行。

爆破拆除施工时，应对爆破部位进行覆盖和遮挡，覆盖材料和遮挡设施应牢固可靠。对烟囱，水塔类构筑物采用定向爆破拆除工程时，爆破拆除设计应控制建筑倒塌时的触地振动。必要时应在倒塌范围铺设缓冲材料或开挖防振沟。建筑基础爆破拆除时，应限制一次同时使用的药量。

6.6 施 工 用 电

6.6.1 临时用电管理

（1）临时用电的施工组织设计

临时用电设备在5台及5台以上或设备总容量在50kW及50kW以上者，应编制临时用电施工组织设计。临时用电设备在5台以下和设备总容量在50kW以下者，应制定安全用电技术措施和电气防火措施。

临时用电施工组织设计的主要内容和步骤应包括：①现场勘探；②确定电源进线，变电所、配电室、总配电箱、分配电箱等的位置及线路走向；③进行负荷计算；④选择变压器；⑤设计配电系统：电器容量、导线截面和电器的类型、规格；绘制电气总平面图、立面图和配电装置布置图、配电系统接线图、接地装置设计图；⑥制定安全用电技术措施和电气防火措施。

临时用电工程图纸必须单独绘制，并作为临时用电施工的依据；临时用电施工组织设计必须由电气工程技术人员编制，经相关部门审核及技术负责人批准后实施。变更临时用电施工组织设计时必须补充有关图纸资料；临时用电工程必须经过编制、审核、批准部门和使用单位共同验收，合格后方可投入使用。

（2）专业人员

电工必须持证上岗，其他用电人员必须通过相关安全教育培训和技术交底，考核合格后方可上岗工作；安装、巡检、维修或拆除临时用电工程，必须由电工完成。电工等级应同工程的难易程度和技术复杂性相适应。

用电人员应做到：①掌握安全用电基本知识和所用设备的性能；②使用设备前必须按规定穿戴和配备好相应的劳动防护用品，并检查电气装置和保护设施是否完好，严禁设备带"病"运转；③停用的设备必须拉闸断电，锁好开关箱；④负责保护所用设备的负荷线、保护零线和开关箱。发现问题，及时报告解决；⑤移动用电设备，必须经电工切断电源并作妥善处理后进行。

（3）安全技术档案

施工现场临时用电必须建立安全技术档案，其内容应包括：①临时用电施工组织设计的全部资料；②修改临时用电施工组织设计的资料；③技术交底资料；④临时用电工程检查验收表；⑤电气设备的试验、检验凭单和调试记录；⑥接地电阻测定记录表；⑦定期检（复）查表；⑧电工维修工作记录。

临时用电工程定期检查工作应按分部、分项工程进行，对安全隐患必须及时处理，并应履行复查验收手续、建立相关技术档案。

安全技术档案应由主管该现场的电气技术人员负责建立与管理。其中"电工安装、巡视、维修、拆除工作记录"可指定电工代管，并于临时用电工程拆除后统一归档。

6.6.2 用电环境

在建工程不得在高、低压线路下方施工，搭设作业棚、生活设施和堆放构件、材料等；在架空线路一侧或上方搭设或拆除防护屏障等设施时，必须暂时停电或采取其他可靠的安全技术措施，并设专职技术或安全监护人员。

电气设备周围不得存放可能导致电气火灾的易燃、易爆物和导致绝缘损坏的腐蚀介质，否则应予清除或做防护处置。其防护等级必须与环境条件相适应。

电气设备设置场所应能避免物体打击、撞击等机械伤害，否则应做防护处理。

在架空线路一侧施工时，在建工程（含脚手架）的外侧边缘应与架空线路边线之间保持安全操作距离，安全操作距离不得小于表6-11所示数值。

最小安全操作距离   表6-11

架空线路电压（kV）	>1	1~10	35~110	220	330~500
最小安全操作距离（m）	4.0	6.0	8.0	10	15

施工现场的机动车道与外电架空线路交叉时，架空线路的最低点与路面的垂直距离应不小于表6-12所列数值。

机动车道与外电架空线路交叉时的最小垂直距离   表6-12

架空线路电压（kV）	>1	1~10	35
最小垂直距离（m）	6.0	7.0	7.0

起重机严禁越过无防护设施的外电架空线路作业。在外架空线路附近吊装时，起重机的任何部位或被吊物边缘在最大偏斜时与架空线路边缘最小安全距离应符合表6-13的规定。

起重机与架空线路边缘最小安全距离（m）   表6-13

架空线路电压（kV）	>1	10	35	110	220	330	500
沿垂直方向	1.5	3.0	4.0	5.0	6.0	7.0	8.5
沿水平方向	1.5	2.0	3.5	4.0	6.0	7.0	8.5

防护设施与外电线路之间的安全距离不应小于表6-14所列数值。

防护设施与外电线路之间的安全距离   表6-14

架空线路电压（kV）	<10	35	110	220	330	500
最小安全距离（m）	1.7	2.0	2.5	4.0	5.0	6.0

施工现场开挖非热管道沟槽的边缘与埋地外电缆沟槽边缘之间的距离不得小于0.5m。

6.6.3 接地与防雷

在施工现场专用的中性点直接接地的电力线路中必须采用TN—S接零保护系统。电气设备的金属外壳必须与专用保护零线连接，专用保护零线（简称保护零线）应由工作接地线、配电室的零线或第一级漏电保护器电源侧的零线引出。

当施工现场与外电线路共用同一供电系统时，电气设备应根据原系统的要求作保护接零，或作保护接地。不得一部分设备作保护接零，另一部分设备作保护接地。

一次侧由50V以上的接零保护系统供电，二次侧为50V及50V以下电压的降压变压器，如采用双重绝缘或有接地金属屏蔽层的变压器，此时二次侧不得接地。并应将二次线路用绝缘管保护或用橡皮护套软线。如采用普通变压器，则应将二次侧中性线或一个相线就近直接接地。或通过专用接地线与附近变电所接地网相连。

施工现场的电力系统严禁利用大地作相线或零线。

接地装置的设置应考虑土壤干燥或冻结等季节变化的影响，接地电阻值在四季中均应符合要求，但防雷装置的冲击接地电阻值只考虑在雷雨季节中土壤干燥状态的影响。

(1) 保护接零

在正常情况下，电机、变压器、电器、照明器具、手持电动工具的金属外壳；电气设备传动装置的金属部件；配电屏与控制屏的金属框架；室内、外配电装置的金属框架及靠近带电部分的金属围栏和金属门；电力线路的金属保护管、敷线的钢索、起重机轨道和底座、滑升模板金属操作平台等；安装在电力线路杆（塔）上的开关、电容器等电气装置的金属外壳及支架等不带电的外露导电部分，应做保护接零。

在正常情况下，在木质、沥青等不良导电地坪的干燥房间内，交流电压 380V 及其以下的电气设置金属外壳（当维修人员可能同时触及电气设备金属外壳和接地金属物件时除外）；安装在配电屏，控制屏金属框架上，且与其可靠电器连接的电气测量仪表、电流互感器、继电器和其他电器外壳等电气设备不带电的外露导电部分，可不作保护接零。

保护零线不得装设开关或熔断器严禁通过工作电流，且严禁断线。保护零线应单独敷设，且采用绝缘导线。重复接地线应与保护零线相连接，严禁与工作零线相连接。

配电装置和电动机械相连接的保护零线应为截面不小于 $2.5mm^2$ 的绝缘多股铜线。手持式电动工具的保护零线应为截面不小于 $1.5mm^2$ 的绝缘多股铜线。保护零线的统一标志为绿/黄双色线，在任何情况下严禁混用和相互代用。

(2) 接地与接地电阻

电力变压器或发电机的工作接地电阻值不得大于 4Ω。单台容量不超过 100kVA 或使用同一接地装置并联运行且总容量不超过 100kVA 的电力变压器或发电机的工作接地电阻值不得大于 10Ω。在土壤电阻率大于 1000Ω 的地区，当达到上述接地电阻值有困难时，工作接地电阻值可提高到 30Ω。

接零保护系统中，保护零线除须在配电室或总配电箱处作重复接地外，还须在配电系统的中间处和末端处做重复接地；保护零线每一重复接地装置的接地电阻值应不大于 10Ω。在工作接地电阻允许达到 10Ω 的电力系统中，所有重复接地的等效电阻值应不大于 10Ω；严禁单独敷设的工作零线再做重复接地。

每一接地装置的接地线应采用 2 根以上导体，在不同点与接地体做电气连接。不得用铝导体做接地体或地下接地线。垂直接地体宜采用角钢、钢管或光面圆钢，不得采用螺纹钢材。接地可利用自然接地体，但应保证其电器连接和热稳定。

移动式发电机供电的用电设备，其金属外壳或底座，应与发电机电源的接地装置有可靠的电气连接。移动式发电机的接地应符合固定式电气设备接地的要求。当移动式发电机和用电设备固定在同一金属支架上，且不供给其他设备用电时；或当不超过 2 台的用电设备由专用的移动式发电机供电，供、用电设备间距不超过 50m，且供、用电设备的外壳之间有可靠的电气连接时，可不另做保护接零。

(3) 防雷

在土壤电阻率低于 200Ω/m 处的电杆可不另设防雷接地装置。在配电室的进线或出线处应将绝缘子铁脚与配电室的接地装置相连接。

施工现场内的起重机，井字架及龙门架等机械设备，以及钢脚手架和正在施工的在建工程等的金属结构，当在相邻建筑物、构筑物等设施的防雷装置接闪器的保护范围以外，如在表 6-15 规定范围内，则应安装防雷装置。

施工现场内金属设施需安装防雷装置的规定　　　　　　　　　　　　　　表 6-15

地区年平均雷暴日（d）	金属设施高度（m）	地区年平均雷暴日（d）	金属设施高度（m）
≤15	≥50	40≤，<90	≥20
15<，<40	≥32	≤90 及雷害特别严重地区	≥12

机械设备上的防雷装置避雷针（接闪器）长度应为 1～2m；塔式起重机可不另设避雷针；机械设备或设施的防雷引下线可利用该设备或设施的金属结构体，但应保证构架之间的电气连接。

安装避雷针的机械设备，所有固定的动力、控制、照明、信号及通信线路，宜采用钢管敷设。钢管与该机械设备的金属结构体应作成电气连接。

施工现场内所有防雷装置的冲击接地电阻值不得大于 30Ω。作防雷接地的电气设备，所连接的保护零线必须同时作重复接地。同一台电气设备的重复接地和机械的防雷接地可共用同一个接地体，接地电阻应符合重复接地电阻值的要求。

施工现场的电气设备和避雷装置可利用自然接地体接地，但应保证电气连接并校验自然接地体的热稳定。若最高机械设备上的避雷针，其保护范围能覆盖其他设备，且该设备最后退出现场，则其他设备可不设防雷装置。

6.6.4　配电室及自备电源

（1）配电室和配电屏（柜）

配电室应靠近电源，并应设在灰尘少、潮气少、振动小、无腐蚀介质、无易燃易爆物及道路畅通的地方。配电室和控制室应能自然通风，并应采取防止雨雪和动物出入的措施。

配电室的门向外开，并配锁；配电室的顶棚与地面的距离不小于 3m；在配电室内设值班或检修室时，该室边缘距电屏（柜）的水平距离应大于 1m，并采取屏障隔离。

配电室内的裸母线与地面垂直距离小于 2.5m 时，采用遮栏隔离，遮栏下面通道的高度不小于 1.9m；配电室的围栏上端与垂直上方带电部分的净距不小于 0.075m；配电装置的上端距顶棚不小于 0.5m；配电室内的母线均应涂刷有色油漆，以标志相序（以柜正面方向为准）。

配电室的建筑物和构筑物的耐火等级应不低于 3 级，室内应配置砂箱和可用于扑灭电气火灾的灭火器。

成列的配电屏（柜）和控制屏（柜）两端应与重复接地线及保护零线做电气连接。

配电屏（柜）正面的操作通道宽度，单列布置或双列面对面布置不小于 1.5m，双列面对面布置不小于 2m；配电屏（柜）后的维护通道宽度，单列布置或双列背对背布置不小于 0.8m；双列面对面布置不小于 1.5m，个别地点有建筑物结构凸出的部分，则此点通道宽度可减少 0.2m；配电屏（柜）侧面的维护通道宽度不小于 1m。

配电屏（柜）应装设电度表，并应分路装设电流、电压表；电流表与计费电度表不得共用一组电流互感器；配电屏（柜）应装设电源隔离开关及短路、过载、漏电保护器。配电屏（柜）上的各配电线路应编号，并标明用途；配电屏（柜）或配电线路停电维修时，应挂接地线，并应悬挂停电标志牌；停、送电必须由专人负责。

（2）电压力 400/230V 的自备发电机组

发电机组及其控制、配电、修理室等，在保证电气安全距离和满足防火要求的情况下可合并设置。

发电机控制屏宜装设下列仪表：①交流电压表；②交流电流表；③有功功率表；④电度表；⑤功率因数表；⑥频率表；⑦直流电流表。

发电机组电源应与外电线路电源联锁，严禁并列运行；发电机组并列运行时，必须装设同期装置，并在机组同步运行后再向负荷供电。

发电机组应采用电源中性点直接接地的三相四线制供电系统，并须独立设置，其接地电阻值应符合要求；发电机组应设置短路保护和过负荷保护。

发电机组的排烟管道必须伸出室外。发电机组及其控制、配电室内必须配置可用于扑灭电气火灾的灭火器，严禁存放贮油桶。

6.6.5 配电线路

（1）架空线路

架空线必须采用绝缘导线。架空线必须设在专用电杆上，严禁架设在树木、脚手架及其他设施上。

架空线在一个挡距内每一层导线的接头数不超过该层导线条数的 50%，且一条导线只应有一个接头，架空线在跨越铁路、公路、河流、电力线路挡距内不得有接头。

架空线路相序排列应符合下列规定：动力、照明线在同一横担架设时，导线相序排列是：面向负荷从左侧起为 L_1、N、L_2、L_3、PE；动力线、照明线在两层横担上分别架设时，导线相序排列是：上层横担面向负荷从左侧起为 L_1、L_2、L_3；下层横担面向负荷从左侧起为 L_1（L_2、L_3）、N、PE；在两个横担上架设时，最下层横担面向负荷，最右边的导线为保护零线 PE。

架空线路的档距不得大于 35m；线间距离不得小于 0.3m，靠电杆的两根导线的间距不得小于 0.5m。

架空线路宜采用混凝土杆或木杆，混凝土杆不得露筋、不得有宽度大于 0.4mm 的裂纹和扭曲，木杆不得腐朽，长度不得小于 8m，其梢径应不宜小于 140mm。

电杆埋设深度宜为杆长的 1/10 加 0.7m。回填土应分层夯实。但在松软土质处应适当加大埋设深度或采用卡盘等加固。

电杆的拉线宜采用镀锌铁线，其截面不得小于 $3 \times \phi 4.0mm$。线与电杆的夹角应在 30°～45°之间。拉线埋设深度不得小于 1m。钢筋混凝土杆上的拉线应在高于地面 2.5m 处装设拉紧绝缘子。

因受地形环境限制不能装设拉线时，可采用撑杆代替拉线，撑杆埋深不得小于 0.8m，其底部应垫底盘或石块。撑杆与主杆的夹角宜为 30°。

接户线在挡距内不得有接头，进线处离地高度不得小于 2.5m。接户线最小截面应符合规定。接户线线间及与邻近线路间的距离应符合要求。

经常过负荷的线路、易燃易爆物邻近的线路、照明线路，必须有过负荷保护。

（2）电缆线路

电缆类型应根据敷设方式，环境条件选择，电缆截面应根据允许载流量和允许电压损失确定。

电缆干线应采用埋地或架空敷设，严禁沿地面明设，并应避免机械损伤和介质腐蚀；电缆在室外直接埋地敷设的深度应不小于 0.7m，并应在电缆上、下、左、右侧各均匀铺设不小于 50mm 厚的细砂，然后覆盖砖混凝土板等硬质保护层；电缆穿越建筑物、构筑物、道路、易受机械损伤、介质腐蚀场所及引出地面从 2m 高度至地下 0.2m 处，必须加设防护套管。

埋地电缆与其附近外电电缆和管沟的平行间距不得小于 2m、交叉间距不得小于 1m。

埋地敷设电缆的接头应设在地面上的接线盒内，接线盒应能防水、防尘、防机械损伤并应远离易燃、易爆、易腐蚀场所。

电缆架空敷设时，应沿支架、墙壁或电杆设置，并用绝缘子固定，严禁使用金属裸线作绑线。固定点间距应保证电缆能承受自重所带来的荷重。沿墙壁敷设时，电缆的最大弧垂距地不得小于 2.0m。

在建工程内的电缆线路必须采用电缆埋地引入。严禁穿越脚手架引入。电缆垂直敷设的位置应充分利用在建工程的竖井、垂直孔洞等，并应靠近电负荷中心，固定点每楼层不得少于一处。电缆水平敷设宜沿墙或门口刚性固定，最大弧垂距地不得小于 2.0m。

（3）室内配线

室内配线必须采用绝缘导线或电缆。采用瓷瓶、瓷（塑料）夹等敷设、嵌绝缘槽、穿管或钢索敷设；潮湿场所或埋地非电缆配线必须穿管敷设，管口应密封。采用金属管敷设时必须作保护接零。室内非埋地明敷主干线距地面高度不得小于 2.5m。

进户线过墙应穿管保护，距地面不得小于 2.5m，并应采取防雨措施。

室内配线所用导线截面，应根据用电设备或线路的计算负荷确定，但铝线截面应不小于 2.5mm²，铜线截面应不小于 1.5mm²。室内配线必须有短路保护和过载保护。

钢索配线的吊架间距不宜大于 12m。采用瓷夹固定导线时，导线间距应不小于 35mm，瓷夹间距应不大于 800mm；采用瓷瓶固定导线时，导线间距应不小于 100mm，瓷瓶间距应不大于 1.5mm；采用护套绝缘导线时，允许直接敷设于钢索上。

6.6.6 配电箱及开关箱

（1）配电箱及开关箱的设置

总配电箱应设在靠近电源的地区，分配电箱应装设在用电设备或负荷相对集中的地区。分配电箱与开关箱的距离不得超过 30m。开关箱与其控制的固定式用电设备的水平距离不宜超过 3m。

配电箱、开关箱应装设在干燥、通风及常温的场所；不得装设在有严重损伤作用的瓦斯、烟气、蒸汽、液体及其他有害介质中。不得装设在易受外来固体物撞击、强烈振动、液体侵溅及热源烘烤的场所。否则，须作特殊防护处理。

配电箱、开关箱周围应有足够 2 人同时工作的空间和通道。不得堆放任何妨碍操作、维修的物品；不得有灌木、杂草。

配电箱、开关箱应采用钢板或优质阻燃绝缘材料制作、钢板的厚度应为 1.2～2.0mm，其中开关箱箱体钢板厚度不得小于 1.2mm，配电箱箱体钢板厚度不得小于

1.5mm，箱体表面应做防腐处理。

配电箱、开关箱应装设端正、牢固，移动式配电箱、开关箱应装设在坚固的支架上。固定式配电箱、开关箱的下底与地面的垂直距离应为1.4～1.6m；移动式分配电箱、开关箱应装设在坚固、稳定的支架上。其中心点与地面的垂直距离宜为0.8～1.6m。

配电箱、开关箱内的电器必须可靠完好，不准使用破损、不合格的电器。

总配电箱的电器应具备电源隔离，正常接通与分断电路，以及短路、过载、漏电保护功能。各种开关电器的额定值和动作整定值应与其控制用电设备的额定值和特性相适应。

每台用电设备应有各自专用的开关箱，必须实行"一机一闸"制，严禁用同一个开关电器直接控制2台及2台以上用电设备（含插座）。

配电箱、开关箱外形结构应能防雨、防尘。进入开关箱的电源线，严禁用插头和插座做活动连接。

（2）使用与维护

配电箱、开关箱均应标明其名称、用途，并作出分路标记及系统接线图；配电箱、开关箱门应配锁，并由专人负责；施工现场停止作业1h以上时，应将动力开关箱断电上锁。

所有配电箱、开关箱在使用过程中必须按照下述操作顺序：①送电操作顺序，总配电箱——分配电箱——开关箱；②停电操作顺序，开关箱——分配电箱——总配电箱（出现电气故障的紧急情况除外）。

配电箱、开关箱内不得放置任何杂物，并应经常保持整洁；配电箱、开关箱内不得随意挂接其他用电设备；配电箱、开关箱内的电器配置和接线严禁随意改动；配电箱、开关箱的进线和出线不得承受外力。

配电箱、开关箱应定期检查和维修，检查、维修人员必须是专业电工，检查、维修时必须按规定穿、戴绝缘鞋、手套，必须使用电工绝缘工具，并应做检查、维修工作记录；维修时，必须将其前一级相应的电源隔离开关分闸断电，并悬挂停电标志牌，严禁带电作业。

6.6.7 电动建筑机械和手持电动工具

选购的电动建筑机械、手持电动工具和用电安全装置，应符合相应的国家现行有关强制性标准的规定；并且有产品合格证和使用说明书；建立和执行专人专机负责制，并定期检查和维修保养；接地符合规定要求，对产生振动的设备的金属基座、外壳与保护零线的连接点不少于2处；在做好保护接零的同时，还要按要求装设漏电保护器。

塔式起重机、室外电梯、滑升模板的金属操作平台和需要设置避雷装置的物料提升机等，除应做好保护接零外，还必须按规定做重复接地。设备的金属结构架之间应保证电气连接。

手持电动工具中的塑料外壳Ⅱ类工具和一般场所手持式电动工具中的Ⅲ类工具可不做保护接零。

电动建筑机械或手持电动工具的负荷线，必须按其计算负荷选用无接头的铜芯橡皮护套软电缆。其性能应符合国标《额定电压450/750V及以下橡皮绝缘电缆》（GB 5013.4—1997）的要求。

每一台电动建筑机械或手持电动工具的开关箱内，除应装设过负荷、短路、漏电保护器外，还必须按要求装设控制装置。

（1）起重机械

塔式起重机的电气设备应符合现行国标《塔式起重机安全规程》（GB 5144—2006）中的要求。塔式起重机与外电线路的安全距离，应符合规范要求。塔式起重机的重复接地和防雷接地，应在轨道两端各设一组接地装置，两条轨道应作环形电气连接。道轨的接头处，应做电气连接。对较长的轨道，每隔30m应加一组接地装置。需要夜间工作的塔式起重机，应设置正对工作面的投光灯。塔身高于30m时，应在塔顶和臂架端部装设防撞红色信号灯。

外用电梯梯笼内、外均应安装紧急停止开关。外用电梯梯笼所经过的楼层，应设置有机械或电气联锁装置的防护门或栅栏。每日工作前必须对外用电梯的行程开关、限位开关、紧急停止开关、驱动机构和制动器等进行空载检查，正常后方可使用。检查时必须有防坠落的措施。

（2）焊接机械

焊接机械应放置在防雨、干燥和通风良好的地方。焊接现场不准堆放易燃易爆物品。使用焊接机械必须按规定穿戴防护用品，严禁露天冒雨从事电焊作业。

交流弧焊机变压器的一次侧电源线长度应不大于5m，进线处必须设置防护罩。电焊机械开关箱中的漏电保护器必须符合规范要求。交流电焊机应配装防二次侧触电保护器。焊接机械的二次线宜采用防水型橡皮护套铜芯软电缆。电缆的长度应不大于30m。

（3）手持式电动工具

一般场所应选用Ⅱ类手持式电动工具，并应装设额定动作电流不大于15mA，额定漏电动作时间小于0.1s的漏电保护器。若采用Ⅰ类手持式电动工具，还必须作保护接零。

露天、潮湿场所或在金属构架上操作时，必须选用Ⅱ类手持式电动工具或带隔离变压器供电的Ⅲ类手持式电动工具，金属外壳Ⅱ类手持式电动工具必须装设防溅的漏电保护器。开关箱和控制箱应设置在作业场所外面。严禁使用Ⅰ类手持式电动工具。

狭窄场所（锅炉、金属容器、地沟、管道内等），宜选用带隔离变压器的Ⅲ类手持式电动工具；若选用Ⅱ类手持式电动工具，必须装设防溅的漏电保护器。把隔离变压器或和开关箱装设在狭窄场所外面，工作时并应有人监护。

手持电动工具的负荷线必须采用耐气候型的橡皮护套铜芯软电缆，并不得有接头。手持式电动工具的外壳、手柄、负荷线、插头、开关等必须完好无损，使用前必须作空载检查，运转正常方可使用。

（4）其他电动建筑机械

混凝土搅拌机、插入式振动器、平板振动器、地面抹光机、水磨石机、钢筋加工机械、木工机械、盾构机械、水泵等设备的漏电保护应符合规范的要求。这些设备的负荷线必须采用耐气候型的橡皮护套铜芯软电缆，不得有任何破损和接头。

对混凝土搅拌机、钢筋加工机械、木工机械、盾构机械等设备进行清理、检查、维修时，必须首先将其开关箱分闸断电，呈现可见电源分断点，并关门上锁。

6.6.8 照明

在坑、洞、井内作业、夜间施工或厂房、料具堆放场、道路、仓库及自然采光差的场所等，应设一般照明、局部照明或混合照明。在一个工作场所内，不得只装设局部照明。

室外220V灯具距地面不得低于3m，室内220V灯具不得低于2.5m。照明灯具的金属外壳必须作保护接零。单相回路的照明开关箱（板）内必须装设隔离开关、短路与过载保护电器和漏电保护器。此外，为了安全还必须装设自备电源的应急照明。

现场照明应采用高光效、长寿命的照明光源。对需要大面积照明的场所，应采用高压汞灯、高压钠灯或混光用的卤钨灯等。照明器具和器材的质量均应符合国家现行有关强制性标准的规定，不得使用绝缘老化或破损的器具和器材。

照明器的选择应按环境条件来确定：例如在潮湿或特别潮湿的场所，选用密闭型防水防尘照明器或配有防水灯头的开启式照明器；在含有大量尘埃但无爆炸和火灾危险的场所，采用防尘型照明器；对有爆炸和火灾危险的场所，按危险场所等级选择相应的照明器；在振动较大的场所，选用防振型照明器；对有酸碱等强腐蚀的场所，采用耐酸碱型照明器。

一般场所宜选用额定电压为 220V 的照明器。对下列特殊场所应使用安全电压照明器：例如隧道、人防工程，有高温、导电灰尘或灯具离地面高度低于 2.5m 等场所的照明，电源电压应不大于 36V；在潮湿和易触及带电体场所的照明电源电压不得大于 24V。在特别潮湿的场所、导电良好的地面、锅炉或金属容器内工作的照明电源电压不得大于 12V。

照明变压器必须使用双绕组型安全隔离变压器，严禁使用自耦变压器。

【方法原理的应用 6-15】 工地临时供电计算

（1）用电量计算

工地临时供电包括施工及照明用电两个方面，其用电量可用以下简式计算：

$$P = 1.1(K_1\Sigma P_c + K_2\Sigma P_a + K_3\Sigma P_b) \tag{6-60}$$

式中 P——计算用电量（kW），即供电设备总需要容量；

ΣP_c——全部施工动力用电设备额定用量之和，查表 6-16 取用；

ΣP_a——室内照明设备额定用电量之和，查表 6-17 取用；

ΣP_b——室外照明设备额定用电量之和，查表 6-18 取用；

K_1——全部施工用电设备同时使用系数，总数 10 台以内时，$K_1=0.75$；10～30 台时，$K_1=0.7$；30 台以上时，$K_1=0.6$；

K_2——室内照明设备同时使用系数，一般取 $K_2=0.8$；

K_3——室内照明设备同时使用系数，一般取 $K_3=1.0$；

1.1——用电不均匀系数。

施工机具电动机额定用量参考表 表 6-16

机具名称	额定功率（kW）	机具名称	额定功率（kW）
单斗挖掘机 W150（100）	55（100）	振动沉桩机 CH-20 型	55
单斗挖掘机 W-4	250	振动沉桩机 CZ-80 型	90
推土机 T1-100	100	螺旋钻孔桩	22～30
蛙式夯土机 HW-20～60	1.5～2.8	冲击式钻孔桩	20～30
振动夯土机 HZ-330A	4	潜水式钻机	22
振动沉桩机（北京 580 型）	45	深层搅拌桩机 SJB-1	60

续表

机具名称	额定功率 (kW)	机具名称	额定功率 (kW)
塔式起重机 QT-80A（北京）	55.5	500L混凝土搅拌机	7.3
塔式起重机 ZT120（上海）	70.5	325～400L混凝土搅拌机	5.5～11.0
插入式振动器	1.1～2.2	800L混凝土搅拌机	17
平板式振动器	0.5～2.2	J₄-375强制式混凝土搅拌机	10
外附振动器	0.5～2.2	J₄-1500强制式混凝土搅拌机	55
钢筋切断机 GJ-40	7	200～325L砂浆搅拌机	1.2～6.0
钢筋调直机 GJ₄-14/4	9	混凝土输送泵 HB-15	32.2
钢筋弯曲机 GJ₇-40	2.8	灰浆泵（1～6m³/h）	1.2～6.0
交流电弧焊机	21 (kVA)	地面磨光机	0.4
直流电弧焊机	10 (kVA)	木工圆锯机	3.0～4.5
单盘水磨石机	2.2	普通木工带锯机	20～47.5
双盘水磨石机	3	单面杠压刨床	8～10.1
塔式起重机 QTF-80（广西）	99.5	木工平刨床	2.8～4.0
塔式起重机 QJ₄-10A（北京）	119	单头直榫开榫机	1.5
塔式起重机 88HC（德国）	42	泥浆泵（红星-30）	30
塔式起重机 FO/23B（法国）	61	泥浆泵（红星-75）	60
1～1.5t单筒卷扬机	7.5～11.0	100m高扬程水泵	20
3～5t慢速卷扬机	7.5～11.0		

室内照明用电参考定额 表6-17

项目	定额容量 (W/m²)	项目	定额容量 (W/m²)
混凝土及灰浆搅拌站	5	锅炉房	3
钢筋室外加工	10	仓库及棚仓库	2
钢筋室内加工	8	办公楼、试验室	6
木材加工锯木及细木作	5～7	浴室盥洗室、厕所	3
木材加工模板	8	理发室	10
混凝土预制构件厂	6	宿舍	3
金属结构及机电修配	12	食堂或俱乐部	5
空气压缩机及泵房	7	诊疗所	6
卫生技术管道加工厂	8	托儿所	9
设备安装加工厂		招待所	5
发电站及变电所	10	学校	6
汽车库或机车库	5	其他文化福利	3

室外照明用电参考定额　　　　　　表 6-18

项　目	定额容量 (W/m²)	项　目	定额容量 (W/m²)
人工挖土工程	0.8	卸车场	1.0
机械挖土工程	1.0	设备堆放、砂石、木材、钢筋	0.8
混凝土浇灌工程	1.0	半成品堆放	
砖石工程	1.2	车辆行人主要干道	2000W/km
打桩工程	0.6	车辆行人非主要干道	1000 W/km
安装及铆焊工程	2.0	夜间运料（夜间不运料）	0.5 (0.5)
警卫照明	1000W/km		

一般建筑工地多采取单班制作业，少数工序配合需要或抢工期采用两班制作业。故此，综合考虑施工用电约占总用电量的 90%，室内外照明用电约占总用电量的 10%，于是可将式（6-60）进一步简化为：

$$P = 1.1(K_1\Sigma P_c + 0.1P) = 1.24K_1\Sigma P_c \tag{6-61}$$

【案例 6.18】 工业厂房建筑工地，高压电源为 10kV，临时供电线路布置、施工机具设备用电量如图 6-22（a）中所示，共有设备 15 台，取 $K_1 = 0.7$，施工采取单班作业，部分因工序连续需要采取两班制作业，试计算需用电量。

【解析】 计算用电量取 75% 入图 6-22（b）敷设动力、照明用 380V/220V 三相四线制混合型架空线路，按枝状线路布置架设。施工用电量由式（6-61）得：

$P = 1.24K_1\Sigma P_c$

$= 1.24 \times 0.7 \times (56 + 64) = 104\text{kW}$

故知需用电量为 104kW。

（2）变压器容量计算

工地附近有 10kW 或 6kW 高压电源室，一般多采取在工地设临时小型变电所，装设变压器将二次电源降至 380V/220V，有效供电半径一般在 500m 以内。大型工地可在几处设变压器（变电所）。变压器的容量，可按下式计算：

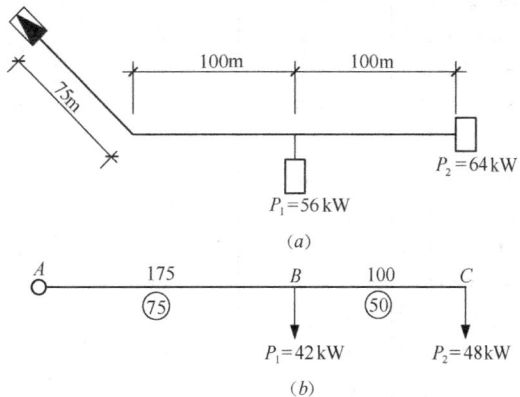

图 6-22 临时供电线路
(a) 用电设备容量图；(b) 用电量计算简图

$$P_0 = \frac{1.05p}{\cos\varphi} = 1.4P \tag{6-62}$$

式中　P_0——变压器容量（kVA）；

1.05——功率损失系数；

$\cos\varphi$——用电设备功率因素，一般建筑工地取 0.75。

在求得 P_0 值后，即可查表 6-19 选择变压器的型号和额定容量。

常用电力变压器性能表　　　　　表 6-19

型 号	额定容量 (kVA)	额定电压（kV）		损耗（W）		总重 (kg)
		高 压	低 压	空 载	短 路	
SL$_7$-30/10	30	6；6.3；10	0.4	150	800	317
SL$_7$-50/10	50	6；6.3；10	0.4	190	1150	480
SL$_7$-63/10	63	6；6.3；10	0.4	220	1400	525
SL$_7$-80/10	80	6；6.3；10	0.4	270	1650	590
SL$_7$-100/10	100	6；6.3；10	0.4	320	2000	685
SL$_7$-125/10	125	6；6.3；10	0.4	370	2450	790
SL$_7$-160/10	160	6；6.3；10	0.4	460	2850	945
SL$_7$-200/10	200	6；6.3；10	0.4	540	3400	1070
SL$_7$-250/10	250	6；6.3；10	0.4	640	4000	1235
SL$_7$-315/10	315	6；6.3；10	0.4	760	4800	1470
SL$_7$-400/10	400	6；6.3；10	0.4	920	5800	1790
SL$_7$-500/10	500	6；6.3；10	0.4	1080	6900	2050
SL$_7$-630/10	630	6；6.3；10	0.4	1300	8100	2760
SL$_7$-50/35	50	35	0.4	265	1250	830
SL$_7$-100/35	100	35	0.4	370	2250	1090
SL$_7$-125/35	125	35	0.4	420	2650	1300
SL$_7$-160/35	160	35	0.4	470	3150	1465
SL$_7$-200/35	200	35	0.4	550	3700	1695
SL$_7$-280/35	280	35	0.4	640	4400	1890
SL$_7$-315/35	315	35	0.4	760	5300	2185
SL$_7$-400/35	400	35	0.4	920	6400	2510
SL$_7$-500/35	500	35	0.4	1080	7700	2810
SL$_7$-630/35	630	35	0.4	1300	9200	3225
SL$_7$-200/10	200	10	0.4	540	3400	1260
SL$_7$-250/10	250	10	0.4	640	4000	1450
SL$_7$-315/10	315	10	0.4	760	4800	1695
SL$_7$-400/10	400	10	0.4	920	5800	1975
SL$_7$-500/10	500	10	0.4	1080	6900	2200
SL$_7$-630/10	630	10	0.4	1400	8500	3140
S$_6$-10/10	10	11	0.433	60	270	245
S$_6$-30/10	30	11	0.4	125	600	140
S$_6$-50/10	50	11	0.433	175	870	540
S$_6$-80/10	80	6～10	0.4	250	1240	685
S$_6$-100/10	100	6～10	0.4	300	1470	740
S$_6$-125/10	125	6～10	0.4	360	1720	855
S$_6$-160/10	160	6～10	0.4	430	2100	600
S$_6$-200/10	200	6～11	0.4	500	2500	1240
S$_6$-250/10	250	6～10	0.4	600	2900	1330
S$_6$-315/10	315	6～10	0.4	720	3450	1495
S$_6$-400/10	400	6～10	0.4	870	4200	1750
S$_6$-500/10	500	6～10.5	0.4	1030	4950	2330
S$_6$-630/10	630	6～10	0.4	1250	5800	3080

【案例 6.19】 条件同例 6.16，试求需用变压器容量并选定型号。

【解析】 由例 6.16 计算得，$P=104\text{kW}$，变压器需要的容量由式（6-62）得：

$$P_0 = 1.4P = 1.4 \times 104 = 146\text{kVA}$$

当地高压供电 10kW 查表知，型号 $SL_7\text{-}160/10$ 变压器额定容量为 160kVA＞146kVA，可满足要求。

故知需变压器容量为 160kVA，型号为 $SL_7-160/10$。

（3）配电导线截面计算

配电导线截面一般根据用电量计算允许电流进行选择，然后再以允许电压降及机械强度加以校核。

1）按导线的允许电流选择

三相四线制低压电路上的电流可按下式计算：

$$I_l = \frac{1000P}{\sqrt{3} \cdot U_l \cdot \cos\varphi} \tag{6-63}$$

式中 　I_l——线路工作电流值（A）；

　　　U_l——线路工作电压值（V），三相四线制低压时，$U_l=380\text{V}$；

　　　P、$\cos\varphi$ 符号意义同前。

将 $U_l=380\text{V}$、$\cos\varphi=0.75$ 代入式（6-63）可简化得：

$$I_l = \frac{1000P}{1.73 \times 380 \times 0.75} = 2P \tag{6-64}$$

即表示 1kW 耗电量等于 2A 电流，此简化结果可以给计算带来很大方便。

建筑工地常用配电导线规格及允许电流见表 6-20。

常用配电导线持续允许电流表（A）　　　　　　　　　　表 6-20

导线标称截面 (mm²)	裸　线		橡皮或塑料绝缘线单芯500			
	TJ 型 (铜线)	LJ 型 (铝线)	BX 型 (铜芯橡皮线)	BLX 型 (铝芯橡皮线)	BV 型 (铜芯塑料线)	BLV 型 (铝芯塑料线)
2.5	—	—	35	27	32	25
4	—	—	45	35	42	32
6	—	—	58	45	55	42
10	—	—	85	65	75	50
16	130	105	110	85	105	80
25	180	135	145	110	138	105
35	220	170	180	138	170	130
50	270	215	230	175	215	165
70	340	265	285	220	265	205
95	415	325	345	265	325	250
120	485	375	400	310	375	385
150	570	440	470	360	430	325
185	645	500	540	420	490	380
240	770	610	600	510	—	—

求出线路电流后，可根据导线允许电流，按表6-20数值选出导线截面，使导线中通过的电流控制在允许的范围内。

2）按导线允许电压降校核

配电导线截面的电压降可按下式计算：

$$\varepsilon = \frac{\sum P \cdot L}{C \cdot S} = \frac{\sum M}{C \times S} \leqslant [\varepsilon] = 7\% \tag{6-65}$$

式中　ε——导线电压降（%），一般照明允许电压为2.5%～5%；电动机电压降不超±5%；对工地临时网路取7%；

$\sum P$——各段线路负荷计算功率（kW），即计算用电量$\sum P$；

L——各段线路长度（m）；

C——材料内部系数，根据线路电压和电流种类按表6-21取用；

S——导线截面（mm^2）；

$\sum M$——各段线路负荷矩（kW·m），即$\sum P \cdot L$乘积。

导线上引起的电压降必须控制在允许范围内，以防止在远处的用电设备不能启动。

材料内部系数 C　表6-21

线路额定电压（V）	线路系统及电流种类	系数C值	
		铜　线	铝　线
380/220	三相四线	77	46.3
380/220	二相三线	34	20.5
220		12.8	7.75
110		3.2	1.9
36		0.34	0.21
24	单相或直流	0.153	0.092
12		0.038	0.023

3）按导线机械强度校核

当线路上电杆之间挡距在25～40m时，其允许的导线最小截面，可按表6-22查用。

导线按机械强度所允许的最小截面　表6-22

导 线 用 途	导线最小截面（mm^2）	
	铜线	铝线
照明装置用导线：户内用	0.5	2.5①
户外用	1.0	2.5
双芯软电线：用于电灯	0.35	—
用于移动式生活用电设备	0.5	—
双芯软电线及软电缆：用于移动式生产用电设备	1.0	—
绝缘导线：用于固定架设在户内绝缘支持件上，其间距为：2m及以下	1.0	2.5①
6m及以下	2.5	4
25m及以下	4	10
裸导线：户内用	2.5	4
户外用	6	16
绝缘导线：穿在管内	1.0	2.5①
木槽板内	1.0	2.5①
绝缘导线：户外沿墙敷设	2.5	4
户外其他方式	4	10

①根据市场供应情况，可采用小于2.5mm^2的铝芯导线。

以上导线截面能够用计算或查表，所选用的导线截面必须同时满足上述三个条件，并以求得的最大导线截面作为最后确定导线的截面。根据实践，在一般建筑工地，当配电线路较短时，导线截面可先用允许电流选定，再按允许电压降校核；对小负荷的架空线路，导线截面一般以机械强度选定即可。

【案例 6-20】 条件同 **6.16**，试选择确定导线截面。

【解析】 由例 6.16，已知 $P=104\mathrm{kW}$

（1）按导线允许电流选择

该线路工作电流按式（6-64）得：

$$I_l = 2P = 2 \times 104 = 208\mathrm{A}$$

为安全起见，选用 BLX 型铝芯橡皮线，查表 6-20，当选用 BLX 型导线截面为 $70\mathrm{mm}^2$ 时，持续允许电流为 220A＞208A，可满足要求。

（2）按导线允许电压降选择

AC 段线路工作电压降按式（6-65）得：

$$\varepsilon_{AC} = \frac{\Sigma M}{C \cdot S} = \frac{M_{AB}+M_{BC}}{C \cdot S} = \frac{(42+48)\times 175+48\times 100}{46.3\times 70} = \frac{20550}{3241} = 6.34\% < 7\%$$

线路 AC 段导线截面为：

$$S_{AC} = \frac{M}{C \cdot [\varepsilon]} = \frac{M_{AB}+M_{BC}}{C \cdot S} = \frac{20550}{46.3\times 70} = 63.4\mathrm{mm}^2$$

仍选用截面 $70\mathrm{mm}^2$ 导线即可。

线路 AB 段电压降为：

$$\varepsilon_{AB} = \frac{M_{AB}}{C \cdot S_{AB}} = \frac{15750}{46.3\times 70} = 4.86\%$$

线路 BC 段电压降应大于：

$$\varepsilon_{BC} = 7.0\% - 4.86\% = 2.14\%$$

线路 BC 段导线需要截面为：

$$S_{BC} = \frac{M_{BC}}{C \cdot \varepsilon_{BC}} = \frac{4800}{46.3\times 2.14} = 48.4\mathrm{mm}^2$$

选用 BC 段导线截面为 $50\mathrm{mm}^2$。

（3）将所选用的导线按允许电流校核

$$I_{BC} = 2P = 2 \times 48 = 96\mathrm{A}$$

查表 6-20，当选用 BLX 型截面为 $50\mathrm{mm}^2$ 时，持续允许电流为 175A＞96A，故可以满足升温要求。

（4）按导线机械强度校核

线路上各段导线截面大于 $10\mathrm{mm}^2$，大于表 6-22 允许的最小截面，故可满足强度要求。

6.7 施工机械的使用

施工机械操作人员必须体检合格，无妨碍作业的疾病和生理缺陷，并应经过专业培训、考核合格取得建设行政主管部门颁发的操作证或公安部门颁发的机动车驾驶执照后，方可持证上岗。在工作中，操作人员和配合作业人员必须按规定穿戴劳动保护用品，长发应束紧不得外露，高处作业时必须系安全带。

机械上的各种安全防护装置及监测、指示、仪表、报警等自动报警、信号装置应完好齐全，有缺损时应及时修复，安全防护装置不完整或已失效的机械不得使用。

机械必须按照出厂使用说明书规定的技术性能、承载能力和使用条件，正确操作，合理使用，严禁超载作业或任意扩大使用范围。

变配电所、乙炔站、氧气站、空气压缩机房、发电机房、锅炉房等易于发生危险的场所，应在危险区域界限处，设置围栅和警告标志，非工作人员未经批准不得入内。挖掘机、起重机、打桩机等重要作业区域，应设立警告标志及采取现场安全措施。

在机械会产生对人体有害的气体、液体、尘埃、放射性射线、振动、噪声等场所，必须配置相应的安全保护设备和三废处理装置；特别在隧道、沉井基础施工中，必须采取措施，使有害物限制在规定的限度内。

当使用机械与安全生产发生矛盾时，必须首先服从安全要求。

6.7.1　起重吊装机械

起重吊装的指挥人员作业时应与操作人员密切配合，操作人员应按照指挥人员的信号进行作业，当信号不清或错误时，操作人员可拒绝执行。操纵室远离地面的起重机，在正常指挥发生困难时，地面及作业层（高空）的指挥人员均应采用对讲机等有效的通信联络进行指挥。

起重机的各种指示器、限制器以及各种行程限位开关等安全保护装置，应完好齐全、灵敏可靠，不得随意调整或拆除。严禁利用限制器和限位装置代替操纵机构。操作人员进行起重机回转、变幅、行走和吊钩升降等动作前，应发出音响信号示意。

起重机作业时，起重臂和重物下方严禁有人停留、工作或通过。重物吊运时，严禁从人上方通过；严禁用起重机载运人员；严禁使用起重机进行斜拉、斜吊和起吊地下埋设或凝固在地面上的重物以及其他不明重量的物体；现场浇筑的混凝土构件或模板，必须全部松动后方可起吊。

起吊重物应绑扎平稳、牢固，不得在重物上再堆放或悬挂零星物件。易散落物件应使用吊笼栅栏固定后方可起吊。标有绑扎位置的物件，应按标记绑扎后起吊。吊索与物件的夹角宜采用 $45°\sim60°$，且不得小于 $30°$。

起吊载荷达到起重机额定起重量的 90% 及以上时，应先将重物吊离地 $200\sim500mm$ 后，检查起重机的稳定性，制动器的可靠性，重物的平稳性，绑扎的牢固性，确认无误后方可继续起吊。对易晃动的重物应拴好拉绳。

严禁起吊重物长时间悬挂在空中，作业中遇突发故障，应采取措施将重物降落到安全地方，并关闭发动机或切断电源后进行检修。在突然停电时，应立即把所有控制器按到零位，断开电源总开关，并采取措施使重物降到地面。

起重机各钢丝绳与卷筒应连接牢固，放出钢丝绳时，卷筒上应至少保留三圈，收放钢丝绳时应防止钢丝绳打环、扭结、弯折和乱绳，不得使用扭结、变形的钢丝绳。

在露天有六级及以上大风或大雨、大雪、大雾等恶劣天气时，应停止起重吊装作业。雨雪过后作业前，应先试吊，确认制动器灵敏可靠后方可进行作业。

（1）履带式起重机

履带式起重机在正常作业时，坡度不得大于 3°，起重机上下坡道时应无载行驶；上坡时应将起重臂仰角适当放小，下坡时应将起重臂仰角适当放大。行走时应与沟渠、基坑保持安全距离。起重机行走时，转弯不应过急，当转弯半径过小时，应分次转弯；当路面凹凸不平时，不得转弯。

当起重机如需带载行走时，载荷不得超过允许起重量的 70%，且行走道路应坚实平整，重物应在起重机正前方向，重物离地面不得大于 500mm，并应拴好拉绳，缓慢行驶。严禁长距离带载行驶。

起重臂的最大仰角不得超过出厂规定，当无资料可查时，不得超过 78°；起重机变幅应缓慢平稳，严禁在起重臂未停稳前变换挡位；起重机载荷达到额定起重量的 90% 及以上时，严禁下降起重臂，升降动作应慢速进行，并严禁同时进行两种及以上动作；

起重机变幅应缓慢平稳，严禁在起重臂未停稳前变换挡位；起重机载荷达到额定起重量的 90% 及以上时，严禁下降起重臂。

（2）汽车、轮胎式起重机

汽车式起重机起吊作业时，汽车驾驶室内不得有人，重物不得超越驾驶室上方，且不得在车的前方起吊。起重机带载回转时，操作应平稳，避免急剧回转或停止，换向应在停稳后进行。

当轮胎式起重机带载行走时，道路必须平坦坚实，载荷必须符合出厂规定，重物离地面不得超过 500mm，并应拴好拉绳，缓慢行驶。

作业前，应全部伸出支腿，并在撑脚板下垫方木，调整机体使回转支承面的倾斜度在无载荷时不大于 1/1000（水准泡居中）。底盘为弹性悬挂的起重机，放支腿前应先收紧稳定器；作业中严禁扳动支腿操纵阀。调整支腿必须在无载荷时进行，并将起重臂转至正前或正后方可再行调整。

起重臂伸缩时，应按规定程序进行，在伸臂的同时应同时下降吊钩。当限制器发出警报时，应立即停止伸臂。起重臂缩回时，仰角不宜太小。起重臂伸出后，出现前节臂杆的长度大于后节伸出长度时，必须进行调整，消除不正常情况后，方可作业。

作业中发现起重机倾斜、支腿不稳等异常现象时，应立即使重物下降落在安全的地方，下降中严禁制动。重物在空中需较长时间停留时，应将起升卷筒制动锁住，操作人员不得离开操纵室。

当不工作时，应将起重臂全部缩回放在支架上，再收回支腿。吊钩应用专用钢丝绳挂牢；应将车架尾部两撑杆分别撑在尾部下方的支座内，并用螺母固定；应将阻止机身旋转的销式制动器插入销孔，并将取力器操纵手柄放在脱开位置，最后应锁住起重操纵室门。

（3）塔式起重机

为保证起重机轨道的稳定性，在起重机的轨道基础两旁、混凝土基础周围应修筑边坡和排水设施，并应与基坑保持一定安全距离。

起重机的拆装必须由取得建设行政主管部门颁发的拆装资质证书的专业队进行，并应有技术和安全人员在场监护。起重机的拆装作业应在白天进行。当遇大风、浓雾和雨雪等恶劣天气时，应停止作业。

起重机塔身升降时，应符合下列要求：①升降作业过程，必须有专人指挥，专人照看电梯，专人操作液压系统，专人拆装螺栓。非作业人员不得登上顶升套架的操作平台。操纵室内应只准一人操作，必须听从指挥信号；②升降应在白天进行，特殊情况需在夜间作业时，应有充分的照明；③风力在四级及以上时，不得进行升降作业。在作业中风力突然增大达到四级时，必须立即停止，并应紧固上、下塔身各连接螺栓；④顶升前应预先放松电缆，其长度宜大于顶升总高度，并应紧固好电缆卷筒。下降时应适时收紧电缆；⑤升降时，必须调整好顶升套架滚轮与塔身标准节的间隙，并应按规定使起重臂和平衡臂处于平衡状态，并将回转机构制动住，当回转台与塔身标准节之间的最后一处连接螺栓（销子）拆卸困难时，应将其对角方向的螺栓重新插入，再采取其他措施。不得以旋转起重臂动作松动螺栓（销子）；⑥升降时，顶升撑脚（爬爪）就位后，应插上安全销，方可继续下一动作；⑦升降完毕后，各连接螺栓应按规定扭力紧固，液压操纵杆回到中间位置，并切断液压升降机构电源。

对附着式起重机，其锚固点的受力强度应满足起重机的设计要求。附着杆系的布置方式、相互间距和附着距离以及安装或拆卸锚固装置等，应按出厂使用说明书规定执行，有变动时，应另行设计。锚固装置的安装、拆卸、检查和调整，均应有专人负责，工作时应遵守高处作业有关安全操作的规定。

内爬式起重机内爬时应符合下列要求：①内爬升作业应在白天进行，当风力在五级及以上时，应停止作业；②内爬升时，应加强机上与机下之间的联系以及上部楼层与下部楼层之间的联系，遇有故障及异常情况，应立即停机检查，故障未排除，不得继续爬升；③内爬升过程中，严禁进行起重机的起升、回转、变幅等各项动作；④起重机爬升到指定楼层后，应立即拔出塔身底座的支承梁或支腿，通过内爬升框架固定在楼板上，并应顶紧导向装置或用楔块塞紧；⑤内爬升塔式起重机的固定间隔不宜小于 3 个楼层；⑥对固定内爬升框架的楼层楼板，在楼板下面应增设支柱作临时加固，搁置起重机底座支承梁的楼层下方两层楼板，也应设置支柱作临时加固；⑦每次内爬升完毕后，楼板上遗留下来的开孔，应立即采用钢筋混凝土封闭；⑧起重机完成内爬升作业后，应检查内爬升框架的固定、底座支承梁的紧固以及楼板临时支撑的稳固等，确认可靠后，方可进行吊装作业。

作业中如遇六级及以上大风或阵风，应立即停止作业，锁紧夹轨器，将回转机构的制动器完全松开，起重臂应能随风转动。对轻型俯仰变幅起重机，应将起重臂落下并与塔身结构锁紧在一起。

作业完毕后，起重机应停放在轨道中间位置，起重臂应转到顺风方向，并松开回转制动器，小车及平衡重应置于非工作状态，吊钩宜升到离起重臂顶端 2~3m 处。

（4）施工升降机

施工升降机的安装和拆卸工作必须由取得建设行政主管部门颁发的拆装资质证书的专业队负责，并必须由经过专业培训，取得操作证的专业人员进行操作和维修。升降机安装后，应经企业技术负责人会同有关部门对基础和附壁支架以及升降机架设安装的质量、精度等进行全面检查，并应按规定程序进行技术试验（包括坠落试验），经试验合格签证后，方可投入运行。

地基应浇筑混凝土基础，其承载能力应大于 150kPa，地基上表面平整度允许偏差为 10mm，并应有排水设施。

应保证升降机的整体稳定性，升降机导轨架的纵向中心线至建筑物外墙面的距离宜选用较小的安装尺寸。导轨架顶端自由高度、导轨架与附壁距离、导轨架的两附壁连接点间距离和最低附壁点高度均不得超过出厂规定。

升降机安装在建筑物内部井道中间时，应在全行程范围井壁四周搭设封闭屏障。装设在阴暗处或夜班作业的升降机，应在全行程上装设足够的照明和明亮的楼层编号标志灯。

在升降机未切断总电源开关前，操作人员不得离开操作岗位。当升降机运行中发现有异常情况时，应立即停机并采取有效措施将梯笼降到底层，排除故障后方可继续运行。在运行中发现电气失控时，应立即按下急停按钮；在未排除故障前，不得打开急停按钮。

升降机在大雨、大雾、六级及以上大风以及导轨架、电缆等结冰时，必须停止运行，并将梯笼降到底层，切断电源。暴风雨后，应对升降机各有关安全装置进行一次检查，确认正常后，方可运行。

升降机运行到最上层或最下层时，严禁用行程限位开关作为停止运行的控制开关。工作结束后，应将梯笼降到底层，各控制开关拨到零位，切断电源，锁好开关箱，闭锁梯笼门和围护门。

6.7.2 桩工机械

施工现场应按地基承载力不小于 83kPa 的要求进行整平压实。在基坑和围堰内打桩，应配置足够的排水设备。打桩机作业区内应无高压线路。作业区应有明显标志或围栏，非工作人员不得进入。

桩锤在施打过程中，操作人员必须在距离桩锤中心 5m 以外监视。严禁吊桩、吊锤、回转或行走等动作同时进行。打桩机在吊有桩和锤的情况下，操作人员不得离开岗位。

遇有雷雨、大雾和六级及以上大风等恶劣气候时，应停止一切作业。当风力超过七级或有风暴警报时，应将打桩机顺风向停置，并应增加缆风绳，或将桩立柱放倒地面上。

（1）柴油打桩锤

打桩过程中，应有专人负责拉好曲壁上的控制绳；在意外情况下，可使用控制绳紧急停锤。作业中，当水套的水由于蒸发而低于下汽缸吸排气口时，应及时补充，严禁无水作业。停机后，应将桩锤放到最低位置，盖上汽缸盖和吸排气孔塞子，关闭燃料阀，将操作杆置于停机位置，起落架升至高于桩锤 1m 处，锁住安全限位装置。

（2）振动桩锤

作业前，应检查振动桩锤减振器与连接螺栓的紧固性，不得在螺栓松动或缺件的状态下启动。悬挂振动桩锤的起重机，其吊钩上必须有防松脱的保护装置。振动桩锤悬挂钢架的耳环上应加装保险钢丝绳。

（3）履带式打桩机（三支点式）

履带式打桩机的安装场地应平坦坚实，当地基承载力达不到规定的压应力时，应在履带下铺设路基箱或 30mm 厚的钢板，其间距不得大于 300mm。

打桩机带锤行走时，应将桩锤放至最低位。行走时，驱动轮应在尾部位置，并应有专人指挥。在斜坡上行走时，应将打桩机重心置于斜坡的上方，斜坡的坡度不得大于 5°，在斜坡上不得回转。

作业后，应将桩锤放在已打入地下的桩头或地面垫板上，将操纵杆置于停机位置，起落架升至比桩锤高 1m 的位置，锁住安全限位装置，并应使全部制动生效。

（4）压桩机

静力压桩机安装地点应按施工要求进行先期处理，应平整场地，地面应达到 35kPa

的平均地基承载力。安装完毕后，应对整机进行试运转，对吊桩用的起重机，应进行满载试吊。

起重机吊桩进入夹持机构进行接桩或插桩作业中，应确认在压桩开始前吊钩已安全脱离桩体，起重机的起重臂下，严禁站人。压桩时，应按桩机技术性能表作业，不得超载运行。操作时动作不应过猛，避免冲击。

（5）强夯机械

夯机的作业场地应平整，门架底座与夯机着地部位应保持水平，当下沉超过 10mm 时，应重新垫高。

夯锤下落后，在吊钩尚未降至夯锤吊环附近前，操作人员不得提前下坑挂钩。从坑中提锤时，严禁挂钩人员站在锤上随锤提升。

当夯锤留有相应的通气孔在作业中出现堵塞现象时，应随时清理。但严禁在锤下进行清理。当夯坑内有积水或因黏土产生的锤底吸附力增大时，应采取措施排除，不得强行提锤。转移夯点时，夯锤应由辅机协助转移，门架随夯机移动前，支腿离地面高度不得超过 500mm。

作业后，应将夯锤下降，放实在地面上。在非作业时严禁将锤悬挂在空中。

（6）螺旋钻孔机

安装螺旋钻孔机钻杆时，应从动力头开始，逐节往下安装。不得将所需钻杆长度在地面上全部接好后一次起吊安装。

在钻孔过程中，当钻机发出下钻限位报警信号时，应停钻，并将钻杆稍稍提升，待解除报警信号后，方可继续下钻。作业中，当需改变钻杆回转方向时，应待钻杆完全停转后再进行。钻孔中如果出现卡钻，应立即切断电源，停止下钻。未查明原因前，不得强行启动。钻孔时，当机架出现摇晃、移动、偏斜或钻头内发出有节奏的响声时，应立即停钻，经处理后，方可继续施钻。

钻机运转时，应防止电缆线被缠入钻杆中，这必须要有专人看护。钻孔时，为了安全，严禁用手清除螺旋片中的泥土。

6.7.3　混凝土机械

（1）混凝土搅拌机

作业前，应先启动搅拌机空载运转，确认搅拌机工作正常并确认搅拌筒或叶片旋转方向与筒体上箭头所示方向一致。对反转出料的搅拌机，应使搅拌筒正、反转运转数分钟，并应无冲击抖动现象和异常噪声。

进料时，严禁将头或手伸入料斗与机架之间。运转中，严禁将手或工具伸入搅拌筒内扒料、出料。

搅拌机作业中，当料斗升起时，严禁任何人在料斗下停留或通过；当需要在料斗下检修或清理料坑时，应将料斗提升后用铁链或插入销锁住。作业中，应观察机械运转情况，当有异常或轴承温升过高等现象时，应停机检查。

工作结束后，应对搅拌机进行全面清理；当操作人员需进入筒内时，必须切断电源或卸下熔断器，锁好开关箱，挂上"禁止合闸"标牌，并应有专人在外监护，并应将料斗降落到坑底。

搅拌机在场内移动或远距离运输或需升起时，应将进料斗提升到上止点，用保险铁链或插销锁住。

（2）混凝土泵

泵机运转时，严禁将手或铁锹伸入料斗或用手抓握分配阀。当需要在料斗或分配阀上工作时，应先关闭电动机和消除蓄能器压力。

泵送时，不得开启任何输送管道和液压管道；不得调整、修理正在运转的部件。不得随意调整液压系统压力，当油温超过70℃时，应停止泵送，但仍应使搅拌叶片和风机运转，待降温后再继续运行。

作业中，混凝土泵送设备和输送管线应相对固定好，并经常对泵送设备和管路进行观察，发现隐患应及时处理，对磨损超过规定的管子、卡箍、密封圈等应及时更换。

作业后，应将料斗内和管道内的混凝土全部输出，然后对泵机、料斗、管道等进行冲洗。当用压缩空气冲洗管道时，进气阀不应立即开大，只有当混凝土顺利排出时，方可将进气阀开至最大。在管道出口端前方10m内严禁站人，并应用金属网篮等收集冲出的清洗球和砂石粒。

（3）混凝土泵车

混凝土泵车就位地点应平坦坚实，不得停放在斜坡上。周围无障碍物，上空无高压输电线。泵车就位后，应支起支腿并保持机身的水平稳定。

伸展布料杆应按出厂说明书的顺序进行。当用布料杆送料时，机身倾斜度不得大于3°。布料杆升离支架后方可回转。严禁用布料杆起吊或拖拉物件。当布料杆处于全伸状态时，不得移动车身。作业中需要移动车身时，应将上段布料杆折叠固定，移动速度不得超过10km/h。当风力在六级及以上时，不得使用布料杆输送混凝土。

泵送中当发现压力表上升到最高值，运转声音发生变化时，应立即停止泵送，并应采用反向运转方法排除管道堵塞，无效时，应拆管清洗。作业后，应将管道和料斗内的混凝土全部输出，然后对料斗、管道等进行冲洗。当采用压缩空气冲洗管道时，管道出口端前方10m内严禁站人。

（4）振动器

插入式振动器的电缆线应满足操作所需的长度。电缆线上不得堆压物品或被车辆挤压，严禁用电缆线拖拉或吊挂振动器，也不得用软管拖拉电动机。

附着式、平板式振动器安装时，振动器底板安装螺孔的位置应正确，应防止底脚螺栓安装扭斜而使机壳受损。底脚螺栓应紧固，各螺栓的紧固程度应一致。安装在搅拌站料仓上的振动器，应安置橡胶垫。

作业前，应对振动器进行检查和试振。振动器不得在已开始初凝的混凝土、地板、脚手架和干硬的地面上进行试振。在检修或作业间断时，应断开电源。

6.7.4 钢筋加工机械

钢筋加工机械目前主要有：钢筋调直切断机、钢筋切断机、钢筋弯曲机、钢筋弯箍机、钢筋网成型机、钢筋除锈机和钢筋镦头机等。

（1）钢筋调直切断机

在开始工作之前，应用手转动飞轮，检查传动机构和工作装置，调整间隙，紧固螺栓，确认正常后，启动空运转，并应检查轴承无异响，齿轮啮合良好，运转正常后，方可作业。

在调直块未固定、防护罩未盖好前不得送料。作业中严禁打开各部防护罩并调整间隙。当钢筋送入后，手与曳轮应保持一定的距离，不得接近。

（2）钢筋切断机

在钢筋切断机启动前，应检查并确认切刀无裂纹，刀架螺栓紧固，防护罩牢靠。然后用手转动皮带轮，检查齿轮啮合间隙，调整切刀间隙。启动后，应先空运转，检查各传动部分及轴承运转正常后，方可作业。

机械未达到正常转速时，不得切料。切料时，应使用切刀的中、下部位，紧握钢筋对准刃口迅速投入，操作者应站在固定刀片一侧用力压住钢筋，应防止钢筋末端弹出伤人。严禁用两手在刀片两边握住钢筋俯身送料（许多工人常常采用）。切断短料时，手和切刀之间的距离应保持在 150mm 以上，如手握端小于 400mm 时，应采用套管或夹具将钢筋短头压住或夹牢。

运转中，严禁用手直接清除切刀附近的断头和杂物。钢筋摆动周围和切刀周围，不得停留非操作人员。当发现机械运转不正常、有异常响声或切刀歪斜时，应立即停机检修。

（3）钢筋弯曲机

钢筋弯曲机挡铁轴的直径和强度不得小于被弯钢筋的直径和强度。不直的钢筋，不得在弯曲机上弯曲。应检查并确认芯轴、挡铁轴、转盘等无裂纹和损伤，防护罩坚固可靠，空载运转正常后，方可作业。

作业中，严禁更换轴芯、销子和变换角度以及调速，也不得进行清扫和加油。严禁对超过机械规定直径的钢筋进行弯曲。在弯曲未经冷拉或带有锈皮的钢筋时，应戴防护镜。转盘换向时，应待停稳后进行。在弯曲钢筋的作业半径内和机身不设固定销的一侧严禁站人。弯曲好的半成品，应堆放整齐，弯钩不得朝上。

（4）预应力钢丝拉伸设备

预应力钢丝拉伸作业场地外侧应设有防护栏杆和警告标志。作业前，应检查被拉钢丝两端的镦头，当有裂纹或损伤时，应及时更换。

作业中，操作应平稳、均匀，张拉时，两端不得站人。拉伸机在有压力情况下，严禁拆卸液压系统的任何零件。高压油泵不得超载作业，安全阀应按设备额定油压调整，严禁任意调整。在测量钢丝的伸长时，应先停止拉伸，操作人员必须站在侧面操作。

高压油泵停止作业时，应先断开电源，再将回油阀缓慢松开，待压力表退回至零位，使千斤顶全部卸荷后，方可卸开通往千斤顶的油管接头。

用电热张拉法带电操作时，应穿戴绝缘胶鞋和绝缘手套。张拉时，不得用手摸或脚踩钢丝。

6.7.5　焊接设备

施工中常用的焊接设备一般有：钢筋对焊机、钢筋点焊机、钢筋平焊机、渣压力焊机、钢筋骨架滚焊机、钢筋气压焊机等。焊接操作及配合人员必须按规定穿戴劳动防护用品。并必须采取防止触电、高空坠落、瓦斯中毒和火灾等事故的安全措施。

现场使用的电焊机，应设有防雨、防潮、防晒的机棚，并应装设相应的消防器材。施焊现场 10m 范围内，不得堆放油类、木材、氧气瓶、乙炔发生器等易燃、易爆物品。

电焊机导线应具有良好的绝缘，绝缘电阻不得小于 $1M\Omega$，不得将电焊机导线放在高温物体附近。电焊机导线和接地线不得搭在易燃、易爆和带有热源的物品上，接地线不得接在管道、机械设备和建筑物金属构架或轨道上,接地电阻不得大于 4Ω。严禁利用建筑物的金属结构、管道、轨道或其他金属物体搭接起来形成焊接回路。

电焊钳握柄必须绝缘良好,握柄与导线连结应牢靠,接触良好,连结处应采用绝缘布包好并不得外露。操作人员不得用胳膊夹持电焊钳。当导线通过道路时,必须架高或穿入防护管内埋设在地下;当通过轨道时,必须从轨道下面通过。当导线绝缘受损或断股时,应立即更换。

当需施焊受压容器、密封容器、油桶、管道、沾有可燃气体和溶液的工件时,应先清除容器及管道内压力,消除可燃气体和溶液,然后冲洗有毒、有害、易燃物质;对存有残余油脂的容器,应先用蒸汽、碱水冲洗,并打开盖口,确认容器清洗干净后,再灌满清水方可进行焊接。在容器内焊接应采取防止触电、中毒和窒息的措施。焊、割密封容器应留出气孔,必要时在进、出气口处装设通风设备;容器内照明电压不得超过 $12V$,焊工与焊件间应绝缘;容器外应设专人监护。严禁在已喷涂过油漆和塑料的容器内焊接。

高空焊接或切割时,必须系好安全带,焊接周围和下方应采取防火措施,并应有专人监护。当清除焊缝焊渣时,应戴防护眼镜,头部应避开敲击焊渣飞溅方向。

雨天不得在露天电焊。在潮湿地带作业时,操作人员应站在铺有绝缘物品的地方,并应穿绝缘鞋。

(1) 对焊机

对焊机应安置在室内,并应有可靠的接地或接零。当多台对焊机并列安装时,相互间距不得小于3m,应分别接在不同相位的电网上,并应分别有各自的刀型开关。

焊接前,应检查并确认焊机的压力机构是否灵活,夹具牢固,气压、液压系统无泄漏,一切正常后,方可施焊。焊接较长钢筋时,应设置托架,配合搬运钢筋的操作人员,在焊接时应防止火花烫伤。闪光区应设挡板,与焊接无关的人员不得入内。

(2) 电渣压力焊机

施焊前应检查并确认电源及控制电路正常,定时准确,误差不大于 5%,机具的传动系统、夹装系统及焊钳的转动部分灵活自如,焊剂已干燥,所需附件齐全。

施焊前,应按所焊钢筋的直径,根据参数表,标定好所需的电源和时间。一般情况下,时间(s)可为钢筋的直径数(mm),电流(A)可为钢筋直径的20倍数(mm)。

起弧前,上、下钢筋应对齐,钢筋端头应接触良好。对锈蚀粘有水泥的钢筋,应要用钢丝刷清除,并保证导电良好。

施焊过程中,应随时检查焊接质量。当发现倾斜、偏心、未熔合、有气孔等现象时,应重新施焊。

(3) 点焊机

启动前,应先接通控制线路的转向开关和焊接电流的小开关,调整好极数,再接通水源、气源,最后接通电源。

焊机通电后,应检查电气设备、操作机构、冷却系统、气路系统及机体外壳有无漏电现象。电极触头应保持光洁。有漏电时,应立即更换。

作业时,气路、水冷系统应畅通。气体应保持干燥。排水温度不得超过 $40℃$,排水量可根据气温调节。

(4) 气焊设备

乙炔发生器（站）、氧气瓶及软管、阀、表均应齐全有效，紧固牢靠，不得松动、破损和漏气。氧气瓶及其附件、胶管、工具不得沾染油污。软管接头不得采用铜质材料制作。

乙炔发生器、氧气瓶和焊炬相互间的距离不得小于10m。当不满足上述要求时，应采取隔离措施。同一地点有2个以上乙炔发生器时，其相互间距不得小于10m。

电石的贮存地点应干燥，通风良好，室内不得有明火或敷设水管、水箱。电石桶应密封，桶上应标明"电石桶"和"严禁用水消火"等字样。电石有轻微的受潮时，应轻轻取出电石，不得倾倒。

搬运电石桶时，应打开桶上小盖。严禁用金属工具敲击桶盖，取装电石和砸碎电石时，操作人员应戴手套、口罩和眼镜。电石起火时必须用干砂或二氧化碳灭火器，严禁用泡沫、四氯化碳灭火器或水灭火。电石粒末应在露天销毁。乙炔发生器应放在操作地点的上风处，并应有良好的散热条件，不得放在供电电线的下方，亦不得放在强烈日光下曝晒。

不得将橡胶软管放在高温管道和电线上，或将重物及热的物件压在软管上，且不得将软管与电焊用的导线敷设在一起。软管经过车行道时，应加护套或盖板。

氧气瓶应与其他易燃气瓶、油脂和其他易燃、易爆物品分别存放，且不得同车运输；氧气瓶应有防振圈和安全帽；氧气瓶不得倒置；不得在强烈日光下曝晒。不得用行车或吊车运氧气瓶。

未安装减压器的氧气瓶严禁使用。安装减压器时，应先检查氧气瓶阀门接头，不得有油脂，并略开氧气瓶阀门吹除污垢，然后安装减压器，操作者不得正对氧气瓶阀门出气口，关闭氧气瓶阀门时，应无松开减压器的活门螺栓。

点燃焊（割）炬时，应先开乙炔阀点火，再开氧气阀调整火。关闭时，应先关闭乙炔阀，再关闭氧气阀。乙炔软管、氧气软管不得错装。

使用中，当氧气软管着火时，不得折弯软管断气，应迅速关闭氧气阀门，停止供氧。当乙炔软管着火时，应先关熄炬火，可采用弯折前面一段软管将火熄灭。

复 习 思 考 题

1. 手架是否能与卸料平台连结？

2. 钢、竹混搭脚手架是否可用？为什么？

3. 基坑深度超过多少米时应进行专项支护设计？

4. 基坑施工时，对坑边荷载有何规定？

5. 施工中常用的边坡护面措施有几种，坑壁常用支撑有几种形式？

6. 人工挖掘土方，作业人员操作间距应保持多少？

7. 多台机械同时挖基坑，机械间的间距应为多少米较为安全？

8. 《建筑安装工程安全技术规程》规定，遇有多少级风力的时候，禁止露天进行起重工作和高空作业？

9. 什么是塔吊安全装置的"四限位两保险"？

10. 钢丝绳在卷筒上应不少于多少圈？

11. 高处作业指的是什么？

12. 洞口作业应采取哪些防护措施？

13. 建筑施工中的"五临边"指哪些?

14. 建筑物高度大于多少米应搭设双层防护棚?

15. 施工现场临时用电采用三级配电箱是指哪三级?

16. 在建工程与临近高压线的安全距离为多少?

17. 照明灯具的安装高度有何要求?

18. 施工现场拆除作业中,要严格按照什么顺序逐层拆除?

19. 拆除模板有什么要求?

20. 施工现场模板支撑或拆卸应注意哪些问题?

第7章　工程建设安全事故管理

本章提要：简述了建筑施工安全事故的成因及对策、安全事故的原因分析和伤亡事故的分类。阐述了工程建设安全事故的控制和预防措施、安全事故的处理程序安全、事故统计的分类以及企业职工伤亡事故报告和处理规定。简述了工程安全保障制度及重特大事故调查处理制度的内容以及安全事故的应急处理预案、安全事故报告制度和重大安全事故责任追究规定。

7.1　工程建设安全事故分析

近年来，随着社会主义市场经济的发展，基础建设投资规模迅速增大，建筑业得到蓬勃发展，但同时，我国建筑领域的安全生产形势十分严峻，建筑业施工伤亡人数居高不下，建筑业成为伤亡事故较多的行业之一，列各行业的第二位，仅次于矿山业。建筑施工的各类安全事故频频发生，给国家和人民的生命财产造成了严重损失。深入调查分析建筑施工安全事故的成因，积极探讨其预防措施，对减少事故的发生，推动建筑业健康发展具有重要的意义。

根据调查分析测定，建筑施工现场的伤亡事故主要有以下几种：高处坠落，触电事故，物体打击，机械伤害，坍塌，中毒。

7.1.1　建筑施工安全事故的成因及对策

(1) 建筑施工安全事故的成因

根据调查和统计分析，造成建筑施工安全事故的主要原因如下：

1) 建筑施工从业人员素质不高。据不完全统计，我国目前从事各种建筑施工的人数有3000万人，其中有2000多万人是民工，他们没有接受过正规的专业教育和培训，缺乏应有的安全知识，安全意识淡薄。因此，很容易导致安全事故的发生。

2) 建筑安全法制不健全，执法不力。近年来，国家加强了安全生产管理工作的法制建设，出台了一批法规、制度，但与各地安全生产管理工作的实际需要相比，仍存在着一定差距，许多方面的管理仍然无章可循，对施工安全事故的查处不力，法律的警戒和约束作用未能得到显现。

3) 建筑市场秩序混乱。施工单位越级承包工程，一个项目有多个分包商。许多规模小、能力低的承包商靠不正当手段承揽工程，低价抢标，对技术规范、安全规范所知甚少，偷工减料、粗制滥造，给建筑施工安全留下了极大的隐患。

4) 违反安全操作规程。大多事故是由于错误操作或违章作业等造成的。

5) 施工机具质量不合格。如起重机使用了不符合规定的钢索、缆绳，信号联系装置不灵敏可靠，升降机组装后未进行验收并进行空载、动载和超载试验，很容易造成吊斗和重物落下，砸伤地面施工人员；安全网质量差，不能有效拦截高空坠物，造成地面人员伤亡。

6）防护设施不齐全。在较容易发生事故的作业现场及建筑物内部不设安全标志；施工现场通道附近的各类洞口与坑槽不设置防护设施，或者防护设施有缺陷，容易造成坠落事故。

（2）安全事故的原因分类

建筑施工企业安全事故为什么出现频发的状况呢？究其原因，大致存在市场环境的必然性和内部环境的失控性两方面原因。

1）市场环境的必然性原因

①建筑队伍的急剧膨胀。由于建筑业科技含量及初创起步成本低，在市场准入门槛不高和庞大的建筑、劳务市场环境下，无需多少文化就可以组织力量参与市场竞争，促使数以万计的乡镇、个私企业建筑力量急剧发展膨胀。由于建筑施工能力大大超过市场需求，客观上把所有的建筑施工企业推向了饥不择食、恶性竞争的境地，迫使企业经营者将重心转向市场，突出了重经营、轻管理的问题，导致企业安全生产管理的失衡。

②建筑市场开放度高，竞争规则尚不完善。目前推行的建设项目无标底招投标和最低价中标制度在市场竞争规则仍不完善的情况下，对原国有转制而来的建筑施工企业而言，存在竞争的不公平性问题。尽管这些企业通过不断改革得到了发展，但仍然在重负下运作，步履艰难。为了生存，这些企业在招标中不得不带资垫资、压级压价，迫使其在安全生产的财力、物力投入上出现失重。

③建筑施工材料设备生产租赁市场秩序紊乱。去年以来浙江省连续发生多起支模架坍塌重大伤亡事故，直接原因之一就是施工用钢管、扣件严重不合格。据有关资料反映，浙江市场钢管、扣件抽样检测基本都不合格。不少钢管、扣件租赁单位反映，目前在市场上基本买不到合格的钢管、扣件。

④各类开发园区、经济园区、高教园区多，领导工程、形象工程、献礼工程多，招商引资工程多。这类工程往往盲目追求施工进度，不讲究法定施工规程，最易突发安全事故。

⑤评比项目获奖后可在招投标中加分等社会激励机制的弱化以及安全管理经费不足等。这些问题是社会主义初级阶段特定市场环境下的产物，存在一定的客观必然性，要靠政府的积极引导和市场规则的逐步完善。尽管市场环境存在众多的必然性原因，但安全事故对于企业来说并不是不可控的，重要的是我们必须认真地去分析企业内部环境存在的失控原因，抓住关键，制定政策。

2）内部环境失控性原因

①建筑施工企业片面追求做大规模，挂靠、分包项目过多。在建筑队伍迅猛崛起、急剧膨胀和市场竞争规则不完善的情况下，不少施工企业觉得自营项目成本高利润低，吸引低资质、或者无资质的施工队伍来挂靠、分包，每年得到几十万元也乐而为之。在这种思想的驱使下，不少企业自营项目逐年减少，挂靠、分包项目逐年增多，有的企业几年时间生产规模翻几番，产值从个把亿猛增到十几、几十亿，其中很大部分是挂靠、分包队伍干的。这就出现了企业缺少力量去管，挂靠分包队伍为了自身利益也不愿让你多管的不良状况，安全隐患自然就多了。对于企业经营者来说，做大规模的用意在于占领市场，微利情况下积少成多，但实质上此举把企业推向了一个失控状态，这是一种风险很大的赌博，企

业经营者在规模与风险面前应如何选择呢？安全问题是赌不起的。

②在规模急剧膨胀情况下，企业的管理力量、管理水平和员工素质严重滞后。有的企业片面强调减员增效，合并了安全管理部门，减掉了安全管理人员。调查发现，有的企业项目安全员配备缺额 30%，兼职 30%，实际到位的只有 40%。过去企业的泥、木、架子、机械操作等工种都是经过拜师学艺的固定工，技术等级很高，一般技工也都经严格培训持证上岗。现在不论素质高低随便招用民工、不经培训无证上岗的情况并不少见。员工素质问题是现今各施工企业普遍存在的严重问题，解决员工安全观念淡薄、自我安全保护技能差的问题已成为施工企业刻不容缓的关键问题。

③利益驱使下对安全管理的麻木。具体表现：一是不少企业对项目进行"一脚踢"承包，企业得微利，个人得大利。承包者为了最大限度地获取利益，在安全设施上舍不得投入，劳动保护用品不按规定发放。二是有的企业和施工项目出了事故后为了逃避处罚，违法处理伤亡事故，能隐瞒则隐瞒，有的则花钱转移死亡指标。三是将利益与关系置于法律法规之外，不管对方有没有资质、有没有能力干，只要有利有关系违法不在乎，如有个项目的木工班班长与项目经理关系密切，把本应由架子班干的工作交给了木工班干，结果造成了重大事故。

④安全管理措施乏力。企业的管理制度，安全责任制、责任状管不了项目的进度、效益及团体与个人利益。不少项目看似安全教育台账齐全，实则一本虚账，安全教育漏洞很大。在某些企业经营者和项目承包人心目中，制度是写的、摆的、看的、虚的，只有利益才是真实的；安全检查抽查是应付的，能改则改，整改不了也是没关系的；责任制、责任指标、责任状是有用的，但是出了事故，完不成任务，扣几千、罚几万，只要不坐牢、仍有"乌纱帽"或者项目还管着，这点损失是随便能补回来的。

⑤安全监督体系不健全。建筑工程安全监督管理归口建筑工程安监站，监督制度、程序比较完善，而我市市政工程安全管理目前还未纳入安全监督范围，出现了安全事故，在申报处理程序上还没有规范，对出现重大安全事故的企业也没有采取相应的处罚措施，因此很大程度上纵容了企业对安全的忽视。领导重视程度不足，也是原因之一。

⑥施工企业安全管理体系不健全。有许多施工企业没有设置相应的安全检查科室，未设置专职安检员，有的安全管理制度不健全，或制度执行不严格，走形式。有的企业虽有安检人员，但交通、通信及检测设备、工具配备不齐，对众多的施工工程信息收集不及时、不准确，对存在的安全隐患发现不及时，处理不及时，影响了安检工作的正常开展。

⑦培训教育跟不上。职工素质低，有的企业急功近利缺少远见，对工人不进行系统的、有计划的技术培训和安全教育学习，致使单位职工整体素质较低，无证上岗，违反程序、规程、规范的施工操作现象司空见惯。工人明知处在危险环境中作业，却不采取必要的防范措施，自我保护意识差。

⑧机械设备差。许多企业因资金原因，老设备得不到及时更新，该报废的仍凑合使用，故障多，加之检查维修不及时，造成机械设备带病超负荷运转，人机疲劳作业，增加了事故发生率。

（3）预防建筑施工安全事故的管理对策

1）整顿建筑市场秩序

要坚决贯彻国家有关法规，加强总承包商对分包的管理，打击承包商利用行贿等不正当手段获取工程项目的行为，铲除滋生安全事故恶果的根源。

2）健全建筑施工安全法制制度并严格执法

要认真学习国家有关安全生产管理工作的法规、制度，加快本地安全生产管理法规的完善，使安全生产管理工作尽快步入规范化、制度化轨道。各级建筑安全生产管理执法部门要加强管理人员的教育培训，提高素质，做到严格执法、文明执法。

3）建立健全安全组织

确定具体的安全目标，明确安全管理人员及其职责，建立安全生产管理的资料档案，安全岗位责任与经济利益挂钩，并开展经常性的、内容丰富的、形式多样的安全生产活动。注重安全教育知识培训。施工企业要对员工进行安全知识和安全技术操作培训，并严格考核，合格后才能上岗。除了进行安全知识培训外，更重要的是对职工进行安全思想教育，使之牢固树立"安全第一"的思想。

4）改善建筑施工现场环境

在不良的作业环境工作，会影响到工人的心理和生理状况，容易发生安全事故。因此，创造一个良好的作业环境，对于减少或杜绝安全事故的发生，是极其重要的。在严寒、高温等安全事故发生频率较高的季节，要采取措施防止安全事故的发生。作业环境采用合理的色彩，可以使作业人员减轻眼睛及全身的疲劳从而降低事故频率。因此在施工工地，根据安全色彩通用规则，并辅以各种安全标志，此外，还要减少噪声、粉尘等对施工人员的不利影响。

5）加强安全监督

要按照"统一领导，分工负责，综合管理，协调高效"的原则，加大对建筑施工现场的监督管理力度，对施工中违反有关安全生产方面的法律和法规，存在不规范的施工安全行为，存在重大安全隐患的施工单位，要责令限期整改或停工整顿。督促承包商要按要求，完善各类安全设施。作业现场的施工安全员或作业班组长要经常巡视现场，以发现不安全因素并及时排除。

【案例 7.1】 背景：某工厂综合楼建筑面积 2900m²，总长 41.3m，总宽 13.4m，高 23.65m，5 层现浇框架结构，柱距 4m×9m，4m×5m，共 2 跨，首层标高为 8.5m，其余为 4m，采用梁式满堂钢筋混凝土基础，在浇筑 9m 跨度 2 层肋梁楼板时，因模板支撑系统失稳，致使 2 层楼板全部倒塌，造成直接经济损失 20 万元。

【问题】 1）根据事故的性质及严重程度，工程质量事故可分为哪两类？该质量事故属于哪一类？为什么？

2）对该质量事故的处理应遵循什么程序？

【解析】 1）按事故的性质及严重程度划分，工程质量事故分为一般事故和重大事故。该事故属于重大事故。因为楼板倒塌属于建筑工程的主要结构倒塌，且经济损失超过 10 万元。

2）处理程序：

①进行事故调查，了解事故情况，并确定是否需要采取防护措施；

②分析调查结果，找出事故的主要原因；

③确定是否需要处理，若需处理，施工单位确定处理方案；

④事故处理；

⑤检查事故处理结果是否达到要求；

⑥事故处理结论；

⑦提交处理方案。

7.1.2　安全事故原因分析

"国家实行生产安全事故追究制度，追究生产安全事故责任人员的法律责任。"企事业单位一旦发生生产安全事故，应依照有关法律、法规和标准的规定，进行调查分析和事故报告，追究事故责任人员的相应责任。生产安全事故的原因分析是事故处理的基本工作。

（1）事故原因分析的基本步骤

1）整理和阅研调查材料。

2）对伤害进行分析。分析受伤部位、受伤性质、起因物、致害物、伤害方式、不安全状态和不安全行为。

3）分析确定事故的直接原因。

4）分析确定事故的间接原因。调查分析事故原因时，调查人员应关注事故发生的每一个事件和事件发生的先后顺序，并应掌握下述情况：①在事故发生之前存在什么征兆；②不正常的状态首先是在哪儿发生的；③在什么时候才注意到不正常状态；④不正常状态是如何发生的；⑤事故为什么会发生；⑥事故的直接原因；⑦事故的间接原因；⑧事故发生的顺序。

（2）事故直接原因分析

事故直接原因分析是事故分析的关键，事故直接原因分析准确了，事故的性质就可确定。在国家标准《企业职工伤亡事故调查分析规则》（GB 6442—86）中规定，机械、物质或环境的不安全状态，以及人的不安全行为为直接原因。国家标准《企业职工伤亡事故分类标准》（GB 6441—86）对不安全状态和不安全行为作出了如下的明确规定。

1）机械、物质或环境的不安全状态

①防护、保险、信号等装置缺乏或有缺陷。表现为：a. 无防护，无防护罩，无安全保险装置，无报警装置，无安全标志，无护栏或护栏损坏，（电气）未接地，绝缘不良，局部无消音系统、噪声大，危房内作业，未安装防止"跑车"的挡车器或挡车栏等；b. 防护不当，防护罩未在适当位置，防护装置调整不当，坑道掘进、隧道开凿支撑不当，防爆装置不当，采伐、集材作业安全距离不够，放炮作业隐蔽所有缺陷，电气装置带电部分裸露等等。

②设备、设施、工具、附件有缺陷。表现为：a. 设计不当，结构不符合安全要求，通道门遮挡视线，制动装置有缺陷，安全间距不够，拦车网有缺陷，工件有锋利毛刺、毛边，设施上有锋利倒棱等；b. 强度不够，机械强度不够，绝缘强度不够，起吊重物的绳索不符合安全要求等；c. 设备在非正常状态下运行，设备带"病"运转，超负荷运转等；d. 维修、调整不良，设备失修，地面不平，保养不当、设备失灵等等。

③个人防护用品用具——防护服、手套、护目镜及面罩、呼吸器官护具、安全带、安全帽、安全鞋等缺少或有缺陷。表现为：a. 无个人防护用品、用具；b. 所用的防护用品、用具不符合安全要求。

④生产（施工）场地环境不良。表现为：a. 照明光线不良，照度不足，作业场地烟

雾尘弥漫视物不清，光线过强；b. 通风不良，无通风，通风系统效率低，风流短路，停电停风时放炮作业，瓦斯排放未达到安全浓度时放炮作业，瓦斯超限等；c. 作业场所狭窄；d. 作业场地杂乱，工具、制品、材料堆放不安全，采伐时，未开"安全道"，迎门树、坐殿树、搭挂树未作处理等；e. 交通线路的配置不安全；f. 操作工序设计或配置不安全；g. 地面滑，地面有油或其他液体，冰雪覆盖，地面有其他易滑物；h. 贮存方法不安全；i. 环境温度、湿度不当等。

2）人的不安全行为

①安全操作错误：a. 忽视安全，忽视警告，未经许可开动、关停、移动机器，开动、关停机器时未给信号，开关未锁紧，造成意外转动、通电或泄漏等，忘记关闭设备，忽视警告标志、警告信号，操作错误（指按钮、阀门、扳手、把柄等的操作），奔跑作业，供料或送料速度过快，机械超速运转，违章驾驶机动车，酒后作业，客货混载，冲压机作业时，手伸进冲压模，工件紧固不牢，用压缩空气吹铁屑等；b. 在起吊物下作业、停留；c. 机器运转时进行加油、修理、检查、调整、焊接、清扫等工作。

②安全器具、设施使用错误：a. 造成安全装置失效，拆除了安全装置，安全装置堵塞失掉了作用，调整的错误造成安全装置失效等；b. 使用不安全设备，临时使用不牢固的设施，使用无安全装置的设备等；c. 代替工具操作，用手代替手动工具，用手清除切屑，不用夹具固定、用手拿工件进行机加工；d. 物体（指成品、半成品、材料、工具、切屑和生产用品等）存放不当；e. 对易燃、易爆等危险物品处理错误。

③安全用具、装束的使用错误：a. 在必须使用个人防护用品用具的作业或场合中，忽视其使用，未戴护目镜或面罩，未戴防护手套，未穿安全鞋，未戴安全帽，未佩戴呼吸护具，未佩戴安全带，未戴工作帽等；b. 不安全装束，在有旋转零部件的设备旁作业穿肥大服装，操纵带有旋转零部件的设备时戴手套等。

④安全行为错误：a. 冒险进入危险场所，冒险进入涵洞，接近漏料处（无安全设施），采伐、集材、运材、装车时未离危险区，未经安全监察人员允许进入油罐或井中，未"敲帮问顶"开始作业，冒进信号，调车场超速上下车，易燃易爆场所明火，私自搭乘矿车，在绞车道行走，未及时瞭望；b. 攀、坐不安全位置（如平台护栏、汽车挡板、吊车吊钩）；c. 有分散注意力行为。

（3）事故间接原因分析

国家标准《企业职工伤亡事故调查分析规则》（GB 6442—86）规定，下列情况为间接原因：

1）技术和设计上有缺陷——工业构件、建筑物、机械设备、仪器仪表、工艺过程、操作方法、维修检验等的设计，施工和材料使用存在问题：

2）教育培训不够，未经培训，缺乏或不懂安全操作技术知识；

3）劳动组织不合理；

4）对现场工作缺乏检查或指导错误；

5）没有安全操作规程或不健全；

6）没有或不认真实施事故防范措施，对事故隐患整改不力；

7）其他。调查人员在分析、确定直接原因和间接原因时，应用国家标准中的术语，特殊情况和特种行业应加以说明，以免误解。

【案例 7.2】　背景：某 18 层商住楼，总建筑面积 39800.72m²，占地面积 15000m²，建筑高度 60.55m，全现浇钢筋混凝土剪力墙结构，筏板式基础，脚手架采用外爬架外挂密目安全网。9 月 8 日，工人甲由办公室去材料库房，经过施工现场时，被从 16 层爬架上掉下的一块重约 1kg，体积为 150mm×100mm×40mm 的混凝土块击中头部，安全帽被砸破直径约 10cm 的洞，造成头部右侧骨折。经过对现场负责清理外爬架的工人乙进行调查发现，由于工人乙在清理爬架过程中不慎将混凝土块碰落，坠落至下方搭设水平安全挑网的脚手杆后弹出网外，击中在下方行走的工人甲的头部。

问题：1）请简要分析事故发生的原因。

2）脚手架工程交底与验收的程序是什么？

3）主体结构施工阶段安全生产的控制要点有哪些？

【解析】　1）这起由物体打击所引起的事故发生的原因如下：

①工人乙不慎将混凝土块碰落，坠落至爬架下方搭设水平安全挑网的脚手杆后弹出网外，是造成本次事故的主要原因。

②从 16 层爬架上掉下的混凝土块击中工人甲的头部是造成本次事故的直接原因。

③现场管理混乱，各工序之间协调工作没有做好，在结构施工过程中未按文明施工要求做到"工完场清"，而集中进行垃圾清理是造成本次事故的间接原因。

④管理松懈，检查中没有发现事故隐患，脚手板铺设不严密、缝隙较大。

2）脚手架工程交底与验收的程序如下：

①脚手架搭设前，应按照施工方案要求，结合施工现场作业条件和队伍情况，做详细的交底。

②脚手架搭设完毕，应由施工负责人组织，有关人员参加，按照施工方案和规范规定分段进行逐项检查验收，确认符合要求后，方可投入使用。

③对脚手架检查验收应按照相应规范要求进行，凡不符合规定的应立即进行整改，对检查结果及整改情况，应按实测数据进行记录，并由检测人员签字。

3）主体结构施工阶段安全生产的控制要点有：

①临时用电安全；

②内外架子及洞口防护；

③作业面交叉施工及临边防护；

④大模板和现场堆料防倒塌；

⑤机械设备使用安全。

7.1.3　伤亡事故的分类

伤亡事故的分类是劳动安全管理的基础，适合于企业职工伤亡事故统计工作。是指企业职工在生产劳动过程中，发生的人身伤害（简称伤害）、急性中毒（简称中毒）。在伤亡事故中，暂时性失能伤害是指伤害及中毒者暂时不能从事原岗位工作的伤害，永久性部分失能伤害是指伤害及中毒者肢体或某些器官部分功能不可逆的丧失的伤害，永久性全失能伤害是指一次事故中，对受伤者造成完全残废的伤害。

根据造成事故的原因分为：物体打击、车辆伤害、机械伤害、起重伤害、触电、淹溺、灼烫、火灾、高处坠落、坍塌、冒顶片帮、透水、放炮、火药爆炸、瓦斯爆炸、锅炉爆炸、容器爆炸、其他爆炸、中毒和窒息和其他伤害。

（1）伤害分析

包括受伤部位、受伤性质、起因物、致害物、伤害方式、不安全状态和不安全行为的分析，详见表7-1。

伤害分析分类   表7-1

分析因素	因素解释	分类编码与内容
1. 受伤部位	指身体受伤的部位	1.01 颅脑（1. 脑，2. 颅骨，3. 头皮），1.02 面颌部，1.03 眼部，1.04 鼻，1.05 耳，1.06 口，1.07 颈部，1.08 胸部，1.09 腹部，1.10 腰部，1.11 脊柱，1.12 上肢（1. 肩胛部，2. 上臂，3. 肘部，4. 前臂），1.13 腕及手（1. 腕，2. 掌，3. 指），1.14 下肢（1. 髋部，2. 股骨，3. 膝部），1.15 踝及脚（1. 踝部，2. 跟部，3. 距骨、舟骨、骨，4. 趾）
2. 受伤性质	指人体受伤的类型。确定原则：应以受伤当时的身体情况为主，结合愈后可能产生的后遗障碍全面分析确定；多处受伤，按最严重的伤害分类，当无法确定时，应鉴定为"多伤害"	2.01 电伤，2.02 挫伤、轧伤、压伤，2.03 倒塌压埋伤，2.04 辐射损伤，2.05 割伤、擦伤、刺伤，2.06 骨折，2.07 化学性灼伤，2.08 撕咬伤，2.09 扭伤，2.10 断伤，2.11 冻伤，2.12 烧伤，2.13 烫伤，2.14 中暑，2.15 冲击，2.16 生物致伤，2.17 多伤害，2.18 中毒
3. 起因物	导致事故发生的物体、物质	3.01 锅炉，3.02 压力容器，3.03 电气设备，3.04 起重机械，3.05 泵、发动机，3.06 企业车辆，3.07 船舶，3.08 动力传送机构，3.09 放射性物质及设备，3.10 非动力手工具，3.11 电动手工具，3.12 其他机械，3.13 建筑物及构筑物，3.14 化学品，3.15 煤，3.16 石油制品，3.17 水，3.18 可燃性气体，3.19 金属矿物，3.19 金属矿物，3.20 非金属矿物，3.21 粉尘，3.22 梯，3.23 木材，3.24 工作面（人站立面），3.25 环境，3.26 动物，3.27 其他
4. 致害物	指直接引起伤害及中毒的物体或物质	4.01 煤、石油产品，4.02 木材，4.03 水，4.04 放射性物质，4.05 电气设备，4.06 梯，4.07 空气，4.08 工作面（人站立面），4.09 矿石，4.10 黏土、砂、石，4.11 锅炉、压力容器，4.12 大气压力，4.13 化学品，4.14 机械，4.15 金属件，4.16 起重机械、护目镜及面罩、呼吸器官护具、听力护具，4.17 噪声，4.18 蒸气，4.19 手工具（非动力），4.20 电动手工具，4.21 动物，4.22 企业车辆，4.23 船舶
5. 伤害方式	指致害物与人体发生接触的方式	5.01 碰撞（1. 人撞固定物体，2. 运动物体撞人，3. 互撞），5.02 撞击（1. 落下物，2. 飞来物），5.03 坠落，5.04 跌倒，5.05 坍塌，5.06 淹溺，5.07 灼烫，5.08 火灾，5.09 辐射，5.10 爆炸，5.11 中毒，5.12 触电，5.13 接触，5.14 掩埋，5.15 倾覆

分析因素	因素解释	分类编码与内容
6. 不安全状态	指能导致事故发生的物质条件	6.01 防护、保险、信号等装置缺乏或有缺陷，6.02 设备、设施、工具、附件有缺陷，6.03 个人防护用品用具——防护服、手套，6.04 生产（施工）场地环境不良
7. 不安全行为	指能造成事故的人为错误	7.01 操作错误，忽视安全，忽视警告，7.02 造成安全装置失效，7.03 使用不安全设备，7.04 手代替工具操作，7.05 物体置放不当，7.06 冒险进入危险场所，7.07 攀、坐不安全位置，7.08 在起吊物下作业、停留，7.09 机器运转时加油、修理、检查、调整、焊扫、清扫等工作，7.10 有分散注意力行为，7.11 在必须使用个人防护用品用具的作业或场合中，忽视其使用，7.12 不安全装束，7.13 对易燃、易爆等危险物品处理错误

（2）伤害程度分类

伤害程度分为轻伤、重伤和死亡，对应的伤亡事故分类见表 7-2 所示。

伤害程度与事故分类 表 7-2

伤害程度	释　义	伤害事故程度	释　义
轻伤	指损失工作日低于 105 日的失能伤害	轻伤事故	指只有轻伤的事故
重伤	指相当于标定损失工作日等于和超过 105 日的失能伤害	重伤事故	指有重伤无死亡的事故
死亡		重大伤亡事故	指一次事故死亡 1~2 人的事故
		特大伤亡事故	指一次事故死亡 3 人以上的事故（含 3 人）

（3）企业工伤事故评价指标

适用于企业以及各省、市、县上报企业工伤事故的统计与评价计算。主要指标有：千人死亡率、千人重伤率、伤害频率、伤害严重率、伤害平均严重率和产品产量计算的死亡率，见表 7-3 所示。各种评价指标的计算方法说明如下：

1）千人死亡率、千人负伤率是为完成规定的"月报表"而制定的，特点是易于统计，行文方便，但不利于综合分析。

2）伤害频率是表示一定时期内，平均每一百万工时发生事故的人次。伤害频率是常用的计算，它在一定程度上反映了企业安全状况。但它毕竟是企业中发生伤害事故的人次的反映；利用它来估计企业安全管理工作成效，并不是理想的参数，有一定局限性。比如：甲乙两个同规模、同行业的企业，甲出现死亡重伤事故 3 人次，乙出现轻伤 3 人次。两个企业事故严重程度显然不同。但是，从伤害频率数值却得出安全情况相同的不合理现象。

事故评价指标 表 7-3

评 价 指 标	指 标 释 义
千人死亡率	表示某时期内，平均每千名职工中，因伤亡事故造成死亡的人数
千人重伤率	表示某时期内，平均每千名职工因工伤事故造成的重伤人数
伤害频率	表示某时期内，每百万工时，事故造成伤害的人数。伤害人数指轻伤、重伤、死亡人数之和
伤害严重率	表示某时期内，每百万工时，事故造成的损失工作日数
伤害平均严重率	表示每人次受伤害的平均损失工作日
产品产量计算的死亡率	表示生产一定数量产品产量的死亡率

另外还存在有综合因素。假如甲单位工作很认真，凡符合标准都做了记录，伤害频率数值就会增加。乙单位怕影响自己单位的奖金，只认真做了重伤记录，对于轻伤没有认真记录，伤害频率数值就有所减少。

所以伤害频率并不是衡量安全工作优劣的绝对参数，使用时必须兼顾其他因素。

计算方法：

假设：某企业在一个月内，死亡、重伤、轻伤 16 人，则职工出勤总时数 220 万小时

伤害频率：

$$A = \frac{16 \times 10^4}{220 \times 10^4} = 7.27$$

3）伤害严重率是表示一定时期内，平均每百万工时，事故造成损失工作日数。

该计算方法能用数值区别事故严重程度。安全工作主要是控制有严重后果的事故，因此，这种计算方法就有着重要的意义。

但是，个别严重伤害会对伤害严重率的计算带来很大影响，特别是小企业的反应，将会更加突出。因此，使用上也有一定局限性。

计算方法：

如上题将暂时性失能伤害的损失工作日，加上死亡、永久性失能伤害折合的损失工作日数，总共损失 8100 工作日。

那么，伤害严重率为：

$$B = \frac{8100 \times 10^6}{220 \times 10^4} = 3681$$

伤害频率，伤害严重率，伤害平均严重率，是用于评价劳动安全管理工作的方法，可以用来表示某时期企业安全工作的成效或安全状况，也可以鉴定安全措施实施的效果。

此种方法是国际通用的测定方法。伤害频率和伤害严重率采取百万小时来进行计算，此数值的选用，主要是考虑用图表进行事故分析时，图形较为稳定，易于掌握事故的变化趋势。

4）伤害平均损失工作日，反映了每次伤害导致的损失工作日数。伤害严重率，能显示出严重事故和一般伤害事故控制的效果。当伤害事故得以控制时，其数值会出现下降趋势。计算方法（如上例）：

$$N = \frac{B}{A} = \frac{3681}{7.27} = 506$$

5) 百万吨死亡率，万米木材死亡率：是按产品产量计算的平均死亡率，它适用于"月报表"和综合分析。

为了使标准易于掌握，便于实施，制定时我们注意了国内劳动安全工作的状况，也考虑了安全工作人员现有专业知识水平，并反复斟酌标准的科学性、可行性与适用性。

7.2　工程建设安全事故控制

7.2.1　安全事故的预防措施

针对安全事故发生的起因，遵循"预防为主、防治结合"的原则，安全事故的预防应采取以下的措施。

（1）大力宣传，提高公众安全意识

确保工程安全施工生产，不仅仅是主管部门和施工企业的事情，而且与参与建设的每个干部职工乃至周边的每一个居民都是息息相关的，只有全体民众自觉遵守有关城市建设的法规，不断增强自我安全保护意识，才能从根本上减少或杜绝安全事故。这就要求我们有关部门、企业采用多种渠道、多样形式大张旗鼓地进行安全教育，并且做到持之以恒，扎实有效。

（2）加强企业内部安全管理

1）施工企业要建立健全各项内部安全管理制度，并设置专职部门、专职安检员负责贯彻落实各项安全规章制度。安全检查人员数量要充实，符合施工条件的要求，并配备必要的交通、通信工具及先进的安检仪器；要借助科技手段，监测与控制不安全行为，揭示安全隐患；对有关仪器、机械设备进行定期或不定期的检查测试，并督促操作人员及时维修，预防事故的发生；同时及时有效地处理发生的安全事故。

2）加强教育培训工作，提高企业职工素质。影响安全的最终因素是人的因素，提高职工整体素质是减少安全事故的有效途径。首先，企业应该把安全教育制度化，使每个职工在思想上真正认识到安全施工的意义和重要性，增强自觉性。其次，要加强技术培训工作，提高专业技术素质，提高施工操作水平，做到各工种技术工人持证上岗，按操作规程、技术规范和标准施工；对于临时用工也要进行岗前培训，使之对将要参与的工作环境、性质有一定的了解；无机械操作上岗证者，未经培训、操作不熟练者不得独立上岗。

3）企业要结合设备现状，坚决淘汰那些应该报废的机械设备，决不能凑合使用；对那些出现故障、带病超负荷运转的设备应及时检查、维修、保养，保持达标合格条件后的使用；购置新设备时应购买由国家和劳动保护监测部门认证的名优产品或高科技先进产品，提高科技含量。

（3）加强安全监督管理

应有专门的施工安全监督站对施工过程进行定期或不定期的安全监督检查，发现安全隐患要及时指出，限期整改，对于逾期不改的单位和个人实行惩罚制度。并把企业年内的安全目标实现与企业的资质管理挂勾，达不到要求的或发生重大事故隐瞒不报的要严肃处理，该整顿的整顿，该罚款的罚款，该降级的降级。

7.2.2　安全事故的处理

（1）事故处理的联动机制

　　企业应建立突发安全事故处理的联动机制。突发安全事故是指突然发生造成人员伤亡、财产损失和社会影响的安全事件。联动机制是组织中互相关联的不同部门为了共同目标主动自觉履行各自职责的过程和方式。它的主要特点是：分工明确，相互作用、配合默契、反应迅速。建立运转高效的安全事故应急反应联动管理机制，提高应对能力，是保持社会稳定，促进社会发展的必然要求。各部门和每名工作人员在出现特殊情况后能够在第一时间做出正确判断和妥善处理，包括如何联系到相关人员，怎样减少公司损失等，从而使公司在各项管理中更加规范化和科学化，是现代企业制度发展的必然。施工企业发生安全事故后，各相关职能部门应积极履行相应职责，以质安部门为组织和牵头部门，保卫处、工会、人力资源部、材料设备、财务部、党工部、办公室等部门积极配合，各司其职：

　　1）事故项目部职责

　　事故发生后应立即启动项目一级应急救援预案，组织项目人员抢救伤员，保护现场，并拨打急救电话，同时及时将事故逐级上报至公司质安部，派专人迅速到路口接车，引领急救车及事故抢险人员迅速到达事故现场。

　　2）公司各级质安部门职责

　　①质安部接报告后及时向公司安委会进行报告，执行安委会关于抢险救援的指示；

　　②立即启动公司应急救援预案，通知各应急救援小组成员迅速赶到事故现场，迅速采取措施，负责组织并及时制订抢险方案，以最快的速度、最科学的方法组织公司有关人员和部门采取紧急措施，积极抢救伤员和国家财产，组织现场排险；

　　③负责与省、市、区安全生产监督部门和上级建设行政部门的对外联系，及时如实上报事故；

　　④负责指挥、协调事故现场应急救援工作，协调和配合各应急救援小组人员、车辆、急救药品、器械等的联系，确保在紧急情况下抢险救援工作通信畅通、抢险工具、物质、设备的安全使用；

　　⑤负责组织识别事故现场危险物质和存在的危险状况，划定事故现场危险区域和安全区域，及时制订抢险方案，组织抢险施救并做好事故调查；

　　⑥及时向安委会报告事故抢险救援进展情况，解决事故应急救援及调查处理工作中遇到的问题，决策最有效的应急步骤，保障应急救援人员和行动的安全，确保按《应急救援预案》有效地开展；

　　⑦负责事故应急救援后，确定对事故现场是否存在对人体、环境等潜在危险并采取措施，协助和配合上级有关部门和事故调查组对事故的调查工作；做好事故现场勘察、取证、查找事故原因，制定防范措施，保证事故调查处理工作的正常进行；负责进行事故应急行动的总结，并向上级部门递交书面报告。

　　3）紧急疏散组（保卫处）职责

　　负责设置事故现场警戒线，迅速组织人员进行有序疏散；负责事故现场的保卫，维持现场交通和治安秩序；清理和排除道路障碍，引领救援车辆进入现场，保障救援工作正常开展。负责保护事故现场，防止不法分子趁机作案。

　　4）事故抢险组（工程管理部）职责

　　负责具体制定现场抢险方案和技术措施并组织实施，排除险情，保障安全。

5）医疗救护组职责

负责组织医疗人员对受伤人员进行紧急救护，实施现场救治措施，保证在最短的时间内救助最多的伤员；积极配合 120 医务人员对伤员的抢救工作，以最快的速度安全转送伤员到医院；保证药品、担架等物质的及时供应。

6）后勤保障组（办公室、财务处）职责

负责抢险物质、设备、车辆、工具等设备的供应和生活后勤保障工作；协调有关部门调集车辆和物质投入抢险救援，负责提供抢险人员的防护装备和其他所需物质，联系有关部门提供生活必需品；保证事故抢险和事故调查及善后处理所需的费用。

7）善后处理组（工会、人力资源部）职责

事故发生后人力资源部负责向参保地的社保部门报送《工伤事故快报》（报送时间死亡 3 天以内，重伤 7 天，轻伤 15 天）并和工会一起负责伤亡职工家属的接待，安抚及调解，妥善处理好善后补偿，赔付，做好职工的思想政治工作，稳定职工的情绪，保障企业和社会稳定。

8）媒体报道组（党工部）职责

负责接待新闻媒体单位的工作人员，防止因媒体的干扰而引起现场应急的混乱，避免新闻媒体报道出现失误、报道不真的现象，引导媒体的正确报导，避免损坏企业形象，造成不良影响。

（2）企业安全事故处理步骤

企业安全事故处理步骤如图 7-1 所示。

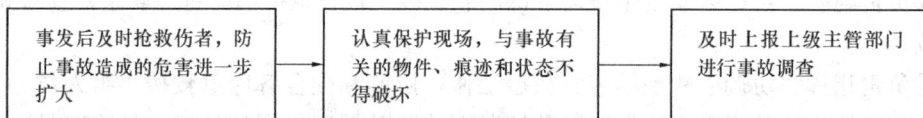

| 事发后及时抢救伤者，防止事故造成的危害进一步扩大 | → | 认真保护现场，与事故有关的物件、痕迹和状态不得破坏 | → | 及时上报上级主管部门进行事故调查 |

图 7-1 企业安全事故处理步骤

7.2.3 事故统计的分类

（1）按事故发生类型、部位统计分析

1）按事故发生类型统计分析

主要包括：物体打击、车辆伤害、机具伤害、起重伤害、触电、高处坠落、坍塌、中毒和窒息、火灾和爆炸、淹溺等。

2）按事故发生部位统计分析

主要包括：土石方工程、基坑、模板、脚手架、洞口和临边、井架及龙门架、塔吊、外用电梯、施工机具、现场临时用电线路、外电线路、墙板结构、临时设施等。

（2）按事故发生工程情况统计分析

1）按事故发生工程专业统计分析

主要包括：房屋建筑工程、市政基础设施工程、交通工程、水利工程、铁道工程、冶金工程、电力工程、港湾工程、其他工程。

2）按事故发生工程类别统计分析

主要包括：新建工程、改扩建工程、拆除工程。

3）按事故发生的工程形象进度进行统计分析

主要包括：施工准备、基础施工、主体结构、装饰装修。

4）按事故发生工程基本建设程序履行情况统计分析

主要包括：履行程序的、未履行程序的和部分履行程序的。

5）按事故发生工程造价情况统计分析

根据工程实际造价填报。

6）按事故发生工程投资主体统计分析

主要包括：政府投资、企业投资、个人投资。

7）按事故发生工程承包形式统计分析

主要包括：总承包、专业分包、劳务分包。

8）按事故发生工程结构类型进行统计分析

主要包括：砖混结构、混凝土结构、钢结构及其他。

9）按事故发生工程规模统计分析

常以在建工程的建筑面积或延长米表示。

10）按事故发生工程性质统计分析

主要包括：住宅、公共建筑、厂房、其他，本项主要针对房屋建筑工程。

11）按本工程发生第几次事故进行统计分析

主要统计本工程自开工以来发生了几起事故、都是哪一级的事故。

（3）按事故发生地域、区域统计分析

1）按事故发生地域统计分析

主要包括：直辖市（计划单列市）及省会城市、地级城市、县级城市（含县城关镇）、村镇。

2）按事故发生区域统计

主要包括：各类园区（经济开发区、高校园区、工业科技园区）、非园区。

（4）按事故发生天气气候等情况分析

1）按事故发生的天气气候情况统计分析

主要包括：阴、晴、雨、雪、雾、风等。

2）按事故发生的时间统计分析

根据需要选取时间段。

（5）按事故伤亡人员情况统计分析

1）按施工伤亡人员的用工形式进行统计分析

主要分为：正式工、合同工、临时工。

2）按施工伤亡人员承包形式进行统计分析

主要分为：总承包单位作业人员、专业分包单位作业人员、劳务分包。

3）按施工伤亡人员的工种进行统计分析

主要分为：管理人员、木工、瓦工、架子工等工种。

4）按死亡人员的年龄进行统计分析

主要分为：25岁以下、25～35岁、35～45岁、45～55岁、55岁以上。

5）按施工伤亡人员的文化程度进行统计分析

主要分为：小学及小学以下、初高中（中专）、大专及大专以上。

6）按施工伤亡人员从业时间进行统计分析

主要分为：3 个月以下、3 个月～1 年、1～2 年、2～3 年、3～5 年、5 年以上。

（6）按事故发生的施工企业进行统计分析

1）按事故发生施工企业性质进行统计分析

主要分为：国有（控股）企业、集体（控股）企业、其他股份制企业、民营企业、其他。

2）按事故发生施工企业资质进行统计分析

主要分为：特级、总承包一级、总承包二级、总承包三级、专业承包一级、专业承包二级、专业承包三级、劳务分包、无资质。

3）按施工企业本年度发生事故的起数进行统计分析

主要分为：四级事故、三级事故、二级事故、一级事故。

4）按事故发生的施工企业的注册地区进行统计分析

主要是指：发生事故的企业在哪个省、市、县注册的。

5）按事故发生的施工企业的法定代表人、工程项目的项目经理、安全专职人员进行统计分析

主要包括：这三类人员的资质、安全考核合格证，他们所管理的企业或工程发生的伤亡事故次数。

6）按事故发生工程的有关单位进行统计分析

主要包括：工程的监管，建设勘察、设计、监理单位、资质等级情况及总监的资格。

7.2.4　企业职工伤亡事故报告和处理规定

（1）事故调查、报告与处理的规定

为了及时报告、统计、调查和处理职工伤亡事故，积极采取预防措施，防止伤亡事故，国家制定了企业职工伤亡事故报告和处理的有关规定。要求企业对职工在劳动过程中发生的人身伤害、急性中毒事故及时报告并按有关规定处理。伤亡事故的报告、统计、调查和处理工作必须坚持实事求是、尊重科学的原则，详见表 7-4 所示。

伤亡事故统计办法和报表格式由国务院劳动部门会同国务院统计部门按照国家有关规定制定。伤亡事故经济损失的确定办法和事故的分类办法由国务院劳动部门会同国务院有关部门制定。伤亡事故的调查、处理，法律、行政法规另有专门规定的，从其规定。

劳动部门对企业执行本规定的情况进行监督检查。发生特别重大事故应当按照国家有关规定办理。

【案例 7.3】　王某在一工地干活，25 天前，王某搬运钢筋时滑了一下，被后面的人抬着的钢筋扎在了脖子上。住院花的 7000 多元钱由项目经理代表施工单位支付医院，同时项目经理对王某说就此了断，出院后不再管王某了。王某出院后干不了活，应怎么办？

【解析】　职工因工作遭受事故伤害或者患职业病进行治疗，享受工伤医疗待遇。需要暂停工作接受工伤医疗的，在停工留薪期内，原工资福利待遇不变，由所在单位按月支付。停工留薪期一般不超过 12 个月，经设区的市级劳动能力鉴定委员会确认的可适当延长。生活不能自理的工伤职工，在停工留薪期需要护理的，由所在单位负责。

所以，王某应及时做工伤认定，然后再根据工伤认定的结果向施工单位提出工伤赔偿。

事故调查、报告与处理的规定 表 7-4

程 序	内 容
事故报告	1) 伤亡事故发生后，负伤者或者事故现场有关人员应当立即直接或者逐级报告企业负责人。 2) 企业负责人接到重伤、死亡、重大死亡事故报告后，应当立即报告企业主管部门和企业所在地劳动部门、公安部门、人民检察院、工会。 3) 企业主管部门和劳动部门接到死亡、重大死亡事故报告后，应当立即按系统逐级上报；死亡事故报至省、自治区、直辖市企业主管部门和劳动部门；重大死亡事故报至国务院有关主管部门、劳动部门。 4) 发生死亡、重大死亡事故的企业应当保护事故现场，并迅速采取必要措施抢救人员和财产，防止事故扩大
事故调查	1) 轻伤、重伤事故，由企业负责人或其指定人员组织生产、技术、安全等有关人员以及工会成员参加的事故调查组，进行调查。 2) 死亡事故，由企业主管部门会同企业所在地设区的市（或者相当于设区的市一级）劳动部门、公安部门、工会组成事故调查组，进行调查。 重大死亡事故，按照企业的隶属关系由省、自治区、直辖市企业主管部门或者国务院有关主管部门会同同级劳动部门、公安部门、监察部门、工会组成事故调查组，进行调查。 前两款的事故调查组应当邀请人民检察院派员参加，还可邀请其他部门的人员和有关专家参加。 3) 事故调查组成员应当符合的条件：①具有事故调查所需要的某一方面的专长；②与所发生事故没有直接利害关系。 4) 事故调查组的职责：①查明事故发生原因、过程和人员伤亡、经济损失情况；②确定事故责任者；③提出事故处理意见和防范措施的建议；④写出事故调查报告。第十三条事故调查组有权向发生事故的企业和有关单位、有关人员了解有关情况和索取有关资料，任何单位和个人不得拒绝。 5) 事故调查组在查明事故情况以后，如果对事故的分析和事故责任者的处理不能取得一致意见，劳动部门有权提出结论性意见；如果仍有不同意见，应当报上级劳动部门商有关部门处理；仍未能达成一致意见的，报同级人民政府裁决。但不得超过事故处理工作的时限。 6) 任何单位和个人不得阻碍、干涉事故调查组的正常工作
事故处理	1) 事故调查组提出事故处理意见和防范措施建议，由发生事故的企业及其主管部门负责处理。 2) 因忽视安全生产、违章指挥、违章作业、玩忽职守或者发现事故隐患、危害情况而不采取有效措施以致造成伤亡事故的，由企业主管部门或者企业按照国家有关规定，对企业负责人和直接责任人员给予行政处分；构成犯罪的，由司法机关依法追究刑事责任。 3) 违反本规定，在伤亡事故发生后隐瞒不报、谎报、故意迟延不报、故意破坏事故现场，或者无正当理由，拒绝接受调查以及拒绝提供有关情况和资料的，由有关部门按照国家有关规定，对有关单位负责人和直接责任人员给予行政处分；构成犯罪的，由司法机关依法追究刑事责任。 4) 在调查、处理伤亡事故中玩忽职守、徇私舞弊或者打击报复的，由其所在单位按照国家有关规定给予行政处分；构成犯罪的，由司法机关依法追究刑事责任。 5) 伤亡事故处理工作应当在 90 日内结案，特殊情况不得超过 180 日。伤亡事故处理结案后，应当公开宣布处理结果

（2）事故调查程序

事故调查程序见图 7-2 所示。

在按图 7-2 所示程序进行调查中，有时需要进行技术鉴定的必须鉴定。对于较复杂的过程，需要具备所需的相应知识，包括工程的技术知识。

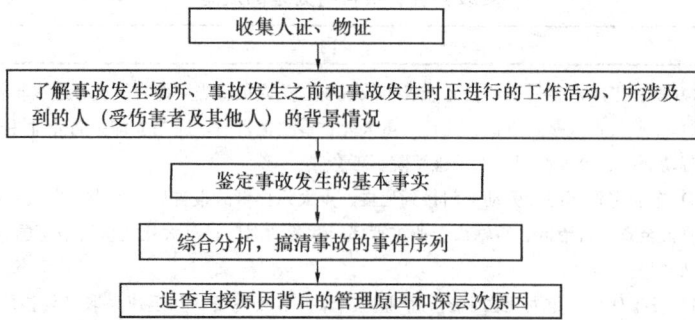

图 7-2　事故调查程序

在按图 7-2 所示程序进行调查中，有时需要进行技术鉴定的必须鉴定。对于较复杂的过程，需要具备所需的相应知识，包括工程的技术知识。

（3）事故原因分析

调查事故的原因包括物的原因、人（受伤害者或其他人）的原因和管理原因，有关分析的内容如表 7-5 所示。表 7-5 中的不安全状态、不安全行为与事故的关系可表述为：①对事故的发生起了主要作用；②直接引起事故；③间接引起事故；④对事故的发生起了次要作用；⑤与事故的发生紧密相连；⑥对事故的发生起了一定作用。

调查事故的原因分析　　　　　　　　　　　　　　　　　　表 7-5

原　　因		分　　　析
物的原因		事故中，起因物的那一部分存在不安全状态
人（受伤害者或其他人）的原因		事故中，不安全行为与事故的关系，受过什么形式的安全教育或安全培训，效果（或成绩）如何；如为特种作业人员，是否受过专业培训并获得操作证
管理原因	对物的管理	事先是否知道起因物存在着不安全状态？如不知道，为什么不知道？如知道，是否采取了消除隐患的措施？如未采取措施，为什么未采取？如采取了，是什么措施？这种措施能否消除隐患？对可能引起事故的其他物的不安全状态，事先是否查明？对现场作业条件，事先采取了什么改善措施
	对人的管理	对事故中的不安全行为，事先是否给过警告或指导？对事故中的不安全行为，是否有明确、成文的规章制度或操作规程？具体规定是什么？是否对工人进行过与事故内容（不安全行为）有关的安全技术培训？培训内容是什么？这种培训是否有严格的考核制度？工人的考核成绩是否合格？对作业者的工作安排是否不合理（让无资格证者、无经验者、病者、体力不合格者、有生理缺陷者从事某种作业）
	对作业程序、工艺过程、操作规程和方法等的管理	作业程序、工艺过程、操作规程和方法本身是否存在不合理或不完善？什么地方不合理或不完善？为何未做改变或调整？作业程序、工艺过程、操作规程和方法是否标准化？是否制定有异常或紧急情况下的措施？以前是否发生过相同或类似事故？所制定的预防事故重演的措施是什么？落实情况如何

【案例 7.4】　背景：2005 年 4 月 16 日，某建筑安装工程有限公司（中美合资企业）在某市小区 1 号住宅楼基础土方开挖施工中，护壁垮塌，发生土方坍塌，造成 6 人死亡、

2 人轻伤的重大伤亡事故。

据调查，该小区 1 号、2 号楼由该公司业务二部承建，经另一公司、运土个体户司机杨某车队多次转包后，由该车队实施挖运土方工作。由于该公司业务部未对施工人员进行安全技术交底，未派自己管理人员到现场组织指挥，且业务部负责人章某擅自更改了原施工组织设计中关于放坡的技术要求，在实际开挖中，使深达 7m 的基坑未采取放坡措施。放线员刘某虽发现基坑坡度严重不足，并向挖掘机司机反映了这一情况，但最终也未解决坡度严重不足这一隐患。次日凌晨 2～3 时期间，坑壁先后出现了小块土方塌落和坑壁开裂等征兆，但未能引起施工人员的重视。工程进行中基坑南侧坑壁突然大面积坍塌（塌落的土方长度为 14m，宽 7.5m，厚度为 1.5m），将在下方作业的 9 人埋住，经抢救 3 人脱险（其中 2 人轻伤），6 人死亡。

【解析】 1）施工企业及其业务部管理混乱，屈服于市容监察所的压力，与土方开挖单位未明确工程承发包关系和签订工程合同，未明确双方的安全管理职责。业务部的负责人擅自更改施工组织设计方案，没有安排自身的管理人员负责开挖现场的指挥和协调，仅是让外包队的人员在现场负责放线测量，造成事实上的以包代管，致使控制基槽坡度不力造成场塌，严重违反了有关规定。这是造成该起事故的直接原因和主要原因。

2）市容监察所超越本部门的职权，强行指定土方开挖单位，严重干扰了建筑企业的正常施工生产秩序，对造成土方开挖过程中的混乱状况负有不可推卸的重要责任。

3）分包公司不履行正常的施工手续，未与施工总包签订工程合同，明确各自的管理职责，在无法完成土方任务的情况下，随意将工程介绍给个体户，是一种极不负责任的行为。对造成土方开挖过程中的混乱状况负有一定责任。

4）车队违反国家有关规定，所租用的个体户铲车及司机无土方施工常识，甚至使局部边坡出现负坡，在有关人员提出坡度不够时，未能及时采取有效措施，对造成场地塌方负有直接责任。

【案例 7.5】 背景：某工程建筑面积约 16400m²，地下 2 层，地上 6 层，为框架结构筏板式基础，基槽深约 8.5m。在边坡西侧工地围墙外，离槽边约 8m 有一路民用高压线路，高度约为 6m。施工单位考虑到此高压线路距本工程的距离在安全距离之外，又处于土方施工阶段，所以没有搭设护线架子。土方施工开始以后按进度计划将要结束时，发生了一起铲车碰断电线的事故。事故发生在土方收尾阶段，因场地小马道不能做得过长，所以在当天进场一个臂长 7m 的铲运机。铲运机在向运土汽车上装土时碰断了高压线，造成当地居民大范围断电，也造成了一些施工电器的损坏，没有人员伤亡。

【问题】 1）如果你是施工单位本项目经理部负责人，事故发生后，你该如何处理此事？

2）这起事故的根本原因是什么？

3）事故隐患该如何控制？

【解析】 1）如果我是施工单位本项目经理部负责人，事故发生后，我认为可以采取以下措施进行补救：

①保护现场，划分安全区域，保证过往行人的安全；

②及时通知供电局进行抢修；

③向上级主管部门汇报；

④成立专门的善后小组，走访受损的居民和用户，进行赔偿，减少负面影响；

⑤对现场进行治理整顿，保证后期施工安全。

2）这起事故的直接原因是施工方操作不当所造成。

3）事故隐患通常可以这样处理：

①项目经理部应对存在隐患的安全设施、过程和行为进行控制，确保不合格设施不使用、不合格物资不放行、不合格过程不通过，组装完毕后应进行检查验收；

②项目经理部应确定对事故隐患进行处理的人员，规定其职责和权限；

③事故隐患的处理方式：a. 停止使用、封存中；b. 指定专人进行整改以达到规定要求；c. 进行返工，以达到规定要求；d. 对有不安全行为的人员进行教育或处罚；e. 对不安全生产的过程重新组织；

④验证：a. 项目经理部安监部门必要时对存在隐患的安全设施、安全防护用品整改效果进行验证；b. 对上级部门提出的重大事故隐患，应由项目经理部组织实施整改，由企业主管部门进行验证，并报上级检查部门备案。

【案例 7.6】　背景：某工程位于北三环和北二环之间，于 10 月开始施工。建筑面积 35000m²，框架结构筏板式基础，地下 3 层，地上 13 层，基础埋深约为 12.8m。土方和护坡由某专业基施公司组织施工。边坡支护采用桩锚体系，护坡直径 600mm，间距 1200mm，嵌固深度约为 4.5m。锚杆按 3 桩 2 锚进行布设，锚杆长度约为 18m。基坑降水采用管井井点的方法，分 3 步开挖土方。施工时本应为跳打，但却采用了 2 孔挨着钻孔，结果造成窜孔，2 根成孔灌注桩发生了塌孔事件，当场造成 2 人死亡，3 人重伤。

【问题】　1）本工程这起重大事故可定为哪种等级的重大事故？依据是什么？

2）基础施工阶段，施工安全控制要点是哪些？

3）安全生产的六大纪律是什么？

【解析】　1）按照建设部《工程建设重大事故报告和调查程序规定》，本工程这起重大事故可定为四级重大事故。上述《规定》第三条规定：具备下列条件之一者为四级重大事故：

①死亡 2 人以下；

②重伤 3 人以上，19 人以下；

③直接经济损失 10 万元以上，不满 30 万元。

2）基础施工阶段，施工安全控制要点有：

①挖土机械作业安全；

②边坡防护安全；

③降水设备与临时用电安全；

④防水施工时的防火、防毒；

⑤人工挖扩孔桩安全。

3）安全生产的六大纪律是：

①进入现场必须戴好安全帽，扣好帽带；正确使用个人劳动防护用品；

②2m 以上的高处、悬空作业，无安全设施的，必须戴好安全带，扣好保险钩；

③高处作业时，不准往下或向上乱抛材料和工具等物件；

④各种电动机械设备必须有可靠有效的安全接地和防雷装置，方能开动使用；

⑤不懂电气和机械的人员，严禁使用和玩弄机电设备；

⑥吊装区域非操作人员严禁入内，吊装机械设备必须完好，把杆垂直下方不准站人。

【案例7.7】 背景：某工地安全员A发现10～11层施工电梯附着架螺栓松动，于是派工人B去紧固附着架螺栓并要他注意电梯上下行、戴好安全帽、系上安全带。这时，架子班班长C走到近前，安全员A将情况向C进行了交代，C表示同意并进一步交代工人B要对电梯司机说明情况。B乘电梯南厢到10层检修了南侧靠墙的螺栓，准备检修北侧靠墙螺栓时，电梯北厢上来了，为了检修方便，B与电梯北厢司机D约定，将电梯北厢停在10～11层间，B站在北厢顶检修。此时，南厢司机E已经送人下到地面，因有人要上到10层，E未观察就启动电梯上升。上升的电梯南厢撞向正在检修的工人B，结果造成工人B头部开放性骨折，大脑严重受损，失血过多，当场死亡。

【问题】 1) 请简要分析这起事故发生的原因。

2) 事故处理结案后，应将事故资料归档保存，需保存哪些资料？

3) 建筑企业常见的主要危险因素有哪些，可导致何种事故？

【解析】 1) 这起事故发生的原因

①工人B违反操作规程，未通知电梯停运就进行电梯检修，是这起事故发生的直接原因；

②施工单位安全教育不到位，安全管理制度执行混乱，安全管理工作随意性大。安全员A未按正常程序工作，安全交底不明确，针对性不强，未亲自对电梯司机布置停运、警戒交底，也未给B派警戒副手，更未下文字交底，是事故发生的主要原因；

③架子班班长C得知安全员所派工作内容后，未到现场了解情况，尽管也进行了交底，但交底不明确，针对性不强，也未给B派警戒副手，更未下文字交底，是事故发生的原因之一；

④电梯司机D知道B在检修电梯，却未为D进行观察、警戒；电梯司机在电梯开启前和过程中未认真进行现场观察，是事故发生的重要原因。

2) 事故处理结案后，需保存的资料

①职工伤亡事故登记表；②职工伤亡、重伤事故调查报告及批复；③现场调查记录、图纸、照片；④技术鉴定和试验报告；⑤物证、人证材料；⑥直接和间接经济损失材料；⑦事故责任者自述材料；⑧医疗部门对伤亡人员的诊断书；⑨发生事故时工艺条件、操作情况和设计资料；⑩有关事故的通报、简报及文件；⑪注明参加调查组的人员名单、职务、单位。

3) 建筑企业常见的危险因素及可导致的事故

①洞口防护不到位、其他安全防护缺陷、人违章操作，可导致高处坠落。物体打击等；

②电危害（物理性危险因素）、人违章操作（行为性危险因素），可导致触电、火灾等；

③大模板不按规范正确存放等违章作业，可导致物体打击等；

④化学危险品未按规定正确存放等违章作业，可导致火灾、爆炸等；

⑤架子搭设作业不规范，可导致高处坠落、物体打击等；

⑥现场料架不规范，可导致物体打击等。

7.3　工程安全保障制度及重特大事故调查处理制度

7.3.1　工程安全保障

工程安全保障的要求如下：

（1）生产经营单位安全职责

1）生产经营单位应当具备有关法律、行政法规和国家标准或者行业标准规定的安全生产条件；不具备安全生产条件的，不得从事生产经营活动。

2）生产经营单位的主要负责人对本单位安全生产工作负有下列职责：

①建立、健全本单位安全生产责任制；

②组织制定本单位安全生产规章制度和操作规程；

③保证本单位安全生产投入的有效实施；

④督促、检查本单位的安全生产工作，及时消除生产安全事故隐患；

⑤组织制定并实施本单位的生产安全事故应急救援预案；

⑥及时、如实报告生产安全事故。

（2）管理及从业人员安全规定

1）矿山、建筑施工单位和危险物品的生产、经营、储存单位，应当设置安全生产管理机构或者配备专职安全生产管理人员。

前款规定以外的其他生产经营单位，从业人员超过300人的，应当设置安全生产管理机构或者配备专职安全生产管理人员；从业人员在300人以下的，应当配备专职或者兼职的安全生产管理人员，或者委托具有国家规定的相关专业技术资格的工程技术人员提供安全生产管理服务。

生产经营单位依照前款规定委托工程技术人员提供安全生产管理服务的，保证安全生产的责任仍由本单位负责。

2）生产经营单位的主要负责人和安全生产管理人员必须具备与本单位所从事的生产经营活动相应的安全生产知识和管理能力。

危险物品的生产、经营、储存单位以及矿山、建筑施工单位的主要负责人和安全生产管理人员，应当由有关主管部门对其安全生产知识和管理能力考核合格后方可任职。考核不得收费。

3）生产经营单位应当对从业人员进行安全生产教育和培训，保证从业人员具备必要的安全生产知识，熟悉有关的安全生产规章制度和安全操作规程，掌握本岗位的安全操作技能。未经安全生产教育和培训合格的从业人员，不得上岗作业。

4）生产经营单位采用新工艺、新技术、新材料或者使用新设备，必须了解、掌握其安全技术特性，采取有效的安全防护措施，并对从业人员进行专门的安全生产教育和培训。

5）生产经营单位的特种作业人员必须按照国家有关规定经专门的安全作业培训，取得特种作业操作资格证书，方可上岗作业。

特种作业人员的范围由国务院负责安全生产监督管理的部门会同国务院有关部门确定。

（3）安全投入

1）生产经营单位应当具备的安全生产条件所必需的资金投入，由生产经营单位的决策机构、主要负责人或者个人经营的投资人予以保证，并对由于安全生产所必需的资金投入不足导致的后果承担责任。

2）生产经营单位新建、改建、扩建工程项目（以下统称建设项目）的安全设施，必须与主体工程同时设计、同时施工、同时投入生产和使用。安全设施投资应当纳入建设项目概算。

（4）设施设备的安全规定

1）生产经营单位应当在有较大危险因素的生产经营场所和有关设施、设备上，设置明显的安全警示标志。

2）安全设备的设计、制造、安装、使用、检测、维修、改造和报废，应当符合国家标准或者行业标准。生产经营单位必须对安全设备进行经常性维护、保养，并定期检测，保证正常运转。维护、保养、检测应当做好记录，并由有关人员签字。

3）生产经营单位使用的涉及生命安全、危险性较大的特种设备，以及危险物品的容器、运输工具，必须按照国家有关规定，由专业生产单位生产，并经取得专业资质的检测、检验机构检测、检验合格，取得安全使用证或者安全标志，方可投入使用。检测、检验机构对检测、检验结果负责。涉及生命安全、危险性较大的特种设备的目录由国务院负责特种设备安全监督管理的部门制定，报国务院批准后执行。

4）国家对严重危及生产安全的工艺、设备实行淘汰制度。生产经营单位不得使用国家明令淘汰、禁止使用的危及生产安全的工艺、设备。

（5）安全生产项目建设程序的规定

1）矿山建设项目和用于生产、储存危险物品的建设项目，应当分别按照国家有关规定进行安全条件论证和安全评价。

2）建设项目安全设施的设计人、设计单位应当对安全设施设计负责。

矿山建设项目和用于生产、储存危险物品的建设项目的安全设施设计应当按照国家有关规定报经有关部门审查，审查部门及其负责审查的人员对审查结果负责。

3）矿山建设项目和用于生产、储存危险物品的建设项目的施工单位必须按照批准的安全设施设计施工，并对安全设施的工程质量负责。

矿山建设项目和用于生产、储存危险物品的建设项目竣工投入生产或者使用前，必须依照有关法律、行政法规的规定对安全设施进行验收；验收合格后，方可投入生产和使用。验收部门及其验收人员对验收结果负责。

（6）危险源安全管理

1）生产、经营、运输、储存、使用危险物品或者处置废弃危险物品的，由有关主管部门依照有关法律、法规的规定和国家标准或者行业标准审批并实施监督管理。

生产经营单位生产、经营、运输、储存、使用危险物品或者处置废弃危险物品，必须执行有关法律、法规和国家标准或者行业标准，建立专门的安全管理制度，采取可靠的安全措施，接受有关主管部门依法实施的监督管理。

2）生产经营单位对重大危险源应当登记建档，进行定期检测、评估、监控，并制订应急预案，告知从业人员和相关人员在紧急情况下应当采取的应急措施。

生产经营单位应当按照国家有关规定将本单位重大危险源及有关安全措施、应急措施报有关地方人民政府负责安全生产监督管理的部门和有关部门备案。

（7）生产经营场所安全要求

1）生产、经营、储存、使用危险物品的车间、商店、仓库不得与员工宿舍在同一座建筑物内，并应当与员工宿舍保持安全距离。生产经营场所和员工宿舍应当设有符合紧急疏散要求、标志明显、保持畅通的出口。禁止封闭、堵塞生产经营场所或者员工宿舍的出口。

2）两个以上生产经营单位在同一作业区域内进行生产经营活动，可能危及对方生产安全的，应当签订安全生产管理协议，明确各自的安全生产管理职责和应当采取的安全措施，并指定专职安全生产管理人员进行安全检查与协调。

3）生产经营单位不得将生产经营项目、场所、设备发包或者出租给不具备安全生产条件或者相应资质的单位或者个人。

生产经营项目、场所有多个承包单位、承租单位的，生产经营单位应当与承包单位、承租单位签订专门的安全生产管理协议，或者在承包合同、租赁合同中约定各自的安全生产管理职责；生产经营单位对承包单位、承租单位的安全生产工作统一协调、管理。

（8）从业人员操作规定

1）生产经营单位进行爆破、吊装等危险作业，应当安排专门人员进行现场安全管理，确保操作规程的遵守和安全措施的落实。

2）生产经营单位应当教育和督促从业人员严格执行本单位的安全生产规章制度和安全操作规程；并向从业人员如实告知作业场所和工作岗位存在的危险因素、防范措施以及事故应急措施。

3）生产经营单位必须为从业人员提供符合国家标准或者行业标准的劳动防护用品，并监督、教育从业人员按照使用规则佩戴、使用。

4）生产经营单位应当安排用于配备劳动防护用品、进行安全生产培训的经费。

5）生产经营单位必须依法参加工伤社会保险，为从业人员缴纳保险费。

（9）安全事故管理

1）生产经营单位的安全生产管理人员应当根据本单位的生产经营特点，对安全生产状况进行经常性检查；对检查中发现的安全问题，应当立即处理；不能处理的，应当及时报告本单位有关负责人。检查及处理情况应当记录在案。

2）生产经营单位发生重大生产安全事故时，单位的主要负责人应当立即组织抢救，并不得在事故调查处理期间擅离职守。

7.3.2 重特大事故的调查处理

重特大事故的调查处理的规定如下：

1）县级以上地方各级人民政府应当组织有关部门制定本行政区域内特大生产安全事故应急救援预案，建立应急救援体系。

2）危险物品的生产、经营、储存单位以及矿山、建筑施工单位应当建立应急救援组织；生产经营规模较小，可以不建立应急救援组织的，应当指定兼职的应急救援人员。

危险物品的生产、经营、储存单位以及矿山、建筑施工单位应当配备必要的应急救援器材、设备，并进行经常性维护、保养，保证正常运转。

3）生产经营单位发生生产安全事故后，事故现场有关人员应当立即报告本单位负责人。

单位负责人接到事故报告后，应当迅速采取有效措施，组织抢救，防止事故扩大，减少人员伤亡和财产损失，并按照国家有关规定立即如实报告当地负有安全生产监督管理职责的部门，不得隐瞒不报、谎报或者拖延不报，不得故意破坏事故现场、毁灭有关证据。

4）负有安全生产监督管理职责的部门接到事故报告后，应当立即按照国家有关规定上报事故情况。负有安全生产监督管理职责的部门和有关地方人民政府对事故情况不得隐瞒不报、谎报或者拖延不报。

5）有关地方人民政府和负有安全生产监督管理职责的部门的负责人接到重大生产安全事故报告后，应当立即赶到事故现场，组织事故抢救。

任何单位和个人都应当支持、配合事故抢救，并提供一切便利条件。

6）事故调查处理应当按照实事求是、尊重科学的原则，及时、准确地查清事故原因，查明事故性质和责任，总结事故教训，提出整改措施，并对事故责任者提出处理意见。事故调查和处理的具体办法由国务院制定。

7）生产经营单位发生生产安全事故，经调查确定为责任事故的，除了应当查明事故单位的责任并依法予以追究外，还应当查明对安全生产的有关事项负有审查批准和监督职责的行政部门的责任，对有失职、渎职行为的，依照法律法规的规定追究法律责任。

8）任何单位和个人不得阻挠和干涉对事故的依法调查处理。

9）县级以上地方各级人民政府负责安全生产监督管理的部门应当定期统计分析本行政区域内发生生产安全事故的情况，并定期向社会公布。

7.3.3 安全事故的应急处理预案

重大安全事故的应急处理预案，是指县级以上地方人民政府或者人民政府建设行政主管部门应当针对本行政区域容易发生的重大安全事故，预先制定出一套如何处理事故的具体方案，以便于事故发生以后，能够按照较为科学的程序和步骤进行处理。制定事故应急处理预案是安全事故处理的一项重要制度，是保证事故正确处理，减少事故损失的重要措施。制定安全事故应急处理预案，需要进行认真的研究讨论，最后经制定部门的主要领导人签署。《国务院关于特大安全事故行政责任追究的规定》规定了特大安全事故的处理预案制度。

（1）地方政府的工作要求

地方人民政府和政府有关部门对特大安全事故的防范、发生直接负责的主管人员和其他直接责任人员，按照规定给予行政处分；构成玩忽职守罪或者其他罪的，依法追究刑事责任。

地方各级人民政府及政府有关部门应当依照有关法律、法规和规章的规定，采取行政措施，对本地区实施安全监督管理，保障本地区人民群众生命、财产安全，对本地区或者职责范围内防范特大安全事故的发生、特大安全事故发生后的迅速和妥善处理负责。

地方各级人民政府应当每个季度至少召开一次防范特大安全事故工作会议，由政府主要领导人或者政府主要领导人委托政府分管领导人召集有关部门正职负责人参加，分析、布置、督促、检查本地区防范特大安全事故的工作。会议应当作出决定并形成纪要，会议确定的各项防范措施必须严格实施。

（2）地方政府对本地区各单位的要求

市（地、州）、县（市、区）人民政府应当组织有关部门按照职责分工对本地区容易发生特大安全事故的单位、设施和场所安全事故的防范明确责任、采取措施，并组织有关部门对上述单位、设施和场所进行严格检查。市（地、州）、县（市、区）人民政府必须制定本地区特大安全事故应急处理预案。本地区特大安全事故应急处理预案经政府主要领导人签署后，报上一级人民政府备案。

市（地、州）、县（市、区）人民政府应当组织有关部门对各类特大安全事故的隐患进行查处；发现特大安全事故隐患的，责令立即排除；特大安全事故隐患排除前或者排除过程中，无法保证安全的，责令暂时停产、停业或者停止使用。法律、行政法规对查处机关另有规定的，依照其规定。市（地、州）、县（市、区）人民政府及其有关部门对本地区存在的特大安全事故隐患，超出其管辖或者职责范围的，应当立即向有管辖权或者负有职责的上级人民政府或者政府有关部门报告；情况紧急的，可以立即采取包括责令暂时停产、停业在内的紧急措施，同时报告；有关上级人民政府或者政府有关部门接到报告后，应当立即组织查处。

中小学校对学生进行劳动技能教育以及组织学生参加公益劳动等社会实践活动，必须确保学生安全。严禁以任何形式、名义组织学生从事接触易燃、易爆、有毒、有害等危险品的劳动或者其他危险性劳动。严禁将学校场地出租作为从事易燃、易爆、有毒、有害等危险品的生产、经营场所。中小学校违反前款规定的，按照学校隶属关系，对县（市、区）、乡（镇）人民政府主要领导人和县（市、区）人民政府教育行政部门正职负责人，根据情节轻重，给予记过、降级直至撤职的行政处分；构成玩忽职守罪或者其他罪的，依法追究刑事责任。中小学校违反本条第一款规定的，对校长给予撤职的行政处分，对直接组织者给予开除公职的行政处分；构成非法制造爆炸物罪或者其他罪的，依法追究刑事责任。

（3）对行政审批工作人员的要求

依法对涉及安全生产事项负责行政审批（包括批准、核准、许可、注册、认证、颁发证照、竣工验收等，下同）的政府部门或者机构，必须严格依照法律、法规和规章规定的安全条件和程序进行审查；不符合法律、法规和规章规定的安全条件的，不得批准；不符合法律、法规和规章规定的安全条件，弄虚作假，骗取批准或者勾结串通行政审批工作人员取得批准的，负责行政审批的政府部门或者机构除必须立即撤销原批准外，应当对弄虚作假骗取批准或者勾结串通行政审批工作人员的当事人依法给予行政处罚；构成行贿罪或者其他罪的，依法追究刑事责任。

负责行政审批的政府部门或者机构违反前款规定，对不符合法律、法规和规章规定的安全条件予以批准的，对部门或者机构的正职负责人，根据情节轻重，给予降级、撤职直至开除公职的行政处分；与当事人勾结串通的，应当开除公职；构成受贿罪、玩忽职守罪或者其他罪的，依法追究刑事责任。

负责行政审批的政府部门或者机构违反前款规定，不对取得批准的单位和个人实施严格监督检查，或者发现其不再具备安全条件而不立即撤销原批准的，对部门或者机构的正职负责人，根据情节轻重，给予降级或者撤职的行政处分；构成受贿罪、玩忽职守罪或者其他罪的，依法追究刑事责任。

对未依法取得批准，擅自从事有关活动的，负责行政审批的政府部门或者机构发现或者接到举报后，应当立即予以查封、取缔，并依法给予行政处罚；属于经营单位的，由工商行政管理部门依法相应吊销营业执照。

负责行政审批的政府部门或者机构违反前款规定，对发现或者举报的未依法取得批准而擅自从事有关活动的，不予查封、取缔、不依法给予行政处罚，工商行政管理部门不予吊销营业执照的，对部门或者机构的正职负责人，根据情节轻重，给予降级或者撤职的行政处分；构成受贿罪、玩忽职守罪或者其他罪的，依法追究刑事责任。

负责行政审批的政府部门或者机构、负责安全监督管理的政府有关部门，未依照规定履行职责，发生特大安全事故的，对部门或者机构的正职负责人，根据情节轻重，给予撤职或者开除公职的行政处分；构成玩忽职守罪或者其他罪的，依法追究刑事责任。

（4）对行政领导人的规定

市（地、州）、县（市、区）人民政府依照本规定应当履行职责而未履行，或者未按照规定的职责和程序履行，本地区发生特大安全事故的，对政府主要领导人，根据情节轻重，给予降级或者撤职的行政处分；构成玩忽职守罪的，依法追究刑事责任。

发生特大安全事故，社会影响特别恶劣或者性质特别严重的，由国务院对负有领导责任的省长、自治区主席、直辖市市长和国务院有关部门正职负责人给予行政处分。

特大安全事故发生后，有关县（市、区）、市（地、州）和省、自治区、直辖市人民政府及政府有关部门应当按照国家规定的程序和时限立即上报，不得隐瞒不报、谎报或者拖延报告，并应当配合、协助事故调查，不得以任何方式阻碍、干涉事故调查。特大安全事故发生后，有关地方人民政府及政府有关部门违反前款规定的，对政府主要领导人和政府部门正职负责人给予降级的行政处分。特大安全事故发生后，有关地方人民政府应当迅速组织救助，有关部门应当服从指挥、调度，参加或者配合救助，将事故损失降到最低限度。特大安全事故发生后，省、自治区、直辖市人民政府应当按照国家有关规定迅速、如实发布事故消息。

地方人民政府或者政府部门阻挠、干涉对特大安全事故有关责任人员追究行政责任的，对该地方人民政府主要领导人或者政府部门正职负责人，根据情节轻重，给予降级或者撤职的行政处分。

任何单位和个人均有权向有关地方人民政府或者政府部门报告特大安全事故隐患，有权向上级人民政府或者政府部门举报地方人民政府或者政府部门不履行安全监督管理职责或者不按照规定履行职责的情况。接到报告或者举报的有关人民政府或者政府部门，应当立即组织对事故隐患进行查处，或者对举报的不履行、不按照规定履行安全监督管理职责的情况进行调查处理。

监察机关依照行政监察法的规定，对地方各级人民政府和政府部门及其工作人员履行安全监督管理职责实施监察。

7.3.4 安全事故报告制度与重大安全事故责任追究

（1）安全事故报告制度

1）事故报告程序

伤亡事故发生后，负伤者或者事故现场有关人员应当立即直接或者逐级报告企业负责人。企业负责人接到重伤、死亡、重大死亡事故报告后，应当立即报告企业主管部门和企业所在地劳动部门、公安部门、人民检察院、工会。

企业主管部门和劳动部门接到死亡、重大事故死亡事故报告后应当立即按系统逐级上报（含伤亡人数、发生事故时间、地点、原因等）；死亡事故报至省、自治区、直辖市企业主管部门和劳动部门；对于造成特别重大人身伤亡或者巨大经济损失以及性质特别严重、产生重大影响的特别重大事故发生后，必须立即将所发生特大事故的情况报告上级归口管理部门和所在地地方人民政府，并报告所在地的省、自治区、直辖市人民政府和国务院归口管理部门。

重大死亡事故报至国务院有关主管部门、劳动部门，并在 24 小时内写出事故报告报上述所列部门。涉及军民两个方面的特大事故，事故发生单位在事故发生后，必须将所发生特大事故的情况报告地方警备区司令部或最高军事机关，并在 24 小时内写出事故报告，报上述单位省、自治区、直辖区人民政府和国务院归口管理部门，管理部门在接到重大事故报告后应当立即向国务院做出报告。

2）事故报告内容

重大事故报告应包括以下内容：事故发生的时间、地点、单位；事故的简单经过、伤亡人数、直接经济损失的初步统计；事故发生原因的初步判断；事故发生采取的措施；事故控制情况；事故报告单位。

3）事故发生后的处理

特大事故发生单位所在地地方人民政府接到特大事故报告后，应当立即通知公安部门、人民检察院机关和工会。特大事故发生后，省、自治区、直辖市人民政府应当按照国家有关规定迅速、如实发布事故信息。

事故发生后，现场人员要有组织，统一指挥。首先抢救伤亡人员和排除险情，尽量制止事故蔓延扩大。同时注意，为了事故调查分析的需要，应保护好事故现场。如因抢救伤亡人员和排除险情而必须移动现场的构件，还应准确作出标记，最好拍好不同角度的照片，为事故调查提供可靠的原始事故现场。特大事故发生后，有关地方人民政府应当迅速组织救护，有关部门应当服从指挥、调度，参加或者配合救助，将事故损失降到最小限度。

4）对事故调查人员的规定

事故调查企业接到事故报告后，经理、主管经理、业务部领导和有关人员应立即赶赴现场组织抢救，并迅速组织调查组开展调查。

发生人员轻伤、重伤事故，由企业负责人或指定的人员组织施工生产、技术、安全、劳资、工会等有关人员组成事故调查组进行调查。

死亡事故由企业主管部门会同现场所在市（或区）劳动部门、公安部门、人民检察院、工会组成事故调查组进行调查。

重大伤亡事故应按企业的隶属关系，由省、自治区、直辖市企业主管部门或国务院有关主管部门，公安、监察、检察部门、工会组成事故调查组进行调查，也可邀请有关专家和技术人员参加。

特大事故发生后，按照事故发生单位的隶属关系，由省、自治区、直辖市人民政府或者国务院归口管理部门组织特大事故调查组，负责事故的调查工作；涉及军民两个方面的特大事故，组织事故调查的单位应当邀请军队派员参加事故的调查工作。

国务院认为应当由国务院调查的特大事故，由国务院或者国务院授权的部门组织成立事故调查组；特大事故调查组应当根据所发生事故的具体情况，由事故发生单位的归口管理部门、公安部门、监察部门、计划综合部门、劳动部门等单位派员组成，并应当邀请检察机关和工会派员参加；特大事故调查组根据调查工作的需要，可以选聘其他部门或者单位的人员参加，也可以聘请有关专家进行技术鉴定和财产损失评估。

有关县（市、区）、市（地、州）和省、自治区、直辖市人民政府及政府有关部门应当配合、协助事故调查，不得以任何方式阻碍、干涉事故调查。

事故调查组成员应符合下列条件：具有事故调查所需要的某一方面的专长；与所发生的没有直接的利害关系。事故调查组的职责是：调查事故发生的原因、过程和人员伤亡、经济损失的情况；确定事故责任者；提出事故处理意见和防范措施的建议；写出事故调查报告。事故调查组有权向发生事故的企业和有关单位、有关人员了解有关情况和索取有关资料，任何单位和个人不得拒绝。特大事故调查工作应当自事故发生之日起至 60 日内完成，并由调查组提出调查报告；遇有特殊情况的，经调查组提出并报国家安全生产监督管理机构批准后，可以适当延长时间。

《工程建设重大事故报告和调查程序规定》：一、二级重大事故由省、自治区、直辖市建设行政主管部门提出调查组组成意见，报请人民政府批准；三、四级重大事故由发生的市、县级建设行政主管部门提出调查组组成意见，报请人民政府批准；事故发生单位属于国务院部委的，按上述规定，由国务院有关主管部门或其授权部门会同当地建设行政主管部门提出调查组组成意见。调查组在调查工作结束后 10 日内，应当将调查报告报送批准组成调查组的人民政府和建设行政主管部门以及调查组其他成员部门。经组织调查的部门同意，调查工作即告结束。

5）事故调查时限

特大安全事故发生后，按照国家有关规定组织调查组对事故进行调查。事故调查工作应当自事故发生之日起 60 日内完成，并由调查组提出调查报告；遇有特殊情况的，经调查组提出并报国家安全生产监督管理机构批准后，可以适当延长时间。调查报告应当包括依照规定对有关责任人员追究行政责任或者其他法律责任的意见。省、自治区、直辖市人民政府应当自调查报告提交之日起 30 日内，对有关责任人员作出处理决定；必要时，国务院可以对特大安全事故的有关责任人员作出处理决定。

（2）特大安全事故责任追究

为了有效地防范特大安全事故的发生，严肃追究特大安全事故的行政责任，保障人民群众生命、财产安全，国家制定了一些规定。地方人民政府主要领导人和政府有关部门正职负责人对下列特大安全事故的防范、发生，依照法律、行政法规的规定有失职、渎职情形或者负有领导责任的，依照本有关规定给予行政处分；构成玩忽职守罪或者其他罪的，依法追究刑事责任：

1）特大火灾事故；

2）特大交通安全事故；

3）特大建筑质量安全事故；

　　4）民用爆炸物品和化学危险品特大安全事故；

　　5）煤矿和其他矿山特大安全事故；

　　6）锅炉、压力容器、压力管道和特种设备特大安全事故；

　　7）其他特大安全事故。

　　【案例7.8】　背景：某商厦建筑面积14800m²，钢筋混凝土框架结构，地上5层，地下2层，由市建筑设计院设计，江北区建筑工程公司施工。4月8日开工。在主体结构施工到地上2层时，柱混凝土施工完毕，为使楼梯能跟上主体施工进度，施工单位在地下室楼梯未施工的情况下直接支模施工第一层楼梯混凝土。支模方法是：在±0.000m处的地下室楼梯间侧壁混凝土墙板上放置4块预应力混凝土空心楼板，在楼梯上面进行一楼楼梯支模。另外在地下室楼梯间采取分层支模的方法对上述4块预制楼板进行支撑。地下1层的支撑柱直接顶在预制楼板下面。7月30日中午开始浇筑1层楼梯混凝土，当混凝土浇筑即将完工时，楼梯整体突然坍塌，致使7名现场施工人员坠落并被砸入地下室楼梯间内。造成4人死亡，3人轻伤，直接经济损失10.5万元的重大事故。经事后调查发现，第一层楼梯混凝土浇筑的技术交底和安全交底均为施工单位为逃避责任而后补。

　　【问题】　1）本工程这起重大事故可定为哪种等级的重大事故？依据是什么？

　　2）伤亡事故处理的程序是什么？

　　3）分部（分项）工程安全技术交底的要求和主要内容是什么？

　　【解析】　1）按照建设部《工程建设重大事故报告和调查程序规定》，本工程这起重大事故可定为三级重大事故。上述《规定》第三条规定：具备下列条件之一者为三级重大事故：

　　①死亡3人以上，9人以下；

　　②重伤20人以上；

　　③直接经济损失30万元以上，不满100万元。

　　2）伤亡事故处理的程序一般为：

　　①迅速抢救伤员并保护好事故现场；

　　②组织调查组；

　　③现场勘察；

　　④分析事故原因，明确责任者；

　　⑤制定预防措施；

　　⑥提出处理意见，写出调查报告；

　　⑦事故的审定和结案；

　　⑧员工伤亡事故登记记录。

　　3）安全技术交底要求：安全技术交底工作在正式作业前进行，不但口头讲解，而且应有书面文字材料，并履行签字手续，施工负责人、生产班组、现场安全员三方各留一份。安全技术交底是施工负责人向施工作业人员进行责任落实的法律要求，要严肃认真地进行，不能流于形式。交底内容不能过于简单，千篇一律，应按分部分项工程和针对具体的作业条件进行。

　　安全技术交底内容：

①按照施工方案的要求，在施工方案的基础上对施工方案进行细化和补充；

②对具体操作者讲明安全注意事项，保证操作者的人身安全。

【案例 7.9】 背景：某 6 层商住楼，总建筑面积 9800.72m²，占地面积 13600m²，建筑高度 22.55m，全现浇钢筋混凝土剪力墙结构，地下为条形基础和独立柱基础。在土方施工阶段，分包回填土施工任务的某施工队采用装载机铲土，在向基础边倒上时，将一名正在 18 轴检查质量的质检员撞倒，送往附近医院抢救无效死亡。经调查，装载机司机未经培训，无操作证并且当时现场没有指挥人员。

【问题】 1）请简要分析这起事故发生的原因。

2）重大事故发生后，事故发生单位应在 24h 内写出书面报告，并按规定逐级上报。重大事故书面报告（初报表）应包括哪些内容？

3）施工安全管理责任制中对项目经理的责任是如何规定的？

【解析】 1）这起事故发生的原因是：

①装载机将正在 18 轴检查质量的质检员撞倒是这起事故发生的直接原因；

②装载机司机未经培训，无操作证，缺乏安全意识和安全常识是这起事故发生的间接原因；

③机械作业现场缺少指挥人员是这起事故发生的主要原因。

2）重大事故书面报告（初报表）应包括以下内容：

①事故发生的时间、地点、工程项目、企业名称；

②事故发生的简要经过、伤亡人数和直接经济损失的初步估计；

③事故发生原因的初步判断；

④事故发生后采取的措施及事故控制情况；

⑤事故报告单位。

3）项目经理对合同工程项目的安全生产负全面领导责任：

①在项目施工生产全过程中，认真贯彻落实安全生产方针、政策、法律法规和各项规章制度，结合项目特点，提出有针对性的安全管理要求，严格履行安全考核指标和安全生产奖惩办法；

②认真落实施工组织设计中安全技术管理的各项措施，严格执行安全技术措施审批制度，施工项目安全交底制度和设备、设施交接验收使用制度；

③领导组织安全生产检查，定期研究分析合同项目施工中存在的不安全生产问题，并及时落实解决；

④发生事故，及时上报，保护好现场，做好抢救工作，积极配合调查，认真落实纠正和预防措施，并认真吸取教训。

复习思考题

1. 简述建筑施工安全事故的成因及对策。

2. 如何进行安全事故的原因分析？

3. 如何进行伤亡事故的分类？

4. 如何进行工程建设安全事故控制？

5. 安全事故的预防措施有哪些?

6. 简述安全事故的处理程序。

7. 如何进行事故统计的分类?

8. 企业职工伤亡事故报告和处理有何规定?

9. 简述工程安全保障制度及重特大事故调查处理制度的内容。

10. 如何进行工程安全保障?

11. 如何进行重特大事故调查处理?

12. 如何编制安全事故的应急处理预案?

13. 简述安全事故报告制度与重大安全事故责任追究规定。

第8章　职业健康安全管理

内容提要：简述了职业健康安全管理的目的和任务、职业健康安全管理要素、职业健康安全管理体系的作用、意义、内容与要求，介绍了职业健康安全事故的分类、职业病的预防措施，阐述了职业噪声的危害和控制措施。简述了建筑企业职业健康安全管理体系的基本特点、建立与实施的主要步骤。最后阐述了施工单位在劳动安全健康方面的职责、管理人员的安全教育、特殊作业环境的管理和特种作业安全培训与管理的制度。

8.1　职业健康安全管理要素

8.1.1　职业健康安全管理的目的和任务

随着经济的高速增长和科学技术的飞速发展，人们为了追求物质文明，生产力得到了高速的发展，许多新技术、新材料、新能源涌现，使一些传统的产业和产品生产工艺逐渐消失，新的产业和生产工艺不断产生。但是，在这样一个生产力高速发展的背后，却出现了许多不文明的现象，尤其是在市场竞争日益加剧的情况下，人们往往专注于追求低成本、高利润，而忽视了劳动者的劳动条件和环境的改善，甚至以牺牲劳动者的职业健康安全和破坏人类赖以生存的自然环境为代价。

根据国际劳工组织（ILO）统计，全球每年发生各类生产事故和劳动疾病约为 2.5 亿起，平均每天 68.5 万起，每分钟就发生 475 起，其中每年死于职业事故和劳动疾病的人数多达 110 万人，远远多于交通事故、暴力死亡、局部战争以及艾滋病死亡的人数。特别是发展中国家的劳动事故死亡率比发达国家要高出一倍以上，有少数不发达国家和地区要高出四倍以上。

职业健康安全管理的目的是保护产品生产者和使用者的健康与安全。职业健康安全管理的任务是为达到职业健康安全的目的，建筑业企业对生产与工作的组织、指挥和控制等系列活动，包括制定、实施、实现、评审和保持职业健康安全环境，控制影响工作场所内工作人员、合同方人员、访问者和其他有关部门人员的健康和安全的条件与因素。

职业健康安全问题包括人的不安全行为、物的不安全状态和组织管理不力。对于人的不安全行为，应从人的心理学和行为学方面研究的解决，可通过各种培训和提高人的安全意识和行为能力，以保证人的可靠性。对于物的不安全状态，应从研究安全技术，采取安全措施来解决，可通过各种有效的安全技术系统保证安全设施的可靠性。对于组织管理不力，应用系统论的理论和方法，研究工业生产组织如何建立职业健康安全系统化、标准化的管理体系，实行全员、全过程、全方位、以预防为主的整体管理。

职业健康安全管理体系是用系统论的理论和方法来解决依靠人的可靠性和安全技术可靠性所不能解决的生产事故和劳动疾病的问题，即从组织管理上来解决职业健康安全问题。

8.1.2 职业健康安全管理要素

职业安全健康管理体系作为一种系统化的管理方式，各个国家依据其自身的实际情况提出了不同的指导性要求，但基本上遵循了 PDCA 的思想并与 ILO—OSH2001 导则相近似。

组织应建立并保持职业健康安全管理体系。职业健康安全管理体系模式如图 8-1 所示。职业健康安全管理的要素分为核心要素和辅助性要素。其中，核心要素包括职业健康安全方针，对危险源辨识、风险评价和风险控制的策划，法规和其他要求，目标，结构和职责，职业健康安全管理方案，运行控制，绩效测量和监视，审核和管理评审 10 个要素。辅助要素包括培训、意识和能力，协商和沟通，文件，文件和资料控制，应急准备和响应，事故、事件、不符合、纠正和预防措施，以及记录和记录管理 7 个要素。

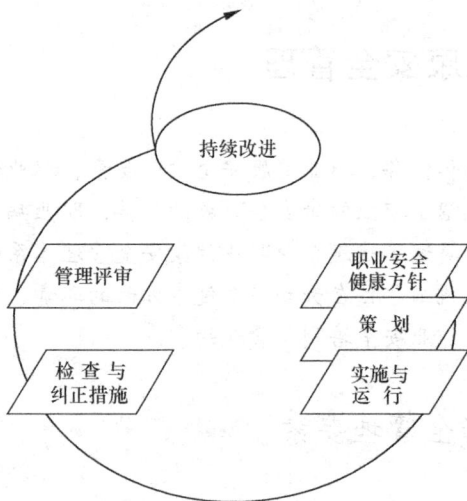

图 8-1 职业健康安全管理体系模式

（1）职业安全健康方针

职业安全健康方针的目的是要求生产经营单位应在征询员工及其代表的意见的基础上，制定出书面的职业安全健康方针，以规定其体系运行中职业安全健康工作的方向和原则，确定职业安全健康责任及绩效总目标，表明实现有效职业安全健康管理的正式承诺，并为下一步体系目标的策划提供指导性框架。

为确保方针实施与实现的可能性和必要性，并确保职业安全健康管理体系与企业的其他管理体系协调一致。生产经营单位在制定、实施与评审职业安全健康方针时应充分考虑下列因素。

1）所适用的职业安全健康法律法规与其他规定的要求；
2）企业自身整体的经营方针和目标；
3）企业规模和其所具备的资质活动及其所带来风险的特点；
4）企业过去和现在的职业安全健康绩效；
5）员工及其代表和其他外部相关方的意见和建议。

为确保所建立与实施的职业安全健康管理体系能够达到控制职业安全健康风险和持续改进职业安全健康绩效的目的，生产经营单位所制定的职业安全健康方针必须包括承诺遵守自身所适用且现行有效的职业安全健康法律、法规，包括生产经营单位所属管理机构的职业安全健康管理规定和生产经营单位与其他用人单位签署的集体协议或其他要求；承诺持续改进职业安全健康绩效和事故预防、保护员工安全健康。

（2）组织

组织的目的是要求生产经营单位为职业安全健康管理体系其他要素正确、有效的实施与运行而确立和完善组织保障基础。包括机构与职责、培训及意识和能力、协商与交流、文件化、文件与资料控制以及记录和记录管理。组织要素的内容与要求见表 8-1。

组织要素的内容与要求   表 8-1

内　　容	要　　求
机构与职责	最高管理者应对保护企业员工的安全与健康负全面责任，并应在企业内设立各级职业安全健康管理的领导岗位，针对那些对其活动、设施（设备）和管理过程的职业安全健康风险有一定影响的从事管理、执行和监督的各级管理人员，规定其作用、职责和权限，以确保职业安全健康管理体系的有效建立、实施与运行，并实现职业安全健康目标。 应在最高管理层任命一名或几名人员作为职业安全健康管理体系的管理者代表，赋予其充分的权限，并确保其在职业安全健康职责不与其承担的其他职责冲突的条件下完成： ①建立、实施、保持和评审职业安全健康管理体系； ②定期向最高管理层报告职业安全健康管理活动的绩效； ③推动企业全体员工参加职业安全健康管理活动。 应为实施、控制和改进职业安全健康管理体系提供必要的资源，确保上述各级负责职业安全健康事务的人员（包括安全健康委员会）能够顺利地开展其工作
培训、意识与能力	应建立并保持培训的程序，以便规范、持续地开展培训工作，确保员工具备必需的职业安全健康意识与能力。 对培训计划的实施情况应进行定期评审，评审时应有职业安全健康委员会的参与，如可行，应对培训方案进行修改以保证它的针对性与有效性
协商与交流	应建立并保持程序，并作出文件化的安排，促进其就有关职业安全健康信息与员工和其他相关方（如分包方人员、供货方、访问者）进行协商和交流。 应在企业内建立有效的协商机制（如成立安全健康委员会或类似机构、任命员工职业安全健康代表及员工代表、选择员工加入职业安全健康实施队伍等）与协商计划，确保能有效地接收到所有员工的信息，并安排员工参与： ①方针和目标的制定及评审、风险管理和控制的决策（包括参与其作业活动有关的危害辨识、风险评价和风险控制决策）； ②职业安全健康管理方案与实施程序的制定与评审； ③事故、事件的调查及现场职业安全健康检查等； ④对影响作业场所及生产过程中的职业安全健康的有关变更（如引入新的设备、原材料、化学品、技术、过程、程序或工作模式，或对它们进行改进所带来的影响）而进行的协商
文件化	应保持最新与充分的并适合于企业实际特点的职业安全健康管理体系文件，以确保建立的职业安全健康管理体系在任何情况下（包括各级人员发生变动时）均能得到充分理解和有效运行。 职业安全健康管理体系文件应以适合于自身管理的形式（如书面或电子形式）予以建立与保持，包括的内容有： ①职业安全健康方针和目标； ②职业安全健康管理的关键岗位与职责； ③主要的职业安全健康风险及其预防和控制措施； ④职业安全健康管理体系框架内的管理方案、程序、作业指导书和其他内部文件
文件与资料控制	应制定书面程序，以便对职业安全健康文件的识别、批准、发布和撤销，以及对职业安全健康有关资料进行控制，要求满足： ①明确体系运行中哪些是重要岗位以及这些岗位所需的文件，确保这些岗位得到现行有效版本的文件； ②无论在正常还是异常情况（包括紧急情况）下，文件和资料都应便于使用和获取。例如，在紧急情况下，应确保工艺操作人员及其他有关人员能及时获得最新的工程图、危险物质数据卡、程序和作业指导书等； ③职业安全健康管理体系文件应书写工整，便于使用者理解，并应定期评审，必要时予以修改； ④传达到企业内所有相关人员或受其影响的人员； ⑤建立现行有效并需控制的文件与资料发放清单，并采取有效措施及时将失效文件和资料从所有发放和使用场所撤回以防止误用； ⑥根据法律、法规的要求和（或）保存知识的目的，对留存的档案性文件和资料应予以适当标识
记录与记录管理	建立和保持程序，用来标识、保存和处置有关职业安全健康记录。 职业安全健康记录应填写完整、字迹清楚、标识明确，并确定记录的保存期，将其存放在安全地点，便于查阅，避免损坏。重要的职业安全健康记录应以适当方式或按法规要求妥善保护，以防火灾和损坏

（3）计划与实施

计划与实施的目的是要求生产经营单位依据自身的危害与风险情况，针对职业安全健康方针的要求作出明确具体的规划，并建立和保持必要的程序或计划，以持续、有效地实施与运行职业安全健康管理规划。包括初始评审、目标、管理方案、运行控制和应急预案与响应。计划与实施要素包含以下的内容与要求：

1）初始评审

初始评审是指对生产经营单位现有职业安全健康管理体系及其相关管理方案进行评价，目的是依据职业安全健康方针总体目标和承诺的要求，为建立和完善职业安全健康管理体系中的各项决策（重点是目标和管理方案）提供依据，并为持续改进企业的职业安全健康管理体系提供一个能够测量的基准。

对于尚未建立或欲重新建立职业安全健康管理体系的生产经营单位，或该企业属于新建组织时，初始评审过程可作为其建立职业安全健康管理体系的基础。

初始评审过程主要包括危害辨识、风险评价和风险控制的策划，法律、法规及其他要求两项工作。生产经营单位的初始评审工作应组织相关专业人员来完成以确保初始评审的工作质量，如可行，此工作还应以适当的形式（如安全健康委员会）与企业的员工及其代表进行协商交流。初始评审的结果应形成文件。

①危害辨识、风险评价和风险控制策划。

生产经营单位应通过定期或及时开展危害辨识、风险评价和风险控制策划工作，来识别、预测和评价生产经营单位现有或预期的作业环境和作业组织中存在哪些危害/风险，并确定消除、降低或控制此类危害/风险所应采取的措施。

应首先结合自身的实际情况建立并保持一套程序，重点提供和描述危害辨识、风险评价和风险控制策划活动过程的范围、方法、程度与要求。

生产经营单位在开展危害辨识、风险评价和风险控制的策划时，应注意满足下列充分性要求：

a. 在任何情况下，不仅考虑常规的活动，而且还应考虑非常规的活动；

b. 除考虑自身员工的活动所带来的危害和风险外，还应考虑承包方、供货方包括访问者等相关方的活动，以及使用外部提供的服务所带来的危害和风险；

c. 考虑作业场所内所有的物料、装置和设备造成的职业安全健康危害，包括过期老化以及租赁和库存的物料、装置和设备。

生产经营单位的危害辨识、风险评价和风险控制策划的实施过程应遵循下列基本原则，以确保该项活动的合理性与有效性：

ⓐ在进行危害辨识、风险评价和风险控制的策划时，要确保满足实际需要和适用的职业安全健康法律、法规及其他要求。

ⓑ危害辨识、风险评价和风险控制的策划过程应作为一项主动的而不是被动的措施执行，即应在承接新的工程活动和引入新的建筑作业程序，或对原有建筑作业程序进行修改之前进行。在这些活动或程序改变之前，应对已识别出的风险策划必要的降低和控制措施。

ⓒ应对所评价的风险进行合理的分级，确定不同风险的可承受性，以便在制定目标特别是制定管理方案时予以侧重和考虑。

应针对所辨识和评价的各类影响员工安全和健康的危害和风险，确定出相应的预防和控制措施。所确定的预防和控制措施，应作为制定管理方案的基本依据；而且，应有助于设备管理方法、培训需求以及运行（作业）标准的确定，并为确定监测体系运行绩效的测量标准提供适宜信息。

应按预定的或由管理者确定的时间或周期对危害辨识、风险评价和风险控制过程进行评审。同时，当企业的客观状况发生变化，使得对现有辨识与评价的有效性产生疑义时，也应及时进行评审，注意在发生变化前即采取适当的预防性措施，并确保在各项变更实施之前，通知所有相关人员并对其进行相应的培训。

②法律法规及其他要求

为了实现职业安全健康方针中遵守相关适用法律法规等的承诺，应认识和了解影响其活动的相关适用的法律、法规和其他职业安全健康要求，并将这些信息传达给有关的人员，同时，确定为满足这些适用法律法规等所必须采取的措施。

生产经营单位应将识别和获取适用法律、法规和其他要求的工作形成一套程序。此程序应说明企业应由哪些部门（如各相关职能管理部门及各项目部）、如何（主要指渠道与方式，如通过各级政府、行业协会或团体、上级主管机构、商业数据库和职业安全健康服务机构等）及时全面地获取这类信息、如何准确地识别这些法律法规等对企业的适用性及其适用的内容要求和相应适用的部门、如何确定满足这些适用法律法规等内容要求所必需的具体措施、如何将上述适用内容和具体措施等有关信息及时传达到相关部门等。

生产经营单位还应及时跟踪法律、法规和其他要求的变化，保持此类信息为最新，并为评审和修订目标与管理方案提供依据。

2）目标

职业安全健康目标是职业安全健康方针的具体化和阶段性体现，因此，生产经营单位在制定目标时，应以方针要求为框架，并应充分考虑下列因素以确保目标合理、可行。

①以危害辨识和风险评价的结果为基础，确保其对实现职业安全健康方针要求的针对性和持续渐进性；

②以获取的适用法律、法规及上级主管机构和其他有关相关方的要求为基础，确保方针中守法承诺的实现；

③考虑自身技术与财务能力以及整体经营上有关职业安全健康的要求，确保目标的可行性和实用性；

④考虑以往职业安全健康目标、管理方案的实施与实现情况，以及以往事故、事件、不符合的发生情况，确保目标实现持续改进的要求。

除了制定整个公司的职业安全健康目标外，还应尽可能以此为基础，对与其相关的职能管理部门和不同层次制定职业安全健康目标。制定职业安全健康目标时，应通过适当的形式（如安全健康委员会）征求员工及其代表的意见。

为了确保能够对所制定目标的实现程度进行客观的评价，目标应尽可能予以量化，并形成文件，传达到企业内所有相关职能和层次的人员，并应通过管理评审进行定期评审，在可行或必要时予以更新。

3）管理方案

目的是制定和实施职业安全健康计划，确保职业安全健康目标的实现。

生产经营单位的职业安全健康管理方案应阐明做什么事、谁来做、什么时间做，并包括下列基本内容：

①以所策划风险控制措施以及获取法律、法规及其他要求的结果为主要依据，实现目标的方法；

②上述方法所对应的职责部门（人员）及其绩效标准；

③实施上述方法所要求的时间表；

④实施上述方法所必需的资源保证，包括人力、资金及技术支持。

应定期对职业安全健康管理方案进行评审，以便于在管理方案实施与运行期间企业的生产活动或其内外部运行条件（要求）发生变化时，能够尽可能对管理方案进行修订，以确保管理方案的实施，能够实现职业安全健康目标。

4）运行控制

应对与所识别的风险有关并需采取控制措施的运行与活动（包括辅助性的维护工作）建立和保持计划安排（程序及其规定），在所有作业场所实施必要且有效的控制和防范措施，以确保制定的职业安全健康管理方案得以有效、持续的落实，从而实现职业安全健康方针、目标和遵守法律、法规等的要求。

对于缺乏程序指导可能导致偏离职业安全健康方针和目标的运行情况，应建立并保持文件化的程序与规定。文件化的程序应明确此类运行与活动的流程以及每一流程所需遵循的运行标准。

对于材料与设备的采购和租赁活动应建立并保持管理程序，以确保此项活动符合企业在采购与租赁说明书中提出的职业安全健康方面的要求和相关法律法规等的要求，并在材料与设备使用之前能够做出安排，使其使用符合企业的各项职业安全健康要求。

对于劳务或工程等分包商或临时工的使用活动应建立并保持管理程序，以确保企业的各项安全健康规定与要求（或至少相类似的要求）适用于分包商及他们的员工。

对于作业场所、工艺过程、装置、机械、运行程序和工作组织的设计活动，包括它们对人的能力的适应，应建立并保持管理程序，以便于从根本上消除或降低职业安全健康风险。

5）应急预案与响应

目的是确保生产经营单位主动评价其潜在事故与紧急情况发生的可能性及其应急响应的需求，制定相应的应急计划、应急处理的程序和方式，检验预期的响应效果，并改善其响应的有效性。

应依据危害辨识、风险评价和风险控制的结果，法律法规等要求，以往事故、事件和紧急状况的经历以及应急响应演练及改进措施效果的评审结果，针对其潜在事故或紧急情况从预案与响应的角度建立并保持应急计划。

应针对潜在事故与紧急情况的应急响应，确定应急设备的需求并予以充分的提供，并定期对应急设备进行检查与测试，确保其处于完好和有效状态。

应按预定的计划，尽可能采用符合实际情况的应急演练方式（包括对事件进行全面的模拟）来检验应急计划的响应能力，特别是重点检验应急计划的完整性和应急计划中关键部分的有效性。

（4）检查与评价

　　检查与评价的目的是要求生产经营单位定期或及时地发现体系运行过程或体系自身所存在的问题，并确定问题产生的根源或需要持续改进的地方。体系的检查与评价主要包括绩效测量与监测、事故事件与不符合的调查、审核与管理评审。

　　检查与评价要素包含的内容和要求见表8-2。

检查与评价要素的内容和要求 表 8-2

内　　容	要　　　求
绩效测量和监测	绩效测量和监测包括主动测量与被动测量两个方面，应确保监测职业安全健康目标的实现情况，能够支持企业的评审活动（包括管理评审），并将绩效测量和监测的结果予以记录。 　　主动测量应作为一种预防机制，根据危害辨识和风险评价的结果、法律及法规要求，制定包括监测对象与监测频次的监测计划，并以此对企业活动的必要基本过程进行监测。内容包括： 　　1) 监测职业安全健康管理方案的各项计划及运行控制中各项运行标准的实施与符合情况； 　　2) 系统地检查各项作业制度、安全技术措施、施工机具和机电设备、现场安全设施以及个人防护用品的实施与符合情况； 　　3) 监测作业环境（包括作业组织）的状况； 　　4) 对员工实施健康监护，如可通过适当的体检或对员工的早期有害健康的症状进行跟踪，以确定预防和控制措施的有效性； 　　5) 对国家法律法规及企业签署的有关职业安全健康集体协议及其他要求的符合情况。 　　被动测量包括对与工作有关的事故、事件，其他损失（如财产损失），不良的职业安全健康绩效和职业安全健康管理体系的失效情况的确认、报告和调查。 　　应列出用于评价职业安全健康状况的测量设备清单，使用唯一标识并进行控制，设备的精度应是已知的。应有文件化的程序，描述如何进行职业安全健康测量，用于职业安全健康测量的设备应按规定维护和保管，使之保持应有的精度
事故、事件、不符合及其对职业安全健康绩效影响的调查	目的是建立有效的程序，对生产经营单位的事故、事件、不符合进行调查、分析和报告，识别和消除此类情况发生的根本原因，防止其再次发生，并通过程序的实施，发现、分析和消除不符合的潜在原因。 　　应保存对事故、事件、不符合的调查、分析和报告的记录，按法律法规的要求，保存一份所有事故的登记簿，并登记可能有重大职业安全健康后果的事件
审核	目的是建立并保持定期开展职业安全健康管理体系审核的方案和程序，以评价生产经营单位职业安全健康管理体系及其要素的实施能否恰当、充分、有效地保护员工的安全与健康，预防各类事故的发生。 　　生产经营单位的职业安全健康管理体系审核应主要考虑自身的职业安全健康方针、程序及作业场所的条件和作业规程，以及适用的职业安全健康法律、法规及其他要求。所制定的审核方案和程序应明确审核人员能力要求、审核范围、审核频次、审核方法和报告方式
管理评审	目的是要求生产经营单位的最高管理者依据自己预定的时间间隔对职业安全健康管理体系进行评审，以确保体系的持续适宜性、充分性和有效性。 　　最高管理者在实施管理评审时应主要考虑绩效测量与监测的结果、审核活动的结果、事故、事件、不符合的调查结果和可能影响企业职业安全健康管理体系的内、外部因素及各种变化，包括企业自身的变化的信息

（5）改进措施

改进措施的目的是要求生产经营单位针对组织职业安全健康管理体系绩效测量与监测、事故事件调查、审核和管理评审活动所提出的纠正与预防措施的要求，制定具体的实施方案并予以保持，确保体系的自我完善功能，并不断寻求方法持续改进生产经营单位自身职业安全健康管理体系及其职业安全健康绩效，从而不断消除、降低或控制各类职业安全健康危害和风险。改进措施主要包括纠正与预防措施和持续改进两个方面。改进措施要素包含的内容与要求见表 8-3：

改进措施要素的内容与要求　　　　　　　　　　　表 8-3

内　　容	要　　　　求
纠正与预防措施	针对职业安全健康管理体系绩效测量与监测、事故事件调查、审核和管理评审活动所提出的纠正与预防措施的要求，应制定具体的实施方案并予以保持，确保体系的自我完善功能
持续改进	应不断寻求方法持续改进自身职业安全健康管理体系及其职业安全健康绩效，从而不断消除、降低或控制各类职业安全健康危害和风险

【案例 8.1】 某建筑企业为了更好地对企业安全生产进行管理，有效地保障职工的健康安全，欲建立一套职业健康安全管理体系，该体系需要包含那些要素？

【解析】 该体系包含核心要素和辅助要素。核心要素包括职业健康安全方针，对危险源辨识、风险评价和风险控制的策划，法规和其他要求，目标，结构和职责，职业健康安全管理方案，运行控制，绩效测量和监视，审核和管理评审 10 个要素。

辅助要素包括培训、意识和能力，协商和沟通，文件，文件和资料控制，应急准备和响应，事故、事件、不符合、纠正和预防措施，以及记录和记录管理 7 个要素。

8.2　职业健康安全管理体系

8.2.1　职业健康安全管理体系的作用与意义

20 世纪 80 年代末开始，一些发达国家率先开展了研究及实时职业安全健康管理体系的活动。国际标准化组织（ISO）及国际劳工组织（ILO）研究和讨论职业安全健康管理体系标准化问题，许多国家也相应建立了自己的工作小组开展这方面的研究，并在本国或所在地区发展这一标准，为了适应全球日益增加的职业安全健康管理体系认证需求，1999 年英国标准协会（BSI）、挪威船级社（DNV）等 13 个组织提出了职业安全卫生评价系列（OHSAS）标准，即 OHSAS18001 和 OHSAS18002，成为国际上普遍采用的职业安全与卫生管理体系认证标准。

1999 年 10 月，国家经贸委颁布了《职业安全卫生管理体系试行标准》（OSHMS，Occupational Safety and Heal th Management System）。为迎接加入世界贸易组织后国内企业面临的国际劳工标准和国际经济一体化的挑战，规范各类中介机构的行为，国家经贸委在原有工作基础上，于 2001 年 12 月，发布《职业安全健康管理体系指导意见》和《职业安全健康管理体系审核规范》。

（1）职业健康安全管理体系的作用

职业健康安全管理体系的作用在于：

1）建立职业健康安全管理体系，消除或减小因组织的活动而使员工和其他相关方可能面临的职业健康安全风险；

2）实施、保持和持续改进职业健康安全管理体系；

3）使自己确信能符合所声明的职业健康安全方针；

4）向外界证实这种符合性；

5）寻求外部组织对其职业健康安全管理体系的认证；

6）自我鉴定和声明符合本标准。

该标准中的所有要求意在纳入任何一个职业健康安全管理体系。其应用程度取决于组织的职业健康安全方针、活动性质、运行的风险与复杂性等因素。

职业安全健康管理体系审核规范秉承了 ISO14001 标准成功的思维及管理（PDCA）模式，且由于职业安全健康管理体系与环境管理体系的密切联系和共通之处，其标准条款及相应要求也具备许多共同的特点（从标准要素的示意图，即可看出两个体系的密切联系）。

目前，职业安全健康管理体系已被广泛关注，包括组织的员工和多元化的相关方（如：居民、社会团体、供方、顾客、投资方、签约者、保险公司等）。标准要求组织建立并保持职业安全与卫生管理体系，识别危险源并进行风险评价，制定相应的控制对策和程序，以达到法律法规要求并持续改进。在组织内部，体系的实时以组织全员（包括派出的职员，各协力部门的职员）活动为原则，并在一个统一的方针下开展活动，这一方针应为职业安全健康管理工作提供框架和指导作用，同时要向全体相关方公开。

（2）职业健康安全管理体系的意义

实施和认证管理体系的意义在于：

1）全面规范、改进企业职业安全卫生管理，保障企业员工的职业健康与生命安全，保障企业的财产安全，提高工作效率。

2）改善与政府、员工、社区的公共关系，提高企业声誉。

3）提供持续满足法律要求的机制，降低企业风险，预防事故发生。

4）克服产品及服务在国内外贸易活动中的非关税贸易壁垒，取得进入市场的通行证。

5）提高金融信贷信用等级，降低保险成本。事故造成死亡、疾病、伤害、损坏或其他损失的意外情况。

6）提高企业的综合竞争力等。

职业健康安全管理体系认证涉及的一些术语和定义见表8-4。

职业健康安全管理体系认证的术语和定义　　　　　　　　　　表8-4

术　语	定　　义
事故	造成死亡、疾病、伤害、损坏或其他损失的意外情况
审核	见 GB/T 19000—2000 中 3.9.1 的定义
持续改进	为改进职业健康安全总体绩效，根据职业健康安全方针，组织强化职业健康安全管理体系的过程
危险源	可能导致伤害或疾病、财产损失、工作环境破坏或这些情况组合的根源或状态

术　语	定　义
危险源辨识	识别危险源的存在并确定其特性的过程
事　件	导致或可能导致事故的情况
相关方	与组织的职业健康安全绩效有关的或受其职业健康安全绩效影响的个人或团体
不符合	任何与工作标准、惯例、程序、法规、管理体系绩效等的偏离，其结果能够直接或间接导致伤害或疾病、财产损失、工作环境破坏或这些情况的组合
目　标	组织在职业健康安全绩效方面所要达到的目的
职业健康安全	影响工作场所内员工、临时工作人员、合同方人员、访问者和其他人员健康和安全的条件和因素
职业健康安全管理体系	总的管理体系的一个部分，便于组织对与其业务相关的职业健康安全风险的管理，它包括为制定、实施、实现、评审和保持职业健康安全方针所需的组织结构、策划活动、职责、惯例、程序、过程和资源
组　织	见 GB/T 19000—2000 中 3.3.1 的定义。 注：对于拥有一个以上运行单位的组织，可以把一个单独的运行单位视为一个组织
绩　效	基于职业健康安全方针和目标，与组织的职业健康安全风险控制有关的，职业健康安全管理体系的可测量结果。 注 1. 绩效测量包括职业健康安全管理活动和结果的测量。 注 2. "绩效"也可称为"业绩"
风　险	某一特定危险情况发生的可能性和后果的组合
风险评价	评估风险大小以及确定风险是否可容许的全过程
安　全	免除了不可接受的损害风险的状态
可容许风险	根据组织的法律义务和职业健康安全方针，已降至组织可接受程度的风险

8.2.2　职业健康安全管理体系内容与要求

（1）职业健康安全管理体系的运行

职业健康安全管理体系的运行如图 8-2 所示。

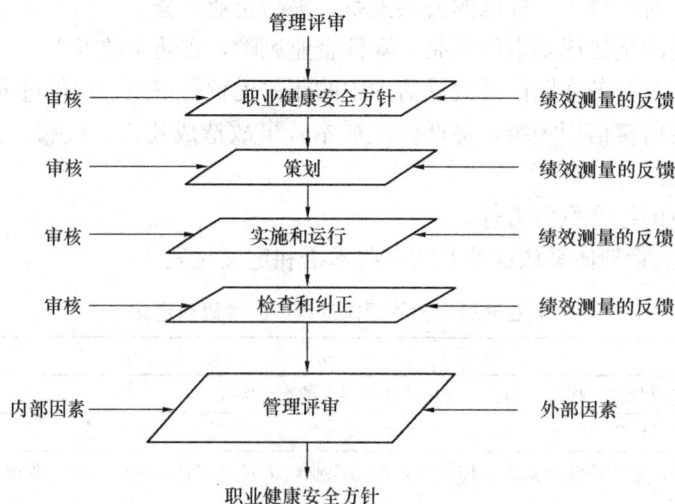

图 8-2　职业健康安全管理体系的运行

组织应有一个经最高管理者批准的职业健康安全方针，该方针应清楚阐明职业健康安全总目标和改进职业健康安全绩效的承诺：

①职业健康安全方针；

②适合组织的职业健康安全风险的性质和规模；

③包括持续改进的承诺；

④包括组织至少遵守现行职业健康安全法规和组织接受的其他要求的承诺；

⑤形成文件，实施并保持；

⑥传达到全体员工，使其认识各自的职业健康安全义务；

⑦可为相关方所获取；

⑧定期评审，以确保其与组织保持相关和适宜。

（2）职业健康安全管理体系规划

职业健康体系的规划要包含四个方面的内容：

1）对危险源辨识、风险评价和风险控制的策划

组织应建立并保持程序，以持续进行危险源辨识、风险评价和实施必要的控制措施。这些程序应包含：

①常规和非常规活动；

②所有进入工作场所的人员（包括合同方人员和访问者）的活动；

③工作场所的设施（无论由本组织还是由外界提供）。

组织应确保在建立职业健康安全目标时，考虑这些风险评价的结果和控制的效果，将此信息形成文件并及时更新。

组织的危险源辨识和风险评价的方法应：

①依据风险的范围、性质和时限进行确定，以确保该方法是主动性的而不是被动性的；

②规定风险分级，识别可通过标准规定的措施来消除或控制的风险；

③与运行经验和所采取的风险控制措施的能力相适应；

④为确定设施要求、识别培训需求和（或）开展运行控制提供输入信息。

规定对所要求的活动进行监视，以确保其及时有效的实施。

2）法规和其他要求

组织应建立并保持程序，以识别和获得适用法规和其他职业健康安全要求。

组织应及时更新有关法规和其他要求的信息，并将这些信息传达给员工和其他有关的相关方。

3）目标

组织应针对其内部各有关职能和层次，建立并保持形成文件的职业健康安全目标。如可行，目标宜予以量化。

组织在建立和评审职业健康安全目标时，应考虑：

①法规和其他要求；

②职业健康安全危险源和风险；

③可选择的技术方案；

④财务、运行和经营要求；

⑤相关方的意见。

目标应符合职业健康方针，包括对持续改进的承诺。

4）职业健康安全管理方案

组织应制定并保持职业健康安全管理方案，以实现其目标。方案应包含形成文件的：

①为实现目标所赋予组织有关职能和层次的职责和权限；

②实现目标的方法和时间表。

应定期并且在计划的时间间隔内对职业健康安全管理方案进行评审，必要时应针对组织的活动、产品、服务或运行条件的变化对职业健康安全管理方案进行修订。

（3）职业健康安全管理体系实施与运行

1）结构和职责

对组织的活动、设施和过程的职业健康安全风险有影响的从事管理、执行和验证工作的人员，应确定其作用、职责和权限，形成文件，并予以沟通，以便于职业健康安全管理。

职业健康安全的最终责任由最高管理者承担。组织应在最高管理者中指定一名成员（如：某大组织内的董事会或执委成员）作为管理者代表承担特定职责，以确保职业健康安全管理体系正确实施，并在组织内所有岗位和运行范围执行各项要求。

管理者应为实施、控制和改进职业健康安全管理体系提供必要的资源（包括人力资源、专项技能、技术和财力资源）。

组织的管理者代表应有明确的作用、职责和权限，以便：

①确保按本标准建立、实施和保持职业健康安全管理体系要求；

②确保向最高管理者提交职业健康安全管理体系绩效报告，以供评审，并为改进职业健康安全管理体系提供依据。

所有承担管理职责的人员，都应表明其对职业健康安全绩效持续改进的承诺。

2）培训、意识和能力

对于其工作可能影响工作场所内职业健康安全的人员，应有相应的工作能力。在教育、培训和（或）经历方面，组织应对其能力做出适当的规定。

组织应建立并保持程序，确保处于各有关职能和层次的员工都意识到：

符合职业健康安全方针、程序和职业健康安全管理体系要求的重要性；

在工作活动中实际的或潜在的职业健康安全后果，以及个人工作的改进所带来的职业健康安全效益；

在执行职业健康安全方针和程序，实现职业健康安全管理体系要求，包括应急准备和响应要求方面的作用和职责；

偏离规定的运行程序的潜在后果。

培训程序应考虑不同层次的：职责、能力及文化程度；风险。

3）协商和沟通

组织应具有程序，确保与员工和其他相关方就相关职业健康安全信息进行相互沟通。

组织应将员工参与和协商的安排形成文件，并通报相关方。

员工应：

①参与风险管理方针和程序的制定和评审；

②参与商讨影响工作场所职业健康安全的任何变化；

③参与职业健康安全事务；

④了解谁是职业健康安全的员工代表和指定的管理者代表。

4）文件

组织应以适当的媒介（如：纸或电子形式）建立并保持下列信息：

①描述管理体系核心要素及其相互作用；

②提供查询相关文件的途径。

重要的是，按有效性和效率要求使文件数量尽可能少。

5）文件和资料控制

组织应建立并保持程序，控制本标准所要求的所有文件和资料，以确保：

①文件和资料易于查找；

②对文件和资料进行定期评审，必要时予以修订并由被授权人员确认其适宜性；

③凡对职业健康安全体系的有效运行具有关键作用的岗位，都可得到有关文件和资料的现行版本；

④及时将失效文件和资料从所有发放和使用场所撤回，或采取其他措施防止误用；

⑤对出于法规和（或）保留信息的需要而留存的档案文件和资料予以适当标识。

6）运行控制

组织应识别与所认定的、需要采取控制措施的风险有关的运行和活动。组织应针对这些活动（包括维护工作）进行策划，通过以下方式确保它们在规定的条件下执行：

①对于因缺乏形成文件的程序而可能导致偏离职业健康安全方针、目标的运行情况，建立并保持形成文件的程序；

②在程序中规定运行准则；

③对于组织所购买和（或）使用的货物、设备和服务中已识别的职业健康安全风险，建立并保持程序，并将有关的程序和要求通报供方和合同方；

④建立并保持程序，用于工作场所、过程、装置、机械、运行程序和工作组织的设计，包括考虑与人的能力相适应，以便从根本上消除或降低职业健康安全风险。

7）应急准备和响应

组织应建立并保持计划和程序，以识别潜在的事件或紧急情况，并做出响应，以便预防和减少可能随之引发的疾病和伤害。

组织应评审其应急准备和响应的计划和程序，尤其是在事件或紧急情况发生后。

如果可行，组织还应定期测试这些程序。

（4）职业健康安全管理体系检查与纠偏

1）绩效测量和监视

组织应建立交保持程序，对职业健康安全绩效进行常规监视和测量。程序应规定：

①适合组织需要的定性和定量测量；

②组织的职业健康安全目标的满足程度的监视；

③主动性绩效测量，即监视是否符合职业健康安全管理方案、运行准则和适用的法规要求；

④被动性的绩效测量，即监视事故、疾病、事件和其他不良职业健康安全绩效的历史

证据；

⑤记录充分的监视和测量的数据和结果，以便于后面的纠正和预防措施的分析。

如果绩效测量和监视需要设备，组织应建立并保持程序，对此类设备进行校准和维护，并保存校准和维护活动及其结果的记录。

2）事故、事件、不符合行为的纠正和预防措施

组织应建立并保持程序，确定有关的职责和权限，以便：

①处理和调查：事故、事件、不符合行为；

②采取措施减小因事故、事件或不符合而产生的影响；

③采取纠正和预防措施，并予以完成；

④确认所采取的纠正和预防措施的有效性。

这些程序应要求，对于所有拟定的纠正和预防措施，在其实施前应先通过风险评价过程进行评审。

为消除实际和潜在不符合行为的原因而采取的任何纠正或预防措施，应与问题的严重性和面临的职业健康安全风险相适应。

组织应实施并记录因纠正和预防措施而引起的对形成文件的程序的任何更改。

3）记录和记录管理

组织应建立并保持程序，以标识、保存和处置职业健康安全记录以及审核和评审结果。

职业健康安全记录应字迹清楚、标识明确，并可追溯相关的活动。职业安全记录的保存和管理应便于查阅，避免损坏、变质或遗失。应规定并记录保存期限。

应按照适于体系和组织的方式保存记录，用于证实符合本标准的要求。

4）审核

组织应建立并保持审核方案和程序，定期开展职业健康安全管理体系审核，以便：

①确定职业健康安全管理体系是否：

a. 符合职业健康安全管理的策划安排，包括满足本标准的要求；

b. 得到了正确实施和保持；

c. 有效地满足组织的方针和目标；

②评审以往审核的结果；

③向管理者提供审核结果的信息。

审核方案，包括日程安排，应基于组织活动的风险评价结果和以往审核的结果。审核程序应既包括审核的范围、频次、方法和能力，又包括实施审核和报告审核结果的职责和要求。

如果可能，审核应由与所审核活动无直接责任的人员进行。

（5）职业健康安全管理体系管理评审

组织的最高管理者应按规定的时间间隔对职业健康安全管理体系进行评审，以确保体系的持续适宜性、充分性和有效性。管理评审过程应确保收集到必要的信息以供管理者进行评价。管理评审应形成文件。

管理评审应根据职业健康安全管理体系审核的结果、环境的变化和对持续改进的承诺，指出可能需要修改的职业健康安全管理体系方针、目标和其他要素。

8.3 职业健康安全事故管理

8.3.1 职业健康安全事故的分类

职业健康安全事故分两大类型，即职业伤害事故与职业病。

（1）职业伤害事故

职业伤害事故是指因生产过程及工作原因或与其相关的其他原因造成的伤亡事故。

按照我国《企业伤亡事故分类》（GB 6441—86）标准规定，职业伤害事故分为 20 类：

①物体打击；②车辆伤害；③机械伤害；④起重伤害；⑤触电；⑥淹溺；⑦灼烫；⑧火灾；⑨高处坠落；⑩坍塌；⑪冒顶片帮；⑫透水；⑬放炮；⑭火药爆炸；⑮瓦斯爆炸；⑯锅炉爆炸；⑰容器爆炸；⑱其他爆炸；⑲中毒和窒息；⑳其他伤害。

按事故后果严重程度分类：

①轻伤事故：造成职工肢体或某些器官功能性或器质性轻度损伤，表现为劳动能力轻度或暂时丧失的伤害，一般每个受伤人员休息 1 个工作日以上，105 个工作日以下；

②重伤事故：一般只受伤人员肢体残缺或视觉、听觉等器官受到严重损伤，能引起人体长期存在功能障碍或劳动能力有重大损失的伤害，或者造成每个受伤人损失 105 工作日以上的失能伤害；

③死亡事故：一次事故中死亡职工 1～2 人的事故；

④重大伤亡事故：一次事故中死亡 3 人以上（含 3 人）的事故；

⑤特大伤亡事故：一次死亡 10 人以上（含 10 人）的事故；

⑥急性中毒事故：指生产性毒物一次或短期内通过人的呼吸道、皮肤或消化道大量进入体内，使人体在短时间内发生病变，导致职工立即中断工作，并须进行急救或死亡的事故；急性中毒的特点是发病快，一般不超过一个工作日，有的毒物因毒性有一定的潜伏期，可在下班后数小时发病。

（2）职业病

经诊断因从事接触有毒有害物质或不良环境的工作而造成急慢性疾病，劳动者在生产劳动中，接触职业性有害因素所引起的疾病，属职业病。

国家规定的纳入职业病范围的职业病主要分为 9 大类 99 种（表 8-5）。职业病患者，在治疗和休息时间，以及医疗后确定为残废或治疗无效死亡时，均按劳动保险条例的有关规定给予劳保待遇。在医疗或疗养后被确认不宜继续从事原有害作业或工作的，应在确认之日起的两个月内，将其调离原工作岗位，另行安排工作；对于因工作需要暂时不能调离的生产、工作技术骨干，调离期限最长不得超过半年。

职业病分类及目录 表 8-5

类 别	分 类	种 类 目 录		
第一类	尘 肺	矽 肺	石棉肺	陶工尘肺
		煤工尘肺	滑石尘肺	铝尘肺
		石墨尘肺	水泥尘肺	电焊工尘肺
		碳黑尘肺	云母尘肺	铸工尘肺
		根据《尘肺病诊断标准》和《尘肺病理诊断标准》可以诊断的其他尘肺		

续表

类　别	分　类	种　类　目　录		
第二类	职业性放射性疾病	外照射急性放射病	放射性皮肤疾病	放射性性腺疾病
		放射性肿瘤	外照射亚急性放射病	放射复合伤
		外照射慢性放射病	放射性骨损伤	内照射放射病
		放射性甲状腺疾病		
		根据《职业性放射性疾病诊断标准（总则）》可以诊断的其他放射性损伤		
第三类	职业中毒	铅及其化合物中毒	二硫化碳中毒	氯丙烯中毒
		汞及其化合物中毒	硫化氢中毒	氯丁二烯中毒
		锰及其化合物中毒	磷化氢、磷化	苯的氨基及
		镉及其化合物中毒	锌、磷化铝中毒	氯乙烯中毒
		铍　病	工业性氟病	三硝基甲苯中毒
		铊及其化合物中毒	氰及腈类化合物中毒	酚中毒
		钡及其化合物中毒	五氯酚（钠）中毒	四乙基铅中毒
		钒及其化合物中毒	有机锡中毒	甲醇中毒
		钒及其化合物中毒	羰基镍中毒	甲醛中毒
		磷及其化合物中毒	苯中毒	硫酸二甲酯中毒
		砷及其化合物中毒	甲苯中毒	丙烯酰胺中毒
		铀中毒	二甲基甲酰胺中毒	二甲苯中毒
		砷化氢中毒	正己烷中毒	有机磷农药中毒
		氯气中毒	氨基甲酸酯类农药中毒	汽油中毒
		二氧化硫中毒	一甲胺中毒	杀虫脒中毒
		光气中毒	四氯化碳中毒	溴甲烷中毒
		氨中毒	拟除虫菊酯类农药中毒	二氯乙烷中毒
		偏二甲基肼中毒	有机氟聚合物单体及其热裂解物中毒	三氯乙烯中毒
		氮氧化物中毒	硝基化合物（不包括三硝基甲苯）中毒	一氧化碳中毒
		根据《职业性急性化学物中毒诊断标准（总则）》可以诊断的其他职业性急性中毒		
		根据《职业性中毒性肝病诊断标准》可以诊断的职业性中毒性肝病		
第四类	物理因素所致职业病	中　暑	减压病	高原病
		航空病	手臂振动病	
第五类	生物因素所致职业病	炭　疽	森林脑炎	布氏杆菌病
第六类	职业性皮肤病	接触性皮炎	黑变病	化学性皮肤灼伤
		光敏性皮炎	痤疮	电光性皮炎
		溃疡	根据《职业性皮肤病诊断标准（总则）》可以诊断的其他职业性皮肤病	
第七类	职业性眼病	化学性眼部灼伤	电光性眼炎	职业性白内障（含放射性白内障、三硝基甲苯白内障
第八类	职业性耳鼻喉口腔疾病	噪声聋	铬鼻病	牙酸蚀病

续表

类 别	分 类	种 类 目 录		
第九类	职业性肿瘤	联苯胺所致膀胱癌	石棉所致肺癌、间皮瘤	苯所致白血病
		氯甲醚所致肺癌	砷所致癌症、皮肤癌	焦炉工人肺癌
		铬酸盐制造业工人肺癌	氯乙烯所致肝血管肉瘤	
第十类	其他职业病	金属烟热	职业性变态反应性肺泡炎	棉尘病
		职业性哮喘	煤矿井下工人滑囊炎	

8.3.2 职业病的预防措施

发生职业病，一方面与生产环境中生产性有害因素的浓度或强度有关，另一方面又与工人的健康状况有关。而生产性有害因素的浓度或强度又与许多因素有关。例如，与生产工艺流程、管道的密闭程度、企业的管理水平、有无治理措施、个人防护用品的使用等有关。因此，预防职业病不是单纯依靠医务人员所能解决的；而需要企业的领导、工人、工程技术人员、技安人员和医务人员的共同努力。只要重视职业病的防治工作，采取综合性措施，控制和消除生产有害因素，职业病完全是可以预防的。预防职业病的主要措施为：

1）大搞技术革新、改革生产工艺，如以无毒或低毒的物质代替有毒或剧毒的物质；以低噪声设备代替高噪声设备等。生产过程实现机械化、自动化，从而减少工人与有害因素接触的机会；

2）采取通风除法、排毒、降噪、隔离等技术性措施来降低或消除生产性有害因素；

3）加强生产设备的管理，防止毒物的跑、冒、滴、漏污染环境；

4）对新建、改建、扩建和技术改造项目进行"三同时"审查，确保这些项目完成后有害因素的浓度或强度可以达到国家标准；

5）制订和严格遵守安全操作规程，防止发生意外事故；

6）加强个人防护，养成良好的卫生习惯，防止有害物质进入体内；

7）合理安排休息制度，注意营养，增强机体对有害物质的抵抗能力；

8）对接触生产性有害作业的工人，进行就业前体格检查和定期体格检查，及早发现禁忌症及职业病患者，及早进行处理；

9）根据国家制定的一系列卫生标准，定期作业环境中生产性有害因素的浓度或强度，及时发现问题，及时解决。

【案例8.2】 尘肺是我国最常见的职业病。根据我国职业病名单规定，现有12种尘肺被定为职业病，它们是矽肺、煤工尘肺、石棉肺、水泥尘肺、陶工尘肺、电焊工尘肺、铸工尘肺、云母尘肺、滑石尘肺、炭黑尘肺、铝尘肺、石墨尘肺。在我国，受尘肺危害的人群主要为煤炭、冶金、有色等矿山和建材、铸造、石粉加工、玻璃制造等工厂的粉尘作业工人。石棉矿和石棉加工、制品厂产生的石棉尘不仅可引起石棉肺，还可导致肺癌及恶性胸膜间皮瘤。

据全国职业病报告材料，截至2001年底，我国累积发生尘肺病人691290例，其中已死亡135951例。我国职业性尘肺病人主要分布在四川、辽宁、湖南、山西、江西、黑龙江等省，这些省的病人占全国总病人数的一半。病人主要分布在煤炭、冶金、有色、建材等工业系统，这些行业的病人数占全国病人数的87%。目前，每年全国都有1万多新病人出现，另有约 5000 人死亡。另外，全国还有疑似尘肺者 60 多万人。我国是全世界尘肺发病人数最多的国家。虽然近年来在有色、冶金企业某些厂矿尘肺发病有逐年下降的趋势，但全国总的发病趋势仍在增长。该职业病会有哪些危害，应该怎样防护？

【解析】　危害尘肺是长期吸入高浓度的生产性有害粉尘而引起的肺组织广泛纤维化。发病工龄一般为 20 年左右，最短可在半年左右发病。病人常见的症状有咳嗽、咯痰、胸痛、气短及肺功能减退。很多患者最终可因肺的广泛纤维化出现呼吸衰竭或合并感染、气胸而死亡。

治疗：目前，尚无根治尘肺的药物，我国医务工作者研制生产的汉防己甲素、羟基磷酸喹哌、克矽平、矽宁片等药物可改善病人症状，延缓病变进展。治疗方面一般采用对症治疗，通过锻炼增强病人体质和疗养等措施。

预防：做好厂矿企业生产过程中的防尘、降尘工作是预防尘肺的关键。我国已有的"风（通风）、水（湿式作业）、密（密闭）、护（个体防护）、革（技术革新）、宣（宣传教育）、管（加强管理）、查（监督监测）"八字防尘方针和各种排尘、捕尘设备，以及个体防尘护具都是预防尘肺发生的有效措施。只要严格管理，加强执法，使作业场所空气中的粉尘浓度控制在国家卫生标准以下，就基本上可以控制尘肺的发生。

当前，世界各国都在采取措施，响应国际劳工组织和世界卫生组织共同提出的《ILO/WHO 全球消除矽肺国际规划》的号召，力争通过 10～15 年的努力，基本实现消除矽肺危害的目标。这是一项重大的政府行为，相信通过全社会的努力，我国也会逐步实现消除尘肺的目标。

【案例 8.3】　二甲基甲酰胺是一种什么样的化学物质，是通过什么方式使人中毒，人中毒后表现出什么症状，应该怎样进行处理和防护？

【解析】　二甲基甲酰胺，是无色、有鱼腥味的液体，可溶于水，与碱接触能生成二甲胺。接触二甲基甲酰胺的职业主要分布在聚氯乙烯、聚丙烯腈等合成纤维工业，以及有机合成、染料、制药、石油提炼、树脂、皮革等生产领域和实验室。

危害：二甲基甲酰胺可以经呼吸道、皮肤和胃肠道吸收进入体内，对皮肤、黏膜有刺激性，进入人体后可损伤中枢神经系统和肝、肾、胃等重要脏器。

急性中毒的主要表现为眼和上呼吸道的刺激症状，如流泪、咳嗽，中毒者还会出现头痛、头晕、嗜睡、恶心、上腹部剧烈疼痛等神经和消化系统症状，严重者会出现消化道出血。中毒数天后，患者会出现肝肿大、肝区压痛、黄疸、肝功能异常等肝损害症状和肾功能障碍，也可出现一过性心脏损伤。皮肤被二甲基甲酰胺污染后可出现皮疹、水肿、水疱、破溃、脱屑等，并会出现麻木、瘙痒和灼痛症状。

处理：二甲基甲酰胺中毒无特效解毒剂治疗。中毒发生后，应迅速让中毒者脱离现场，脱去被污染的衣服，皮肤污染者要用大量流动清水冲洗，冲洗时间不应少于 15min。同时，给予对症治疗，保护肝、肾、胃等脏器。

预防：相关的工业领域应对二甲基甲酰胺进行密闭管理，工作场所应有有效的通风设备。要加强空气中二甲基甲酰胺的监测，空气中二甲基甲酰胺的最高允许浓度为 $10mg/m^3$。工作人员要配备必要的防护设备，做好上岗前和在岗的定期医学监护。

8.3.3 职业噪声的危害与控制

噪声是一种人们所不希望要的声音。它经常影响着人们的情绪和健康，干扰人们的工作、学习和正常生活。

长期工作在高噪声环境下而又没有采取任何有效的防护措施，必将导致永久性的、无可挽回的听力损失，甚至导致严重的职业性耳聋。国内外现都已把职业性耳聋列为重要的职业病之一。强噪声除了可导致耳聋外，还可对人体的神经系统、心血管系统、消化系统，以及生殖机能等，产生不良的影响。特别强烈的噪声还可导致神经失常、休克、甚至危及生命。由于噪声易造成心理恐惧以及对报警信号的遮蔽，它常常又是造成工伤死亡事故的重要配合因素。

患有职业性耳聋的工人在工作中很难很好地与别人交换意见，以致影响工作效率；在日常生活和社交活动中，无法很好地同自己的亲人或朋友交流思想感情，更无法欣赏美妙的音乐、戏曲。特别是到了晚年，这种情况更为严重。这在心理上，将造成非常大的痛苦。

一般来说，采用工程控制措施或个人防护措施，将人们实际接受的噪声控制在85dB（A）以下（按接噪时间每工作日8h计）噪声对听力所产生的影响就很小了。与此同时，噪声对健康的其他方面的影响也将大大减弱。因此。职业噪声危害的控制往往总是与听力保护工作紧密联系在一起。为了有效控制职业噪声的危害，近年来工业发达国家在完善法规，执行听力保护计划，加强监察，研究开发低噪声产品。噪声控制新技术以及高性能护耳器等方面，做了大量工作，并取得了显著的进展。

有关噪声标准法规，自20世纪70年代以来，工业比较发达的国家，已趋于完善并得到严格执行。当前有些国家规定职业噪声暴露标准为8h等效连续A声级90dB，但多数国家规定为85dB（A）。总的趋势是要过渡到85dB（A）。但不管是规定90dB（A）或85dB（A）对噪声超过85dB的生产场所都要求对工人定期进行听力检查，发给工人护耳器，告诉工人所在工作场所的噪声级和工人听力检查结果，对工人定期进行教育培训等，以予防职业噪声造成的危害。由于在噪声方面有法规标准要求，对职业性耳聋的赔偿也有明确的规定，执行又比较严，职工自我保护意识相对也比较高，因而职业噪声危害问题基本得到了控制。

【案例8.4】 谈谈工业噪声有哪些危害，应该如何防护？

【解析】 噪声是生活中和工作中使人不舒适、厌烦以至难以忍受的声音，它通常是各种不同频率和不同强度的声音无规律的组合。生产环境中产生的生产性噪声又称工业噪声。工业噪声由于产生的动力和方式不同，可分为：①机械性噪声，是由机械的撞击、摩擦和转动而产生的，如织布机、球磨机、电锯、锻锤等产生的噪声；②空气动力性噪声，是由气体压力发生突变引起气流的扰动而产生的，如鼓风机、汽笛、喷射器等产生的噪声。工业噪声又可分为连续噪声和间断噪声；稳态噪声和脉冲噪声。工业噪声由于发生源的性质、分布和数量及防护措施的有无和防护效果等因素的不同。因此，在各种作业环境中其强度和频谱特性有很大差异。

长期接触噪声会对人体产生危害，其危害程度主要取决于噪声强度（声压）的大小、频率的高低和接触时间的长短。一般认为强度越大、频率越高、接触时间越长则危害越大。此外，危害程度与噪声的特性（稳态噪声或脉冲噪声）、接触的方式（连续或间断接触）和个体敏感性有关，脉冲噪声比稳态噪声、连续接触比间断接触危害要大。

噪声对人体的影响是多方面的。50dB（A）以上开始影响睡眠和休息，特别是老年人和患病者对噪声更敏感；70dB（A）以上干扰交谈，妨碍听清信号，造成心烦意乱、注意力不集中，影响工作效率，甚至发生意外事故；长期接触 90dB（A）以上的噪声，会造成听力损失和职业性耳聋，甚至影响其他系统的正常生理功能。听力损失在初期为高频段听力下降，语音频段无影响，尚不妨碍日常会话和交谈；如连续接触高噪声，病情将进一步发展，语言频段的听力开始下降，达到一定程度，即影响听清谈话。当出现了耳聋的现象时，已发生不可逆转的病理变化。

诊断噪声性耳聋的主要依据为：①有确切的接触噪声职业史并排除了其他原因的耳聋病史；②听力检查，具有高频听力下降的特点；③除气导外，骨导也减退。噪声性耳聋根据听力下降程度分为：轻度、中度和重度三级。有些作业如爆破、武器试验等，由于防护不当或缺乏必要的防护措施，可因爆炸所产生的强烈噪声和冲击波造成听觉系统的严重损伤而丧失听力，称为爆震性耳聋，出现鼓膜破裂，中耳听骨错位，韧带撕裂，内耳螺旋器破损，甚至出现脑震荡。患者主诉耳鸣、耳痛、恶心、呕吐、眩晕。检查可发现听力严重障碍甚至全聋。如内耳未受严重损伤，听力可全部或部分恢复。

其他方面如神经系统出现神经衰弱综合症，脑电图异常，植物神经系统功能紊乱；心血管系统出现血压不稳（多数表现增高），心率加快，心电图有改变（窦性心律不齐，缺血型改变）；消化系统出现胃液分秘减少，蠕动减慢，食欲下降；内分泌系统表现有甲状腺功能亢进，肾上腺皮质功能增强，性功能紊乱，月经失调等。

对噪声性耳聋目前还没有有效的治疗方法，故早期进行听力保护，加强预防措施，至为重要。在噪声传输途径中所采取的减少噪声危害的必要措施。一般采用隔声、吸声法来降低噪声强度。飞行头盔与密闭供氧头盔有较好的隔声效果；耳罩和耳塞是良好的耳防护器。现在许多国家都制定了以保护听力为目的的噪声容许标准，每日接触噪声环境 8h，容许噪声级为 85～90dB。

8.4　施工企业职业安全健康管理体系实施

《建筑企业职业安全健康管理体系实施指南》是针对建筑行业具有的施工特点及其危害与风险的特性，为建筑企业使用国际劳工组织《职业安全健康管理体系导则 ILO－OSH2001》（以下简称《导则》）和《职业安全健康管理体系指导意见》（原国家经贸委公告 2001 年第 30 号，以下简称《指导意见》）提供的指导性技术文件。其目的是作为一种切实可行的工具，帮助和指导建筑企业建立并保持既反映《导则》的总体目标和包括《指导意见》的一般要素，又适合自身行业特点的职业安全健康管理体系，以便采用适当的职业安全健康管理模式与方法，持续改进职业安全健康绩效，不断消除、降低和控制职业安全健康危害和风险，确保员工的安全与健康。

建筑业是一个危害因素复杂、风险程度高、伤亡事故多发的行业，因此，建筑企业密切结合自身的危害特点，按照《导则》和《指导意见》的原则要求，建立一个自我约束、持续改进的现代化管理体系至关重要。《建筑企业职业安全健康管理体系实施指南》能够帮助建筑企业在这方面取得切实的成效，并为建筑企业安全文化的发展提供有力的工具。

8.4.1 建筑企业职业安全健康管理体系基本特点

建筑企业建立与实施职业安全健康管理体系的核心是为企业建立一个动态循环的管理过程，并以持续改进的思想指导企业系统地实现其既定的目标。因此，建筑企业的职业安全健康管理体系应遵循《导则》与《指导意见》提出的管理体系运行模式，即职业安全健康方针、组织、计划与实施、评价、改进措施，这一运行模式表现为：划分作业活动→辨别危害→确定风险是否可承受→制定风险控制措施计划→评审措施计划的充分性，具有普遍适用性，同时也满足《审核规范》及其他认证准则的要求。

作为一个系统化的管理方式，职业安全健康管理体系有着若干通用的特点，如强调最高管理者的承诺与责任、员工参与、危害辨识与风险评价、持续改进和体系评价等。建筑企业在建立与实施自身职业安全健康管理体系时，应注意在这些通用特点的基础上，结合自身职业安全健康风险与管理的实际，充分体现下述行业职业安全健康管理体系的基本特点。

（1）危害辨识、风险评价和风险控制策划的动态管理

由于建筑企业施工现场变化频繁、流动性大，而且，由于承包项目的不同，其生产工艺和方法也是多样且规律性差。因此，建筑企业在实施职业安全健康管理体系时，应特别注意根据客观状况的变化，及时对危害辨识、风险评价和风险控制过程进行评审，并注意在发生变化前即采取适当的预防性措施。

（2）强化承包方的教育与管理

建筑企业施工现场的作业人员主要为承包方，而这些人员的文化层次较低，人员素质差，安全意识淡薄。因此，建筑企业在实施职业安全健康管理体系时，应特别注意通过适当的培训与教育形式来提高承包方人员的职业安全健康意识与知识，并建立相应的程序与规定，确保他们遵守企业的各项安全健康规定与要求，并促进他们积极地参与体系实施并以高度责任感完成其相应的职责。

（3）加强与各相关方的信息交流

建筑企业在施工过程中往往涉及多个相关方，如承包方、业主、监理方和供货方等。因此，为了确保职业安全健康管理体系的有效实施与不断改进，必须依据相应的程序与规定，通过各种形式加强与各相关方的信息交流，如与各承包方的技术交底与协调、及时收集并满足业主与监理方的各项要求等。

（4）强化施工组织设计等设计活动的管理

建筑企业施工现场变化频繁、流动性大，但每一承包项目的施工都必须严格遵照施工组织设计或施工方案以及单项安全技术措施方案等执行。因此，必须通过体系的实施建立和完善对上述设计活动的管理，确保每一设计中的安全技术措施都要根据工程的特点、施工方法、劳动组织和作业环境等提出有针对性的具体要求，从而促进建筑施工的本质安全。

（5）强化生活区安全健康管理

由于建筑企业施工活动的流动性，在每一承包项目的施工活动中都要涉及现场临建设施及施工人员住宿与餐饮的管理问题，这一问题也是以往建筑施工队伍出现安全与中毒等事故的关键环节。因此，建筑企业在实施职业安全健康管理体系时，必须对此建立与保持

相应的程序和规定，以控制现场临建设施及施工人员住宿与餐饮管理中的风险，杜绝由此造成各类事故的发生。

（6）融合

建筑企业应将职业安全健康管理体系作为其全面管理的一个组成部分，它的建立与运行应融合于整个企业的价值取向，包括体系内各要素、程序和功能与其他管理体系的融合。

8.4.2　体系建立与实施的主要步骤

建筑企业可参考如下步骤来制订建立与实施职业安全健康管理体系的推进计划：

（1）学习与培训

在企业建立和实施职业安全健康管理体系，需要企业所有人员的参与和支持。建立和实施职业安全健康管理体系既是实现系统化、规范化的职业安全健康管理的过程，也是企业所有员工建立"以人为本"的理念、贯彻"安全第一、预防为主"方针的过程。因此，体系的建立与实施需要通过不同形式的学习和培训，使所有员工能够接受职业安全健康管理体系的管理思想，理解实施职业安全健康管理体系对企业和个人的重要意义。

管理层培训主要是针对职业安全健康管理体系的基本要求、主要内容和特点，以及建立与实施职业安全健康管理体系的重要意义与作用。培训的目的是统一思想，在推进体系工作中给予有力的支持和配合。

内审员培训是建立和实施职业安全健康管理体系的关键。应该根据专业的需要，通过培训确保他们具备开展初始评审、编写体系文件和进行审核等工作的能力。

全体员工培训的目的是使他们了解职业安全健康管理体系，并在今后工作中能够积极主动地参与职业安全健康管理体系的各项实践。

（2）初始评审

初始评审的目的是为职业安全健康管理体系建立和实施提供基础，为职业安全健康管理体系的持续改进建立绩效基准。初始评审的内容主要包括：

1）收集相关的职业安全健康法律、法规和其他要求，对其适用性及需遵守的内容进行确认，并对遵守情况进行调查和评价；

2）对现有的或计划的建筑施工相关活动进行危害辨识和风险评价；

3）确定现有措施或计划采取的措施是否能够消除危害或控制风险；

4）对所有现行职业安全健康管理的规定、过程和程序等进行检查，并评价其对管理体系要求的有效性和适用性；

5）分析以往建筑安全事故情况以及员工健康监护数据等相关资料，包括人员伤亡、职业病、财产损失的统计、防护记录和趋势分析；

6）对现行组织机构、资源配备和职责分工等进行评价。

初始评审的结果应形成文件，并作为建立职业安全健康管理体系的基础。

为实现职业安全健康管理体系绩效的持续改进，建筑企业应参照本指南职业安全健康管理体系实施章节中初始评审的要求定期进行复评。

（3）体系策划

根据初始评审的结果和本企业的资源，进行职业安全健康管理体系的策划。策划工作主要内容如下：

1）确立职业安全健康方针；

2）制定职业安全健康体系目标及其管理方案；

3）结合职业安全健康管理体系要求进行职能分配和机构职责分工；

4）确定职业安全健康管理体系文件结构和各层次文件清单；

5）为建立和实施职业安全健康管理体系准备必要的资源；

6）文件编写。按照职业安全健康管理体系的要求，以适用于建筑企业的自身管理形式对其职业安全健康方针和目标、职业安全健康管理的关键岗位与职责、主要的职业安全健康风险及其预防和控制措施以及职业安全健康管理体系框架内的管理方案、程序、作业指导书和其他内部文件等予以文件化的规定，以确保所建立的职业安全健康管理体系在任何情况下（包括各级人员发生变动时）均能得到充分理解和有效运行；

7）体系试运行。各个部门和所有人员都按照职业安全健康管理体系的要求开展相应的安全健康管理和建筑施工活动，对职业安全健康管理体系进行试运行，以检验体系策划与文件化规定的充分性、有效性和适宜性；

8）评审完善。通过职业安全健康管理体系的试运行，特别是依据绩效监测和测量、审核以及管理评审的结果，检查与确认职业安全健康管理体系各要素是否按照计划安排有效运行，是否达到了预期的目标，并采取相应的改进措施，使所建立的职业安全健康管理体系得到进一步的完善。

8.4.3 职业安全健康管理体系的实施

（1）方针与承诺

1）建筑企业在制定、实施与评审职业安全健康方针时应充分考虑：

①企业自身的整体经营方针和目标；

②所适用职业安全健康法律法规与其他要求的规定；

③企业规模及其自身风险的特点；

④企业过去和现在的职业安全健康绩效；

⑤员工及其代表和其他外部相关方的意见和建议等因素，以确保方针实施与实现的可能性和必要性，并确保职业安全健康管理体系与企业的其他管理体系协调一致。

2）为确保所建立与实施的职业安全健康管理体系能够达到控制职业安全健康风险和持续改进职业安全健康绩效的目的，建筑企业所制定的职业安全健康方针应包括以下内容：

①承诺遵守自身所适用且现行有效的职业安全健康法律、法规，包括建筑企业所属管理机构的职业安全健康管理规定和建筑企业与其他用人单位签署的集体协议或其他要求；

②承诺持续改进职业安全健康绩效和事故预防、保护员工安全健康。

3）建筑企业对于职业安全健康方针的管理应满足以下要求：

①职业安全健康方针应简明、易于理解且注明颁布日期，并经最高管理者签字生效；

②传达到作业场所的全体员工并确保其理解，以鼓励和促进他们积极参与职业安全健康管理体系所有要素的活动；

③应通过管理评审对职业安全健康方针的适宜性进行评审，以确保方针能够适应建筑企业的内部变化以及法律、法规的不断完善和社会期望值的增加等外部变化所带来的影响；

④应确保相关方在需要时能够方便地获得职业安全健康方针。

（2）机构与职责

1）建筑企业至少应明确规定下述人员的职业安全健康管理作用、职责和权限：

①安全健康管理、生产管理、工程技术、物资管理、设备管理、运输、教育培训、安全保卫等职能部门及其各级管理、执行和监督人员；

②各专业工程处（公司）、项目部及其各级管理、执行和监督人员；

③具有特定职业安全健康资格的员工或其他职业安全健康专业人员（如项目安全员）；

④确定进行危害辨识、风险评价及其控制的人员；

⑤员工职业安全健康代表。

2）建筑企业所确定的职业安全健康机构与职责应符合以下要求：

①采用与建筑企业相适应的形式（如职业安全健康管理体系手册、工作程序和任务描述、安全生产责任制等作业指导书、培训材料）将其文件化并传达到所有相关人员及其他相关方，以确保使他们了解自身的职责与权限以及不同职责的范围、接口关系和付诸实施的途径；

②根据企业适用法律、法规及其他有关要求的规定，设置安全生产管理机构或者配备专职安全生产管理人员，建立、健全安全生产和职业病防治责任制；

③能够促进企业所有成员（包括员工及其代表）之间的合作与交流。

3）建筑企业的最高管理者应对本单位安全生产工作负有以下职责：

①建立、健全本单位安全生产与职业病防治责任制；

②组织制定本单位安全生产规章制度和操作规程；

③督促、检查本单位的安全生产工作，及时消除事故隐患；

④组织制定并实施本单位的事故应急救援预案；

⑤及时、如实报告事故。

4）建筑企业应在最高管理层任命一名或几名人员作为职业安全健康管理体系的管理者代表，赋予其充分的权限，并确保其在职业安全健康职责不与其承担的其他职责冲突的条件下完成下述工作：

①建立、实施、保持和评审职业安全健康管理体系；

②定期向最高管理层报告职业安全健康管理体系的绩效；

③推动企业全体员工参加职业安全健康管理活动。

5）建筑企业应为实施、控制和改进职业安全健康管理体系提供必要的资源，确保上述各级负责职业安全健康事务的人员（包括安全健康委员会）能够顺利地开展工作。

上述必要的资源包括人力、专项技能、技术和财力资源。对于已建立职业安全健康管理体系的建筑企业，在某种程度上，可以通过将职业安全健康目标的预期效果与实际结果比较来评价资源的充分性。当企业内具备必要知识与技能的人力不足以确保体系有效实施与运行时，建筑企业还应考虑灵活使用外部的专家等。

6）对于设有安全健康委员会的建筑企业，企业应做出有效的安排（如建立与保持安委会的协商计划），以保证员工及其代表能全面参与委员会的各项工作。

（3）职业安全健康培训

1）建筑企业应建立并保持培训的程序，以便规范、持续地开展培训工作。培训程序应重点阐述以下关键过程的内容与方法：

①以职业安全健康危害和风险、法律法规要求、控制措施计划与规程等为基础开展培训需求评估，明确企业内部各相关岗位（包括管理岗位和操作岗位）所需的职业安全健康意识和能力要求，系统分析并确定员工现有水平与其岗位所需职业安全健康意识和能力之间的差距；

②制定满足培训需求要求的各项培训计划，包括培训方法与目标；

③各级管理者对职业安全健康培训的积极参与和支持；

④及时、系统地开展必要的培训；

⑤通过培训后考试、现场观察工人操作、监测培训产生的长期效果（如事故事件的减少）等客观地对培训效果进行评价，以确保每个员工已获得并保持所要求的知识和能力；

⑥保持培训和个人能力的适当记录。

2）建筑企业可针对以下内容，建立并保持培训计划：

①提高员工职业安全健康意识的培训；

②员工上岗、换岗、复岗前的知识和技能培训，在岗继续教育培训；

③在工作开始前就局部的职业安全健康工作安排、危害、风险所采取的预防措施和所遵循的程序进行培训；

④对进行危害辨识、风险评价和风险控制的人员的培训；

⑤在职业安全健康管理体系中起特定作用员工（包括职业安全健康员工代表）所需专门的内部或外部培训；

⑥对最高管理层及项目管理者的培训，以保证职业安全健康管理体系在各级管理者的领导和支持下得以有效运行；

⑦职业安全健康管理与检查人员（包括项目部安全员）的内、外部培训；

⑧架子工、起重工、电工、电焊工、气焊工等特种作业人员的外部培训；

⑨供货方人员、承包方人员、临时工和访问者的培训，以确保他们了解其所涉及的运行活动中的危害和风险，并按照建筑企业的职业安全健康程序的要求安全地从事相应的作业活动。

3）建筑企业的职业安全健康培训可针对以下主题或范围开展：

①作业场所的危害与风险、危害因素对安全健康的影响；

②降低或控制风险的措施；

③作业场所的防护设施、控制设备；

④危险与有害作业的操作规程；

⑤应急响应；

⑥纠正与预防措施；

⑦信息交流方式；

⑧职业安全健康管理方案；

⑨企业职业安全健康工作的安排以及各类人员个人在其中的作用和职责，包括应急准备与响应要求方面的作用与职责；

⑩相关职业安全健康法律法规及其他要求。

4）建筑企业应对培训计划的实施情况进行定期评审，评审时应有职业安全健康委员会的参与，如可行，应对培训方案进行修改以保证它的针对性与有效性。

5) 建筑企业的职业安全健康培训应以适合于企业规模及活动特点的形式开展，并由专业人员来完成，可行时形成文件。培训应是免费的，如可能，培训应尽可能在工作时间内进行。

（4）协商与交流

1) 建筑企业应建立并保持程序，并作出文件化的安排，促进其就有关职业安全健康信息与员工和其他相关方（如分承包方人员、供货方、访问者）进行协商和交流。

2) 建筑企业的信息交流程序应保证所有信息相关方均能接受并传送必要的信息，交流的范围应包括以下内容：

①接收、处理外部职业安全健康信息，包括政府主管机构、上级单位、业主、承包方、供货方等的要求与建议；

②交流各职能部门间产生的职业安全健康信息，包括项目部与公司之间的及时便捷的沟通；

③收集、处理和反馈员工及其代表所关心的职业安全健康问题。

3) 建筑企业所需交流的信息类型应至少包括以下内容：

①技术交底；

②事故调查报告；

③纠正与预防措施；

④审核发现；

⑤安全说明信息；

⑥危险警告。

4) 建筑企业的信息交流渠道，可采用张贴与通知、短讯与电子邮件、公告牌、年度报告以及简短汇报、培训、新员工入场安全技术教育等任何适用的书面或口头交流的形式。

5) 建筑企业应在企业内建立有效的协商机制（如成立安全健康委员会、工会或其他类似机构；选举或指定员工职业安全健康代表及员工代表；选择员工加入职业安全健康实施队伍等）与协商计划，确保企业能有效地接收到所有员工的信息，并安排员工参与以下活动过程：

①方针和目标的制定及评审、风险管理和控制的决策（包括参与与其作业活动有关的危害辨识、风险评价和风险控制决策）；

②职业安全健康管理方案与实施程序的制定与评审；

③事故、事件的调查及现场职业安全健康检查等；

④对影响作业场所及生产过程中的职业安全健康的有关变更（如引入新的设备、原材料、化学品、技术、过程、程序或工作模式或对它们进行改进，不同地区施工气候及生活条件所带来的影响）而进行的协商。

6) 建筑企业应确保员工在职业安全健康事务上享有的权利得到充分保证，并应通过适当途径让员工了解谁是员工职业安全健康事务方面的代表和谁是管理者代表。

7) 建筑企业的员工代表的选择应尊重员工的意见，可与建筑企业工会会员或者职代会代表的选举结合起来，使其能够充分代表员工的意见，并具备参与职业安全健康事务的能力。

（5）文件化

1）建筑企业应以适合于自身管理的形式（如书面或电子形式）建立与保持职业安全健康管理体系文件，文件应包括下列内容：

①职业安全健康方针和目标；

②职业安全健康管理的关键岗位与职责；

③主要的职业安全健康风险及其预防和控制措施；

④职业安全健康管理体系框架内的管理方案、程序、作业指导书和其他内部文件。

2）建筑企业在制定体系文件时，应对原有现行有效的职业安全健康管理文件予以全面的清理，并对职业安全健康管理体系所需的文件和信息予以评审，以确保其体系文件的编制工作更为便捷、适用和有效。同时，还应考虑以下两方面：

①文件和信息使用者的职责和权限。在制定文件时应考虑可能因为安全性的需要而规定的使用权限，尤其是对于电子形式的文件以及修改权限加以控制；

②拟采用文件的物理特性及其使用的环境。因为这可能要求对文件形式进行考虑，对信息系统电子设备的使用也应给予类似的考虑。

（6）文件和资料控制

1）明确体系运行中哪些是重要岗位以及这些岗位所需的文件，确保这些岗位得到现行有效版本的文件；

2）无论在正常还是异常情况（包括紧急情况）下，文件和资料都应便于使用和获取。例如，在紧急情况下，应确保工艺操作人员及其他有关人员能及时获得最新的工程图、危险物质数据卡、程序和作业指导书等；

3）职业安全健康管理体系文件应书写工整，便于使用者理解，并应定期评审，必要时予以修改；

4）传达到企业内所有相关人员或受其影响的人员；

5）建立现行有效并需控制的文件与资料发放清单，并采取有效措施及时将失效文件和资料从所有发放和使用场所撤回或防止误用；

6）根据法律、法规的要求和（或）保存知识的目的，对留存的档案性文件和资料应予以适当标识。

（7）记录和记录管理

1）建筑企业应建立和保持程序，用来标识、保存和处置表8-6所示的职业安全健康记录。

职业安全健康记录　　　　　　　　　　　　　　　　表8-6

序号	内　容	序号	内　容
1	培训记录	8	职业安全健康会议纪要
2	职业安全健康检查记录	9	健康监护档案
3	职业安全健康管理体系审核报告	10	个体防护用品发放和维护记录
4	协商和信息交流产生的记录	11	应急响应演练报告
5	事故（包括事件）报告	12	管理评审报告
6	事故（包括事件）跟踪报告	13	所辨识与评价危害和风险及其控制措施清单
7	不符合事项报告及整改资料	14	有关国家职业安全健康法律法规以及其他要求方面的记录

2）建筑企业的职业安全健康记录应填写完整、字迹清楚、标识明确，并确定记录的保存期，将其存放在安全地点，便于查阅，避免损坏。重要的职业安全健康记录应以适当方式或按法规要求妥善保护，以防火灾和损坏。

3）建筑企业应注意明确哪些记录是必要的，以避免因繁琐的记录给执行层带来不便而耗费大量时间，影响有效的安全健康管理工作的开展。

（8）危害辨识、风险评价和风险控制策划

1）建筑企业应通过定期或及时地开展危害辨识、风险评价和风险控制策划工作，来识别、预测和评价建筑企业现有或预期的作业环境和作业组织中存在哪些危害/风险，并确定消除、降低或控制此类危害/风险所应采取的措施。

2）为确保危害辨识、风险评价和风险控制策划工作的科学性与规范性，并为在建立和保持职业安全健康管理体系中的各项决策提供有效的基础，建筑企业应首先结合自身的实际情况建立并保持一套程序，程序重点提供和描述以下关键过程的范围、方法、程度与要求：

①如何划分作业活动；

②如何辨识各类作业活动中的危害；

③如何评价现有控制措施条件下的风险；

④如何确定风险的可承受性；

⑤如何策划消除或降低各类危害与风险所需的控制措施；

⑥如何评审控制措施的有效性。

3）针对上述程序的要求，建筑企业应在具体实施危害辨识、风险评价和风险控制策划之前做好以下相应的前期准备工作：

①拟使用的危害辨识、风险评价和风险控制的时限、范围和方法；

②所适用法律、法规和其他要求的具体内容要求（该项要求的信息通过法律、法规及其他要求要素的活动予以提供）；

③负责实施危害辨识、风险评价和风险控制过程的人员的作用和权限；

④确定参与危害辨识、风险评价人员的能力要求和培训需求，并针对各级相关实施人员按计划进行培训，确保他们具备有效开展辨识与评价工作的能力；

⑤应与员工及其代表以及安全健康委员会进行协商并请他们参与此项工作，包括评审和改进活动。

4）建筑企业在开展危害辨识、风险评价和风险控制的策划时应注意确保其满足下列充分性的要求：在任何情况下，不仅需要考虑常规的活动（如施工准备活动、土石方工程施工、地基与基础工程施工、主体工程施工、电气及给水排水等的安装以及装饰装修活动等），还应考虑非常规的活动（如特殊季节的施工及临时性作业等）；考虑作业场所内所有的物料、装置和设备造成的职业安全健康危害，包括过期老化以及租赁和库存的物料、装置和设备。

为便于建筑企业开展危害辨识活动，《建筑企业职业安全健康管理体系实施指南》的附录给出了普通建筑企业在工民建施工活动中部分常见的作业活动分类及其所存在的主要危害和可能导致的事故，但建筑企业在实施具体的危害辨识时，应注意在此指南基础上必须结合自身的实际情况予以补充和完善。对于所辨识各类危害所导致事故的风险及其控制措施，由于各建筑企业自身的管理与技术装备水平等存在较大的差异，需要各企业根据自身的实际情况并结合有关法律法规的要求进行评价和策划。

5）危害辨识、风险评价和风险控制策划活动，是确保所建立职业安全健康管理体系实现"预防为主"与"持续改进"的关键，是体系众多要素决策的基础。因此，在充分考虑建筑企业资质范围及其承接工程的规模和性质、作业场所的状况、风险的复杂性等因素的基础上，建筑企业的危害辨识、风险评价和风险控制策划的实施过程应遵循以下基本原则，以确保该项活动的合理性与有效性：

①在进行危害辨识、风险评价和风险控制的策划时，要确保满足实际需要和适用的职业安全健康法律、法规及其他要求；

②危害辨识、风险评价和风险控制的策划过程应作为一项主动的而不是被动的措施执行，即应在承接新的工程活动和引入新的建筑作业程序，或对原有建筑作业程序进行修改之前进行。在这些活动或程序改变之前，应对已识别出的风险策划必要的降低和控制措施；

③应对所评价的风险进行合理的分级，确定不同风险的可承受性，以便在制定目标特别是制定管理方案时予以侧重和考虑；

④即使对建筑作业活动中的某项特定危险任务已有书面控制程序，也应对该项任务进行危害辨识、风险评价和风险控制。

6）建筑企业针对所辨识和评价的建筑作业活动中各类影响员工安全和健康的危害和风险，在考虑能够为确定具体的设备管理方法、培训需求、运行（作业）标准以及监测体系运行绩效测量标准提供适宜信息的同时，应按图 8-3 所示优先顺序策划出预防和控制的措施：

综合上述方法仍然不能完全控制危害或降低风险时，应按国家规定提供相应的个体防护用品或设施，并确保这些个体防护用品或设施得到正确的使用和维护。

通过工程技术措施（如安全装置和安全防护措施等）或组织管理措施（如改善作业方法、作业程序等）从源头来控制危害

↓

消除危害

↓

制定安全作业制度，包括制定管理性的控制措施来降低危害的影响

图 8-3 策划顺序

7）由于建筑企业施工现场变化频繁、流动性大，而且生产工艺和方法多样、规律性差，因此，建筑企业应按预定的或由管理者确定的时间或周期对危害辨识、风险评价和风险控制过程进行评审。同时，当企业的客观状况发生变化，使得对现有辨识与评价的有效性产生疑义时，也应及时进行评审，并注意在发生变化前即采取适当的预防性措施，并确保在各项变更实施之前，通知所有相关人员并对其进行相应的培训。这种变化可能包括：

第一，承接新的工程或采用新用工制度、新工艺、新操作程序、新组织机构或新采购合同等企业内部发生的变化；

第二，国家法律和法规的修订、机构的兼并和重组、职责的调整、职业安全健康知识和技术的新发展等外部因素引起的企业的变化。

为了实现职业安全健康方针中遵守相关适用法律法规等承诺，建筑企业应认识和了解影响其活动的相关适用的法律、法规和其他职业安全健康要求，并将这些信息传达给有关人员，同时，确定为满足这些适用法律法规等所必须采取的事项。

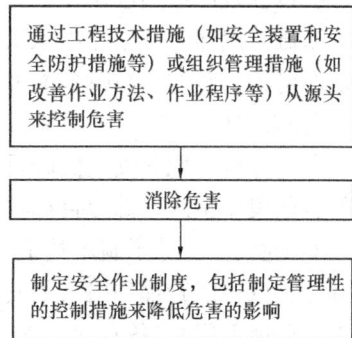

建筑企业为了确保全面、规范地认识和了解影响其活动的相关适用的法律、法规和其他职业安全健康要求，应将识别和获取适用法律、法规和其他要求的工作形成一套程序。此程序应说明企业应由哪些部门（如各相关职能管理部门及各项目部）、如何（主要指渠道与方式，如通过各级政府、行业协会或团体、上级主管机构、商业数据库和职业安全健康服务机构等）及时全面地获取这类信息、如何准确地识别这些法律法规等对企业的适用性及其适用的内容要求和相应适用的部门、如何确定满足这些适用法律法规等内容要求所必需的具体措施、如何将上述适用内容和具体措施等有关信息及时传达到相关部门等。

由于建筑企业的地区流动性大，国家及建筑行业有关职业安全健康的法律、法规及其他要求不断修订与完善，因此，建筑企业应在建立和保持与其活动有关的所有法律、法规和其他要求及其必须措施的基础上，还应及时跟踪法律、法规和其他要求的变化，保持此类信息为最新，并为评审和修订目标与管理方案提供依据。

（9）计划与控制目标

1）职业安全健康目标是职业安全健康方针的具体化和阶段性体现，因此，建筑企业在制定目标时，应以方针要求为框架，并应充分考虑以下因素以确保所制定的目标合理、可行：

①以危害辨识和风险评价的结果为基础，确保其对实现职业安全健康方针要求的针对性和持续渐进性；

②以获取的适用法律、法规及上级主管机构和其他有关相关方（如业主或甲方）的要求为基础，确保方针中守法承诺的实现；

③考虑自身技术与财务能力以及整体经营上有关职业安全健康的要求，确保目标的可行性与实用性。

④考虑以往职业安全健康目标、管理方案的实施与实现情况，以及以往事故、事件、不符合的发生情况，确保目标符合持续改进的要求。

2）建筑企业除了制定整个公司的职业安全健康目标外，还应尽可能以此为基础，对与其相关的职能管理部门（如安全生产、工程技术、物资、设备、运输、培训教育、消防保卫等职能部门）、各专业工程处（公司）以及各施工项目单位制定职业安全健康目标。

3）建筑企业在制定职业安全健康目标时，应通过适当的形式（如安全健康委员会）征求员工及其代表的意见。

4）为了确保能够对所制定目标的实现程度进行客观的评价，目标应尽可能予以量化（如为每个职业安全健康目标确定适当的指示参数，这些指示参数应有利于监测职业安全健康目标的实现情况）；以下是一些可供参考的实际的职业安全健康目标类型，建筑企业在建立职业安全健康管理体系时，应结合上述目标的要求，在原有目标的基础上（如杜绝死亡与重伤事故、重大机械设备事故、重大火灾事故及重大责任交通事故等）予以科学的完善，以确保所制定的目标合理、实用、有效并便于测量与评价，且在必要时能够予以改进：

①风险水平的降低，如完善"临边洞口"防护，实现防护设施设置达标；

②向职业安全健康管理体系引入附加的功能，如半年内建立全员参与的机制、×月开始引入外来施工队伍附加协议制；

③为改善现有状况所采取的措施或保持应用这些措施，如×月底前更换全部破损配电

箱和漏电保护器、施工机械设备安全装置完好率 100％、特种作业人员持证率 100％；

④消除或降低特定意外事件的频次，如轻伤事故控制在×‰以下。

5）建筑企业应将目标形成文件，并传达到企业内所有相关职能和层次的人员，并通过管理评审对目标进行定期评审，以便在可行或必要时将目标予以更新。

（10）职业安全健康管理方案

1）建筑企业在制定职业安全健康管理方案时，应针对职业安全健康方针与目标的要求，在依据危害辨识、风险评价和风险控制策划以及法律、法规及其他要求获取结果的基础上，还应充分考虑以往职业安全健康管理方案的实施与运行情况、职业安全健康目标的实现情况、绩效测量与监测的结果、外部监察机构和服务机构所提供的报告或信息、事故和事件等原因的调查结果以及审核结果各种因素，以确保职业安全健康管理方案的实施能够实现职业安全健康目标，并有助于实现持续改进。

2）建筑企业在制定职业安全健康管理方案时，应通过适当的形式（如安全健康委员会）征求员工及其代表的意见。

3）建筑企业的职业安全健康管理方案可以采用公司或部门的工作计划（规划）以及项目施工组织设计中有关职业安全健康的措施与要求等形式来灵活体现，但应阐明做什么事、谁来做、什么时间做，并包括以下基本内容：

①以所策划风险控制措施以及获取法律、法规及其他要求的结果为主要依据的实现目标的方法；

②上述方法所对应的职责部门（人员）及其绩效标准；

③实施上述方法所要求的时间表；

④实施上述方法所必需的资源保证，包括人力、资金及技术支持。

4）建筑企业应定期对职业安全健康管理方案进行评审，以便于在管理方案实施与运行期间企业的施工生产活动或其内外部运行条件（要求）发生变化时，能够尽可能对管理方案进行修订，以确保管理方案的实施能够实现职业安全健康目标。

5）职业安全健康管理方案的期间多数情况下为一年（年度方案），但也并非完全限于此。

（11）运行控制

1）对于缺乏程序指导可能导致偏离职业安全健康方针和目标的运行情况，建筑企业应建立并保持文件化的程序与规定。文件化的程序与规定应依据职业安全健康管理方案的计划要求，结合自身危害辨识和风险评价的实际情况以及获取有关法规和标准的要求，明确此类运行与活动的流程以及每一流程所需遵循的运行标准，以下是建筑企业的一些典型的需建立并保持文件化程序与规定的运行或活动，但建筑企业在具体建立和策划运行控制时，应注意在此指导基础上结合自身的实际情况予以合理的调整和完善：

①施工现场的安全健康管理；

②脚手架搭设与拆除；

③基础、结构、设备安装与装修施工；

④施工临时用电；

⑤临边与洞口作业的防护；

⑥施工机械的使用与维护；

⑦施工现场的消防管理；

⑧易燃易爆与危险化学品的采购、运输、存储与使用；

⑨劳动防护用品的采购、发放与使用；

⑩生活区安全健康管理。

2）建筑企业对于材料与设备的采购和租赁活动应建立并保持管理程序，以确保此项活动符合企业在采购与租赁说明书中提出的职业安全健康方面的要求以及相关法律法规等的要求，并在材料与设备使用之前能够作出安排，使其符合企业的各项职业安全健康要求；

3）建筑企业对于劳务或工程等分包商（包工队）或临时工的使用活动，企业应建立并保持管理程序，以确保企业的各项安全健康规定与要求（或至少相类似的要求）适用于分包商及他们的员工，并杜绝将生产经营项目等分包给不具备安全生产条件或者相应资质的单位或个人，应重点明确：

①评价和选择承包方时的职业安全健康标准；

②承包方的人员在现场作业时，如何报告作业场所内的工伤、疾病和事件的规定；

③如何定期监测作业现场承包方各项活动的安全健康绩效；

④如何确保作业开始前，企业与承包方之间在适当层次建立有效的交流与协调机制，包括技术交底、有关危害情况交流、预防与控制措施的各项规定等；

⑤如何确保在作业开始前和作业时，对承包方或其员工开展必要的安全健康知识教育和培训活动；

⑥如何确保承包方遵守作业现场安全健康管理程序和方案。

如果在某一建筑施工现场有多个分包单位共同作业时，为了避免交叉作业所带来的各种危害，建筑企业还应在上述程序中规定如何与各承包方签定专门的安全生产管理协议、如何在承包合同或租赁合同中约定各自的安全生产管理职责以及建筑企业如何对承包方的安全生产工作统一协调与管理的要求。

4）对于项目的施工组织设计活动，建筑企业应建立并保持管理程序，以便从根本上消除或降低建筑施工活动所带来的职业安全健康风险。建筑企业应针对工程项目施工组织设计的编制、审批、变更或补充等活动建立并保持有效的程序化管理，在编制内容上应重点规定如何针对工程的特点、施工现场环境、施工方法、劳动组织、作业方法、使用的机械、动力设备、配变电设施、架设工具以及各项安全防护设施等来策划和设计确保安全施工的施工安全技术措施，包括一般工程安全技术措施、单位工程安全技术措施和季节性施工安全措施等。

5）针对上述所有运行与活动的控制（管理）程序，应满足以下条件：

①适合于预防和控制建筑企业所面临的危害/风险；

②满足相关法律法规等的要求；

③有助于职业安全健康管理方案内容的有效实施与运行；

④如可行，应考虑来自职业安全健康监察机构、上级主管机构、职业安全健康服务机构等的报告或信息；

⑤定期评审，并在必要时予以修订。

（12）应急预案与响应

1）建筑企业应依据危害辨识、风险评价和风险控制的结果、法律法规等要求、以往事故、事件和紧急状况的经历以及应急响应演练及改进措施效果的评审结果，针对施工安全事故、火灾、安全控制设备失灵、特殊气候、突然停电等潜在事故或紧急情况从预案与响应的角度建立并保持应急计划，应急计划应说明特定潜在事故或紧急情况发生时所需采取的措施，包括下列内容：

①所识别各种潜在的事故和紧急情况；

②紧急情况发生时的负责人；

③紧急情况发生时内部协作与交流所必需的信息；

④紧急情况发生时各类人员的行动计划，包括发生紧急情况的区域内所有外来人员的行动计划，例如要求承包方的人员和来访人员也撤离到指定的集合地点；

⑤应急救援组织以及紧急情况发生时具有特定作用的人员的职责、权限和义务，例如消防员、急救人员等；

⑥紧急情况发生时现场急救、医疗救援、消防和作业场所内全体人员疏散的措施和步骤；

⑦紧急情况发生时施工现场使用或存放危险物料的应急处理措施，紧急情况发生时与外部应急机构（如消防、抢险、急救等机构）的接口；

⑧与执法部门的交流，与邻近单位和公众的交流；

⑨重要记录资料和重要设备的保护；

⑩紧急情况发生时可利用的必要资料，例如，施工现场平面布置图、危险物质数据、程序、作业说明书和联络电话号码等。

2）应针对潜在事故与紧急情况，确定应急设备的需求并予以充分的提供，并定期对应急设备进行检查与测试，确保其处于完好和有效状态，应急设备包括：

①消防设施（如专用消防水管网、消火栓、灭火器等）；

②急救设备（如急救箱等）；

③安全疏散通道；

④通信设备；

⑤安全避难场所；

⑥紧急隔离栅、开关和切断阀。

3）应按预定的计划，尽可能采用符合实际情况的应急演练方式（包括对事件进行全面的模拟）来检验应急计划的响应能力，特别是重点检验应急计划的完整性和应急计划中关键部分的有效性。如可行，应鼓励外部应急机构参与演练。

4）应对上述应急演练结果进行评审，特别是对紧急情况发生后应急计划实施的效果进行评审，必要时修改应急计划。

5）在应急计划中应对外部机构的参与形成明确的规定，应通过沟通向这些机构说明他们需参与和可能遇到的情况，并提供相关信息，以便于他们能更有效参与应急响应活动。

6）应确定实施应急计划所需的培训需求，对全体人员（特别是应急期间起特殊作用的人员）实施必要和适当的培训，以确保他们有能力完成应急期间自身的职责、作用与义务。此项培训工作应纳入职业安全健康管理方案。

（13）绩效测量和监测

绩效测量与监测是体系评价的主要内容之一，评价的目的是要求建筑企业定期或及时地发现其职业安全健康管理体系的运行过程或体系自身所存在的问题，并确定出问题产生的根源或需要持续改进的地方。体系评价还包括事故和事件以及不符合事项的调查、审核、管理评审。

1）应根据企业的规模和施工活动的性质、所辨识出的危害/风险以及职业安全健康目标的要求，应合理地确定绩效测量和监测的绩效标准（参数）以及企业所适用的定性和定量测量方法，为能确保绩效测量和监测活动需提供下列信息：

①有关职业安全健康绩效的反馈信息；

②日常的危害辨识、预防和控制措施是否有效的信息；

③改进危害辨识、风险控制和职业安全健康管理体系所需的决策依据。

2）建筑企业绩效测量和监测程序所提供的测量和监测应该能够监测职业安全健康目标的实现情况并且包括主动测量与被动测量两个方面，测量的实例参见国家安全生产监督管理局发布的《职业安全健康管理体系审核规范－实施指南》（安监技装字［2002］24号）附录2；还要能够支持企业的评审活动，包括管理评审和将绩效测量和监测的结果予以记录。

3）主动测量应作为一种预防机制，根据危害辨识和风险评价的结果、法律及法规要求，制定包括监测对象与监测频次的监测计划，并以此对建筑施工的必要基本过程进行监测，监测内容包括：

①监测职业安全健康管理方案的各项计划及运行控制中各项运行标准的实施与符合情况；

②系统的检查，包括以定期检查、经常性检查、临时性检查和季节性检查等多种形式实施的专业性检查、一般性检查和安全管理检查，主要检查各项作业制度、安全技术措施、施工机具和机电设备、现场安全设施以及个人防护用品的实施与符合情况；

③监测作业环境（包括作业组织）的状况；

④对员工实施健康监护，如可行通过适当的体检或对员工的早期有害健康的症状进行跟踪，以确定预防和控制措施的有效性；

⑤对国家法律法规及企业签署的有关职业安全健康集体协议及其他要求的符合情况。

4）被动测量包括对与工作有关的事故、事件，其他损失，如财产损失；不良的职业安全健康绩效和职业安全健康管理体系的失效情况等事项的确认、报告和调查；

5）应保存各类职业安全健康检查的记录，用来证明是否遵守职业安全健康管理程序。应对职业安全健康检查、巡视、调查和审核的记录进行抽样分析，以识别不符合和危害反复出现的根本原因，并采取必要的预防措施。对于检查时所发现的达不到标准要求的作业条件、不安全状态等情况，应作为不符合并形成文件，进行风险评价，按照不符合的处理程序予以纠正。

6）应列出用于评价职业安全健康状况的测量设备清单，使用唯一标识并进行控制，设备的精度应是已知的。建筑企业应有文件化的程序描述如何进行职业安全健康测量，用于职业安全健康测量的设备应按规定维护和保管，使之保持应有的精度。测量设备的校准计划应形成文件，包括：

①校准频次；

②可供参考的测试方法；

③校准设备；

④发现测量设备未校准时应采取的措施。

测量设备的校准应在适当的条件下进行。对于关键的或难以进行的校准，应制定相应的程序。用于校准的设备应符合国家标准，如果没有相应的国家标准，则应将校准的依据形成文件。

应保存所有校准、维护活动和结果的记录，记录应能反映出调整前后测量的细节。应向使用者清楚标明测量设备的校准状态，使用者不应使用校准状态不明或已知未校准的职业安全健康测量设备，一旦发现有这类测量设备，则应加贴标识、标签或其他标记，以防误用，标记应与书面程序的规定相一致。控制要求中应包括产品校准状态的识别和未校准设备时的措施，应签发不符合报告，并对采取的措施形成文件。

7）承包方所用测量设备应和建筑企业的设备接受同样的管理，应要求承包方保证其设备符合这些要求。建筑企业使用设备前，对于任何已识别出的需要有测试记录的关键设备，设备供应商应提供一份设备测试记录的副本。如果工作任务要求经过专门的培训，承包方应向用人单位提供相应的培训记录，供用人单位评审。

（14）事故、事件、不符合及其对职业安全健康绩效影响的调查

1）在建立与保持对事故、事件、不符合事项进行调查、分析、报告和处理程序时，应考虑的内容如下：

①相关适用的职业安全健康法律法规等对事故、事件、不符合进行调查、分析、报告和处理的具体规定与要求；

②调查应由专业人员进行，并邀请工会或员工及其代表参与，并确定参与实施、报告、调查、跟踪、监测纠正及预防措施的人员职责和权限；

③应包括所有的事故、事件、不符合（隐患）和危害，并考虑财产损失。如对未遂事件或轻伤发展趋势的调查将有助于发现并处理潜在的危害状况；

④适用于所有人员，即施工现场内所有的员工、承包方人员、临时工、来访者和其他人员；

⑤告知所有相关方一旦发现事故、事件或不符合（隐患）时应立即采取的措施，并规定告知方法，明确与应急计划、应急程序的衔接关系，记录事故、事件或不符合的详细资料；

⑥调查应分析和确定造成事故、事件等的职业安全健康管理体系中存在的"根本原因"或系统性缺陷；

⑦明确规定发现事故、事件、不符合后应采取的措施。

2）调查过程应包括的内容有：

①应予调查的事件类型（如可能导致严重伤害的事件）；

②调查目的；

③调查人员及其权限和资格（必要时可明确各级管理者的权限和资格）；

④事故、事件、不符合事项的根源；

⑤是否安排访谈目击者；

⑥如何获得和保存证据等；

⑦有关调查情况上报的安排，包括法律、法规对事故报告程序的规定。

3）主要调查内容应包括：

①对事件的描述。如伤亡事故发生的时间和具体地点；

②员工特征。如受伤害人的情况和与此事故有关的人员具体情况（姓名、性别、年龄、工种、级别、政治面貌、文化程度、技术状况等）；

③设施设备特征。如工艺条件、施工方法、设备状况等；

④工作任务特征。如受伤害人及共同作业人员的工作内容，任务分工、相互配合的情况；

⑤现场管理特征。如事故发生前的生产情况、现场情况及安全管理情况（安全技术交底、执行状况、安全管理制度，有关安全规定）等；

⑥伤害特征。如受伤害的人数、伤害的性质和程度；

⑦分析过程特征。如有关的技术鉴定、化验或必要的试验，事故现场实测图纸、照片、经济损失等；

⑧培训问题；

⑨导致事故发生的原因，包括直接原因与根本原因。

4）如果企业成立了安全健康委员会，则调查结果应与其交流，安全健康委员会应提出合理建议。调查结果及安全健康委员会提出的建议应与负责采取纠正措施的人员交流，调查结果与纠正措施作为管理评审的一项内容应在持续改进活动中予以考虑。

5）企业必须针对调查所采取的纠正措施予以有效实施，以免重复发生类似的事故、事件与不符合。

6）企业应保存对事故、事件、不符合的调查、分析和报告的记录，并按法律法规的要求，保存一份所有事故的登记簿，并登记可能有重大职业安全健康后果的事件。

（15）审核

1）建筑企业的职业安全健康管理体系审核应主要考虑自身的职业安全健康方针、程序及作业场所的条件和作业规程，以及适用的职业安全健康法律、法规及其他要求。所制定的审核方案和程序应明确审核人员能力要求、审核范围、审核频次、审核方法和报告方式。

2）为确保审核的有效性，建筑企业的职业安全健康管理体系审核应满足以下要求：

①按计划进行，必要时可增加审核次数；

②由能够胜任审核工作的人员进行；

③审核结果中应包括对程序、规程的符合性和有效性的评价；

④明确纠正措施；

⑤审核结果应予记录，并及时向管理者报告。

3）建筑企业应制定执行职业安全健康管理体系审核的年度计划。计划中审核的范围应覆盖职业安全健康管理体系的所有要素以及体系覆盖范围内的所有运行活动，特别应包括所有的施工项目活动，审核的频次应考虑：各要素失效时所伴随的风险；现有的职业安全健康绩效资料；管理评审的实施结果；职业安全健康管理体系或其运行环境的变化。

审核的具体开展可以按照计划分阶段实施，以适应建筑企业项目工程分散的特点。如果情况表明有必要进行计划外的职业安全健康管理体系审核（如事故发生之后），则建筑企业应视实际情况需要考虑是否追加审核。

4）建筑企业的职业安全健康管理体系审核应由企业内部或外部专业人员进行，审核人员应独立于所审核的部门或活动，了解其任务并有能力完成，具备相应的经验和掌握相关法规及体系方面的知识，能够评价绩效和发现不足，还应了解和获取与他们所从事工作有关的标准和权威性指南。

5）建筑企业的职业安全健康管理体系审核应采用查阅文件和记录、人员访谈、现场观察的方式进行，审核报告的编写应内容明确、简洁和完整，注明日期并有审核人员的签名，并应包含以下内容：

①审核目的和范围；

②审核计划、审核小组成员和受审核方代表的确认、审核日期和接受审核的区域；

③用于开展审核工作的参考文件（如职业安全健康管理手册）；

④不符合的详细资料；

⑤审核人员职业安全健康管理体系的评价；

⑥职业安全健康管理体系审核报告的分发。

6）企业在上述审核报告中对职业安全健康管理体系的评价应确定体系是否达到以下的要求：

①有效地满足企业的职业安全健康方针和目标的要求；

②符合职业安全健康管理计划的安排并得到了正确的实施与保持；

③有效地促进全体员工的参与；

④对企业绩效评价结果及前次的审核结果有所响应；

⑤能确保企业遵守各项相关法律法规的要求；

⑥能实现持续改进和实施最佳的职业安全健康管理。

7）建筑企业应尽快将职业安全健康管理体系审核的结果与结论反馈给负责实施纠正措施的人员，并对已批准的纠正措施予以跟踪，以确保各项建议的有效落实。

（16）管理评审

1）建筑企业的最高管理者在实施管理评审时应主要考虑：绩效测量与监测的结果；审核活动的结果；事故、事件、不符合的调查结果以及可能影响企业职业安全健康管理体系的内、外部因素及各种变化，包括企业自身的变化。

2）建筑企业的管理评审应该：评价职业安全健康管理体系的总体策略是否满足既定的绩效目标；评价管理体系是否满足企业及其他相关方，包括政府主管机构、上级单位及其他利害相关方（如业主）等的要求；评价是否需要对职业安全健康管理体系做出调整，包括对职业安全健康方针和目标的修订；及时确定改进措施的要求，包括调整组织及绩效测量的方式；为制定有效的职业安全健康管理方案和持续改进措施（包括重点考虑的事情）提供指导性意见；评价企业职业安全健康目标和纠正措施的完成情况；评价自前次管理评审以来后续措施的有效性。

3）建筑企业应依据自身的需求与条件，确定最高管理者开展职业安全健康管理体系管理评审的频次与范围。一般在内部审核之后每年至少进行一次，评审的范围应将重点集中在职业安全健康管理体系的总体绩效方面，而不是具体的细节（细节问题可在正常的运行过程中处理），并针对企业的战略发展规划，考虑潜在的问题和未来发展的趋势。

如果需要，职业安全健康管理体系绩效的部分评审应比全面评审更频繁地在更短的时间间隔内进行。

4）建筑企业应记录管理评审的结果，并将记录向职业安全健康管理体系相关要素的负责人员和职业安全健康委员会、员工及其代表正式通报，以便他们采取适当的措施。

5）管理者代表应在管理评审会议中报告职业安全健康管理体系的总体绩效。

（17）纠正与预防措施

职业安全健康管理体系的改进措施主要包括纠正与预防措施和持续改进两个方面。改进措施的目的是要求建筑企业针对组织职业安全健康管理体系绩效测量与监测、事故和事件以及不符合事项的调查、审核以及管理评审活动所提出的纠正与预防措施的要求，制定具体的实施方案并予以保持，确保体系的自我完善功能，并依据管理评审等评价的结果，不断寻求方法持续改进建筑企业自身职业安全健康管理体系及其职业安全健康绩效，从而不断消除、降低或控制各类职业安全健康危害和风险。

1）应确保所制定纠正与预防措施的实施方案应满足以下的要求：

①辨识并分析出与相关职业安全健康法规或职业安全健康管理体系的各种安排不符合的根本原因；

②提出、制定并实施纠正与预防措施，包括职业安全健康管理体系自身的调整，并检查其有效性；

③确保所有拟定的纠正与预防措施经过适当的风险评价过程予以评审，并确定其优先顺序以便与问题的严重性和伴随的风险相适应；

④纠正与预防措施的实施与检查结果应形成文件。

2）纠正措施是为消除已知不符合、事故或事件的根源而采取的行动，目的是预防它们再次发生，这类似于传统的整改措施。建筑企业在建立和保持纠正措施程序时，应考虑下列因素：

①确定所需实施的纠正措施；

②评价对危害辨识和风险评价结果的影响（包括判断是否应修改或提出新的危害辨识、风险评价和风险控制报告）；

③记录因纠正措施或危害辨识、风险评价和风险控制所引起的对程序的更改；

④依据纠正措施要求应用风险控制措施或修改现有的风险控制措施；

⑤检查纠正措施的实施情况，确保纠正措施得到实施并有效。

3）预防措施是对所发现的事件和不符合的事前预防行动，目的是尽可能事先采取行动避免因事件、不符合导致事故或其他计划外事件的发生，包括启动应急响应或其他响应程序。建筑企业在建立和保持预防措施程序时，应考虑下列因素：

①运用合理的信息来源（无损失事件的趋势、职业安全健康管理体系审核报告、记录、风险分析的更新信息、危险材料的新资料、日常安全巡查结果、具备职业安全健康专业知识的员工的建议等）识别需要采取预防措施的问题；

②启动并实施预防措施，并对其进行有效控制；

③对预防措施引起的程序更改进行记录并提交审批。

4）建筑企业应通过培训或交流的方式，使所有员工了解作业场所的危害/风险以及系统控制可能失效的情况,以便在出现任何情况时均能采取有效的纠正与预防措施。

(18)持续改进

1)建筑企业要不断改进自身职业安全健康管理体系各有关要素及整个体系,制定持续改进的实施方案应考虑下列因素:

①企业的职业安全健康目标;

②危害辨识与风险评价结果;

③绩效测量与监测的结果;

④事故、事件、不符合的调查结果以及审核的结果与建议;

⑤管理评审的结果;

⑥企业所有成员(包括安全健康委员会)对持续改进的建议;

⑦国家法律法规的变化以及企业自愿签署的有关职业安全健康的章程和集体协议;

⑧所有新的相关信息。

2)建筑企业为了不断改善职业安全健康绩效,应与其他同类企业比较职业安全健康管理的方法和绩效。

8.5 施工单位在劳动安全健康方面的职责

8.5.1 管理人员的安全教育

(1)企业法定代表人和厂长、经理必须经过安全教育并经考核合格后方能任职

安全教育的教材由劳动行政部门指定或认可。安全教育应包括国家有关劳动安全卫生的方针、政策、法律、法规及有关规章制度,工伤保险法律、法规,安全生产管理职责、企业劳动安全卫生管理知识及安全文化,有关事故案例及事故应急处理措施等内容。

(2)企业安全卫生管理人员必须经过安全教育并经考核合格后方能任职

安全教育由地市级以上劳动行政部门认可的单位或组织进行。安全教育应包括国家有关劳动安全卫生的方针、政策、法律、法规和劳动安全卫生标准。企业安全生产管理、安全技术、劳动卫生知识、安全文化、工伤保险法律、法规,职工伤亡事故和职业病统计报告及调查处理程序,有关事故案例及事故应急处理措施等项内容。安全教育考核合格者,由劳动行政部门发给任职资格证。

(3)企业其他管理负责人(包括职能部门负责人、车间负责人)、专业工程技术人员的安全教育由企业安全卫生管理部门组织实施

安全教育应包括劳动安全卫生法律、法规及本部门、本岗位安全卫生职责,安全技术、劳动卫生和安全文化的知识,有关事故案例及事故应急处理措施等项内容。

(4)班组长和安全员的安全教育由企业安全卫生管理部门组织实施

安全教育应包括劳动安全卫生法律、法规,安全技术、劳动卫生和安全文化的知识、技能及本企业、本班组和一些岗位的危险危害因素、安全注意事项,本岗位安全生产职责、典型事故案例及事故抢救与应急处理措施等项内容。

8.5.2 特殊作业环境的管理

(1)振动的危害与预防

物体在外力作用下沿直线或弧线以中心位置(平衡位置)为基准的往复运动,称为机

械运动，简称振动。物体离中心位置的最大距离为振幅。单位时间（s）内振动的次数称为频率，它是评价振动对人体健康影响的常用基本参数。

振动对人体的影响分为全身振动和局部振动。全身振动是由振动源（振动机械、车辆、活动的工作平台）通过身体的支持部分（足部和臀部），将振动沿下肢或躯干传布全身引起的接触振动，局部振动是振动通过振动工具、振动机械或振动工件传向操作者的手和臂。

1）常见的振动作业

全身振动的频率范围主要在 1～20Hz。局部振动作用的频率范围在 20～1000Hz。上述划分是相对的，在一定频率范围（如 100Hz 以下）既有局部振动作用又有全身振动作用。

①局部振动作业

主要是使用振动工具的各工种，如砂铆工、锻工、钻孔工、捣固工、研磨工及电锯、电刨的使用者等进行作业。

②全身振动作业

主要是振动机械的操作工。如震源车的震源工、车载钻机的操作工；钻井发电机房内的发电工及地震作业、钻前作业的拖拉机手等野外活动设备上的振动作业工人，如锻工等。

2）振动对人体的不良影响及危害

从物理学和生物学的观点看，人体是一个极复杂的系统，振动的作用不仅可以引起机械效应，更重要的是可以引起生理和心理的效应。

人体接受振动后，振动波在组织内的传播，由于各组织的结构不同，传导的程度也不同，其大小顺序依次为骨、结缔组织、软骨、肌肉、腺组织和脑组织，40Hz 以上的振动波易为组织吸收，不易向远处传播；而低频振动波在人体内传播得较远。

全身振动和局部振动对人体的危害及其临床表现是明显不同的。表 8-7 中列出了不同振动对人体造成的不良影响。

振动对人体的危害及其临床表现　　　　表 8-7

全 身 振 动	局 部 振 动
振动所产生的能量，能通过支承面作用于坐位或立位操作的人身上，引起一系列病变。 人体是一个弹性体，各器官都有它的固有频率，当外来振动的频率与人体某器官的固有频率一致时，会引起共振，因而对那个器官的影响也最大。全身受振的共振频率为 3～14Hz，在该种条件下全身受振作用最强。 接触强烈的全身振动可能导致内脏器官的损伤或位移，周围神经和血管功能的改变，可造成各种类型的、组织的、生物化学的改变，导致组织营养不良，如足部疼痛、下肢疲劳、足背脉搏动减弱、皮肤温度降低；女工可发生子宫下垂、自然流产及异常分娩率增加。一般人可发生性机能下降、气体代谢增加。振动加速度还可使人出现前庭功能障碍，导致内耳调节平衡功能失调，出现脸色苍白、恶心、呕吐、出冷汗、头疼头晕、呼吸浅表、心率和血压降低等症状。晕车晕船即属全身振动性疾病。全身振动还可造成腰椎损伤等运动系统影响	局部接触强烈振动主要是以手接触振动工具的方式为主的，由于工作状态的不同，振动可传给一侧或双侧手臂，有时可传到肩部。长期持续使用振动工具能引起末梢循环、末梢神经和骨关节肌肉运动系统的障碍，严重时可患局部振动病。 ①神经系统：以上肢末梢神经的感觉和运动功能障碍为主，皮肤感觉、痛觉、触觉、温度功能下降，血压及心率不稳，脑电图有改变； ②心血管系统：可引起周围毛细血管形态及张力改变，上肢大血管紧张度升高，心率过缓，心电图有改变； ③肌肉系统：握力下降，肌肉萎缩、疼痛等； ④骨组织：引起骨和关节改变，出现骨质增生、骨质疏松等； ⑤听觉器官：低频率段听力下降，如与噪声结合，则可加重对听觉器官的损害； ⑥其他：可引起食欲不振、胃痛、性机能低下、妇女流产等

3）振动病

我国已将振动病列为法定职业病。振动病一般是对局部病而言，也称职业性雷诺现象、振动性血管神经病、气锤病和振动性白指病等。

振动病主要是由于局部肢体（主要是手）长期接触强烈振动而引起的。长期受低频、大振幅的振动时，由于振动加速度的作用，可使植物神经功能紊乱，引起皮肤分析器与外周血管循环机能改变，久而久之，可出现一系列病理改变。早期可出现肢端感觉异常、振动感觉减退。主诉手部症状为手麻、手疼、手胀、手凉、手掌多汗、手疼多在夜间发生；其次为手僵、手颤、手无力（多在工作后发生），手指遇冷即出现缺血发白，严重时血管痉挛明显。X光片可见骨及关节改变。如果下肢接触振动，以上症状出现在下肢。

振动的频率、振幅和加速度（加速度增大，可使白指病增多）是振动作用于人体的主要主要因素，气温（寒冷是促使振动致病的重要外界条件之一）、噪声、接触时间、体位和姿势、个体差异、被加工部件的硬度、冲击力及紧张等因素也很重要。

4）劳动保护措施

①改革工艺设备和方法，以达到减振的目的，从生产工艺上控制或消除振动源是振动控制的最根本措施；

②采取自动化、半自动化控制装置，减少接振；

③改进振动设备与工具，降低振动强度，或减少手持振动工具的重量，以减轻肌肉负荷和静力紧张等；

④改革风动工具，改变排风口方向，工具固定；

⑤改革工作制度，专人专机，及时保养和维修；

⑥在地板及设备地基采取隔振措施（橡胶减振动层、软木减振动垫层、玻璃纤维毡减振垫层、复合式隔振装置）；

⑦合理发放个人防护用品，如防振保暖手套等；

⑧控制车间及作业地点温度，保持在16℃以上；

⑨建立合理劳动制度，坚持工间休息及定期轮换工作制度，以利各器官系统功能的恢复；

⑩加强技术训练，减少作业中的静力作业成分。

常见的保健措施有：坚持就业前体检，凡患有就业禁忌症者，不能从事该做作业；定期对工作人员进行体检，尽早发现受振动损伤的作业人员，采取适当预防措施及时治疗振动病患者。

（2）高温作业的危害

在高气温或同时存在高湿度或热辐射的不良气象条件下进行的生产劳动，通称为高温作业。高温作业按其气象条件的特点可按表8-8所示分为三个基本类型。

高温可使作业工人感到热、头晕、心慌、烦、渴、无力、疲倦等不适感，可出现一系列生理功能的改变，主要表现在以下六大方面：

1）体温调节障碍，由于体内蓄热，体温升高。

2）大量水盐丧失，可引起水盐代谢平衡紊乱，导致体内酸碱平衡和渗透压失调。

3）心律脉搏加快，皮肤血管扩张及血管紧张度增加，加重心脏负担，血压下降；但重体力劳动时，血压也可能增加。

4）消化道贫血，唾液、胃液分泌减少，胃液酸度减低，淀粉活性下降，胃肠蠕动减慢，造成消化不良和其他胃肠道疾病增加。

5）高温条件下若水盐供应不足可使尿浓缩，增加肾脏负担，有时可见到肾功能不全，尿中出现蛋白、红细胞等。

6）神经系统可出现中枢神经系统抑制，注意力和肌肉的工作能力、动作的准确性和协调性及反应速度。

高温作业的特点与危害 表 8-8

类 型	特 点	危 害
高温强辐射作业	这类生产场所具有的各种不同的热源，如：冶金工业的炼焦、炼铁、炼钢、轧钢等车间；机械制造工业的铸造、锻造、热处理等车间；陶瓷、玻璃、搪瓷、砖瓦等工业的炉窑车间火力发电厂和轮船上的锅炉、冶炼炉、加热炉、窑炉、锅炉、被加热的物体（铁水、钢水、钢锭）等，能通过传导、对流、辐射散热，使周围物体和空气温度升高；周围物体被加热后，又可成为二次热辐射源，且由于热辐射面扩大，使气温更高	在这类作业环境中，同时存在着两种不同性质的热，即对流热（被加热了的空气）和辐射热（热源及二次热源）。对流热只作用于人的体表，但通过血液循环使全身加热。辐射热除作用于人的体表外，还作用于深部组织，因而加热作用更快更强。这类作业的气象特点是气温高、热辐射强度大，而相对湿度多较低，形成干热环境。人在此环境下劳动时会大量出汗，如通风不良，则汗液难于蒸发，就可能因蒸发散热困难而发生蓄热和过热
高温高湿作业	温度、湿度均高，而辐射强度不大。高湿度的形成，主要是由于生产过程中产生大量水蒸气或生产上要求车间内保持较高的相对湿度所致。例如：印染、缫丝、造纸等工业中液体加热或蒸煮时，车间气温可达 35℃ 以上，相对湿度常高达 90% 以上；潮湿的深矿井内气温可达 30℃ 以上，相对湿度可达 95% 以上，如通风不良就形成高温、高湿和低气流的不良气象条件，即湿热环境	人在此环境下劳动，即使气温不很高，但由于蒸发散热更为困难，故虽大量出汗也不能发挥有效的散热作用，易导致体内热蓄积或水、电解质平衡失调，从而发生中暑
夏季露天作业	如：农业、建筑、搬运等劳动的高温和热辐射主要来源是太阳辐射。夏季露天劳动时还受地表和周围物体二次辐射源的附加热作用	露天作业中的热辐射强度虽较高温车间为低，但其作用的持续时间较长，且头颅常受到阳光直接照射，加之中午前后气温升高，此时如劳动强度过大，则人体极易因过度蓄热而中暑。此外，夏天在田间劳动时，因高大密植的农作物遮挡了气流，常因无风而感到闷热不适，如不采取防暑措施，也易发生中暑

（3）职业噪声

控制职业噪声危害的技术途径主要有三条：一是控制噪声源；二是在传播途径上降低噪声；三是采取个人防护措施：如佩带护耳器。

我国噪声控制方面的研究工作大约从 20 世纪 50 年代后期开始，至今已有 40 年的历史。传统的噪声控制工程方法，如吸声、隔声、消声、隔振、阻尼降噪等方法已被相当多的人所熟悉，并应用于实际工作中，解决了不少实际噪声问题。同时，气流噪声和机械撞击性噪声的控制技术，也已达到相当高的水平。各类噪声问题的控制手段现已大体具备，就总体水平来说，我国噪声控制技术同国外并无多大差别。在护耳器研制方面，特别是在慢回弹耳塞的研制开发方面，我国目前也已有此类产品问世，其主要性能已接近国际水平。

对某一具体的噪声问题而言，采用何种方法来解决，要看实际情况而定。一般来说，在经济条件和技术上可行的情况下，应鼓励优先考虑采取工程措施，从声源或传播路径上来降低生产场所的噪声。但是，尚有许多场所，从经济或技术上考虑，目前还不可能采用声源降噪或声传播路径降噪的措施，这些场所应及时采用个人防护措施来控制噪声的危害。再如，有些车间的机械设备或管道很多、很复杂，而受噪声影响的操作工人却较少，这种情况下，暂考虑使用个人防护的办法来解决噪声问题要经济得多。另外，还有些地方虽然在声源上或声传播路径上采取了一定的降噪措施，但噪声级仍未能降到 85dB（A）或 90dB（A）以下，其所遗留的问题应当借助护耳器来补充解决。

在控制职业噪声危害方面，护耳器目前在世界范围内仍然发挥着重要的作用，使用面很广。即使在业余活动的场合，如果有强噪声存在，护耳器也可大派用场。使用护耳器是一种既简便又经济的办法。国外有关噪声的法规标准一般都明文规定：在噪声达到或超过 90dB（A）的场合，工人必须使用护耳器；任何人（包括工厂的上司、来厂参观的贵宾）只要进入该场所，也都必须佩带上护耳器；对那些对噪声较敏感的工人，即使在 85dB（A）至 90dB（A）的环境下工作，也必须使用护耳器。

护耳器主要包括耳塞与耳罩。目前在国外较为流行使用的是一种慢回弹泡沫塑料耳塞。这种耳塞具有隔声值高、佩戴舒适简便等优点。

护耳器的使用在我国远未受到应有的重视。许许多多的地方早就应当使用护耳器，但至今仍没有采用。因此，应当提高对使用护耳器意义的认识。

8.5.3 特种作业安全培训与管理制度

特种作业是指在劳动过程中容易发生伤亡事故，对操作者本人尤其对他人和周围设施的安全有重大危害因素的作业。特种作业的范围：电工作业，锅炉司炉，压力容器操作，金属焊接（切割）作业，煤矿井下瓦斯检验，起重机械作业，爆破作业，机动车辆驾驶，机动船舶驾驶、轮机操作，建筑登高架设作业，根据特种作业基本定义由省级劳动行政部门确定并报劳动部备案的其他作业。

对特种作业人员，在安全技术知识方面的要求十分严格，必须进行严格的专门培训教育。国家标准《特种作业人员安全技术考核管理规则》GB 5306—85，对特种作业人员的培训、考核和发证、复审，工作变迁，奖惩等，均作了严格的规定。

特种作业人员的安全教育和培训教学大纲、教材和考核试题，均应根据国家各有关标准组织编写。安全教育后，应对其进行安全技术理论和实际操作两部分的考核。理论考核合格方能进行实际操作考核，两部分考核均合格后，发给操作证书，持证上岗。考核内容应根据国家有关部门颁发的特种作业《安全技术考核标准》和其他有关规定确定。特种作业人员安全技术培训，可采用企事业单位自行培训、单位主管部门培训、考核，发证部门或其指定单位培训等形式进行。按照有关规定，取得操作证的特种作业人员，除机动车辆驾驶员和机动船舶驾驶、轮机操作人员按国家规定执行外，其他特种作业人员每隔两年需复审一次，复审内容包括本作业的安全技术理论和实际操作，体格检查，对事故责任者检查。

【案例 8.5】 某卫生部门近日对去年职业健康维权督查情况进行公开通报，接受督查的用人单位中只有约 **20%** 的劳动者参加了职业健康体检，个别城市甚至出现了"零体检"，表明全社会对职业病防治的重视程度还远远不够。据媒体报道，中国目前超过 2 亿人身染职业病。这个庞大的数据在令人震惊之余，也让人感到忧虑。企业应该如何重视职工的职业健康？

【解析】 承受职业病之痛的是一个个的个体，然而造成职业病的往往是特定的工作环境，也就是说企业在这点上要负有主要责任。

每个人都有选择职业的权利，倘若有可能的话，谁都会尽量地选择那些对身体健康伤害较小或无伤害的"绿色"职业。在今天社会不断增长的就业压力下，有一部分人就要不可避免地无可奈何地"选择"那些工作强度大、对身体伤害大的职业。往往这部分人又是对自己身体权益普遍忽视的人群，他们只有到身体被"戕害"得难以维持生存的时候才想到要维护自己的权益。

其实，即使个人重视了，企业不重视又有什么用？休息权并不掌握在个人手中，而是掌握在单位手里。就连中央电视台的著名主持人崔永元患了抑郁症，领导一开始还不信呢。个人在防治职业病上负有天然的责任，而企业却起着决定性和关键的作用。我国 3 年前出台了《职业病防治法》，对产生职业病危害的用人单位的设立条件，及其工作场所的职业卫生做了明确的要求。但是，仍然有不少用人单位不够重视职业病的防治。只有企业自觉地建立起一套完善的防治机制，比如建立合格的工作环境，定期让职工参加职业健康体检，制定完善的工作和休假制度，规定一些危害较大工作的年限等等，这样才能够有效地达到防治整个社会的职业病，让社会在健康当中持续稳定发展。

【案例 8.6】 背景：某大厦建筑面积约 $26700m^2$，框架剪力墙结构箱形基础，地上 12 层，地下 2 层。民工甲和两名电焊工在 10 层进行钢筋对焊埋弧焊作业时未按规定穿戴绝缘鞋和手套，当甲右手拿起焊把钳正要往钢筋对接处连接电焊机的二次电源时，不慎触及焊钳的裸露部分致使触电倒地。焊工乙见此情景，立即拉开了民工甲手中握着的焊把钳，使甲脱离带电体，但由于甲中午喝过酒，加剧了心脏承受力，送医院后经抢救无效死亡。

【问题】 1）请简要分析这起事故发生的原因。

2）请说明职业安全健康管理体系的建立流程。

3）进行安全生产管理时，经常提及的"三个同时"、"四不放过"的内容是什么？

【解析】 1）这起事故发生的原因是：

①民工甲安全防护意识差，自我保护能力不强，没有穿戴绝缘鞋和手套，酒后作业使用漏电焊钳；

②埋弧焊班长对作业工具的安全状况检查不认真，对民工甲的违章行为和使用漏电的电焊把钳子，没有采取措施；

③项目经理部主管生产的副经理对埋弧焊作业中存在的安全问题检查不及时，整改不彻底，制度落实不力。

2）职业安全健康管理体系的建立流程是：

①策划与准备阶段：领导决策与准备；人员培训；初始评审；制定方针、目标及环境管理方案；体系文件策划；

②职业安全健康管理体系文件编写阶段；

③职业安全健康管理体系文件试运行阶段：a. 体系试运行；b. 内审及管理评审；c. 模拟审核；

④第三方审核认证阶段：a. 认证审核准备中；b. 认证审核；c. 颁发证书。

3）进行安全生产管理时，"三个同时"是指安全生产与经济建设。企业深化改革、技术造同步策划、同步发展、同步实施的原则。

"四不放过"是指在调查处理工伤事故时，必须坚持事故原因分析不清不放过，员工及事故责任人受不到教育不放过，事故隐患不整改不放过，事故责任人不处理不放过的原则。

【案例8.7】 背景：某建筑物为5A智能型写字楼，总建筑面积116782.3m²，框筒结构箱形基础，基坑深约13m。5名建筑工人在做地下防水时，由于通风不良，导致作业面苯和汽油浓度急剧增高而发生中毒。较重的出现意识模糊、呼吸困难，呈现出明显的躁动不安，经紧急抢救后，逐渐恢复健康。

【问题】 1）本次事故是由于中毒引起的安全事故，那么《企业职工伤亡事故分类》中所划分的16类事故是哪些？

2）文明施工在对现场周围环境和居民服务方面有何要求？

3）企业职业安全健康方针的内容要满足一个框架和三个承诺的要求，分别指什么？

【解析】 1）《企业职工伤亡事故分类》中所划分的16类事故有：物体打击、车辆伤害、机械伤害、起重伤害、触电、淹溺、灼烫、火灾、高处坠落、坍塌、放炮、火药爆炸、化学性爆炸、物理性爆炸、中毒和窒息及其他物理伤害等事故。

2）文明施工在对现场周围环境和居民服务方面要求如下：

①工地施工不扰民，应针对施工工艺设置防尘和防噪声设施，做到不超标。其中施工现场噪声规定不超过85dB；

②按照当地规定，在允许的施工时间之外，若必须施工时，应有主管部门的批准手续，并做好对周围居民的安抚工作；

③现场不得焚烧有毒、有害物质，应该按照有关规定进行处理；

④现场应建立不扰民措施。有专人负责管理和检查，或与周围社区居民定期联系听取意见，对合理意见应处理及时，工作应有文字记载。

3）一个框架：提供建立和评审职业安全健康目标和指标的框架。

三个承诺是：遵守法律、法规的承诺；遵循可持续改进的承诺；坚持事故预防、保护员工健康的承诺。

【案例8.8】 背景：某科技大学留学生楼建筑面积12462.48m²，框架剪力墙结构箱形基础。地下防水和卫生间、厨房防水采用聚氨酯涂膜防水。聚氨酯底胶的配制采用甲料：乙料：二甲苯＝1：1.5：2的比例配合搅拌均匀后进行涂布施工。地下防水施工完毕，操作工人甲见稀释剂二甲苯虽有剩余但并不多，觉得没有必要再退回给仓库保管员，于是就随手将剩余不多的二甲苯倒在了基坑坡顶上。

【问题】 1）操作工人甲的这种行为正确吗？为什么？

2）建筑业常见的重要环境因素有哪些？

3）企业建立环境管理体系的步骤是什么？

4）职业安全健康管理体系的策划内容包括哪些？

【解析】　1）操作工人甲的这种行为是错误的。二甲苯为煤焦油和石油经分馏而得到的产品，在一般情况下，很难达到完全分离，二甲苯中会混有苯。二甲苯具有毒性，主要对神经系统有麻醉作用，对皮肤和黏膜有刺激作用。同时，二甲苯易挥发，燃点较低，很容易引起燃烧和爆炸。对环境也会造成污染。

2）建筑业常见的重要环境因素有：噪声、粉尘、废弃物（建筑垃圾和石棉瓦等危险废弃物）、废水、废气（装修阶段产生的气味等）、化学品等。

3）企业建立环境管理体系的步骤是：最高管理者决定；建立完整的组织机构；人员培训；环境评审；体系策划；文件编写；体系试运行；企业内部审核；管理评审；

4）职业安全健康管理体系策划的具体内容为：职业安全健康方针的制定；职业安全健康目标的确定；管理方案的确定；确定组织机构、职责与资源；体系主要要素的策划。

复习思考题

1. 职业健康安全管理的目的和任务是什么？

2. 简述职业健康安全管理要素。

3. 简述职业健康安全管理体系的作用与意义。

4. 职业健康安全管理体系的内容与要求有哪些？

5. 如何进行职业健康安全事故的分类？

6. 职业病的预防措施有哪些？

7. 职业噪声的危害有哪些？如何进行控制？

8. 建筑企业职业健康安全管理体系有哪些基本特点？

9. 简述职业健康安全管理体系建立与实施的主要步骤。

10. 如何实施职业健康安全管理体系？

11. 施工单位在劳动安全健康方面有哪些职责？

12. 如何实施管理人员的安全教育？

13. 如何实施特殊作业环境的管理？

14. 特种作业安全培训与管理有哪些制度？

主要参考文献

[1] 建筑企业职业安全健康管理体系实施指南.北京：中国劳动和社会保障出版社，2004.

[2] GB/T 28001—2001 职业健康安全管理体系规范企业实施指南.北京：中国计量出版社，2002.

[3] 职业健康安全管理体系审核规范 GB/T 28001—2001.北京：中国标准出版社，2002.

[4] GB/T 24001—1996 环境管理体系规范及使用指南.北京：中国标准出版社，2001.

[5] 建筑施工企业管理员安全生产必备常识－《建设工程安全生产管理条例》学习参考.北京：中国建材工业出版社，2004.

[6] 建设工程安全生产管理条例.北京：中国建筑工业出版社，2003.

[7] 建设工程项目管理规范 GB/T 50326—2001.北京：中国建筑工业出版社，2002.

[8] 建筑施工现场环境与卫生标准.北京：中国建筑工业出版社，2005.

[9] 中华人民共和国安全生产法.北京：法律出版社，2005.

[10] 化学危险品生产经营企业管理人员安全生产必备常识.北京：中国建材工业出版社，2007.

[11] 施工现场环境控制规程.北京：中国建筑工业出版社，2005.

[12] 夏立明，朱俊文.2007 全国一级建造师执业资格考试——建设工程项目管理.天津：天津大学出版社，2007.

[13] 冯小川.建筑施工企业安全生产管理制度精选.北京：中国建材工业出版社，2004.

[14] 张仕廉等编著.建筑安全管理.北京：中国建筑工业出版社，2005.

[15] 武明霞.建筑安全技术与管理.北京：机械工业出版社，2007.

[16] 建筑工程施工项目质量与安全管理.北京：机械工业出版社，2007.

[17] 中国建筑业协会建筑安全分会编.建筑施工安全检查标准 JGJ 59—99 图解.北京：中国书籍出版社，2004.

[18] 中华人民共和国建筑法.北京：法律出版社，2002.

[19] 李士轩.建筑施工安全检查标准实施手册.北京：中国建筑工业出版社，2000.

[20] 冯小川.建筑施工企业专职安全员安全生产管理手册.北京：中国建筑工业出版社，2007.

[21] 李世蓉.建设工程施工安全控制——建设工程安全技术与管理丛书.北京：中国建筑工业出版社，2004.

[22] 安全员专业管理实务.北京：中国建筑工业出版社，2007.

[23] 周和荣.安全员专业知识与实务.北京：中国环境科学出版社，2007.

[24] 尚春明，方东平.中国建筑职业安全健康理论与实践.北京：中国建筑工业出版社，2007.

[25] 杜荣军.建筑施工安全手册.北京：中国建筑工业出版社，2007.

[26] 方东平，黄新宇.工程建设安全管理（第二版）——土木工程新技术丛书.北京：水利水电出版社，2005.

[27] 杨文柱.建筑安全工程.北京：机械工业出版社，2004.

[28] 建筑施工高处作业安全技术规范（JGJ 80—91）.北京：中国计划出版社，2005.

[29] 建筑拆除工程安全技术规范（JGJ 147—2004）.北京：中国建筑工业出版社，2005.

[30] 建筑施工扣件式钢管脚手架安全技术规范（JGJ 130—2001）.北京：中国建筑工业出版，2002.

［31］ 建筑施工门式钢管脚手架安全技术规范（JGJ 128—2000）．北京：中国建筑工业出版社，2000．

［32］ 建筑机械使用安全技术规程（JGJ 33—2001）．北京：中国建筑工业出版社，2002．

［33］ 施工现场临时用电安全技术规范（JGJ 46—2005）．北京：中国建筑工业出版，2005．

［34］ 建设工程施工现场供用电安全规范（GB 50194—93）．北京：中国计划出版社，1994．

［35］ 建筑工程施工安全技术操作规程．北京：中国建筑工业出版社，2004．

［36］ 蔡志洲．交通建设项目环境影响评价方法及案例．北京：化学工业出版社，2006．

［37］ 杜荣军．建筑施工安全手册．北京：中国建筑工业出版社，2007．

［38］ 任宏，兰定筠．建设工程施工安全管理．北京：中国建筑工业出版社，2005．

［39］ 张兴容，李世嘉．安全科学原理．北京：中国劳动和社会保障出版社，2004．